U0396596

世界灾难题材
经典戏剧
100部鉴读

Appreciation of
100 Classic Plays
on the Theme of
Global Disasters

陆军 主编

高媛 副主编

上海人民出版社

本书为国家社科基金艺术学重大项目《中国话剧编剧学理论研究》(项目编号:22ZD07)
阶段性研究成果

序

陆 军

仿佛还在昨天，2022 年 4 月。彼时，上海戏剧学院华山路校区紫藤庐前，藤花正盛，而花下本应有书声清朗，本应有如花少年翩翩来往，本应有大声的笑、放声的歌、字正腔圆的台词和忘形无我的演绎，本应有关于一整个春天的一千一万种灵感与畅想。但是，因了一种灾难，我们不得不放弃原本理所当然的谈笑风生，不得不失去多少顺理成章的相见，不得不错过校园之中樱与杏、海棠与紫藤的盛开，而整天必须与那令人窒息的压抑、无助和悲凉相伴。我想，作为老师（或者说几乎所有的老师），除了对家人、亲人与自己安危的牵挂，放不下的，一定还有他们的那些学生。一群年轻的生命只能日日囿于寝室，身为师长，对他们此刻的心情感同身受，满心怜惜，只希望自己能与他们真正意义上并肩，以自己痴长经年的人生阅历，为孩子们添一点盼望的柴薪，燃一簇鼓舞的焰炬。每天起床后，我经常会伸出手指去归拢一些发自内心的文字，但临到微信群栏发送时又犹豫了，生怕那些家长里短的温馨提示、友情留言，被误解为浅薄的"心灵鸡汤"，泼脏了他们青春的衣衫……

想来想去，还是鼓动大家一起干活吧！可这个时候谁还有心思干活？这些年轻的学子生长在"独生"时代，曾经享用着最多的宠爱，大多未经历练，不解风霜，从未想过有朝一日风向会突然变更，恶浪会滔天而来，每日里惶惑于如何自渡这茫茫心海，还能愿意静下心来坐到书桌前吗?

不妨试试。即使碰壁,也无怨无悔——我决定编纂出版《世界灾难题材经典戏剧 100 部鉴读》《世界灾难题材经典电影 100 部鉴读》。我想,这一涉及如何面对共同的灾难、如何面对共同的专业的话题,也许能与孩子们有共识、有共鸣、有共情。

于是,4 月 11 日,我将这一倡议在在读研究生群中发出,并静静地等待同学们的反馈……

与此同时,我必须先把这件事的边界、规则与具体要求想清楚。

要给"灾难"这个词一个定义,而这定义本身就关乎如何将勇气注入心灵。

关于"灾难是什么"这样的问题,很难有人可以不经思考地回答。只是这样的思考,有人可能仅用一秒,有人或许要用一生。关于灾难的定义同样千差万别,也许是人力难以预料的自然灾害;也许是潜藏在人性深处的某种黑暗所导致的某种恶行。但无论哪种,灾难的根本起源,一定离不开两个字:发生。

要想清楚灾难对人类意味着什么?

灾难,一定是已经发生,难以改变。无论如何弥补,经历了灾难的人和事都无法回到最初的样子。所以灾难意味着的最重要的一件事是:面对。意味着对每个人的自我磨砺,意味着对自身责任的觉醒与认同,意味着从今以后我们能不能拥有不惶恐、不抱怨、不畏惧、不后悔的人生。

要想清楚灾难题材戏剧影视经典剧作鉴读的意义是什么?

戏剧娱神娱人,通天通地。与其让心继续在阴霾里徘徊,不如让戏剧继续引领我们,去寻找你曾遨游曾跋涉的无垠戏剧之原上那一隅与此情相似的境遇,去重温曾为之悸动感喟的那一场那一幕,选出它,书写它,写给自己,写给戏剧,更写给这个世界。换句话说,作为普通人,我们可以从灾难题材经典戏剧影视作品中了解剧中人物在面对灾难时的所思所想、所作所为，从中获取有益的人生借鉴；作为戏剧人，我们更可以从灾难题材经典戏剧影视作品的创作者身上，学到他们处理灾难题材的观念、情怀、想象力与技法。

想清楚了这些虽然浅显但必须明白的道理，心中就有底了。

所幸的是，几乎所有的同学都给予了积极的响应。接下来就可以进入具体的操作程序了。

首先，确定项目负责人。《世界灾难题材经典戏剧100部鉴读》，想到的是博士生高媛。小高是吉林省艺术研究院的二级编剧，拥有较多的创作成果与理论成果，不久前在潜心研读《六十种曲》，积累了许多心得。她在外国戏剧研读方面也用力颇勤，由她来负责统筹戏剧卷的编辑工作应该是合适的。《世界灾难题材经典电影100部鉴读》，想到的是徐煜教授与李世涛副教授。徐煜研究戏曲、话剧与影视，成果颇多，特别是他长期主讲一门《电影视听语言》，对影视作品的研究有独到的感悟。世涛是优秀青年剧作家，创作上演了十来部剧作，在编剧学理论研究方面也有许多成果，由他们两人来负责影视卷的编纂工作，应是理想选择。分工上，高媛主要负责我带的在读编剧学博士生、硕士生的鉴读，徐煜、世涛主要负责面更广、量更大的本科生及部分研究生的鉴读。

其次，确定鉴读篇目。经过反复讨论、比较研究，最后在世界范围内择选了100部灾难题材经典戏剧作品，100部灾难题材经典影视作品。以戏剧卷为例，选有话剧作品88部，戏曲作品12部。时间跨度自古希腊至当代，灾难事件涵盖战争、谋杀、极端天气、瘟疫、饥荒、中毒事件、恐慌等，其中战争题材占绝大多数。话剧作品中，战争题材39部，涵盖以希腊神话为背景，由古希腊三大著名悲剧作家埃斯库罗斯、索福克勒斯、欧里庇得斯创作的一系列剧目，以及以第一、第二次世界大战为背景的诸多作品，其中也包含以战争为故事背景、重要线索等的剧目，例如涉及第二次世界大战题材的《哥本哈根》《奥本海默案件》等。谋杀题材 19 部，其中也包含战争背景下的谋杀题材，与战争题材有一定交叉。恐慌题材 16 部，其中与战争、谋杀题材有一定交叉。自然灾难题材 5 部，包含海难、暴风雨、旱灾等。人为灾难题材 5 部，包含火灾、矿难等。疾病及其他题材 8 部，包含瘟疫、精神疾病导致的自杀、嗜睡症等异常及虚构疾病、种族歧视等。戏曲作品中，战争题材 7 部，谋杀题材 2 部，饥荒题材 2 部，暴乱及恐慌题材 3 部，其中与战争题材也有所交叉。

第三，确定鉴读要求与时间节点。初步定了这样几条：一是选材要求。必须为灾难题材，自然灾害、人为灾害均可；必须为戏剧影视作品，不含小说、诗歌等体裁；必须为思想深刻、艺术质量精湛的经典剧作，不限入选作品的时间、国别与篇幅。二是鉴读研究要求。重点关注灾难与剧作构思，包括灾难与剧情、灾难与冲突、灾难与结构；灾难与人物塑造，包括灾难与人物行动、灾难与性格发展、灾难与情感历程；灾难与主题表达，包括灾难与社会背景、灾难与生存哲理、灾难与价值导向；灾难与剧作风格，包括灾难与剧作叙事、灾难与剧作语言、灾难与剧作象征；还有，就是灾难戏剧影视创作对人的启示和对编剧学学科与专业的启示，等等。三是撰写要求。在确定百部入选剧作名录之后，让同学们自行认领不少于一部的经典剧目，撰写每篇不少于两千字的鉴读，即剧作推介文字。四是时间节点要求。除了给同学们通报的时间，我内心还有一个最低要求，总体上希望让所有参与编纂的学生在临近毕业前能拿到此书。

终于，鉴读活动于一个寻常又特殊的时刻正式启动。虽然是一个简单的线上活动，但我想，此刻的孩子们也许会有些感慨，面对突如其来的灾难，原来我们想做的、能做的事仍然有那么多，那么多！从这一天起，孩子们投入辛勤劳作，从选择鉴读作品篇目开始，集思广益，倾其全力，所有人都展现出了极高的参与热情，哪怕是临近毕业的同学，在完成毕业论文与毕业作品后，也积极投身于本次征集与编撰活动。也许孩子们还会体悟到，这并非是一次普通的学术活动，而是一次自度也度人的心灵锻炼之旅。因为，我们不能白白经历了这一场灾难，而要在这个特殊的时刻，在这个慌乱的春天里留下些什么，哪怕是燃起我们微弱而纯澈、渺小而真诚的心灵之光，为中国编剧学理论建设贡献一砖一瓦，也是值得的。

需要说明的是，戏剧作品固然浩如烟海，但符合本次选题标准的剧目其实并不多。因此，筛选作品的过程远比想象中漫长得多，这也是对师生们学术积累的一次严峻考验。限于水平与能力，当然也限于时间，无论是戏剧还是影视，最后确定入选的剧作也不见得都合适，鉴读的文字也不见得都恰当，这些都特别需要方家的批评指点，以便我们将来有机会得以修改提高。我想我们所做的，除了记录下编剧学师生在疫情期间对生命以及关乎生命的艺术创作的一些浅显思考，更多的是希望通过我们在灾难题材戏剧影视创作与研究领域的劳动，能为人类抗击灾难提供更多的精神力量。这应该是策划编纂此书最重要的愿景吧。

行文至此，愿以疫情期间我与学生合作的中国首部抗疫题材大型话剧《护士日记》[①]、中国首部微信剧《请打开你窗前的那盏灯》[②]的创作手记作为结语：

任何一个伟大的民族，在与人类文明进程相伴相生的天灾人祸作殊

---

① 《护士日记》获上海市重大文艺创作项目资助，文学本载《江南》文学杂志社2020年第2期头条，演出本载《剧本》月刊2020年第4期头条、《上海戏剧学院报》2020年4月20日第5、6、7、8版，上观新闻2020年3月12日电子版，剧本片段入选中考模拟试卷。

② 《〈请打开你窗前的那盏灯〉创作档案》由上海辞书出版社出版，入选2023年上海书展。

死较量时，都不能仅仅以牺牲无数人的生命与尊严作为筹码，而是要由全社会的科学、良知、秩序、担当与奉献的合力来共克时艰，决战决胜。

——摘自陆军《护士日记》创作手记

2020 年 2 月 1 日

我费力打捞起人性中渐渐式微的原始热能，尝试点亮你的心灯。劳驾你把窗口的那盏灯打开，这样，即使是至暗时刻，我们的城市至少还有些光亮……

——引自陆军《请打开你窗前的那盏灯》创作手记

2022 年 6 月 6 日

所以选择这两段文字，是因为，2020 年至 2022 年间策划的两本书、与学生合作的两部戏，算是我也没有白白经历过这一场灾难的生命印记吧。尽管文字有些粗糙，情绪有些慌张，但诚恳在，真情也在。不信，你可以去翻翻那些文字，上面一定还有一些这个年头的余温，我这样想。

是为序。

2023 年 7 月 29 日

（作者为国家"万人计划"教学名师，全国高校黄大年式教学团队负责人，上海市文史研究馆馆员，上海戏曲学会会长，上海戏剧学院学术委员会主任，二级教授，博士生导师）

目 录

戏　曲

话　剧

灾难的因果循环

——浅评古希腊悲剧《阿伽门农》

郭　静　20编剧学理论MA

　　《阿伽门农》是古希腊悲剧诗人埃斯库罗斯所作的《俄瑞斯忒亚》三部曲中最出色的一部。戏剧以特洛伊战争为故事背景，阿伽门农用弟弟的妻子海伦嫁给特洛伊王子为借口发动不义之战，想称霸整个爱琴海，并因自己的自私而延长了战争和苦难。在战争中，阿伽门农惹怒了狩猎女神阿尔忒弥斯，女神使海上起逆风，船只受阻而不能开动，为平息神怒，阿伽门农不惜以女儿来献祭，并取得战争的最终胜利。然而，女儿被献祭却激起母亲克吕泰墨斯特拉对丈夫的复仇。《阿伽门农》便以妻子的复仇来开启全篇的叙事，最终阿伽门农被妻子连刺几剑当场身亡。全剧共分为五场，其中穿插五个合唱歌，外加一个开场、一个退场、一个进场歌，从阿伽门农得胜归来写起，到中剑身亡而终，一场战争灾难扭结起一出爱恨情仇之戏。

一、灾难与剧情设置

　　灾难，顾名思义，即灾祸苦难，分为人为造成和自然造成两种。在《阿伽门农》中，灾难以战争的形式存在，那么战争究竟是命运注定还是人为制造？古希腊悲剧一向被称为命运悲剧，即人与命运的抗争，往往命运的力量不可战胜，另一方面也凸显出与命运作对的人的自由意志。《阿伽门农》的开场，是以战争胜利的火光开启全篇，并由守望人兴高采烈地报告给王后克吕泰墨斯特拉，王后便下令举行全城祭祀活动。本应是带着胜利喜悦的热开场，却在接下来歌队的哀歌中渲染出战争的残酷，并预示着潜藏的复仇危机，同时，在歌队的介绍中，故事前史和人物前史得以彰显。《阿伽门农》取材于古希腊神话。神话中阿伽门农因为猎杀了女神阿尔忒弥斯的猎物，并吹嘘自己是比狩猎女神更胜一筹的猎人，因此惹怒了阿尔忒弥斯，于是她在战争中掀起逆风阻止阿伽门农的军队前进。无奈，阿伽门农为平息怒火，用女儿伊菲革涅亚献祭以取得战争的胜利。然而，出于怜悯，女神并没有处死伊菲革涅亚，而是任命其为女祭司。但在埃斯库罗斯的《阿伽门农》中，阿伽门农无情地牺牲女儿这一事件被放大，成为整部剧的激励事件，由此引发妻子的永恒仇恨和进一步的复仇计划。着眼于《阿伽门农》的故事主体，战争被当作整部戏的故事大背景，虽然其中有神的干预和作用，但终是围绕人的行为动作进行剧情设置，埃斯库罗斯有意识地弱化神的存在，将人为灾难作为主要描写对象来进行剧作构思。这一剧情设置当然也来源于剧作家的创作观念，与其他两位古希腊著名悲剧家不同，埃斯库罗斯处于雅典民主政治成长时期，相信神的正义性，能惩恶扬善和主持公道，所以埃斯库罗斯极力描写阿伽门农自私自利和傲慢自大的一面，以伊菲革涅亚的死印证他犯下的罪恶，并把灾难的源头归结于阿伽门农的人为制造，又以阿伽门农的死达到悲剧净化人心的目的。同样，埃斯库罗斯信奉因果报应，从他的《俄瑞斯忒亚》三部曲便能看出，所以剧作家同样改编了原希腊神话的结局，《荷马史诗》中的阿伽门农本是被克吕泰墨斯特拉的情夫埃葵斯托斯所杀，克吕泰不过是一个帮凶，然而《阿伽门农》中妻子成为主要的肇事者，埃葵斯托斯在阿伽门农死后才出现在退场中。埃斯库罗斯给了战争一个因果报应，人为灾难必将反噬到人本身。

二、灾难与戏剧冲突

"没有冲突就没有戏剧"，可以说戏剧冲突是戏剧性的主要来源，《阿伽门农》中的戏剧冲突设置与灾难息息相关。如前文所述，故事的背景是战争，故事的主体构成是人为制造的灾难引发的一系列事件，组成了整部剧的情节结构，其中戏剧冲突的设置由戏剧人物动作生发，动作和反动作构成显性的戏剧冲突形态。《阿伽门农》中的主要戏剧冲突便是阿伽门农和妻子克吕泰墨斯特拉之间的冲突，但剧作家并没有一上来就展现冲突的爆发，而是用一系列语言动作和行为动作造势，并且展现出冲突爆发前的平静和伪装的喜悦。首先，在剧作第一场中，克吕泰墨斯特拉告诉歌队长，战争取得了胜利，一副为丈夫和城邦骄傲的神情。但从她的字里行间却能隐约感受到她对战争的厌恶和对战争中人的同情，同时，她间接表现出对丈夫发动战争的不满，如"……有的人倒在丈夫或弟兄的尸体上，儿孙倒在老年人的尸体上，用失去了自由的喉咙悲叹他们最亲爱的人的死……"剧作家同样用克吕泰墨斯特拉的口表达出自身的反战思想，在第二场同样如此，并用较大篇幅描述传令官的话语，诉说着战争条件的恶劣和战争生活的艰辛，不得不去思考战争存在的意义，它对胜利方同样是不可忽视的灾难。到了第三场，阿伽门农正式归来，克吕泰墨斯特拉压抑着内心的仇恨，说着冠冕堂皇的漂亮话，并且假装诉说对丈夫的思念和独守空房的痛苦，另一方面，却极力让丈夫犯下嫉妒和傲慢之罪，"但是不被人嫉妒，就没人羡慕"。克吕泰墨斯特拉抓住丈夫傲慢自大和炫耀虚伪的人性弱点加以诱导，使之下车踩在紫色毡毯上进入宫殿，在古希腊神话中，只有神和品德高尚的人才配踩在紫色毛毡上，所以阿伽门农无疑是犯了傲慢之罪。第四场中，阿伽门农带回来的女奴卡珊德拉说出妻子将杀死丈夫的预言，并预见自身惨死的结局，揭露克吕泰墨斯特拉的真实目的，以及克吕泰墨斯特拉出轨的事实，并在叙述中完成了戏剧冲突的建置。彼得·斯丛狄在《现代戏剧理论》中提到西方现代戏剧的"叙述体"倾向，实际上在古希腊戏剧中早已出现，有意思的是亚里士多德却以古希腊戏剧为蓝本提出"戏剧式戏剧"，是值得深思的理论问题。说回灾难本身，卡珊德拉无疑是战争的牺牲品，她的死同样显示着灾难本身的残酷性，不留余地。第五场中，克吕泰墨斯特拉挥剑刺死阿伽门农，卡珊德拉同样倒在血泊中，然而这一切都在暗场进行，观众能看到的只有阿伽门农的尸体，接着便是克吕泰墨斯特拉一系列的控诉，她在激烈的控诉声中，积淀着自己与丈夫永恒的冲突，难以磨灭的仇恨种子早已种下，以及因女儿的死而由痛生恨的心理路程。巧妙的是，全剧并没有正面的冲突交锋，然而戏剧冲突却无处不在，在开场和歌队的介绍中，便已预示克吕泰墨斯特拉和阿伽门农之间有矛盾存在，而前三场却以冲突双方的意志融合为表现，第四和第五场在"叙述"中完成了戏剧冲突的全过程，同时在前后倒置对比中给观众造成假性"观看冲突"，从而在纵览全剧后恍然大悟，也在冲突中把女主人公克吕泰墨斯特拉的人物形象得以塑造得立体和鲜明。一场由人为灾难开启，并以灾难导致的无辜幼女惨死之后果引发的复仇之火焰，最终导向新的难以遏制的悲惨结局，给人心灵以极大震撼。灾难题材作品如何创作，或许埃斯库罗斯给出了答案。

三、灾难与主题表达

埃斯库罗斯在《阿伽门农》中无疑展现了强烈的反战思想，让人不得不思索战争的本质。自人类存在以来，战争似乎都伴随着人类历史发展进程。而在古希腊时代，从西方最早的战争史《伯罗奔尼撒战争史》《希腊波斯战争史》等中可以看出，古希腊人认为战争源于神与神之间的争斗，但神人同形同性，把人的思想和意识投射到神的身上，所以战争归结到底还是人为的运作。随着生产力水平的提高，后世的战争总是会和政治与经济相联系，而政治和经济又牵扯到社会和群体等一系列复杂概念，而逐渐远离人之本身。所以在古希腊戏剧中是最容易感受到战争与人类之间朴素的联系的。在《阿伽门农》中，几乎所有人物都被迫品尝到战争所带来的苦楚，本是拿着胜利的火把回家的传令官也忍不住悲叹："说起我们的辛苦和居住条件的恶劣，船上狭窄的过道，糟糕的铺位，哪一件事不曾使我们悲叹，哪一样痛苦不是我们每天所应有的?""苦难已经过去了，对那些死去的人说来是过去了，他们再也不想。"希腊军队作为胜利一方，却仍满是凄凉。卡珊德拉在第四场中对于战争中自身命运悲惨遭遇的控诉，对战争中无辜受害者的怜悯，是作为战争失败一方对于灾难的直观感触："这里有婴儿们在哀悼他们被杀戮，他们的肉被烤来给他们夫妻吃了。""我这不幸的人的厄运呀！我为我的灾难而悲叹"，"我的城邦整个儿毁灭了，这灾难啊，这灾难啊！我父亲杀了多少他养着的牛羊在城墙下献祭！那也无济于事，未能使城邦免于浩劫；而我呢，很快就要把我的热血洒在地上"。卡珊德拉因战争成为女奴，最终也成为复仇的牺牲品，而她的死恰恰是剧作家给予观众的警示，灾难使美丽覆灭，使人性堕落。而最能表现剧作家反战思想的无疑是借助歌队来作出的批判，歌队在古希腊戏剧中有着举足轻重的作用，具有叙事、评论、抒情及教化等特征，常替主角说出不可言说的心声，也替剧作家表达一定的思想倾向。歌队长对归来的阿伽门农言道："你曾为了海伦的缘故率领军队出征，那时候，不瞒你说，在我心目中，你的肖像颜色配得十分不妙……""我认为只有不义的行为才会产生更多的不义，有其父必有其子；但是正直的家庭的幸运永远是好儿孙。"由此可知，《阿伽门农》有很强烈的倾向性，便是对于阿伽门农发动不义之战的批判，也正因为这次不义之战引发了整个家族的不幸，甚至是复仇和死亡。剧作家借此表现出深刻的反战思想。

悲剧《阿伽门农》围绕灾难设置情节，又用灾难构建冲突，处处凝聚着古希腊人对战争所带来灾难的最直观感受，不义之战终会形成一股命运的潮流奔涌而下，不可避免地引发一系列的不幸和苦难，在这无可奈何的境地中又呼唤着正义的来临，把灾难引入命运的宏大框架中。阿伽门农掀起灾难，便已预示灾难必将降临其身，正如剧中所言："谴责遭遇谴责；这件事不容易判断。抢人者被抢，杀人者偿命。只要宙斯依然坐在他的宝座上，作恶的人必有恶报，这是不变的法则。"

论《奠酒人》中的谋杀叙事

梁金华　　20 编剧学理论 MA

《奠酒人》是三联剧《俄瑞斯忒斯》的第二部，讲述了俄瑞斯忒斯为替父报仇而弑母的故事。《俄瑞斯忒斯》是古希腊"悲剧之父"埃斯库罗斯的代表作之一，也是迄今为止完整流传的三联剧。

一、一则杀母夺权的谋杀故事

《奠酒人》在谋杀的故事背景中拉开序幕，在谋杀中展开一系列故事情节。该剧的背景是王后克吕泰墨斯特拉为替女儿报仇，联合情夫埃癸斯托斯谋杀国王阿伽门农，建立僭政。戏开始于王子俄瑞斯忒斯作为外乡人回到阿耳戈斯城，凭借阿波罗替父报仇的神示，联合姐姐厄勒克特拉，亲手杀害了母亲及其情夫，恢复了城邦的秩序。

城邦混乱、血亲相残等灾难发生于不可调和的悲剧冲突中。俄瑞斯忒斯与克吕泰墨斯特拉的冲突作为本剧的核心冲突，符合黑格尔所说的普遍伦理力量在具体化过程中出现的对立。俄瑞斯忒斯坚持替父报仇的正义性，但是这一正义在具体化的过程中却又有杀母的片面性。而克吕泰墨斯特拉虽然有罪，却又合理，她虽犯有杀夫的片面性错误，却也有替女儿报仇的正当性。

单线结构保证凶杀故事的讲述清晰严谨，也保证了复仇行动环环相扣。该剧的结构较为简单，在一天之内完成了一条具有起承转合的故事线，即俄瑞斯忒斯从决定杀母报仇到完成报仇的过程，符合狄德罗所说的"纵向单纯，横向繁茂"的编剧法则。

二、自觉选择灾难的复仇者形象

俄瑞斯忒斯的行动基于一种自觉的意志：明知自己企图害死的人是亲生母亲却仍然去杀害。这与俄狄浦斯在不知情的情况下杀害亲生父亲不同，前者明白自己的行动对象与悲剧性质，具有是否会杀母的持续性悬念感，后者的悲剧效果仅发生于"发现"与"突转"的短促时刻。

俄瑞斯忒斯的行动主要为：祭奠父亲、认姐、乔装入宫、杀害国王与王后、逃离城邦。俄瑞斯忒斯带着阿波罗的神示回到故乡，在祭奠父亲时偶遇被王后驱使来奠酒的姐姐，在她的祈愿中，得知父亲惨死的过程与姐姐的悲惨遭遇，遂发出报仇的誓言，随后与皮拉得斯乔装成旅客，作为报信人向王后克吕泰墨斯特拉谎报自己已死的消息，并在歌队与保姆的帮助下，设计让国王未带卫队独自回来，最终亲手杀死国王与王后，并为躲避流血事件逃离阿耳戈斯城。

俄瑞斯忒斯对报仇之事的情感经历了从哀伤到愤怒、到怜悯、再到恐惧的变化过程。一开始，俄瑞斯忒斯仅表现出对亡父的哀伤与未尽义务的懊悔。后来，他变得愤怒。他从歌队与姐姐的口中真切地感受到他的父亲是个受人景仰的君王，而母亲却是与人通奸、残害父亲的恶人，他与姐姐无家可依，他的城邦和子民也深受其害。但是，当他面对母亲的乞求，又不免心生怜悯，举棋不定，幸好皮拉得斯在最后关头坚定了他的复仇决心。杀母的恐惧笼罩在他身上，他看到了复仇女神的幻象。

三、人与命运的主题

埃斯库罗斯曾参加过抵御外族的希波战争，"像他的同时代人希罗多德一样，厌恶暴政但又对极端民主的破坏力常常怀有戒心的埃斯库罗斯，把希波战争的结局看作是神力干预的结果"。[①]《奠酒人》正是通过俄瑞斯忒斯的苦难表明人的生存始终受到神力的控制。俄瑞斯忒斯复仇的正当性通过阿波罗的肯定与督促得以实现，而克吕泰墨斯特拉杀夫行为的背后是复仇女神。可见，人物的行动背后往往都有着神的指引。不仅如此，俄瑞斯忒斯复仇的背后是家族的诅咒。他的祖父珀罗普斯失信并残害赫耳墨斯的儿子，以至于整个家族被神灵诅咒。珀罗普斯的三个儿子阿特柔斯、堤厄斯提斯、希波克律亚便开始相互残杀，一直延续到了俄瑞斯忒斯。而在神之上，还有"命运"。在古希腊人的心中，神虽然不死，但并非永恒，他们都有着自己的生身父母，只有命运才是永恒存在，支配着一切，甚至是神，类似于中国的天道、天理。

四、阴郁的静态悲剧美学风格

经过公元前 9 至前 8 世纪的史诗与公元前 8 至前 7 世纪的抒情诗，古希腊的诗也发展到两者结合的最高峰——公元前 5 世纪的戏剧诗。《奠酒人》即是这种创作的典范，既有激烈的矛盾冲突，也有浓厚的抒情色彩。剧中母与子之间的冲突始终吸引着观众。另外，梅特林克提出静态戏剧的理论时，曾援引埃斯库罗斯的悲剧作为例子，认为"整部《奠酒人》就像一梦魇，在阿伽门农的坟墓周围徘徊，直到谋杀的阴影

---

① [古希腊] 埃斯库罗斯：《埃斯库罗斯悲剧集》，陈中梅译，华夏出版社 2008 年版，第 6 页。

如同一道闪电从祈祷的人群中射出，他们才后退一步。"

在襁褓中吮吸乳汁的蛇是《奠酒人》的关键意象。蛇在古希腊文化中常常与英雄的形象相勾连，此处象征俄瑞斯忒斯，而吮吸乳汁的动作则象征俄瑞斯忒斯与克吕泰墨斯特拉之间复杂的母子关系，既有母亲哺育儿子的意蕴，又有儿子诅咒、报复母亲的内涵。袍子是剧中的另一重要意象，它是克吕泰墨斯特拉杀害阿伽门农的凶器、证据，在剧中被俄瑞斯忒斯反复提及，蕴含着他深切的失父之痛与恨母之情，同时它也构成本剧故事发生的起因。蛇与袍子的意象营造出阴森恐怖的氛围，使剧作主题含蓄而富有深意。

五、灾难戏剧创作启示

《奠酒人》通过主人公俄瑞斯忒斯的谋杀动作而达到了卡塔西斯的效果，使观众的心灵得到净化。而剧中对于谋杀的思考在当下仍有启示意义。谋杀仍是现代重要的社会问题，由它入手，往往可以看到一个社会的结构，看到社会、人性的缺陷。

论《报仇神》中的正义叙事

梁金华　20 编剧学理论 MA

《报仇神》是《俄瑞斯忒斯》三联剧的终篇，讲述了俄瑞斯忒斯如何被免除杀母之罪的故事，该剧不仅是前两部剧《阿伽门农》与《奠酒人》的总结，还是与现实政治联系最为紧密的一部。

一、一则审判谋杀的法庭故事

《报仇神》是一则审判谋杀、结束私人仇怨的法庭故事。该剧讲述了俄瑞斯忒斯因杀母遭到复仇女神的追杀，在阿波罗的庇护下，来到雅典娜神庙寻求帮助，雅典娜为此挑选了雅典 12 位公民成立法庭审理此案。复仇女神作为原告，控诉俄瑞斯忒斯犯了杀母之罪，阿波罗则为其辩护，最终投票表决，结果为平票，雅典娜投下关键的一票，宣布其无罪，同时结束了其家族无休止的复仇灾难。复仇女神怒而要往雅典城邦降下灾难，幸亏雅典娜安抚得当，将其招安为降福女神。

如果说在《俄瑞斯忒斯》前两部剧中，阿波罗与复仇女神之间的冲突还是一种隐性的冲突，那么在《报仇神》中则成为显性的核心冲突。复仇女神是黑夜女神的无父女儿，维护母亲的权力，强调儿子杀母有罪，阿波罗是光明神，维护夫权和父权，强调妻子杀夫有罪。阿波罗与复仇女神的冲突是剧中灾难的来源。不仅俄瑞斯忒斯与克吕泰墨斯特拉的谋杀行为来源于他们，而且他们还是灾难的施行者，如复仇女神屡次发出警告，要让雅典城邦的土地没有丰收、人民不能生育。因此，在审判的过程中，存在着灾难随时可能发生的悬念。如雅典娜在接受这件案子时，便敏锐地察觉到，如处理不当，很可能遭到复仇女神的诅咒，"可是她们有职权，是不容易送走的；要是她们的官司没打赢，她们的傲慢心胸喷出的毒液就会落到地上，引起难以忍受的长期传染"。

从戏剧结构来说，该剧的地点相对分散，第一场在德尔福阿波罗庙前，第二场与第三场在雅典卫城的雅典娜神殿，第四场在雅典战神山法庭。但是，情节的发展跌宕起伏，戏剧行动环环相扣。在开场与第一场中，复仇女神的追逐使得故事在紧张的戏剧冲突中开场，随之发生的法庭审案进一步加剧戏剧冲突，到雅典娜宣布投票结果达到高潮，最后以冲突的和平解决结束，符合亚里士多德强调的因果律与必然律。不仅如此，剧中复仇女神由歌队组成，使得该剧的抒情诗与对话紧密结合，紧凑的节奏融合着主观的情感色彩。此外，该剧悬念感强，在俄瑞斯忒斯能否免受责罚的总悬念之下，还存在着一系列的小悬念：复仇女神能否抓到俄瑞斯忒斯，雅典娜能否救助俄瑞斯忒斯，审判的结果如何等。

二、意志坚定的神明形象

《报仇神》中，俄瑞斯忒斯的戏份虽然较重，却是作为阿波罗的意志而存在，克吕泰墨斯特拉的阴魂以其坚忍的形象在开场短暂出现了一次。相比之下，神明无疑是该剧的主要人物形象，他们都具有坚定的意志，始终如一地坚持自己的原则，另外，他们又都是灾难的施行者，以至于所有与之形成冲突的时刻，必是灾难降临之时。

狂热的复仇者——复仇女神。她们在克吕泰墨斯特拉阴魂的呼唤中醒来，发现俄瑞斯忒斯逃走后，愤怒地追逐至雅典城，同意了雅典娜举办的法庭会议，并作为控诉方，与阿波罗进行激烈的辩驳，打输官司后，怒而要降灾于雅典城，只是最后被雅典娜招安。复仇女神对于惩戒杀母者，狂热而坚定。她们阴魂不散地追逐俄瑞斯忒斯，恶毒地谴责阿波罗，甚至同样恶毒地诅咒雅典娜的城邦。

敢于承担的教唆者——阿波罗。阿波罗不仅是俄瑞斯忒斯杀母的教唆者，还敢于承担自己的责任。面对杀母后来寻求庇护的俄瑞斯忒斯，阿波罗不仅为他施行净洗礼，还指引他往雅典城获得庇佑，并派神使赫尔墨斯沿路护送。复仇女神上门谴责时，他毫不留情地将其驱赶走。并且，他还作为辩护人亲自为俄瑞斯忒斯辩护，并成功使其免罪。此外，阿波罗在与复仇女神的对话中言辞傲慢，侮辱性极强，符合其贵族的身份。

理性的仲裁者——雅典娜。当雅典娜接受俄瑞斯忒斯凶杀案时，她理智地分析了其中的利害关系，因此并未简单地由凡人或自己审判，而是亲自挑选出雅典最好的市民，成立公正的法庭，并主持了整个案件的审理过程。由于她是无母的女儿，因此在投票环节投了赦免票，这关键的一票导致复仇女神落败，雅典娜便以让她们入驻雅典城的条件安抚她们，最终获得圆满的结局。

三、新秩序下的父权与正义主题

埃斯库罗斯（公元前525—公元前456年）生活在希腊的重大变革期，经历了希腊从贵族制度变革为雅典民主制度的过程，民主党领袖埃菲亚特斯对战神山议事会的改革是其中的标志性事件。战神山议事会在梭伦时代不仅有维护国家法律的无上权力，还享有支配政治的权力。埃菲亚特斯在公元前462年进行大刀阔斧的改革，将议事会的权力移交给民主决策机构，并将其削减为只审判谋杀的法庭，而原本的政治权力则被分配给公民大会与五百人议会。埃斯库罗斯敏锐地察觉到这一改革颠覆了传统的政治秩序，标志着一种新秩序的到来。《报仇神》不仅映射了这一历史事件，还敏锐地思考正义性在新旧秩序之间的关系，即血亲复仇的私人正义让位于法庭审判的公共正义，并通过谋杀这一事件进行展现。

此外，与贵族制依赖于母权制不同，雅典民主制度是一种建立在父权制基础上的民主制。《报仇神》正是表达了英雄时代新兴的父权制战胜了没落的母权制。如巴霍芬所指出的："埃斯库罗斯的《奥列斯特》三部曲是用戏剧的形式来描写没落的母权制跟发生于英雄时代并获得胜利的父权制之间的斗争。"这一观点得到了恩格斯的高度认同。但是，父权制同时带有它的弊端、负面效果。从剧中阿波罗为了支持父权制而表示父亲是播种者、母亲是培育者可以看出。

四、灾难戏剧创作启示

灾难在《奠酒人》中具有重要的作用，不仅是主要的故事内容、冲突，而且戏剧人物是灾难的施行者，他们守护法则的坚定意志，使得所有与之相冲的一切必受灾难之苦，并由此揭示了父权战胜母权、公正战胜私人恩怨的戏剧主题，这在当下仍有重要的启示意义。随着女性主义的崛起，现代人对于男权与女权关系的思考愈发深刻，不再简单地要求谁取代谁，而是追求一种和谐的状态。灾难正是寓于分裂的思想之中，只有深入到思想层面，对灾难的解释才会深。

无法逃避的命运

——《俄狄浦斯王》的灾难叙事

朱思雪　20 编剧学理论 MA

作为雅典民主政治繁荣时期的文学艺术代表人物，索福克勒斯的创作带有明显的时期特征，其悲剧《俄狄浦斯王》尤为典型。索福克勒斯的思想在一定程度上代表了当时社会的意识形态，既对神所具有的力量深信不疑，又相信人的抗争精神，但在灾难降临之际，个人的自由意志终究无法抵御神谕，由此造就了典型的希腊悲剧冲突——人与命运的冲突。

一、灾难与剧作构思

《俄狄浦斯王》有"十全十美的悲剧""悲剧的典范"之称，该悲剧取材于希腊神话传说中英雄俄狄浦斯杀父娶母的故事，忒拜城的国王拉伊俄斯因为害怕"会被自己的儿子杀死"的神谕与诅咒，将孩子钉住双足，抛弃在荒山之中，牧羊人为其取名为俄狄浦斯，这个孩子在忒拜邻国科任托斯国长大，成了没有子嗣的国王波吕玻斯和王后墨洛珀的养子，长大后的俄狄浦斯意外得知了神谕，为了避免悲惨的命运而远走他国，途中与一个陌生的老人起了冲突并将其杀死。在忒拜城中，俄狄浦斯解开了斯芬克斯的谜题（什么动物有时四只脚，有时两只脚，有时三只脚，脚最多时最软弱），成为新的国王，按照传统与皇后成婚。多年后，灾祸和瘟疫降临了忒拜城，为了找出灾难降临的原因，俄狄浦斯向神祇请示，才得知原来自己已经在无意之中犯下了杀父娶母的大错，在悲愤之中戳瞎双眼，选择自我放逐。

"灾难"作为无可回避的主题贯穿全剧，从神谕预示的灾难开始，到吃人的怪物斯芬克斯和瘟疫、饥荒降临忒拜城，最后以伊俄卡斯忒的自杀、俄狄浦斯的自我放逐作为收尾，这些灾难并不是人为造成的，而是有一种无可抗拒、无可逃避的非理性的外在因素，不可转圜地促成了悲惨的命运，人物就像玩偶，掌握在神谕的股掌之中，俄狄浦斯的行动在无意识中复刻了西西弗斯的抗争。按照灾难发生的范围，大致可以分为个人、家庭层面的灾难，社会、国家层面的灾难和感性、意识层面的灾难三种类型。

《俄狄浦斯王》拥有着极其精妙的结构，正是在于剧本之外漫长的前史，索福克勒斯将神话传说的大部分故事隐藏在悲剧之外，只截取了一个高潮之前的横截面，将前史用回叙的手法融合到剧情发展之中，悲剧的开场便是木已成舟，俄狄浦斯王成为忒拜城的国王，与王后伊俄卡斯忒生下子女。灾难降临忒拜城，俄狄浦斯苦苦追寻灾难的缘由，祈求神明的怜惜，却不知道遭受诅咒、犯下弥天大错的人就是自己。社会、国家层面的灾难率先铺陈了阴暗、压抑的戏剧氛围，是戏剧发生的背景，同时也是俄狄浦斯追查的动力，"因为这城邦，像你亲眼看见的，正在血红的波浪里颠簸着，抬不起头来；田间的麦穗枯萎了，牧场上的牛瘟死了，妇人流产了；最可恨的带火的瘟神降临到这城邦，使卡德摩斯的家园变为一片荒凉，幽暗的冥土里倒充满了悲叹和哭声"。血红的波浪、天神的震怒，促使俄狄浦斯不得不为了臣民、天神和自己，捉拿杀死拉伊俄斯的凶手，将他推向意识之灾难——神谕。

神谕是天神意志的具象化，在戏剧故事中一共出现了四次，分别是：拉伊俄斯从祭祀口中得知神谕，所生的孩子会杀父娶母，在俄狄浦斯出生之后就将其弃之荒山；俄狄浦斯在宴会之中，听见一个醉酒的人说自己不是科任托斯国王和王后的亲生孩子，便去祈求神示，神示告诉他，他将会杀父娶母；灾难降临忒拜城后，俄狄浦斯派妻弟克瑞翁去求问福玻斯王如何拯救城邦，神示告诉他，要找出杀死拉伊俄斯的凶手，把他处死或是放逐；俄狄浦斯询问盲先知忒瑞西阿斯，忒瑞西阿斯说出俄狄浦斯就是那个杀父娶母的人。神谕作为一种非理性的因素，却引导着每一个人的行动，拉伊俄斯得知了神谕，扔掉了出生不久的孩子，俄狄浦斯得知了神示之后，逃离了科任托斯，"我得出外流亡，在流亡中看不见亲人，也回不了祖国；要不然，就得娶我的母亲，杀死那生我养我的父亲波吕玻斯"。他们害怕神谕成真而做出的看似最好的反抗，偏偏使得神谕所言成为现实，有意识的抗争在无意识中造成了个人、家庭的伦理道德悲剧，无法逃脱的宿命感深化了悲剧的内涵。

二、灾难与主题表达

海洋所孕育的希腊文明创造了灿烂辉煌的文化，同时也饱受着海洋灾祸之苦，城邦渴求安定与富饶，独特的地貌让希腊人相信神明的无上力量，建造神庙，举行祭奠，祈求神明的庇护，也把不幸灾难的发生归咎为神的旨意或是诅咒，在古希腊人的命运观中，命运是无法为人力所改变的，但随着民主政治的发展，理性思想冲击了固有的传统，公民的个人自由意志的重要性日益体现，索福克勒斯的《俄狄浦斯王》正是古希腊民主政治黄金时期人类面临的生存困境的反映。

《俄狄浦斯王》是一出典型的"命运悲剧"，俄狄浦斯的悲惨命运最初来源于拉布达科斯的儿子拉伊俄斯所犯下的罪孽，拉伊俄斯在投奔国王佩洛普斯时，诱拐了他的孩子克莱西普斯，并且导致其死亡，因此遭到神的诅咒，这样的诅咒祸及家族，在血脉之中延续，凌驾于一切个人的意志之上，成为让人恐惧的神秘力量。

灾难降临忒拜城，乞援人将俄狄浦斯看作受了天神的帮助拯救忒拜城的人，"人人都说，并且相信，你靠天神的帮助救了我们"，"你曾经凭你的好运为我们造福，如今也照样做吧"。俄狄浦斯同样相信神的旨意会做出公正的决断，帮助城邦渡过难关，"等他回来，我若不是完全按照天神的启示行事，我就算失德"。他不顾一切地追缉杀死拉伊俄斯的凶手，要"为天神报复这冤仇"。俄狄浦斯的悲剧，正是在于他没有犯下错事，却遭受了命运最残酷无情的责难，他的所有努力都成为徒劳，命运的不可违抗性、非正义性与个人自由意志、美好的人格品质之间产生了强烈的冲突，也将悲剧推向高潮。俄狄浦斯的斗争是悲壮的，神谕的无情无法损害他的精神，反而使其更加熠熠生辉，谱响了意志的赞歌。

三、灾难戏剧创作启示

亚里士多德认为，最好的发现产生于情节本身。《俄狄浦斯王》以按照神谕的指示追查杀父娶母的罪人作为线索，刻画了具有美好品德，因为命运安排而陷入悲惨境地的忒拜城国王俄狄浦斯，悲剧之中有多次的发现和突转手法的运用，一步一步靠近谜底，把戏剧推向高潮，将俄狄浦斯的勇敢坚毅与命运的荒诞展现在观众眼前，时隔千年，仍有回音。

参考文献

[1] 杨心怡：《自由意志与悲剧命运的冲突——戏剧〈俄狄浦斯王〉的主题意蕴与戏剧结构》，《戏剧之家》2022 年第 24 期。

[2] 陈奕颖：《"眼睛"的意蕴——论索福克勒斯的〈俄狄浦斯王〉》，《文化与传播》2022 年第 11 期。

[3] 彭盼：《浅析〈诗学〉结构主义模式下的〈俄狄浦斯王〉》，《参花》（上）2021 年第 7 期。

[4] 罗念生：《罗念生全集　第 3 卷》，上海人民出版社 2015 年版。

世界以痛吻我　而我报之以歌
——灾难戏剧经典作品鉴赏之《安提戈涅》

兰　潇　20戏剧影视编剧MFA

《安提戈涅》是索福克勒斯最著名的悲剧作品，也是世界戏剧史上最伟大的作品之一。

剧本讲述的是，弑父娶母的忒拜城国王俄狄浦斯去世后，其两个儿子因争权而自相残杀，决斗双亡。继承王位的舅父克瑞翁颁布了严酷的法令：俄狄浦斯的长子厄忒俄克勒斯保护城邦献身，给予礼葬；次子波吕涅克斯联合外邦攻城，暴尸荒野。在"违者处死"的禁葬令下，俄狄浦斯的小女儿伊斯墨涅选择服从城法，而大女儿安提戈涅却依然坚守神律——她认为尸体无罪，死者应入土为安。于是安提戈涅视死如归安葬二哥，却因此触犯了法治，触怒了舅父，被判极刑。最后，克瑞翁也因一意孤行处死了安提戈涅而失去了自己的儿子——同样也是安提戈涅未婚夫的海蒙，克瑞翁的妻子也因儿子离世而自杀。

该剧凭借其深邃的思想内容、强烈的戏剧冲突、鲜活的人物塑造、巨大的情节张力及诗意的语言风格，在世界戏剧史上留下了不可磨灭的一笔。作为一部载入史册的悲剧经典，《安提戈涅》的灾难是非常典型的古希腊悲剧式的灾难，是人类因愚蠢的行为触犯了神而导致的灾难，也是英雄人物与残酷的命运抗争所带来的灾难。不同于一般的经典戏剧作品，灾难作为至关重要的组成部分，在本剧中对于戏剧冲突的推动、人物性格的促成及主题立意的揭示方面都发挥着不可替代的作用。

首先，灾难引发了不可调和的矛盾冲突。

这是一场由时代灾难引发的僭主政治与民主政治的冲突。

《安提戈涅》的故事发生在英雄时代。当时，城邦文明刚刚启蒙，人们曾经遵循的以神法为依据的社会秩序受到了以国家法为代表的新兴文明的挑战。新旧交替，人神共治，这之间必然存在着对立冲突。克瑞翁是僭主政治的代表者，他"为所欲为，言所欲言"，把城邦的法令悬挂于神法之上，将个人的意志凌驾于民意之上，他将城邦归为己有，把人民视作奴隶。而安提戈涅则是民主精神的代言人，在开篇时她就与认为"我们生来是女人，斗不过男人"的伊斯墨涅形成了强烈的对比，她不畏王权，反抗专权，但生于专制时代，安提戈涅的悲剧是不可避免的，无论如何抗争，她最终必然成为克瑞翁暴政下的牺牲品。

这也是一场由家庭灾难引发的家庭伦理与国家伦理的冲突。

这是一场正义与正义之间的冲突。安提戈涅代表的是私人领域和家庭伦理；克瑞翁代表的是公共秩序和国家伦理。黑格尔认为："克瑞翁和安提戈涅的主张都有正当的理由，并且都是绝对本质性的主张。"

站在家庭伦理的角度，安提戈涅为手足之情而尽宗教义务、埋葬亲人，本无可指摘；站在国家伦理的角度，克瑞翁为统治城邦而护法治权威、严惩叛军，也无可厚非。可二者要维护自己的正义就会触动对方的正义，这种对立使两人皆陷入两难的境地：于安提戈涅而言，若遵守法律、无视亲情，她就会饱受内心的煎熬，但若是遵从天条、违背政令，她就会面临死亡的惩罚。之于克瑞翁，一方面，波吕涅克斯因攻打城邦而死，不惩戒难严法纪，安提戈涅违背禁令埋葬哥哥，不处罚难立君威；另一方面，克瑞翁是安提戈涅的舅父，其儿子海蒙是安提戈涅的未婚夫，若维护城邦"大义"，就要"灭亲"，若听从先知的劝说，就要推翻自己的律令。

于是，双方各执一词，莫衷一是，但却都坚定不移，执迷不返，形成了不可调和的高质量冲突，造就出不可解决的永恒性悲剧。

除此之外，本剧中还涉及妹妹伊斯墨涅与姐姐安提戈涅的对立、克瑞翁与海蒙父子之间的对抗、先知与国王的对峙，每一组冲突都立场分明，根深蒂固，质感饱满。

其次，灾难促成了不可逆转的人物命运。

本剧中，人物性格、情感、命运的揭露层层推进，灾难发生、发展、延伸的轨迹丝丝入扣，两者相互映衬，相互作用。灾难的发生使人物性格得以充分展现，人物性格的揭示又催生了灾难的渐次升级。

安提戈涅是不畏强权、敢于牺牲的。从最初违抗禁令时的果敢，到之后面对审问时的坚决，再到最后石窟赴死时的刚毅，随着她遭遇困境的逐层升级，其坚韧偏执的性格也得以逐步展现，正是因为"这个女儿天性偏强，是倔强的父亲所生；她不知道向灾难低头"，安提戈涅一步步走向了最终的死亡。

克瑞翁是专横霸道、飞扬跋扈的。从最初僭越天条颁布禁葬法令，到之后无视劝诫处死安提戈涅，再到最后儿亡妻死独自面对孤独，克瑞翁一意孤行的性格一以贯之：对民众他颁布奴役的法令，对守兵他发出可怕的恐吓，对儿子他灌输强加的旨意，对先知他表达轻蔑的讽刺，也正因"顽固的性情会招惹愚蠢的罪名""毁灭之神正暗中等你，要把你陷在同样的灾难中"，克瑞翁一步步走向了最终的悲剧。

索福克勒斯十分擅长塑造人物。本剧采用了巧妙的对照手法展现人物性格，打造了经典的对比场面：第一场，安提戈涅和妹妹伊斯墨涅在争论是否埋葬哥哥问题上的一进一退；第二场，克瑞翁在审问安提戈涅是否犯下罪行时的一审一答；第三场，克瑞翁与儿子海蒙在争吵是否惩罚安提戈涅时，海蒙的理性劝诫和克瑞翁的固执己见；第五场，忒拜城长老的预言进谏和克瑞翁的执迷不悟；等等。一个个性格鲜明又不可复制的人物在互动比照中得以彰显：固执勇敢的女英雄安提戈涅，专制扭曲的独裁者克瑞翁，恭顺感性的海蒙，逆来顺受的伊斯墨涅……可以说，灾难犹如一根引燃人物性格的导火索，造就了不可逆转的人物命运；而同时，人物性格也成为推动剧情向前发展的动力，成为通向灾难的引爆器。

第三，灾难孕育出不可多得的主旨立意。

悲剧诗人想通过安提戈涅的灾难告诉我们什么？

两千多年来，该剧一直饱受争议，关于城邦法治与宗教神律孰高孰低、国家秩序与人性伦理孰褒孰贬、性情与理智孰轻孰重的探讨延续至今。其实，本剧中作者的爱憎是分明的，他借歌队长之口控诉克瑞翁"有权力用任何法令来约束死者和我们这些活着的人"，也给予了克瑞翁最"难以忍受的命运"作为悲惨的结局。这是因为索福克勒斯自己生活在雅典奴隶主民主制极盛时期，他对僭主制度深恶痛绝，他曾说，谁要是进了僭主的宫殿，谁就会成为奴隶。因此，本剧无疑是借克瑞翁和安提戈涅的冲突表达了提倡民主精神、反对独裁制度的态度。但进一步思考，诗人所表达的主旨又不止于此。

安提戈涅毁灭了，我们是否可以把在她身上发生的灾难简单归咎于时代或归因于克瑞翁个人？如果不能，又是什么导致了这一场灾难？安提戈涅的能指是丰富而多义的，她既非罔顾城邦律法的叛逆者，又非固守三纲五常的愚忠者，那么她坚持违背禁令埋葬哥哥行为背后的欲望动机到底是什么？

让我们再来回溯一下故事的背景。

安提戈涅本来是尊贵的公主，并即将成为幸福的人妻，然而，当俄狄浦斯的身世大白于天下之后，整个家族的命运瞬间被改写了：父母乱伦、兄弟反目、舅父夺权，她的身份不再高贵，她的世界完全翻转。开篇时安提戈涅就向自己的妹妹苦陈过："啊，伊斯墨涅，我的亲妹妹，你看俄狄浦斯传下来的诅咒中所包含的灾难，还有哪一件宙斯没有在我们活着的时候使它实现呢？在我们俩的苦难之中，没有一种痛苦、灾祸、羞耻和侮辱我没有亲眼见过。"有学者认为，安提戈涅面临的是一个"文化的灾难"：家庭的悲剧导致她迫切需要重新定义自我，从而证明自己"不愧为一个出身高贵的人，而不是一个贱人"。从这个角度来看，"埋葬哥哥"的行动于安提戈涅而言，不仅有家庭责任和人伦道德层面的意义，还有着更深层次的价值：一方面，当安提戈涅的生活因家庭灾难的揭露而倾覆之后，她曾熟悉的一切都不复存在了，她内心迫切渴望与旧世界发生链接，而埋葬死去的哥哥是她与曾经的高贵血统发生关联最直接的方式；另一方面，面对家庭灾难的原罪压迫和现实生活的沉重打击，安提戈涅已经不知道该以怎样的姿态继续活下去了，所以，她内心深处是存在"死亡欲望"的。在第一场中，伊斯墨涅虽然拒绝参加安提戈涅的埋葬行为，但却表示会缄口不语并提醒安提戈涅"无论如何，你得严守秘密，别把这件事告诉任何人，我自己也会保守秘密"。可安提戈涅却希望此事得到宣扬。她说："呸！尽管告发吧！你要是保持缄默，不向大众宣布，那么我就更加恨你。"可见在她心中，为埋葬哥哥而牺牲是一件正义的事情，正如安提戈涅自己说的："我除了因为埋葬自己的哥哥而得到荣誉之外，还能得到更大的荣誉了吗？"只有借助这种方式，她才可以洗脱原罪，净化生命，获得自我的主体性，证明自己的价值。

面对家庭的灾难，安提戈涅本可以像伊斯墨涅一样屈服城法保全性命，可她偏要遵从神律向死而生。可以说，灾难摧毁了安提戈涅，灾难也成全了安提戈涅——本是神降的诅咒揉碎了她生活的美好与尊严，可她却选择在痛苦之后依然坚守神谕，世界以痛吻我，而我报之以歌。明知命运不可逆转而用生命去碰撞，悲剧通过撕碎人物完成了崇高的洗礼，人性通过灾难的历练闪现出巨大的光辉。

索福克勒斯《厄勒克特拉》的女性复仇叙事

梁金华　20 编剧学理论 MA

索福克勒斯的《厄勒克特拉》与埃斯库罗斯三联剧《俄瑞斯忒斯》中的第二部《奠酒人》为同一题材，但是，在索福克勒斯那里，厄勒克特拉的女性形象得到了更为充分的表现。甚至，如果说《奠酒人》讲述的是俄瑞斯忒斯的复仇故事，那么《厄勒克特拉》则可以说是厄勒克特拉的复仇故事。如基托所言："唯有厄勒克特拉是戏剧的核心。"[1] 围绕着厄勒克特拉，剧中的情节、冲突得以展开，人物的关系得以设置，由此刻画了一个深受母权制迫害、维护父权制的女性形象，她悲伤而绝望，癫狂而偏执。

一、静止的动作：情绪化的女性复仇者

比利时剧作家梅特林克在《谦卑者的财富》中将索氏的《厄勒克特拉》归结为一种静止的戏剧。这种静止戏剧与传统戏剧不同，它不再强调戏剧的本质是动作，而是提倡戏剧应该表现"没有动作的生活"、表现人的内心世界。梅特林克的这一论断并非没有道理。厄勒克特拉虽然是该剧的主角，却几乎不具有行动力。行动者的角色由俄瑞斯忒斯充

---

[1]　转引自菲利普·西奥多·斯蒂文斯、邢北辰，索福克勒斯：《〈厄勒克特拉〉：一场灾难还是一次大胜?》，《当代比较文学》2022 年第 2 期，第 129—145 页。

当，他事先谋划好复仇计划，并使得计划顺利进行，最终杀死国王埃癸斯托斯与王后克吕泰墨斯特拉，完成杀母复仇的任务。可见，该剧着重表现的并非一出跌宕起伏的复仇故事。

不难发现，占据该剧大量戏份的实际上是厄勒克特拉的私人情绪，而这也正是该剧的核心内容。正如韦伯斯特所指出的："整个情节设计都是为了给她的情感以最大的表现空间，这样我们就可以看到她在阴郁、鄙夷、欢欣、坚定、哀伤、快乐和得意的情绪之间转换。"①一出场，厄勒克特拉便被灾难扼住了喉咙，哀悼、哭泣、祈祷、埋怨，任凭族人如何劝导，她只是沉溺在母亲杀害父亲的往事中，悲痛欲狂，绝望地等待着弟弟俄瑞斯忒斯回来复仇。妹妹克律索忒弥斯好意带来母亲将其送至境外拱形石窟的消息时，她不但不领情，反而抨击妹妹懦弱、满怀敌意。即使是劝导妹妹以发绺祭奠父亲这一在情节上起到推动作用的行动，也并非出于理性，而是一种情感上的合理。面对克吕泰墨斯特拉，她毫不遮掩地进行辱骂、为父亲辩驳。从傅保那里听说弟弟俄瑞斯忒斯已死的消息后，她沉浸在悲痛中不可自拔，甚至当妹妹带来俄瑞斯忒斯回国的消息时，她反而讥讽妹妹是在嘲笑弟弟的死亡，并劝说妹妹同自己不顾危险替父报仇，在遭到拒绝后，与其决裂。当她发现俄瑞斯忒斯未死，并与其相认后，她表现出极度的喜悦，大声地向市民们喧嚷俄瑞斯忒斯未死的消息，喋喋不休地诉说自己的痛苦，不知保守弟弟未死的消息。即使傅保提醒她，她仍然不以为意，反而因为重逢故人而表现出更大的兴奋。后来俄瑞斯忒斯在内屋杀死克吕泰墨斯特拉，厄勒克特拉在门外放风时，面对归来的埃癸斯托斯，她打开宫门，亮出克吕泰墨斯特拉的尸首，与俄瑞斯忒斯将其引进屋里的行为全然相悖。可见，厄勒

---

① T.B.L. Wester, *Introduction to Sophocles*, Oxford：Clarendon Press，1936m，p.83. 翻译转引自菲利普·西奥多·斯蒂文斯、邢北辰，索福克勒斯：《〈厄勒克特拉〉：一场灾难还是一次大胜?》，《当代比较文学》2022 年第 2 期，第 129—145 页。

克特拉并未发出任何实质性的行动，她所做的不过是等待，以及处于想象层面的计划，绝大多数时候，任由情绪支配，悲伤、喜悦、兴奋等情绪充斥了整部剧，并构成了该剧的主体。

二、在性格对比间：父权社会中的女性复仇者

索福克勒斯深谙人物性格间的对比手法，如《俄狄浦斯王》的俄狄浦斯与克瑞翁、俄狄浦斯与妻子伊卡斯忒，《安提戈涅》的安提戈涅与伊斯墨涅、克瑞翁与海蒙。在该剧中，通过以厄勒克特拉为核心的人物对照，表现出一个失控而癫狂的复仇者形象。

第一，相比于俄瑞斯忒斯近乎完美的形象，厄勒克特拉显得愚蠢，充满缺陷。俄瑞斯忒斯是一种符合父权社会规范的男性形象，满足了父权社会中女性对男性的幻想，他缜密地谋划、谨慎地行动，完美地完成复仇任务。相比之下，厄勒克特拉显得愚蠢。她不懂得掩藏自己的情绪，高兴便笑，难过便哭，不分敌友，不懂策略，具体来说，便是既不懂得联合妹妹克律索忒弥斯，也不懂得在母亲克吕泰墨斯特拉面前明修栈道、暗度陈仓，只知以卵击石，空有勇气，并且，不具有辨别是非的能力，即使克律索忒弥斯带来了俄瑞斯忒斯还活着的消息，她却仍被一则假消息所蒙骗。厄勒克特拉这种充满缺陷的形象，反而符合父权社会对女性的规定，即男性比女性优越。另外，索福克勒斯安排俄瑞斯忒斯完成复仇的全部行动，这事实上是在给予厄勒克特拉以父权社会的完满结局，从而在情节上满足亚里士多德所定义的人物由顺境到逆境的"突转"，由此，在增加情节曲折性的同时，深化了厄勒克特拉的女性形象。

第二，相比于克吕泰墨斯特拉维护母权制的形象，厄勒克特拉维护父权、抵制母权。克吕泰墨斯特拉为了替女儿报仇，联合情夫埃癸斯托斯，杀害了把女儿用来祭神的丈夫阿伽门农，并夺走他的王位，维护了

古老的母权制。相较之下，厄勒克特拉却觉得母亲的这一行径使自己名誉受损，这种感受无疑是基于父权社会的规范而言。在剧中，厄勒克特拉不断强调"没有结婚，没有孩子，永远毁了""我没有儿女，也没有亲爱的人保护我""我的年华已经消失过半""我像一个卑微的寄居者"。无法达到父权社会所追求的完满，加剧了她对母亲的怨恨。值得注意的是，在该剧中，厄勒克特拉从未为杀母之罪而苦恼，她所呈现的只有如何杀母的渴望，这消解了埃斯库罗斯《奠酒人》中的悲剧困境，使得该剧的主题转换为父权社会中不幸的女性形象。

第三，相比于克律索忒弥斯顺从乖巧的形象，厄勒克特拉显得偏执、躁动。有研究者认为克律索忒弥斯"胆小柔顺、没有主见"，与厄勒克特拉的"坚韧顽强、意志坚定、毫不妥协"形成鲜明对比。[①] 这事实上不够准确。作为女性，厄勒克特拉与克律索忒弥斯处于相同的困境，她们都认为母亲的行为是有罪的，但是，对此，克律索忒弥斯在母亲面前表现出顺从乖巧，而厄勒克特拉则自怨自艾，甚至当面辱骂母亲。据此称克律索忒弥斯是胆小怯弱，似乎不太妥当。为了自保，克律索忒弥斯表面的顺从无可厚非，而她顺从的背后，则是等待俄瑞斯忒斯的归来，暗中帮助姐姐，获得到父亲坟前祭奠的机会。相比之下，厄勒克特拉的行径除了满足于个人的情绪，对复仇之事并无实质帮助。

总而言之，索氏的《厄勒克特拉》围绕着厄勒克特拉这一人物，精心刻画了一个深受母权制迫害、维护父权制的女性形象，她绝望而悲伤，偏执而自我。

---

① 傅守祥：《比较文学视野中的经典阐释与文化沟通》，上海人民出版社 2011 年版，第 28 页。

《特洛伊妇女》鉴读

熊妍钦　19 戏剧影视编剧 MFA

《特洛伊妇女》是古希腊悲剧诗人欧里庇得斯创作的著名悲剧，展现了特洛伊战争结束后特洛伊的妇女儿童们国破家亡后所面临的悲惨命运。

欧里庇得斯是古希腊三大悲剧诗人之一，他以描摹现实社会图景、展现普通人悲欢离合的命运、深入描绘人物内心世界的特点而区别于其他两位著名剧作家。他关心社会问题，创作风格趋于写实，是"社会问题剧"的鼻祖。他早年向阿纳克萨哥拉斯学习，深受"智者学派"影响，对社会问题有着自己的思考，对神的存在提出了怀疑。

欧里庇得斯生活的年代正值雅典民主衰落，社会秩序崩坏，道德人心沦丧。《特洛伊妇女》正诞生于雅典内战时期，史称伯罗奔尼撒战争。公元前 416 年，雅典大军率兵强迫墨洛斯岛加入联盟，遭到保持中立不愿入盟的墨洛斯人民拒绝后便举兵攻陷了这个小岛，最终墨洛斯惨败，岛上所有成年男子均被杀害，而妇女儿童则沦为战俘奴隶。这一不正义的战争及战争带来的酷虐残暴的灾难给欧里庇得斯的创作埋下伏笔。为了谴责这种惨无人道的灾难，宣扬反战、呼吁和平及反思灾难带来的后果，欧里庇得斯在雅典攻陷墨洛斯后的第二年，即公元前 415 年创作了《特洛伊妇女》，用特洛伊战争后特洛伊的妇女儿童遭受的灾难来呼应现实中所发生的一切。在剧中，剧作家更是通过波塞冬之口发出了警世恒言："凡间的人真是愚昧，他们攻掠城市，给神庙和坟墓——死人的圣所——种下荒凉，日后自己收获毁灭。"

不同于其他剧作家对于战争中的英雄史诗的颂扬与赞美，欧里庇得斯将目光投到了深受灾难创痛的普通人身上，展现了极深远的人文关怀与反战思想。著名古希腊文化研究学者罗念生曾言："这部悲剧是对被侵略者表示最大同情的古代杰作。"

在剧本的开场中，波塞冬向我们介绍了暗无天日的战后景象。"圣林荒废，神庙淌血"，国王普里阿摩斯被杀，王后赫卡柏伤心欲绝，正在等待即将到来的厄运与灾难。她的英勇无畏的儿子们全部战死，她的女儿波吕克塞娜死在了阿喀琉斯的坟头，另一个女儿卡珊德拉，原是阿波罗王的女祭司，也即将面临被分配给阿伽门农的绝境，而更多的特洛伊妇女们则是被当作女俘被抽签分配给敌人们做奴隶。城邦失守，城中的子民们任人屠戮，这一巨大深重的灾难是由那不正义的战争所带来的。

进场歌中出场的赫卡柏是贯穿全剧的人物，她是特洛伊的王后，身份尊贵受人景仰，在灾难来临之前，她无疑是整个城邦最幸福的人。而当灾难无情的降临时，一个尊贵无比的王后转眼就沦为低贱的奴隶，这其间身份地位的巨大落差不能不使我们感到唏嘘感叹。而她也是在剧中承受所有坏消息以致这些纷至沓来的灾难重重叠加后痛苦难当的悲剧人物。赫卡柏出现时正遭受着国破家亡的悲惨灾难，传令官塔尔提比奥斯带来了一连串的坏消息，她的女儿卡珊德拉被阿伽门农选中，儿媳安德洛玛刻被分配给仇人的儿子，而赫卡柏本人则被分配给仇敌奥德修斯做奴隶。在她哀叹命运之际，疯狂的卡珊德拉举着火炬到来。此时剧作家在这里展现了人类面对灾难时的另一种反应。

卡珊德拉　那阿开奥斯人著名的王阿伽门农，娶了我将比海伦的婚姻对他更有害。我要杀了他毁了他的家，替我的父亲和兄弟们复仇。

卡珊德拉在面临灾难时选择了奋起反抗，她要用微小之躯一己之力去复仇，展现出了极大的面对命运不公时不屈不挠的抗争性。而接下来的一段话则反映了欧里庇得斯对侵略者的不屑蔑视与对反抗侵略者的勇士们的赞扬。

卡珊德拉 希腊人自从踏上斯卡曼德罗斯河岸起便相继死亡，并非因他们的国土受到侵占，也不是因为他们祖国的城池受到破坏，阵亡者倒在异国的土地上，看不见自己的儿女也没有妻子在身边给他穿上送终的衣裳。家里也出现和兵营里类似的情况：妻子死时已是寡妇，父母死时家里没有儿子，白费了养育孩子的辛苦，再没有人祭奠他们，在他们坟前的地上浇泼鲜血……但是，特洛伊人，首先，是为祖国而献身，他们赢得最光荣的名声。一旦倒在敌人矛尖下，他们的尸体会被战友抱回家来，安葬在祖国的土地里……至于赫克托尔和他令人伤心的遭遇，请听听我的看法，他死了，去了，但他作为英雄的名声还留在人们心间，而这都是阿开奥斯人的入侵造成的，不然他的勇敢便无从表现……凡是明智的人应该避免战争，但是，一旦战争临头，英勇地牺牲给城邦带来光荣，懦怯给它带来耻辱。为此，母亲啊，莫为特洛伊悲伤，也别为我的婚姻难过；我将以我的婚姻把我和你所憎恨的人灭掉。

第二场紧接而来的便是赫卡柏的儿媳安德洛玛刻及孙子阿斯提阿那克斯，正当他们认为自己沦为奴隶已是最大的灾难时，传令官带来的消息无疑使他们落入最后的绝境。阿开奥斯人要将特洛伊城邦复兴最后的希望——阿斯提阿那克斯，一个无辜受牵连的孩子杀死，并且是从墙头扔下活活摔死。孩子代表着一个民族的希望与未来的根基，在战争中妇女儿童往往因为处于弱势而免遭屠戮沦为奴隶，但残暴绝伦毫无人性的阿开奥斯人竟然要将一个幼童处死，此等行为直接将剧情发展推向了高潮。而此刻的赫卡柏与安德洛玛刻纵然百般难舍也终究没有力量去阻止灾难的发生。最终，阿斯提阿那克斯惨死，由赫卡柏埋葬。特洛伊在大火中被焚烧殆尽，"这地名将湮没无闻，一切如烟消云散，可怜的特洛伊不复存在"。

人类历史上关于战争所带来的一系列灾难数不胜数，也为之诞生了许多可歌可泣的故事。《特洛伊妇女》从灾难的承受者——那些被迫沦为奴隶和战俘的妇女儿童出发，千百年来给予观众思考与心灵的震动，使我们反思灾难究竟带给了我们什么，我们又该如何面对灾难。

《美狄亚》鉴读

熊妍钦　19戏剧影视编剧MFA

《美狄亚》是古希腊三大悲剧诗人之一的欧里庇得斯的代表作。欧里庇得斯一生创作了九十多部作品，流传至今的有《美狄亚》《希波吕托斯》《特洛伊妇女》等17部悲剧与1部羊人剧《独目巨怪》，被誉为"舞台上的哲学家"。他出身贵族，博学多识，生活在雅典民主政治衰落时期，大部分作品于伯罗奔尼撒战争期间诞生，他见证了希腊内部矛盾冲突的不断加深，在他的作品中我们能明显感知到他对社会家庭、贫富差距及女性问题的关注及反映。

欧里庇得斯创作的悲剧，虽也大多取材自神话故事，但其间的神话人物逐渐与现实中的人接近起来，显现出了人性中蕴含的种种复杂幽深之处。他更是将贩夫走卒与普通农民及奴隶搬上舞台，揭示了当时雅典社会的诸种问题。索福克勒斯曾言，他以人应有的样子来描写，而欧里庇得斯是按照人本来的样子来描写。

《美狄亚》讲述了美狄亚在帮助爱人伊阿宋盗取金羊毛离家去国后惨被抛弃并一怒之下杀死了情敌与国王克瑞翁及自己的孩子的故事。

在剧本的开场中，我们通过保姆之口得知了这场灾难的前史。美狄亚是科尔喀斯城邦国王埃厄忒斯的女儿，一位地位尊贵、青春美丽、智谋过人且拥有强大法术的公主。她爱上了不远万里前来求取金羊毛的伊阿宋。伊阿宋本是国王埃宋的儿子，不幸王位被叔叔珀利阿斯篡夺，为了夺回属于自己的王位，他答应了叔叔开出的严苛条件：盗取稀世珍宝金羊毛。金羊毛是古希腊神话中人人艳羡的无上宝物，它不仅象征着财富，还象征着冒险和不屈不挠的意志，以及理想和对幸福的追求。

面对伊阿宋的请求，科尔喀斯城邦国王埃厄忒斯让其做到两件事：第一，伊阿宋必须驾着两只生有铜蹄、鼻孔喷火的牛去犁地，在躲避火焰的同时播撒种子，而那些种子会变成一个个凶恶残暴的武士，伊阿宋必须战胜这些武士方能活命。第二，挂着金羊毛的树林里，有一条毒龙日夜守候。伊阿宋必须想办法制服毒龙，方能取得最后的成功，如愿以偿。

而此时的美狄亚已经狂热地爱上了这个来自异国他乡的英勇无比的年轻人，为了帮助伊阿宋，她使用了自己的计谋与才智成功盗取了金羊毛。为此，她背叛了自己的母邦与父亲，遭到了国王的追击。为解兵戎之困，美狄亚忍痛狠心将被自己带上船的弟弟残忍杀害并肢解了他，弟弟的尸块漂浮在海面之上，国王为了收集孩子的尸身。不得不停下追击的脚步，美狄亚和伊阿宋顺利逃出生天。

为了追求自己的爱情，美狄亚不惜背叛自己的祖国与父亲，手刃胞弟，这使得她变成了一个没有祖国和亲族支持的孑然一身的新娘，她的灾难的开端正始于她将自己全部的命运与生活全然靠附于伊阿宋身上，而非掌握在自己手里。

在回到伊阿宋的故土后，狡猾奸诈的叔叔并没有兑现当初的诺言。为了替伊阿宋复仇，她毅然决然使出聪慧机智的计谋使篡位者身亡，这一举动又让她成了伊尔俄科斯的仇敌，二人再次背井离乡逃亡别处。

可以看出美狄亚的种种所作所为皆是出于爱恋伊阿宋并爱其所爱恨其所恨，为了伊阿宋她可以付出一切。她的全部命运已然系于他人之手，一旦遭遇背叛，她将直面灾难，无路可逃。

果不其然，当美狄亚为伊阿宋生了两个可爱健康的孩子、以为幸福生活会永远持续下去时，伊阿宋为了迎娶科任托斯的公主毫不犹豫地选择了抛弃美狄亚。遭到背叛的美狄亚"躺在地上，不进饮食，全身都浸在悲哀里。自从她知道了她丈夫委屈了她，她便一直在流泪，憔悴下来，她的眼睛不肯向上望，她的脸也不肯离开地面"。

在面临爱情虚幻的泡沫破碎之际，在使人发狂的痛苦境遇下，美狄亚开始了自我意识觉醒之路。首先她开始为自己当初为了爱情背叛父亲杀害兄弟感到后悔。其次，她也对自我的处境、女性的命运展现出了精准冷峻的洞察力。

美狄亚　在一切有理智、有灵性的生物当中，我们女人算是最不幸的。首先，我们得用重金争购一个丈夫，他反而会变成我们的主人；但是，如果不去购买丈夫，那又是更可悲的事……一个男人同家里的人住得烦恼了，可以到外面去散散他心里的郁积，可是我们女人就只能靠着一个人。他们男人反说我们安处在家中，全然没有生命危险；他们却要拿着长矛上阵：这说法真是荒谬。我宁愿提着盾牌打三次仗，也不愿生一次孩子。

此时的美狄亚怒火中烧伤心欲绝，怀有强烈的报复心理。而克瑞翁的到来则加剧了美狄亚外部处境的灾难性。他要求美狄亚带着自己的两个儿子出外流亡，一刻不准拖延。在美狄亚的苦苦哀求下，克瑞翁终于同意让美狄亚多留一天。正是这样毫无情面残酷无情的驱逐令激怒了美狄亚。而随后第二场到来的伊阿宋更是进一步压榨侵损了美狄亚的生存空间，使她不得不为了自己的生存奋起反击。

在第二场中，伊阿宋兴师问罪，毫无廉耻地把自己因美狄亚而得到的种种好处矫饰为自己对她的恩赐，展现出了一个毫无道德、过河拆桥、野心勃勃、虚伪狡诈的小人。

克瑞翁和伊阿宋联手将美狄亚逼入了绝境，面对此种灾难，美狄亚并没有接受命运的安排，而是决定手刃仇敌掌握自己的命运。在彻底醒悟后，她利用自己的计谋与巫术，使公主穿戴上了带有毒汁的金冠和华服后惨被烧死。而国王克瑞翁也为了营救爱女就此丧命。在杀死仇敌后，美狄亚并没有停下复仇的脚步，而是做了一个更为彻底残酷的决定，她要对伊阿宋展开终极的报复，即杀死他们共同的两个孩子使伊阿宋断子绝孙。在希腊人看来，没有子嗣后裔乃是人生中最大的不幸。这一震撼人心的杀子行为表现了女性在面对不公平的命运中做出的最彻底决绝的抗争。

　　在反复的痛苦挣扎后，美狄亚终于还是狠下心杀死了自己的两个孩子，并带着二人的尸体乘着龙车飘然而去。

　　美狄亚的灾难不仅是个人命运与心理的灾难，更表现出了当时社会面临的道德沦丧所带来的更为宏大的灾难。美狄亚不顾一切追随伊阿宋，在被抛弃后却没有得到公正的对待，反而面临着被驱逐出城的局面。她无法利用社会与法律来维护自身的利益，只能通过残忍复仇的方式为自己伸张冤屈，具有深刻的社会意义。

《安德洛玛刻》：战争、女性与强权

於　闻　19 编剧学理论 MA

　　特洛伊（Troy）战争，一段在戏剧史和文化史上被反复讲述的历史。其事件本身的真实性和历史细节已无法考证，但那些在《荷马史诗》和古希腊悲剧作品中卷入战争的英雄和女性却被反复书写，并在某种程度上成为古希腊文明的记忆符号。阿喀琉斯（Achilles）、赫克托耳（Hector）、帕里斯（Paris）……这些男性英雄的名字被反复提起，其形象也被不断地书写和强化。还有那被诱拐、劫持、囚禁的绝色海伦（Helen），更是有着复杂的文化属性并被反复揣摩。

　　古希腊剧作家欧里庇得斯的悲剧《安德洛玛刻》就是一部关于特洛伊战争的戏剧作品，大约出现于公元前 428 年到前 424 年之间。这部作品讲述的是经历了特洛伊战争之后的安德洛玛刻（Andromache）的奴隶生活，主要表现了她与其主人涅俄普托勒摩斯（Neoptolemus）的正妻赫耳弥俄涅（Hermione）之间的种种冲突。通过《安德洛玛刻》，欧里庇得斯为我们展示战争带给人们的深重灾难，尤其是给女性带来的苦难。

一、特洛伊战争之后的悲剧

　　在古希腊神话传说和史诗作品《荷马史诗》中，安德洛玛刻是特洛伊英雄赫克托耳的妻子，临行前的依依惜别和面对丈夫惨死的悲痛都可以看出她对丈夫的深情和忠贞。

> 所以，赫克托耳，你成了我的尊贵的母亲、
> 父亲、亲兄弟，又是我的强大的丈夫。
> 你得可怜可怜我，待在这座望楼上，
> 别让你的儿子做孤儿，妻子成寡妇。①

> 现在你已前往哈得斯的昏冥处所，
> 你的妻子在家中守寡，无限悲凉，无限凄楚。
> 儿子尚幼，来自这对苦命的父母。②

　　与《荷马史诗》不同的是，欧里庇得斯选择刻画的是安德洛玛刻在特洛伊战争之后的生活。他没有直接描写战争，而是通过战后安德洛玛刻的遭遇反衬这场战争的残酷。在第一场的开头，安德洛玛刻就已身处一个危险的境地，并在开场自述悲惨经历：目睹丈夫赫克托耳在战争中惨死于阿喀琉斯之手，而她与其所生的儿子阿斯堤阿那克斯（Astyanax）也从高塔上坠亡；特洛伊战败后自己被当成战利品掳到希腊并成了涅俄普托勒摩斯的奴婢，为其生下儿子摩罗索斯（Molossus）。涅俄普托勒摩斯的正妻赫耳弥俄涅嫉妒她，把自己无所出的原因归咎于她的秘密法术，并且时时欺侮她。如今赫耳弥俄涅更是和父亲墨涅拉俄斯（Menelaus）联起手来，准备加害于她和她的儿子。特洛伊战争带走了安德洛玛刻深爱的丈夫和心爱的儿子，也让她沦为征服者的奴隶，被迫离乡过上被欺辱的生活。对着忒提斯女神像，安德洛玛刻控诉战争的

① 荷马：《伊利亚特》，罗念生、王焕生译，人民文学出版社 1997 年版，第159 页。
② 同上，第 564 页。

残酷和非正义："帕里斯带到伊利翁高城来的不是什么新娘，乃是床上的祸祟，在他带了海伦进她内房去的时候。为了她的缘故，啊，特洛伊呵，猛烈的战神从希腊驶来一千船只，俘虏了你，用兵火毁了你，那海的女神忒提斯的儿子驾了马车，拖着我的不幸的丈夫赫克托耳绕过墙去，我自己从闺房被带到海边，头上套上了这可恨的奴役。"[①] 第一场开场的戏剧情境也分外紧迫，涅俄普托勒摩斯外出到得尔福向罗克西阿斯赎罪请求原谅，无人照拂的安德洛玛刻送走儿子，自己则被逼上了忒提斯神庙寻求女神的庇护。从底比斯的公主，到伊利翁的俘虏，欧里庇得斯从作品初始的开场和进场歌就表现出了对安德洛玛刻的同情以及对战争的批判。

到了作品的第一场和第二场，赫耳弥俄涅和墨涅拉俄斯相继出场，安德洛玛刻所处的境地越来越危险，戏剧情势也更为紧张和激烈。赫耳弥俄涅出于妒忌决心杀死安德洛玛刻，她甚至完全不顾风俗，准备火烧神庙逼安德洛玛刻走下祭坛。在赫耳弥俄涅的计策失败之后，其父亲墨涅拉俄斯找到了安德洛玛刻之子摩罗索斯，并以其为诱饵成功哄骗安德洛玛刻离开神庙，而摩罗索斯又落入了赫耳弥俄涅之手，安德洛玛刻母子的性命危在旦夕。于是到了第三场，安德洛玛刻和摩罗索斯苦苦哀求墨涅拉俄斯不得后，二人命运千钧一发之际，珀琉斯（Peleus）出现了。他是女神忒提斯的丈夫，征战特洛伊的英雄阿喀琉斯的父亲，也是涅俄普托勒摩斯的祖父，年轻时也曾英勇无双、风光无限。他的到来拯救了危难中的安德洛玛刻和摩罗索斯，而他与墨涅拉俄斯的冲突也让这场戏更加精彩。

故事进行到后三分之一，珀琉斯和赫耳弥俄涅俨然成了作品的主角，安德洛玛刻似乎成了角色叙述部分的背景。在第四场，害人不成的

---

① ［古希腊］欧里庇得斯：《欧里庇得斯悲剧集　全 18 册》，罗念生、周作人译，北京世纪文景文化传播公司 2020 年版。

赫耳弥俄涅为丈夫的归来忧心忡忡，时刻担心自己的恶行被发现并受到惩罚，甚至做出了自杀及自残的行为。这时她的旧情人俄瑞斯忒斯来访，得知了原委后决定用诡计暗害涅俄普托勒摩斯，并带着赫耳弥俄涅远走高飞。到了退场，珀琉斯得知了赫耳弥俄涅已经出逃，而使者也带来了孙子涅俄普托勒摩斯被刺死的消息，失去孙子的珀琉斯瞬间沉浸在巨大的悲痛中。最后，女神忒提斯出现，降下所谓的神示："你把那死人阿喀琉斯的儿子，带到皮托的祭坛前去，便埋葬在那里，作为对得尔福人的谴责，这坟墓便会声明他横死在俄瑞斯忒斯（Orestes）手里。那个俘虏的妻子，我说的是安德洛玛刻，老人呵，你须得让她住下摩罗西亚地方，和赫勒诺斯去正式结婚，还同了那个孩子，他乃是埃阿科斯家系唯一遗留的人了……我生为女神，是父神的女儿，将解除你一切凡人的苦恼，将使你不死不灭，成为一个神人。这以后你将和我同住涅柔斯的家里，像是男神同了女神。"[①] 在欧里庇得斯那里，神依然掌握着人类的命运，安德洛玛刻被安排了一个比较圆满的结局，足见作者对她的同情和关爱。

二、两个女性之间的战争

从冲突和人物的设置来看，《安德洛玛刻》最扣人心弦也最精彩的部分是安德洛玛刻和赫耳弥俄涅这两个女性人物的斗争。"两女争一夫"的情节模式也出现在后世无数的悲剧和喜剧作品中，其模式本身就自带强烈的戏剧冲突，留给剧作家非常充裕的创作空间。

第三场（剧中标题为"第一场"）这场戏集中展现了安德洛玛刻和赫耳弥俄涅之间的冲突。首先上场的赫耳弥俄涅衣着华丽、高傲自负，

---

① ［古希腊］欧里庇得斯：《欧里庇得斯悲剧集　全18册》，罗念生、周作人译，北京世纪文景文化传播公司2020年版。

出身斯巴达名门，父母是墨涅拉俄斯和海伦，一上来就交代了她憎恶安德洛玛刻的原因："但是你，是一个女奴和用枪尖获得的女人，想要赶我出去，占有了这家，因了你的法术，我为男人所不喜欢，因了你使得我的肚子不生育，我是全毁了。"[①] 赫耳弥俄涅把自己不得丈夫宠爱和无子的问题归咎于安德洛玛刻的法术，其狭隘善妒、略带神经质的性格立刻显现。她称呼安德洛玛刻为"女奴"，谴责她不知廉耻地与杀死丈夫的仇人结合生子，她也骄横无比，在丈夫面前卖弄自己父亲和家乡的伟大和富有，打击丈夫的自尊心。因为嫉妒，赫耳弥俄涅甚至做出了可以称之为疯狂的举动，为了杀死安德洛玛刻，她要火烧神庙，全然不顾对神的敬畏，又一个因爱生妒、继而因妒生恨的希腊女性诞生在戏剧舞台之上。

在剧作家看来，和赫耳弥俄涅相比，安德洛玛刻的德性显然要优秀得多。首先，她虽然沦为奴隶，但始终坚持着自己的价值观。安德洛玛刻认为"使得丈夫高兴的并不是美貌，而是德性"，而且作为女人应当节制床笫的欲望，将妒忌看作一种恶德，而这也是欧里庇得斯的态度。其次，安德洛玛刻有着非常强烈的求生欲望和坚忍的意志。在赫耳弥俄涅提出要用火烧神庙的时候，安德洛玛刻也不曾让步半分。在与墨涅拉俄斯的对峙中，安德洛玛刻不卑不亢，怒斥其卑怯，还逻辑清晰地与其谈判，足见其冷静与坚强。安德洛玛刻对苦难的忍受和灵魂的高贵是古希腊悲剧作家一贯偏爱的特质，表现了剧作家对人的尊严和价值的肯定，欧里庇得斯也继承了这一文学和戏剧传统。但与其他古希腊悲剧不同的是，《安德洛玛刻》给了主角一个比较圆满的结局：女仆送信给远方的珀琉斯，他及时赶来救下安德洛玛刻母子，最后按照女神忒提斯的指示让安德洛玛刻和赫勒诺斯远走，统治着一方土地，欧里庇得斯对安

---

① ［古希腊］欧里庇得斯：《欧里庇得斯悲剧集　全18册》，罗念生、周作人译，北京世纪文景文化传播公司2020年版。

德洛玛刻这样忍受苦难的人有着强烈的爱护之心，所以才有了这样理想的结局。

但是令人奇怪的是，欧里庇得斯也为赫耳弥俄涅安排了一个圆满的结局。犯下恶行的赫耳弥俄涅不仅没有受到惩罚，反而被旧情人俄瑞斯忒斯带走，再次获得爱情和婚姻。尽管从其行为的实质结果来看，她并没有杀死安德洛玛刻和摩罗索斯，也不是害死丈夫涅俄普托勒摩斯的直接凶手。但是她和杀死丈夫的间接凶手俄瑞斯忒斯的私奔行为，恰好成为她之前所唾弃的安德洛玛刻与杀夫仇人之子结合经历的翻版。一方面，我们可以说是剧作家欧里庇得斯的过分宽容，他对于赫耳弥俄涅同样是充满同情和爱护的，哪怕她身上有着许多不好的品质，同样也是战争和政治斗争中的弱者，曾经被父亲随意地送给涅俄普托勒摩斯，失败后又被父亲抛弃；另一方面，我们也可以说是欧里庇得斯对赫耳弥俄涅的一种讽刺，干了坏事却没有得到应有的惩罚，更能激起观众对这一人物的憎恶。

三、神意与强权：现实和戏剧的倒置

当给予了众人圆满结局之后，欧里庇得斯就提出了他对于战争以及战争导致的灾难的看法："所有命定的事你必须完成，因为宙斯是要如此的。你停止对于死者的悲叹吧，因为这是神分配给一切人类的命运，大家都得用死来偿还"，"神们的举动是多样的，神们做出许多的事出于人的意外。我们以为应有的并不曾实现，所不曾期待的事神给找了出路。现在的事件也便是这样的结局"。[①] 他还在第一合唱这一场追溯有关特洛伊战争的众神往事，说明命运的影响。

---

① ［古希腊］欧里庇得斯：《欧里庇得斯悲剧集　全 18 册》，罗念生、周作人译，北京世纪文景文化传播公司 2020 年版。

安德洛玛刻的悲剧由特洛伊战争而起，特洛伊战争也造成了众人错综复杂的爱恨关系：墨涅拉俄斯的妻子、赫耳弥俄涅的母亲海伦被特洛伊王子帕里斯拐走，而安德洛玛刻的丈夫赫克托耳正是帕里斯的亲兄弟，又在战争中死于阿喀琉斯之手，安德洛玛刻又在战后成了杀夫仇人儿子涅俄普托勒摩斯的妾室。赶来救她的珀琉斯又是阿喀琉斯之父，杀死阿喀琉斯的则是安德洛玛刻的小叔子帕里斯。但是再往前溯源，特洛伊战争的启动正是众神为了争胜种下的祸根。

在《安德洛玛刻》这部作品里，欧里庇得斯不止一次地把神意与现实的政治权力相对应，也不止一次地表达他对雅典现实社会的不满。首先是墨涅拉俄斯这个人物的塑造，他从先前史诗和戏剧作品中的高大英勇一下变得卑劣阴狠，从安德洛玛刻对他和斯巴达人的唾骂影射现实某些野心家的卑鄙贪婪；其次是第二合唱中的隐喻，将双重妻室和双头君权对比昭示政治斗争造成的流血；最后则是涅俄普托勒摩斯的凶杀，他因为谣言被众人杀死，被一种集体性的政治力量夺去了生命。作品中的各个政治人物和力量都在想方设法地扩大自己的权威、巩固自己的统治，所以才带来了这么多的不幸。这也是雅典民主社会的现实，面对强权，欧里庇得斯也只能发出哀叹，提供一种理想的安慰。

索福克勒斯《厄勒克特拉》

杨　伦　20戏剧与影视学博士

一、灾难与剧作构思

1. 灾难与剧情

《厄勒克特拉》是古希腊三大悲剧家之一的索福克勒斯取材于古希腊神话，以阿伽门农家族的复仇故事为中心创作的一部剧本。其讲述了阿伽门农出征特洛伊时，厄勒克特拉的母亲克吕泰墨涅斯特拉与阿伽门农的堂兄埃癸斯托斯通奸并一起统治国家。待阿伽门农凯旋时，克吕泰墨涅斯特拉与奸夫合谋杀死了阿伽门农，而厄勒克特拉也在父亲死后成为奴隶。支撑厄勒克特拉在悲苦生活中坚持的唯一理由就是静待弟弟俄瑞斯忒斯的归来，她隐忍蛰伏，在有关弟弟的流言蜚语中依然相信他还活着。最终，厄勒克特拉等到了俄瑞斯忒斯，他们一起设下计谋，成功为父报仇，除掉了母亲和奸夫。

2. 灾难与冲突

这部剧的冲突是典型的古希腊悲剧发生在亲人之间的伦理冲突。尽管发生在"家庭"，但和后世的家庭概念不同，构建冲突的并非传统的性格矛盾或者环境矛盾，而是一种道德伦理的矛盾。这场矛盾起源于标准的人祸——母亲克吕泰墨涅斯特拉的出轨。但往上追溯，皇后的出轨则来源于国王阿伽门农的举动：为了让军队成功开拔，横扫特洛伊，阿伽门农不惜献祭他和克吕泰墨涅斯特拉的女儿伊菲革涅亚，此举彻底伤透了皇后的心。因此，灾难的源头其实在于厄勒克特拉父亲之所为，而这种行为的目的则是为了传统的灾难：战争。于是，我们看到索福克勒斯将灾难体现在"国"和"家"两种类似的模式中，上梁不正下梁歪，以一种因果循环的模式，将灾难背后的道义嵌入进人物具体的冲突中。

3. 灾难与结构

索福克勒斯舍弃了埃斯库罗斯的"三联剧"形式，将故事聚焦在《奠酒人》的杀母复仇情节上，将阿伽门农的所作所为作为前史，将视点主要集中在厄勒克特拉身上，演绎一个独立的精悍的悲剧。在这样的处理中，时空被精简了，观众的注意力倾向"弑母"这个大逆不道的灾祸行为，而过去的灾难成为一个注脚，为厄勒克特拉的行动提供了解释，也为全剧刻画了一种宿命性的总体氛围。

二、灾难与人物塑造

1. 灾难与人物行动

皇宫中发生的一切是厄勒克特拉在这部剧中所有行动的前提。尽管这部剧的开场和第一场没有主要的情节，但厄勒克特拉与她周边人的对话却勾勒出她此刻的困境：公主沦为奴隶，寄人篱下，遭受母亲和新王的看管和虐待，不允许拥有爱情和自己的家庭。对于厄勒克特拉，这首先是个人的苦难，而这个人的苦难发生在具有榜样性质的皇族，因此具备了双重的灾祸性质。索福克勒斯利用妹妹克律索忒弥斯的形象和厄勒克特拉进行了对照：前者甘愿屈服于强权，觉得"就这样算了"，而后者坚决不愿意低头，因此，灾祸对于主人公而言，是国仇家恨的综合体，为其之后的行为赋予了强烈的动机。

2. 灾难与性格发展

动机之外，剧中灾难的设置为厄勒克特拉的性格铺垫提供了很大的空间。通过双重苦难的营造，厄勒克特拉鲜明的形象已经跃然纸上：她是坚强的，也是隐忍的，这样的形象令我们联想到中国的越王勾践，卧薪尝胆，十年如一日。同时，有悖于传统观念中的"英雄形象"，作为一个女性，厄勒克特拉身上呈现了往常赋予男性的性格特质，展现了剧作家对于人一视同仁的关怀。这种性格的刻画因此具备了普遍价值：厄勒克特拉的境遇成了人在逆境中的象征。

3. 灾难与情感历程

除了国仇家恨，在第二场中，索福克勒斯赋予了厄勒克特拉一场人为的"灾难"：报信人传来一个假消息，说弟弟俄瑞斯忒斯死于远方的一场竞赛。这让厄勒克特拉万念俱灰，如同求生的人失去了手中最后的救命稻草。但厄勒克特拉并没有就此沉沦，而是在逆境中展现了更强大的信念：她没有想到死，而是试图和妹妹联手复仇，遭到妹妹的拒绝后，厄勒克特拉尽管失望，但仍旧下定决心试图独自复仇。剧作家用这样细节的一场戏，再度浓缩了主人公在灾难面前的心境，并且更为丰富地勾勒出人物的形象。

三、灾难与主题表达

1. 灾难与社会背景

当索福克勒斯创作该剧时，雅典的民主制正在没落。索福克勒斯经历过雅典最辉煌的时代，并且在彼时的雅典帝国身居高位，但正如所有雷同的历史——雅典最终毁灭于自己日益膨胀的野心，在对外扩张失败之后，雅典的危机日益暴露，索福克勒斯正是在这样的背景下改编了《厄勒克特拉》。在他的笔下，幸福和荣耀成了过去式，而现在只有无尽的痛苦和日复一日的悲叹。这部剧就像一个寓言，厄勒克特拉某种程度上是剧作家本人的寄托，在战事和党争的蹂躏中静待拨乱反正的到来。

2. 灾难与生存哲理

于是，厄勒克特拉的遭遇成了每个生活在困境中的个体的缩影。在三大悲剧家中，索福克勒斯是最擅长描写人和命运的意志冲突的，厄勒克特拉所遭遇的灾难在具体上或许远离大多数人的生活，但可以引申为每种骤然降临的苦痛。她的行动实际上提出了一个问题：在绵延不绝的苦难中，人是否要坚定地等待黎明的到来？当周围的人选择屈服，选择沉默，或者厚着脸皮选择同流合污，那么主体的坚持究竟有没有意义？

3. 灾难与价值导向

很显然，索福克勒斯对此保有肯定的态度。对比埃斯库罗斯在《俄瑞斯忒亚》三部曲当中塑造的厄勒克特拉形象，索福克勒斯为这个女人灌注了更多的主观能动性。虽然悲伤且无助，但是厄勒克特拉从未放弃过自己的信仰：她对父亲阿伽门农抱有忠诚，对弟弟抱有希望，而且很难说她的复仇中是否有对早逝的姐姐伊菲革涅亚的愧疚。因此索福克勒斯相信厄勒克特拉的行动是励志的，并且由于其捍卫的道德标准是崇高的，所以具备一定的神性——正如面对态度中立的歌队时厄勒克特拉掷地有声的发言："如果那不幸的死者躺在泥土里化为乌有，而他们却不偿还血债，人们的羞耻之心和对神的虔敬便会消失。"

四、灾难与剧作风格

1. 灾难与剧作叙事

《厄勒克特拉》的叙事是浓缩的，因为在开场剧作家便交代了灾难的源头，故事的重心便直接切入主题，进入到对于灾难的反应上。也就是说，厄勒克特拉这个人物是从灾难来，而非突然经历了灾难。区别在于前者重视了人的行动，而后者重视了灾难本身对于人的影响。因此索福克勒斯有更多的篇幅去刻画人物性格，并在人物形象中灌注自己的价值取向。同时，他也没有忽视灾难对于其他人的影响：在剧中，通过对母亲和妹妹的描写，索福克勒斯对于不同的人物之间进行了对比，由此反照出主人公的伟大。

2. 灾难与剧作语言

索福克勒斯的语言是优美而庄严的，这和剧作中主人公遭遇的灾难结合在一起，反而呈现出一种古希腊特有的崇高感——优美传递出了一种乐观，而庄严则体现了一种神性。尽管这是古希腊剧作的共同特色，但和他的前辈埃斯库罗斯不同，索福克勒斯摒弃了大段纯粹抒情的词句，而是更注重如何在原有的风格上展现更多的人物性格，让观众感受到更多主人公的情感。在复仇大业进行之前，厄勒克特拉曾经对弟弟俄瑞斯忒斯说："你既然从这样一条道路来我这里，你愿意怎样引导我，就怎样引导；我要是独自一人，这两件事我不会一件做不到，不是光荣地得救，就是光荣地死去"，生动地展现出厄勒克特拉久违重逢的狂喜混杂着不忘初心的决绝的特性。

3. 灾难与剧作象征

《厄勒克特拉》中，剧作的象征主要由梦境承担。在第一场中，厄勒克特拉从妹妹口中听说自己的母亲做了一个可怕的梦。梦的内容是死去的阿伽门农王重新回来了，并且把象征着王冠的桂冠插在象征家庭的炉灶边，接着那王冠便开始生根发芽，枝干长满了整片迈锡尼的国土。克吕泰墨涅斯特拉为此感到害怕，于是去太阳神处祈祷。这个梦给予了厄勒克特拉很大的信心，因为她虽然不觉得父亲能死而复生，但至少这暗示了父亲的男性后裔——俄瑞斯忒斯或许还没有真正死亡。相比于埃斯库罗斯在《奠酒人》中对于皇后梦境的烦冗解释，索福克勒斯的处理更加精简，画龙点睛般地将这场灾难和神秘的宿命结合在一起，并给予了一丝希望的亮光。就像后世莎士比亚的诸多剧作，梦境和谶语得到了验证，超现实元素的介入让灾难得到了某种升华。

五、灾难戏剧创作启示

几乎是最早地，索福克勒斯创造了一个非常立体的女性主人公，以其为圆心，把视角锁定在主人公身上，围绕着她在灾难中的反应和行动构建剧情。这样做的好处在于主体非常明晰，作者的价值观也能够在人物的经历中得到彰显，单一的视角也有助于观众迅速地产生共鸣。女性主人公的确立让这个严肃的题材显得刚柔并济，更加能凸显出逆境中人类反抗精神的伟大。

塞内加《特洛伊妇女》

一、灾难与剧作构思

1. 灾难与剧情

《特洛伊妇女》是古罗马剧作家塞内加悲剧的代表杰作，就像他的大多数作品改编自古希腊悲剧一样，该剧以欧里庇得斯的《特洛伊妇女》为蓝本，围绕着特洛伊战争这一惨绝人寰的人造灾难进行叙述。剧本讲述了特洛伊陷落后，作为战利品的女俘虏们正悲叹地等待着抽签分配给希腊人。突然，阿喀琉斯的亡魂显灵，要求必须把波吕克赛娜献祭给他，希腊人的船队才能启航。阿伽门农不同意这做法，便向巫师寻求启示。不料神祇既同意了阿喀琉斯的要求，还要把特洛伊最后的王族阿斯提阿那克斯杀死。以安德洛玛刻为首的女俘们反抗未果，最终只能接受这双重的悲剧命运。

2. 灾难与冲突

同样的题材，欧里庇得斯笔下的剧本更关注战败者的生存境况，由此带来的缺点是冲突的弱化。相对于欧里庇得斯的控诉，塞内加在剧本中加入了对抗的元素，这种对抗不是性别的，也不是战败和胜利两方的，而是有关于正义和邪恶，关于对命运的接受与否。戏剧的中心围绕着王子和公主的死亡，战争带来的道义冲突由此折射出来。

3. 灾难与结构

在《特洛伊妇女》中，灾难的来源：战争是作为源起与背景出现的。因此塞内加并没有叙述战争中的大场面，而是用双线的结构从两个视角出发，聚焦在战争之后的"遗留问题"。本质上，他沿袭了欧里庇得斯"群像式"的写法，但在群像中区分了败者与胜者，又从败者和胜者中分别挑选了描写的重心，这让整部剧显得更完整，更跌宕起伏。

二、灾难与人物塑造

1. 灾难与人物行动

战争的遗留问题是整部剧行动的总起。首先是阿喀琉斯亡魂的显灵，作为战神，也是特洛伊战争中的功勋人物。阿喀琉斯显然承载了暴力和血腥的象征，于是他要求血债血偿作为自己的祭奠，因此将剧中人物置于一个尖锐的戏剧情境——如果不献祭特洛伊的王族，希腊人就无法启程返乡。这点深刻影响了剧中人物的走向，赋予了群像一个统一的动机：尽管战争结束了，但胜利者需要继续杀戮，失败者也要继续逃亡。

2. 灾难与性格发展

于是人性的善良和邪恶都在灾难这个极端情境中被放大了，战争中人物性格的走向也经由两方面得到了细腻的描绘：在失败者的一方，塞内加着重描写了安德洛玛刻这位王后的性格。在开始时，王后只是等待着分配的结果，她对于战争的残酷还抱有一定的侥幸；当她被迫带着儿子逃亡，便正式踏上了灾难的旅途，在这段过程中她尽管和对手反复博弈，仍然败给了一丝对于人性的轻信；在故事的最后，安德洛玛刻只能吞咽儿子被推下高塔的苦果。灾难将这位贵族所有的希望都摧毁了，对于胜利者也是一样，以智慧著称的尤利西斯在捉拿安德洛玛刻的过程中丑态尽出，把人性中邪恶的一面展现得淋漓尽致。在战争这种人道主义灾难中，没有良知和道德可以幸免。

3. 灾难与情感历程

剧中的第三幕则是这种性格刻画的集大成者，其围绕安德洛玛刻和尤利西斯斗智斗勇展开，一波三折地描绘出王后安德洛玛刻在灾难面前的复杂心态。在逃难中，她迫不得已把王子阿斯提阿那克斯送进了他父亲赫克托尔的坟墓，这个动作极具戏剧性，逃亡和追逐、隐匿和发现、生存和死亡等对立的元素被统一了起来。赫克托尔之墓——这个曾经的英灵安息的地方被浸染了一种圣洁的希望，一种饱含着骄傲和绝望的寄托在冰冷的墓穴里闪烁着生之光泽，安德洛玛刻在此处凸显出来的绝不仅仅是智慧，而是一个母亲和民族的悲叹。在尤利西斯的重压之下，安德洛玛刻母性的一面又压倒其他，因此她交出儿子，并选择以一种荣耀的方式直面苦难，她的情感由此饱满。

三、灾难与主题表达

1. 灾难与社会背景

特洛伊战争发生的年代距离塞内加所处的古罗马相距甚远，但两者仍然有相似之处。尽管罗马铸就了辉煌的文明，缔造了大一统的帝国，但仍以残暴而奢靡的社会风气闻名。塞内加一生留下了十部剧本，其中八部或许是他本人写的，其悲剧均取材于希腊神话，以希腊悲剧为蓝本，影射了一定的罗马社会现实，反映了不少贵族阶级对于帝国残暴专制的不满。这版《特洛伊妇女》最大的特点在于一悲到底：希腊人启程返乡，故事看似结束，但悲观绝望的氛围在全剧中挥之不去，某种程度上折射出塞内加对于罗马社会情状的痛心和反思。

2. 灾难与生存哲理

作为一个罗马人，塞内加把希腊人对于祖先那种复杂的情感都隐去了，他不需要对希腊人的罪行负责或者掩盖。《特洛伊妇女》中所有的特洛伊人都是悲哀的，而所有的希腊人几乎都摒弃了光明的一面。对失败者加以同情的描绘，对胜利者不唱颂歌，塞内加是这样表达自己对于战争的态度的，这在一个崇尚军事和暴力的时代显得尤其可贵。因此不难看出塞内加的哲学态度：身为斯多葛学派的他，强调了自然中理性秩序的力量，这点在剧中体现为鬼魂、巫术等元素的利用，而在自然秩序面前，人类是渺小且平等的，平等不在于出生，而在于生命的进程。灾祸随时降临，改变也骤然而至，不卑不亢的态度或许才是最好的选择。

3. 灾难与价值导向

因此，塞内加的价值导向了一种对于全人类的悲悯——毫无疑问他对"人"充满了同情，无论他们来自特洛伊、希腊或者是罗马。在第二幕中，阿伽门农一改之前希腊先辈们笔下或骄纵或霸道的形象，而是满含愧疚和哲思："我认为王权不过是挂着闪烁的装饰的虚名；头上戴的王冠也是骗人的。"塞内加赋予这名王者对于战争的厌倦，且整部剧中的希腊人均是如此，嗜血的罪名都推给了战神阿喀琉斯的亡魂——他的坟墓在剧终时贪婪地吸吮波吕克赛娜的鲜血，而希腊人们终于可以回家了。

四、灾难与剧作风格

1. 灾难与剧作叙事

为了展现战争结束之后，遗留的战争行径如何横行蹂躏人们的内心，塞内加选择了群像式的写作方式。体现在叙事中，在于他将不同的视点和事件散落在每一幕当中。第二幕，他聚焦希腊统帅阿伽门农作为胜利者对战争的反思；第三幕，展现了安德洛玛刻和尤利庇得斯在密林中的博弈；第四幕，剧作才扣回欧里庇得斯的重心：特洛伊女人们的分配；第五幕，所有的残暴在一场盛大的婚礼中落幕。塞内加将整个事件拆解为一桩桩具象的图景，分散地展现了一个更加悲观的世界，同时强调了在这个悲观世界下人们正直品德的珍贵。

2. 灾难与剧作语言

事实上，塞内加最为人称道的便是他的语言。塞内加并不抗拒真实短促的人物对话，但他的确喜爱大段的人物独白去渲染一种古典悲剧的形式之美。譬如第一幕歌队的合唱："白雪十度盖满了伊达山的峰峦，山上的树木十回被人砍伐，举行火葬，农夫在西革翁的平原上战战兢兢地收割过十回的庄稼，十年里没有一天我们不在悲痛。"又譬如第三幕结尾处歌队那一连串的反问，一连串关于希腊城邦的控诉。塞内加喜欢用壮美的修辞叠加出一种磅礴的情感，直白有力地表达人物的心境。这种血与火一般的语言和战争勾连起来，便形成了灾难语境下的一种残酷美学——它似乎在提醒观众，这个世界虽然发生着现世的戕害，但仍然具备一种形而上的崇高美学，而这种美学正是需要道德构建的。

3. 灾难与剧作象征

这部剧中最有特色的象征在于阿喀琉斯的亡魂。在丰富剧作内容，增添观众趣味的同时，战争就像阿喀琉斯的遗愿，是一道阴影笼罩在所有人的头顶。塞内加借赫卡柏之口袒露了自己悲观的愿景："死神啊，我的救星！"只有死亡是苦难的人生旅途上唯一的且平等的归宿，因此姿态就显得尤为重要。通过这个象征，剧作家强调了道德的高贵，结尾处的波吕克赛娜成了一个典范："她伟大的心灵听见要死的消息是多么高兴啊……以前，就婚如赴死；如今，就死如赴婚。"

五、灾难戏剧创作启示

很多时候，剧作家都会通过展现灾难中人物的凄惨状况来起到反映现实的作用，同时必不可少地在结尾增添一缕希望。这样既可以完成亚里士多德所谓"卡塔西斯"效应的净化效果，又不必如黑格尔所言，让观众事实上亲身经历剧中人的痛楚。塞内加在做到前者的同时，却选择了一个一悲到底的结尾，因此在他的描写下，悲情事无巨细，似乎没有节制，但这反而是他对这个世界表达同情的方式。

这样的效果无疑是精彩的。这是因为塞内加的目的并非一味展示痛苦，而是以更加真实的笔触展现了此类事件大多数的结局，拒绝对其进行虚伪的修饰，同时展现出一个道理：在灾难面前，人类是不可能有赢家的。所谓的"赢"，是摆在历史的维度中，站在后来者的立场总结出来的，对于当时的亲历者而言，一切都是惨痛教训，而文明，只有通过信心和道德，才能在废墟上建立。

《被围困的努曼西亚》鉴读

孙清涵　19 戏剧影视编剧 MFA

　　几千年前，一场硝烟四起且声势浩大的战争在欧洲燃起。罗马将军领兵无数，入侵西班牙，势如破竹，长驱直入，将仅有三千居民的弹丸之城努曼西亚团团围住。罗马人自恃兵强马壮，英勇无敌，以为不费吹灰之力即可将小小的努曼西亚城攻下。然而事与愿违，罗马军队却受到了努曼西亚人民的顽强抵抗，努曼西亚城久攻不克。随着时间的推移，罗马军队中厌战情绪日盛，士气低落，纪律松懈。面对此情此景，罗马将军焦虑万分。为了改变这种状况，有一天他把全军官兵集合起来，当众晓明利害，严整军纪，声言要和努曼西亚人民决一死战。努曼西亚军民面临的局势是严峻的。除了敌人的围困外，饥饿、疾病、死亡无时不在威胁着他们。为了解救人民的危难，努曼西亚市长派出使臣和敌人谈判，但罗马人断然拒绝了努曼西亚人的和平倡议。面对罗马人及其群臣的蛮横态度，两位努曼西亚使臣毫不示弱，郑重表示努曼西亚人民希望和平，但决不乞求和平，明确道出了西班牙人民不愿任人宰割、不甘当亡国奴的共同心愿。

　　谈判破裂，努曼西亚市长召集部下，共商破敌大计。经过商量，最后决定向罗马人提出决斗。双方各出一名兵丁决斗，如果罗马士兵取胜，努曼西亚人自动交出城郭；如果努曼西亚士兵得胜，罗马人应偃旗息鼓，罢兵休战。然而努曼西亚人的这一和平努力再次遭到拒绝。爬上城头喊话的一名努曼西亚士兵忍无可忍，不惧风险，当面痛斥了敌人的背信弃义、虚伪、残忍、专横、暴虐。

备受战争之苦的努曼西亚人民在挣扎，在战斗。神父们在祭神，乞求上帝消弭战祸，降福于努曼西亚人民。一名青年为了拯救濒于饿死的恋人，攀过城墙，闯入敌阵，硬从罗马人手中抢来一篮面包，最后献出了自己年轻的生命。

努曼西亚人民面临困难的抉择。突围是唯一的生路，但妇女儿童怎么办？市长正在犹豫不决之时，抱儿带女的妇女们来到他面前，表达了她们誓与男人们共命运的坚强决心。

战争、饥饿及疾病这三个恶魔在狂舞，在狞笑，在向走投无路的努曼西亚人民大施淫威。一个个老人和婴儿饿死在街头，无数青年男女被疾病夺去了生命。努曼西亚人民在受难！努曼西亚人民陷入了绝境！然而努曼西亚人民是不可侮的。他们宁死也不受辱。市长先下令将全城的财产集中起来，付之一炬，随即怀着无限的悲愤，带头杀死了自己的三个亲生骨肉，接下来自己也倒在血泊之中。全城男女老幼也相继自杀，壮烈牺牲，只剩下一名青年。待到罗马将军下令士兵去探听城内动静时，努曼西亚已是一座死城：尸体遍地，血流成河，惨不忍睹。

这名努曼西亚青年泰然自若地爬上城楼，面对如狼似虎的罗马官兵。罗马将军亲口提出种种许诺，劝他交出城门钥匙，他拒绝了。最后他大义凛然地从城楼上跳下，英勇就义。努曼西亚人民用自己的鲜血谱写了一部气壮山河、可歌可泣的英雄史诗！

这部戏剧不仅在主题上别具一格，而且在艺术手法上标新立异。

首先，通观全剧，从第一幕到第四幕，没有比较明显的主要人物来牵引整部戏剧情节的发展，第一幕写了罗马将军西庇阿为激励士兵夺取努曼西亚而做的整顿，表现了当时人们无畏的英雄主义和荣誉感，同时，也顺带描写了与西庇阿谈判的努曼西亚使者不辱使命的民族责任心和荣誉感。第二幕写努曼西亚面对罗马人的围城，各阶层的人对待国家、生活及爱情的态度，表现了努曼西亚人愿意为民族放弃一切的决心。在这幕中，也没有明显的主人公。第三和第四幕中，主要是写了在大敌当前的形势下，各阶层各行业的努曼西亚人为民族、为爱情、为友情、为荣誉的自我牺牲精神。巫师马尔基诺在为努曼西亚城的未来占卜算命；神父们在祭神，祈求上帝消弭战祸，降福于努曼西亚人民；努曼西亚的女人也毫不逊色，在试图突围时，她们抱儿带女来到了市长面前，表达了她们誓与男人们共命运的坚强决心。

其次，这部戏剧的主题虽然和以往的表现爱国主义和民族英雄主义的戏剧类似，但不同之处也很明显，以前的戏剧往往在剧情设置上有很多腥风血雨的厮杀场面，这部戏剧中，作者更多的笔墨放在战前情境的描述上。市长为拯救城市于危难的应对、使者为争取和平的唇枪舌剑、巫师祭司为国家的祈祷祝福、青年在国家大义和爱情友情之间的取舍等都使整部戏剧凸显出浓重的悲剧情调，其中巫师马尔基诺为了预言努曼西亚吉凶祸福而进行的召唤死人亡魂的活动具有惊心动魄的强大感染力。全剧最精彩、最感人的场面出现在最后一幕，当城亡不可避免时，市长特奥赫内斯先下令将全城的金银财宝集中起来，付之一炬，随即怀着无限的悲痛亲手杀死自己的妻儿，全城男女老幼相继自杀。努曼西亚人全体自戕的行为把悲剧推向了高潮。

另外，整部戏剧还具有极强的浪漫主义基调，充满了宿命论。努曼西亚城的灭亡是不可避免的，任何努力注定是枉然。所以在外患临头之际，死亡、饥饿和疾病加速了城堡的灭亡。但努曼西亚城将会是涅槃重生的凤凰，在剧本结尾，象征西班牙的荣誉之神预言了努曼西亚美好未来，这一天终将会到来。

暴风雨后的宽恕

——评《暴风雨》中的灾难元素

史欣冉　21 编剧学理论 MA

　　莎士比亚的传奇戏剧《暴风雨》是他创作的最后一部作品，与前期的创作风格不同，此时的剧本创作风格多为浪漫主义传奇剧，富有浪漫，充满想象，展现宽容、仁爱的理想生活。戏剧《暴风雨》充满魔幻主义色彩，用荒诞的魔术与乌托邦一般的小岛，表达自己晚年对于生命的思考。该剧讲述的是那不勒斯国王阿隆索和王子斐迪南及陪同的安东尼奥等人在海上遇见罕见暴风雨后，众人被分成三批吹散到小岛上，分别是王子斐迪南、阿隆索和安东尼奥等人及船夫仆人，制造这场暴风雨的背后之人便是当年被安东尼奥篡夺王位的米兰公爵普洛斯彼罗。米兰公爵普洛斯彼罗被篡夺王位后带着女儿米兰达逃到荒岛上，并依靠魔法成为荒岛的主人，普洛斯彼罗在岛上遇见阿隆索一批人，并制造了一场暴风雨。在暴风雨中被分散到不同岛上人，遭受到普洛斯彼罗不同的戏弄：斐迪南遇到米兰达很快坠入爱河，普洛斯彼罗宽恕阿隆索等人、被禁锢的精灵们获得自由，醉酒的仆役长、小丑等人也受到了惩罚，最终普洛斯彼罗恢复爵位，同大家一起返回家园。该剧以两条线索分别展开：一是在荒岛生活的普洛斯彼罗和米兰达父女，二是阿隆索和安东尼奥等人。两条故事线因"暴风雨"而相遇，"暴风雨"是普洛斯彼罗魔法所操控的一场海上灾害，又是故事发展的开端，还是宽恕和解的基础，暴风雨不仅带来海上灾难，还带来灾难后人与人心灵之间的相互靠近，在传奇剧外壳下展现人文主义关怀。该剧的核心就是宽恕与和解，剧中无论是精灵、仆人还是国王、王子都有美满的结局，全剧充满想象、诗意与宁静，具有传奇浪漫主义色彩。

在该部作品中的传奇元素丰富，除此之外，有三点值得探索研究：一是灾难元素"暴风雨"的设置与使用，二是人物的宽恕与自由，三是传奇剧外壳下对人性的关注与救赎。本文从戏剧《暴风雨》的文本出发，研究其灾难元素的设定与使用，进而探索以"暴风雨"为自然环境和人为因素下的剧中的人物设置与主题表达。

一、"暴风雨"的设置与使用

暴风雨出现的原因是因为魔法，即暴风雨代表着魔法，充满着浪漫主义想象色彩充满全剧，奠定了该剧浪漫主义传奇戏剧的美学基调。魔法是开端也是原因，普洛斯彼罗因为沉迷魔法才被篡夺王位，在荒岛之上依靠魔法成为荒岛主人，统治了精灵，又用魔法的暴风雨戏弄惩罚了阿隆索等人；魔法是起点又是终点，该剧中的人物命运围绕魔法而展开，而魔法所带来的暴风雨成为该剧的关键灾难元素，是推动故事情节向前推进发展的重要环境。

"暴风雨"本属于戏剧中的自然环境，也属于自然灾害，但是在该剧中是人为制造的自然灾害，让暴风雨具有了双重属性，在剧中的作用也就越来越丰富，不仅为全剧营造一个传奇的氛围，又成为关键灾难元素，为戏剧叙事塑造自然环境背景和人为因素。暴风雨出现在剧本第一幕第一场之中，舞台提示中这样写道："在海中的一只船上。暴风雨和雷电。"①

① 莎士比亚：《暴风雨》，《莎士比亚全集》卷一，朱生豪译，人民文学出版社1984年版，第3—86页。

通过第一场戏中水手面对暴风雨的态度和反应，可以知道暴风雨十分强烈，仿佛在和他们作对，通过第二场在普洛斯彼罗所居洞室之前的交谈中可知道是他使用法术"让狂暴的海水兴起这场风浪"。[①] 普洛斯彼罗讲述了与阿隆索等人恩怨纠葛的戏剧前史，这便是这部戏的开端，通过一场人为的自然灾害"暴风雨"，迅速推进戏剧发展，暴风雨的使用合理且传奇：首先，暴风雨的产生为船上一行人营造了一个极端环境，此时能够通过人物的选择与动作塑造人物，为后文塑造人物形象奠定了基础；其次，暴风雨的产生是普洛斯彼罗的魔法所致，既能形成传奇色彩，又引申出普洛斯彼罗被篡夺王位的历程；最后，暴风雨的使用具有象征性，不仅象征着普洛斯彼罗的对过去遭遇的宣泄，还暗含着暴风雨过后的平静，意味着未来的宽恕与宁静，"暴风雨"让人们相遇，让人物的生命历程出现交叉，怨恨的人彼此和解，陌生人彼此相爱。

二、人物的宽恕与自由

剧中人物较多，故事丰富，可以将该剧的故事线分为两条，分别是普洛斯彼罗父女在岛上的故事和阿隆索一行人遭遇暴风雨的故事，由情节发展可知，阿隆索一行人被暴风雨吹散分成三类：一是王子斐迪南，二是阿隆索及他的朋友亲信，三是仆人。岛上生活的人也可以分为三类：一是普洛斯彼罗，二是米兰达，三是岛上的精灵。王子斐迪南与米兰达相爱，生命历程出现交叉。在莎士比亚前期的剧作《罗密欧与朱丽叶》中，有世仇的两家儿女是无法相爱的，但此时王子与米兰达的相爱，寓意着仇恨的化解与宽恕。普洛斯彼罗知道二人相爱后，言道："两股顶少有的爱情遇在一处了！愿上天降福给这一对结合。"米兰公爵

---

① 莎士比亚：《暴风雨》，《莎士比亚全集》卷一，朱生豪译，人民文学出版社 1984 年版，第 3—86 页。

普洛斯彼罗宽恕了安东尼奥的背叛，二人不仅让儿女相爱，普洛斯彼罗又重拾爵位，宽恕与和平是二人再次相遇后的态度。暴风雨宣泄了普洛斯彼罗内心多年积累的不满，对安东尼奥等人进行了小惩罚，随后就是二人的宽恕与和解。精灵重获自由，"以后你便可以自由地回到空中了"。精灵们的自由，是世间万事万物都和平宁静的象征。

该剧中人物丰富，爱情与亲情交织，自由与宽恕并存，营造出一幅和谐、美好的图景，这是作者理想中的乌托邦生活，也是作者内心和平自由精神的体现。大海是博爱、广阔的，而暴风雨只是小小的一次考验，风暴最后会回归平静与安宁，这也是作者以大海、孤岛、暴风雨为创作核心的象征意义。作者在创作时，詹姆士一世王朝的统治愈加腐败，现实生活更加残酷，作者用暴风雨代表当下的社会现实，用理想、美满的结局传达美好的希冀，从魔幻的、理想的创作中表现内心对仁爱、宽恕、和平生活的向往。

三、传奇剧外壳下的人文主义关怀

莎士比亚的创作风格从以前极端的讽刺与辛辣的刻画，转向用宽恕精神与调和矛盾来创作，从外部的人文关怀转向内部的人文关怀。暴风雨中所蕴含的现实的残酷，通过回忆式叙事的方式讲出，更多地放在了如何解决上。解决矛盾是人文关怀的具体表现。公主与王子相爱、仇人和解、对过去释然、精灵获得自由，该剧不仅具有浪漫主义传奇色彩，同时在传奇剧的外表之下蕴含着的是人文关怀，通过传奇手段、圆满结局表现理想生活，传达创作者内心的理想生活。

从人物的塑造来看，剧中人物包含社会中的各个阶层，有国王与王子、被夺去爵位的普洛斯彼罗、仆人船夫还有精灵。对普洛斯彼罗的塑造奠定了该剧的基调与主旨，着重刻画他的宽恕，"普洛斯彼罗对恶人的教化方法奇妙，恩威并施，通过道德训诫引起对方情感净化，同时伴随颇富人性的批判斗争"。① 普洛斯彼罗以德报怨，用自己的魔法与智慧惩治了恶人，用法术在大海上掀起一场暴风雨，当女儿发现他的行为并阻止时，他说："我曾经凭借着我法术的力量非常妥善地预先安排好：在这里你听见他们呼号，看见他们的船沉没，但没有一个人会送命，甚至连一根头发也不会损失。"② 这足以彰显该剧蕴含的人文主义关怀，这样的人物与选择虽然过于理想化，但是作者是用理想的笔触、善良仁爱的人物表现人文主义关怀的。从故事情节发展来看，该剧的剧作模式类似于戏曲中的大团圆结局，矛盾化解、收获爱情、卡力班阴谋失败、精灵们获得自由，在普洛斯彼罗对他们进行暴风雨的惩戒后，剧情走向趋于平稳，同时，前后情节的差异产生反差感，暴风雨背后不是激化的矛盾与复仇，而是宽恕与仁爱，这样更加传达剧情的宽恕和仁爱的精神，故事情节的发展为观众塑造了一个乌托邦一般的世界。

结语

《暴风雨》是莎士比亚晚年创作的最后一部作品，作品能够最直观地表现莎士比亚的创作理念，该剧以"普洛斯彼罗使用魔法制造暴风雨"为创作起点，将自然灾难暴风雨赋予人为因素，通过海上暴风雨使人物命运发生交叉，让剧中人物过去的矛盾和解、新的遇见产生爱情、被禁锢的人和精灵获得自由。该剧充满浪漫主义传奇色彩，剧中的人物获得宽恕与自由，在传奇剧的外壳下展现人文主义关怀。该剧以"暴风

---

① 王忠祥：《"人类是多么美丽！"——〈暴风雨〉的主题思想与象征意义》，《外国文学研究》2008 年第 4 期。
② 莎士比亚：《暴风雨》，《莎士比亚全集》卷一，朱生豪译，人民文学出版社 1984 年版，第 3—86 页。

雨"为题，用暴风雨发生时的惨烈与绝望，衬托宽恕与仁爱，让普洛斯彼罗的精神显得更难能可贵，用理想生活反击现实的残酷，表达作者对理想社会生活的向往。

参考文献

［1］莎士比亚：《暴风雨》，《莎士比亚全集》卷一，朱生豪译，人民文学出版社 1984 年版。

［2］王忠祥：《建构崇高的道德伦理乌托邦——莎士比亚戏剧的审美意义》，载《文学伦理学批评：文学研究方法新探讨》，聂珍钊邹建军编，华中师范大学出版社 2006 年版。

［3］王忠祥：《"人类是多么美丽！"——〈暴风雨〉的主题思想与象征意义》，《外国文学研究》，2008 年第 4 期。

"我从来没有见过这样阴郁而又光明的日子"

——莎士比亚《麦克白》鉴读

高　媛　21戏剧与影视学博士

"我从来没有见过这样阴郁而又光明的日子。"麦克白站在荒原上感叹。遥远的、苏格兰的层云下，三女巫踽踽而来，即将向他揭开生命中光明而又阴郁的秘密。

时间播下的种子千奇百怪，哪一颗会长成，哪一颗又不会，莎士比亚心知肚明，麦克白并不，但麦克白心有所料。三女巫的谶言含糊而恐怖，其形影如大地上的泡沫，如呼吸融化于风中，预言闪烁其词，点破他心底潜藏的欲望与悲哀。在那一刻，邓肯王仍在远方，而即将短暂为王的麦克白，已经杀死了自己心中的麦克白。

谋杀是灾难，灾难来自欲望。面对欲望，麦克白是多么清醒呀，"没有一种力量可以鞭策我实现自己的意图，可是我的跃跃欲试的野心，却不顾一切地驱着我去冒颠踬的危险。"从一开始就被野心摧毁的野心家，在野心驱使下完成了自己一生的悲剧。为王的预言引发渴望，渴望又主宰了麦克白迈向预言的每一步……《麦克白》的整个结构，实则是一场灾难的闭环。预言本身作为引子，亦是未成真的终点。对麦克白而言，这诱惑的空白等待着他用每一步去填满，任何一种向着预言前行的努力，都犯下又洗脱着罪恶。明知每一步都是扭曲，每一步都有理由自我说服。因为终点就在那里，女巫们指出的未来就在那里。为实现未来而犯下的罪恶，难道不是早已准备好的顺理成章？这种一再地解释、一再地自我宽恕，坦然地忽略着一个显而易见的问题——即便预言果真存在于那里，这预言本身就真正是正义的吗？

　　鲁迅先生在《狂人日记》里问："从来如此，便对么？"——理所当然注定要发生的，一定就是正确的吗？麦克白是另一种狂人，有别于对世界发问的启蒙者。他坚定于欲望的指引，哪怕通往预言的道路布满血腥，他也可将这显而易见的罪恶感描补成正义，固然描补的过程中充满挣扎，但人性的戏剧化精彩之处，亦是在这无穷尽的挣扎中体现出来。"不同于其他悲剧从正面人物的视角进行探讨，《麦克白》的主角——麦克白及其夫人，毫无疑问属于典型的反派角色。他们贪婪、残忍，为了登上权力的最高峰，不惜谋杀多位无辜者。然而这两个角色走向毁灭还是激起了读者心中的怜悯和悲痛，其深层原因在于，他们所犯的错误中体现出的人性弱点恰恰是人类所共有的，在麦克白的处境下，哪怕是温良恭俭的普通人，可能也会做出与他相同的选择，最终导致相同的悲惨命运。有意思的是，麦克白每次做出对其取得权力有利的暴行之后，都没能得到达到目的的快感，相反，每次暴行都让他们夫妇二人在精神上受到更多的折磨。恶行和执念，为夫妇二人带来的只有无尽的苦痛。从佛家因果循环的角度出发，这一点很容易理解。"[①]

　　然而，"以不义开始的事情，必须用罪恶使它巩固"。在麦克白的故事里，罪恶实则既是种子，也是果实，谋杀已经是过程中的一部分，真正的灾难，不源自谋杀，不源自篡位，不源自战争，只源自动心的瞬间。

　　而这阴郁的念头，在使得灾难成真的过程之中，也反反复复侵蚀毁坏着麦克白的性格。当初在荒原上感慨与疑虑的将军还拥有一定的人

──────────

　　① 费凡：《佛教八苦视角下的〈麦克白〉悲剧源头解析》，《名作欣赏》2021 年第 4 期。

性，在快乐的顶峰听到一个令人生疑的预言时，他并不会盲目欣喜。在面对近在咫尺的谋杀机会时亦会动容，甚至会崩溃地呈现出软弱之姿，要夫人的凌厉残忍作为辅助，才敢提起染血的利刃。然而迈出一步，麦克白便不再是从前的麦克白。与其说麦克白是被野心异化，倒不如说是被谋杀的罪行和其后的恐惧与自省、内耗所重塑，这种重塑向着扭曲的方向，附以带有宗教意味的罪与罚——"罪与罚，还没有写完麦克白，一如罪与罚不只是《圣经》基督教的全部内容。人的罪性、罪孽固然要引出天罚、世罚、心罚，但人绝非没有出路。《圣经》基督教的最终意义就是为人展示出路。'罪'可以走向'赎'。这要依靠上帝与人的双向运动：一方面，上帝借着人对他的信仰饶恕和救赎人，另一方面，人通过向上帝忏悔和皈依得到拯救。但是，麦克白没有走赎罪的路。如果说先前巫婆的预言、妻子的怂恿、个人的野心把他纠缠在迷离恍惚的旋涡而冲动地跌入了罪恶的深渊，眼下双脚踩进了鲜血中的麦克白却清醒地决意要涉血而进了。"① 但犯下罪行后的麦克白是真正清醒的吗？也许某种意义上是的，罪行本身是条理分明的，罪行之后的掩饰、篡改、灭口、猎杀、抵抗也是一条清晰的线性结构，但有一点十分明显，以鬼魂的幻觉为起点，被谋杀行为捕获的麦克白，其实已经只能依赖这场灾难最初的起源——即三女巫的预言——来维持信心与行动，主宰他一举一动的已经很难说是本身人格，而是一种被罪行牵引着的阴霾，这阴霾是威压，也是盔甲，双重碾压下的麦克白实则已经崩溃。他所能相信的只有两件事：自己为王实属注定，且（依照常理推断）不会被杀死。以这虚妄的两点为基石，将自己打造成为预言的产物，就逐渐丧失了人性。麦克白夫人的信念和最终的疯癫完全有迹可循，但当她为丈夫的野心牺牲之后，麦克白的反应在人设上合情合理，在人性上则已经出离了一个

---

① 金丽：《麦克白的痛苦和灾难》——从《圣经视野解读西方文学研究之二》，《文学研究》2002 年第 3 期。

正常人类所应行驶的轨迹。他在酒宴上见过无言的鬼魂，他的眼中已无光明可言，照亮他的不再是荒原上的阳光，只有内心中熊熊燃烧的女巫祭坛上的业火。而与此同时，另一种声音也清晰而微弱地响彻麦克白内心深处的那个自我踽踽独行的夜空，那是他仅余的、自我怀疑的人性，抱持着关于善恶的最基本判断，在等待着一个既荒芜苍莽又令谋杀者本人跃跃欲试的结局。"麦克白和他的生活世界全部毁灭了，这似乎印证了另一句老话'恶有恶报'。但莎士比亚为'恶有恶报'的世俗观念赋予了上帝公义的基督教阐释，他把麦克白里里外外的灾难都放置到《圣经》的上帝主宰一切的背景里。自从麦克白夫妇产生犯禁邪念那一瞬间开始，他们就清楚意识到浩浩苍天之上有一个至高无上的主宰力量，这种力量是公义的，它对于善恶绝不会无动于衷。"①

麦克白被吞噬了，但被吞噬之后的麦克白完成了一个完美的灾难闭环，既是情节上的，也是性格上的。一动念，就崩溃，预言本身即是毁灭的表征，由此而言，麦克白在加害者的同时，或者也是被害者，被预言欺骗，然后无法回头，被野心劝诱，步步泥足深陷……女巫们在人性的软弱之处狠狠刺下一针，用最初的一滴血换来最后的浴血沙场。然而我们终究不能忘记的是，故事的开头，麦克白也是一场战争的终结者。他是从"结束"中归来，并在整个属于自己的故事中，同样以一场战争谢幕，完成了自己悲剧性的"结束"——又一个完美的闭环，哪怕是由灾难成全。这听上去似乎有一点矛盾，但故事的开头，同样也是一声矛盾的感慨。

"我从来没有见过这样阴郁而又光明的日子。"麦克白说。

最后，一切都结束了。

---

① 金丽：《麦克白的痛苦和灾难》——从《圣经视野解读西方文学研究之二》，《文学研究》2002 年第 3 期。

「我从来没有见过这样阴郁而又光明的日子」

"挺身反抗人世无涯的苦难"
——从灾难视角剖析莎翁笔下哈姆雷特之形象塑造

陶倩妮　16 戏剧与影视学博士

亚里士多德的《诗学》中，对"灾难"一词有过这样的定义——"灾难是具有毁灭性或痛苦的行为，例如，死亡、剧烈的痛苦、伤害和类似的事情。"[①] 对于莎翁笔下的丹麦王子哈姆雷特来说，自从叔父克劳狄斯杀害了英武的父王老哈姆雷特之后，他的世界蒙受了灭顶之灾。

对于哈姆雷特来说，克劳狄斯是造成他的精神世界接近崩塌的始作俑者，一系列灾难向他接踵袭来。他被至亲背叛——父亲尸骨未寒，母亲乔特鲁德爬上了他所鄙夷的叔父克劳狄斯的婚床；父亲的鬼魂告诉他自己是在花园中被叔父偷偷毒死的真相。他被朋友背叛——从小一起长大的好友罗森格兰兹与吉尔登斯吞不仅认领了替叔父试探自己是否装疯的任务，明知克劳狄斯是要致自己于死地，还"护送"自己上了去英国"送死"的航程，只能使计亲手将他们反杀。他深深地伤害并失去了自己的爱人——他真挚地爱着奥菲利亚，却不得不为了有效地实施自己的装疯计划，瞒过周围人的试探，而用钻心剜骨的疯话令奥菲利亚心如死灰，并最终间接导致了她的自杀。生性正义又善良的他，手中却沾染了鲜血——他不仅不得不通过篡改公文，让儿时好友罗森格兰兹与吉尔登

[①]　亚里士多德、贺拉斯：《诗学·诗艺》，郝久新译，九州出版社 2006 年 10 月版。

斯吞替自己走上黄泉之路，还不小心误杀了爱人奥菲利亚与好友雷欧提斯的父亲波洛涅斯。

除此之外，哈姆雷特还有一个不可忽略的身份——他原本是一个无忧无虑、身份高贵的王子，是英明君王老哈姆雷特唯一的儿子，丹麦未来的国王。在灾难到来之前，哈姆雷特在人文主义思潮的堡垒——德国威登堡求学，接受的是先进的人文主义教育。他的思想深受人文主义影响，于是他主张平等，不仅体现在同奥菲利亚的爱情不在乎门第之差——他曾向她大胆表白自己真实的情感："你可以疑心星星是火把……可是我的爱没有改变"；也体现在他同霍拉旭的友谊上——当霍拉旭从威登堡回来拜见他，并称"我永远是您的卑微的仆人"时，他答道，"不，你是我的好朋友；我愿意和你朋友相称"。哈姆雷特曾被称赞是"朝臣的眼睛、学者的辩舌、军人的利剑、国家所瞩望的一朵娇花"。世界曾经在他眼里是"一座美好的框架、一顶壮丽的帐幕、金黄色的火球点缀着的庄严的屋宇"，他美好的心灵甚至曾经抒发过对人类炙热的赞美"是一件多么了不起的杰作！多么高贵的理性！多么伟大的力量……宇宙的精华，万物的灵长！"整个丹麦王国曾经都期盼着他的成长，静候着他日后成为下一任英明的君主。可是，这一切却因为他的叔父克劳狄斯用暗杀的手法篡夺了王位而告终。哈姆雷特成了一个忧郁的"废王子"，他怀疑、忌惮，想夺去性命的"眼中钉"。哈姆雷特不仅失去了父亲，也失去了王权，更重要的，是丹麦社会的安定。他曾痛苦地宣泄道："世界是一所很大的牢狱，里面有很多监房、囚室、地牢；丹麦是其中最坏的一间。"但更重要的是，他认识到，"这是一个颠倒混乱的时代，唉，倒霉的我却要负起重整乾坤的重任"。于是，他的报仇不再是为了一己私欲的家仇，他心中更是有着要担起重整乾坤、匡正时代的重任。再加上叔父克劳狄斯篡位的时机，正值丹麦内忧外患，挪威王子福丁布拉斯在父亲同老哈姆雷特战败后，对丹麦虎视眈眈，随时筹备着收复失地，于是在第一幕第一场霍拉旭与军官马西勒斯在城堡前的露台上对话时，曾说起丹麦全国都在森严的戒备："全国的军民每夜不得安息……每天都在制造铜炮，还要向国外购买战具……大批造船将连星期日也不停止工作……"内忧外患之下，单枪匹马的哈姆雷特自觉地将为父报仇的正义性同扭转国家命运的责任联系在一起，这也是造成了哈姆雷特行动上有过犹豫不决的重要原因。

面对这一系列从天而降的家庭与社会的灾难，哈姆雷特没有"默然忍受命运暴虐的毒箭"，而是坚强又智慧地"挺身反抗人世无涯的苦难"，最终铲奸除恶，自己却也付出了生命的代价。莎翁笔下《哈姆雷特》结局，是丹麦王室遭受灭顶之灾、血流成河的场面——哈姆雷特在和雷欧提斯决斗时中了被克劳狄斯抹了毒药的剑伤而死，克劳狄斯也被哈姆雷特用这把毒剑复仇；母亲乔特鲁德喝下了克劳狄斯为确保谋杀哈姆雷特而准备的毒酒，也当场暴毙。哈姆雷特在临死前，制止了欲追随哈姆雷特而去的霍拉旭喝下剩下的毒药，而是告诉他，让他"把我的行事的始末根由昭告世人，解除他们的疑惑……要是世人不明白这一切事情的真相，我的名誉将要永远蒙着怎样的损伤"！于是，霍拉旭担负起传颂哈姆雷特的英雄悲剧的责任——"让我向那懵无所知的世人报告这些事情的发生经过；你们可以听到奸淫残杀、反常悖理的行为、冥冥中的决判、意外地屠戮、借手杀人的狡计，以及陷入自害的结局；这一切我都可以确确实实地告诉你们。"由此可见，哈姆雷特有意用自己的悲剧故事荡涤世人的心灵，这便体现了他试图匡正世间正义的社会责任。这同悲剧本身的功能是一致的，亚里士多德的悲剧法则里，悲剧的意义在于激起观众悲悯和恐惧的情感，并净化之，这是悲剧应产生的最大效果。[①] 莱辛曾说，如果一出悲剧只引起"没有恐惧的怜悯"或"没有怜悯的恐

---

① 亚里士多德：《诗学》，陈中梅译，商务印书馆 1996 年版。

惧"，并且如果它没有达到"我们的怜悯、恐惧和所有相关联的情感都得到了净化"①这样双重效果，那么这出悲剧的艺术造诣就没有达到悲剧应到达的目的或高度。②在戏剧的结尾，哈姆雷特的悲剧甚至感动了丹麦的政敌，前来"为父报仇"夺回失地的挪威王子福丁布拉斯目睹了他的事迹后，也由衷地对这位悲情英雄表示尊敬。福丁布拉斯说："我在这一个国内本来也有继承王位的权利，现在国中无主，正是我要求这一个权力的机会；可是我虽然准备接受我的幸运，我的心里却充满了悲哀。"

哈姆雷特的下场是一个令人痛惜的悲剧。但这悲剧却折射出一种美。我们感到的是一种撼人心魄的悲剧力量。这种悲剧美昭示着一种人类精神，为了"永恒正义的胜利"而不惜抗争和牺牲的刚烈精神，同时它也透射出一种力量，即正义终将战胜邪恶，美必然战胜丑。③哈姆雷特的事迹让人"感到灵魂被撞击发出的巨大震撼，自身的情感和精神都不由自主地提升，这就是崇高感"。④普希金曾精辟地指出："莎士比亚在悲剧里所展示的是什么？悲剧的目的是什么？是人和人民。人类的命运，人民的命运……这就是莎士比亚所以伟大的地方……"⑤由此可见，莎士比亚的作品之所以深刻，很大程度上来源于他的人文主义关怀，而《哈姆雷特》这部作品对这位悲剧英雄的成功塑造，使其成为荡涤人们心灵与灵魂的传世之作。

①　莱辛：《汉堡剧评·第十二篇》，关惠文译，杨周翰编选《莎士比亚评论汇编（上）》，中国社会科学出版社1981年版，第313页。
②　刘翼斌：《〈哈姆雷特〉主题之辨》，《贵州社会科学》2011年第7期。
③　成敏：《〈哈姆雷特〉之悲剧精神浅析》，《牡丹江大学学报》2016年第5期。
④　卢志红：《文艺欣赏与写作》，湖南大学出版社2010年版。
⑤　尼克斯特：《英国文学史纲》，戴镏龄等译，人民文学出版社1980年版。

挺身反抗人世无涯的苦难

爱的猜忌、人心战场与身份认同

——《奥赛罗》的悲剧性行动与冲突

丁　烨　18 戏剧与影视学博士

莎士比亚的著名悲剧《奥赛罗》，描述了将军奥赛罗和贵族少女苔丝狄蒙娜之间的爱情悲剧。这个故事以动人的爱情开始，以近乎疯狂的杀戮与自杀为结局。从表层来看，奥赛罗和苔丝狄蒙娜之间由轻信—嫉妒—复仇—自我毁灭而导致的爱情悲剧，似乎无法上升到灾难事件。但从深层次来思考，我们会发现，伊阿古的挑拨离间和奥赛罗的疯狂嫉妒的根源在于身份与种族的偏见与歧视。奥赛罗身为将军，骁勇善战并且战功显赫，是威尼斯的"守护者"。他的毁灭，无疑给这个纸醉金迷的西方国家敲响丧钟。这是一出家庭悲剧背后的社会、文化及种族冲突带来的灾难。

一、嫉妒：摧毁一切的力量

《奥赛罗》的悲剧故事起因于人性中最常见的弱点之一——嫉妒。该剧的戏剧行动源自于此。首先，伊阿古的挑拨离间源自嫉妒，他是这部作品中第一个嫉妒者，他对地位、对苔丝狄蒙娜充满了欲望。他是一个典型的反面形象，但他又聪明、能干，是一个勇敢的武士。然而奥赛罗偏偏不肯让其做自己的副将，而是选定了凯西奥。伊阿古说凯西奥是佛罗伦萨人，认为"他从来没在战场上领过一队兵，对于布阵作战的知识，简直不比一个老守空闺的女人知道得更多"。与此同时，伊阿古自视很高："我在罗得斯岛、塞浦路斯岛以及其他基督教和异教徒的国土上立过多少军功，他都是亲眼看见的，现在却必须低首下心，受一个市侩的指挥。"他看不起凯西奥，甚至也对奥赛罗的异邦身份心怀鄙夷，他强调奥赛罗是"黑将军""老黑羊""黑马""贪淫的摩尔人"，正是在这种深刻的种族偏见下，伊阿古的内心失衡，被嫉妒占据，在嫉妒心理的驱使下，他把自己的聪明才智都用在了歪门邪道上，一手策划了整个悲剧。将奥赛罗和苔丝狄蒙娜推入深渊。

其次，罗德利哥之所以被伊阿古利用，同样是由于嫉妒。这个青年迷恋美丽的苔丝狄蒙娜，然而苔丝狄蒙娜却属于奥赛罗，这个事实让他心怀怨恨。然而，罗德利哥却不是个聪明人，只能被伊阿古牵着鼻子走，他被伊阿古激起嫉妒，变卖了家产，跟着来到了塞浦路斯岛，希望能将钱献给自己的爱人，夺回芳心。然而，他处处被伊阿古利用，教唆他偷袭凯西奥，激怒他耍酒疯反击，最终还被伊阿古杀人灭口。嫉妒和愚蠢让他成为伊阿古的棋子，最终失去了生命。

再次，奥赛罗的疯狂杀戮的直接原因更是源自嫉妒，奥赛罗深爱着新婚妻子，一开始他们互相信任，苔丝狄蒙娜在公爵元老及自己父亲面前宣告自己爱奥赛罗，奥赛罗也声称"我用生命保证她的忠诚"。然而奥赛罗的内心真是如此坚定吗？当他看到凯西奥和苔丝狄蒙娜在一起说话时，伊阿古的谗言佞语轻而易举地燃烧起他的妒火，这种妒火在误会两人定情手帕遗失后彻底失去控制，他凭借想象就给苔丝狄蒙娜和凯西奥定了偷情的罪，最后终于在盛怒之下杀死了苔丝狄蒙娜，自己也走向了死亡。

二、语言：引发杀戮的"毒药"

在这部悲剧里，莎士比亚充分地利用了戏剧语言的魔力来推动情节的发展。《奥赛罗》中的种种误会，都是因语言的挑拨而起，而这个戏剧行动的核心，就是伊阿古。他在剧中洞察人心，巧舌如簧，操控一切，利用一切，将奥赛罗、罗德利哥、凯西奥、爱米利亚等人骗得团团转。他哄骗罗德利哥变卖家产，教唆他刺伤激怒凯西奥，甚至让罗德利哥始终坚信苔丝狄蒙娜可以被金钱收买。如果说罗德利哥愚蠢，容易被伊阿古欺骗，那么奥赛罗作为一个大将军，伊阿古是如何通过语言击中奥赛罗人性深处的自卑，进而引发嫉妒和妄想呢？一是假装关心，获得信任，树立忠诚义气的形象。伊阿古站在奥赛罗这边，替他表达对苔丝狄蒙娜的父亲的不满，例如，"好多次我想要把我的剑从他的肋骨下面刺进去"，"您要注意，这位元老是很得人心的，他的潜势力比公爵还要大上一倍，他会拆散你们的姻缘，尽量运用法律的力量来给您种种压制和迫害"。这些语言虽然没有对此时正春风得意的奥赛罗产生影响，但引出了奥赛罗对自己身份和在这个国家立下功劳的重视，例如，"我对贵族们所立的功劳，就可以驳倒他的控诉。""我是高贵的祖先的后裔，我有充分的资格，享受我目前所得到的值得骄傲的幸运。"很显然，奥赛罗越是如此强调自己娶苔丝狄蒙娜的合理，就越是对自己摩尔人的身份充满深刻的自卑。这种人性的薄弱被聪明的伊阿古读解到，并成为之后攻击奥赛罗的利器。第二个层次是通过别有用心的谎言制造误会。伊阿古在凯西奥和奥赛罗二人之间游走，在凯西奥面前说苔丝狄蒙娜是"非常风流的人儿""眼睛摄人心魄"，想让凯西奥为她着迷，在奥赛罗面前又几度试探，用犹豫的语气提醒他"注意尊夫人的行为；留心观察她对凯西奥的态度"。伊阿古一步步诋毁苔丝狄蒙娜在奥赛罗心中的形象，再次重复了苔丝狄蒙娜父亲在两人到塞浦路斯岛前的诅咒话语，说苔丝狄蒙娜有蒙蔽人的妖术，既然能欺骗父亲，同样也会欺骗奥赛罗。奥赛罗心中猜忌的伏笔在此应验，而下面一段触及种族偏见的语言，则彻底摧毁了奥赛罗对苔丝狄蒙娜坚不可摧的信任与爱情。伊阿古说道：

"说句大胆的话，当初多少跟她同国族、同肤色、同阶级的人向她求婚，她都置之不理，这明明是违反常情的举动。嘿！从这儿就可以看到一个荒唐的意志、乖僻的习性和不近人情的思想。"

正是这种根深蒂固的种族有别，刺中了奥赛罗的隐痛，因为他明白，即使他战功彪炳，也不会真正被苔丝狄蒙娜的父亲——一个传统贵族元老所接纳，更不会被这个国家接纳，对于威尼斯公国而言，奥赛罗仅仅只是这些贵族们守卫国土的工具而已。伊阿古的谗言佞语像毒药一样侵蚀着奥赛罗坚定清明的意志。他只能悲叹道："永别了，宁静的心绪！永别了！平和的幸福！"伊阿古利用定情信物手帕彻底击垮了奥赛罗，在绝望的愤怒之下，一场绝望的杀戮也就临近了。最终，当奥赛罗得知真相，他自刎在了爱人身边。

三、域外身份：悲剧背后的深层动机

1822 年，在美国巴尔的摩尔市上演《奥赛罗》时，就在剧中奥赛罗要扼死妻子的那一刻，台下一军人霍然而起，厉声高喊"我不能看着一个黑鬼杀死我们白人妇女"，当场将奥赛罗的扮演者击毙。这一戏外悲剧意味着，在莎士比亚将域外武士与纯情少女的生死恋搬上舞台后的两个世纪里，虽然打动了无数观众，但黑与白的对峙从未结束过。这出家庭悲剧背后的社会、文化及种族冲突常常成为杀戮灾难的根源。由此可见，西方种族偏见实在根深蒂固。莎士比亚从观念和行动上，都不可能具备数百年后经过惨重代价才普遍接受的种族解放和权利平等的政治正

确，但在他所处的那个时代，他已经意识到这个问题带来的冲突的严重性，并在戏剧中表现出来。

1603 年前后，莎翁将苔丝狄蒙娜与奥赛罗置于他所生活的时代背景下：等级—秩序的理性观念渗透于家庭、政治等各领域。父亲或丈夫是家庭的核心掌管一切，包括妻女的生死权。奥赛罗黑色的面孔、低微的出身使他与苔丝狄蒙娜越级的爱情受到统治文化的质疑。这种质疑虽然被正处于成功赫赫、地位上升的奥赛罗的自信压力下，他认为自己的能力、所获得荣誉足以配得上这位美丽的贵族少女。但根深蒂固的种族观念并不会因文艺复兴时期的爱情自由的力量彻底消弭。它们化为勃拉班恶毒的诅咒、伊阿古不怀好意的流言无孔不入地攻击着奥赛罗人性中最脆弱的地方。伊阿古之所以成功实施阴谋，在于摸到了当时社会中最敏感的神经，利用了种族主义偏见。

我们甚至从苔丝狄蒙娜的话语中想象奥赛罗的童年和少年时期，他天生的黑皮肤、卑微的出身使他饱受欺凌，心生自卑。这种自卑的心理虽然随着他越来越强大而被封存，但这个"潘多拉魔盒"只是暂时落锁。他成年后所获的战功，所得的荣誉，并随着一位贵族少女的怜悯垂爱而让世人知道，这种拼命的自我证明，正是自卑心魔从未消失的证据。他的野蛮、愚昧与狭隘只需要一个叫伊阿古的钥匙，就能破盒而出。奥赛罗在拼命证明自己，融入西方社会。可以说，奥赛罗和苔丝狄蒙娜都是种族观念、爱情忠贞的牺牲品。然而，这出剧最令人扼腕的是，在戏剧中，奥赛罗在杀害妻子的时候，他甚至觉得自己的行为是完全正当的，认为这样做是为了自身的荣誉。他不能容忍妻子对自己不忠，因为他把苔丝狄蒙娜对自己的爱情看作是自己能否融入西方文化的标志，一旦妻子背弃了他，他就会觉得自己的一切努力都付诸东流，所以他认为自己的行为是光明正大的，这是十分可怖的，因为这背后正是奥赛罗难以启齿的欲望，他想成为威尼斯公国真正的贵族，而这个愿望，在妻子的背叛中落空。《奥赛罗》并不仅仅是一出爱情悲剧或人性悲剧，它更是社会悲剧，是人类之灾。

那么，如果奥赛罗得知真相前没有对悲剧根源有深刻的认知，他的鲜血与救赎也并不会警醒世人。那么，这种杀戮就会像 1822 年观剧杀人事件一般还将继续下去。在《奥赛罗》中，我们震惊于一对异邦情侣的结合因社会观念的仇视而变成愤怒的野兽，最终招致了死亡的灾难。其中的伎俩越是微不足道和容易戳破，就越能体现这种种族身份带给人们的焦虑与冲击。事实上，直到今天，这种种族冲突、战争与杀害仍未停止过，历史的教训也并未被人们所接受，这何尝不是人类之殇？

《安东尼与克莉奥佩特拉》鉴读

刘才华　18 戏剧与影视学博士

　　《安东尼与克莉奥佩特拉》是莎士比亚著名的悲剧作品，该作品取材于古希腊作家普鲁塔克的《希腊罗马名人传》，以罗马帝国时代著名的历史人物安东尼、"埃及女王"克莉奥佩特拉、恺撒等为主角，巧妙地将原本安东尼与克莉奥佩拉长达十余年的情史压缩成紧凑的戏剧情节，有机地将政治历史悲剧与爱情悲剧融为一体，从而体现了灾难戏剧震撼人心的力量。

　　该剧讲述了公元前 40—30 年代，作为罗马帝国三大寡头之一的安东尼，在战争中本欲挥师东进，占领埃及，却与埃及女王克莉奥佩特拉坠入情网，从此不问政事，并迟迟不回罗马。安东尼的行为疏远了另一寡头恺撒，使其与恺撒的关系愈发紧张。正在二人拉锯时刻，庞贝厄斯发动内乱，欲推翻罗马三寡头。安东尼在两难之间只能离别爱人，重回罗马，并为了巩固与恺撒之间的政治联盟，与恺撒之姐奥克泰薇霞结为姻亲。内乱平定之后，安东尼一心想回到埃及女王身边，于是他假意让奥克泰薇霞回到罗马调和与恺撒之间的关系，自己却前往埃及回到爱人身边，此举激怒了恺撒，致使恺撒对安东尼宣战。在安东尼本不擅长的海战中，克莉奥佩特拉因胆怯逃走，随即安东尼也无心恋战，全军败退。克莉奥佩特拉为了躲避安东尼的暴怒和责骂，躲进了墓室并骗其已自杀，安东尼悔不当初，自刎殉情。埃及女王感受到了爱人的忠诚，旋即将毒蛇放入怀中，追随安东尼赴死。

该剧气势恢宏、色彩浓艳，充满着莎士比亚的悲剧之美，有评论家称其为莎士比亚四大悲剧外的第五大悲剧，其中"埃及女王"克莉奥佩特拉这一角色更是被称为莎剧中"最为高大的女性形象"。《安东尼与克莉奥佩特拉》的悲剧是由战争灾难而引发的悲剧，故而灾难在其情节的推动、矛盾的产生及人物关系与形象的构建上起到了不可磨灭的作用，灾难是其戏核所在。

灾难构建了作品的主要矛盾冲突

作为具有浓郁莎剧特色的一部作品，该剧的主要矛盾冲突都建立在战争这一灾难之上。首先是战争灾难引发的政治联盟之间的冲突，即安东尼与恺撒之间的冲突。二人作为罗马帝国的三大寡头之二，是帝国内的最高领导阶层，特别是安东尼在剧中被称为"帝国的三大柱石之一"。三人能力相当，而恺撒野心最强、城府最深。恺撒有意挤掉二人称霸帝国，能力却未能及，所以当庞贝引发内乱之时，他必须借助安东尼的力量才能将其平息。而安东尼为了安抚恺撒心中的怒火，也只能与其姐进行毫无感情基础的政治联姻。恺撒在剧中申明了政治联姻的必要性——"让她这一生联结我们的王国和我们的心，愿彼此永远不要翻了脸，变了心吧！"正是这样波流暗涌的政治环境下与似友非友的联盟关系中，安东尼谨小慎微，当他决心重回克莉奥佩特拉的怀抱中，就宣告了与恺撒联盟关系的终结，二人从盟友变为兵刃相见的仇敌，战争灾难也一触即发。

战争灾难引发的政治联盟之间的冲突还包括庞贝与整个罗马帝国三寡头的冲突。若不是庞贝趁安东尼与克莉奥佩特拉纵情声色、不问政事，他绝无可乘之机发生内战。这场内战导致了安东尼与克莉奥佩特拉间隙的产生，当时局致使他必须要从埃及回到罗马，为了使自己痛下决心离开克莉奥佩特拉，他一连说了三个"必须"："我必须挣断这副坚强的埃及镣铐，否则我将在沉迷中丧失自己了。""我必须割断情丝，离开这个迷人的女王。""我必须赶快离开这儿。"由此可见安东尼对离别的不忍及对克莉奥佩特拉爱情的真挚。然而这场战争灾难引发的离别致使一切都变了，当克莉奥佩特拉再次得到消息，安东尼已经成为恺撒的姻亲、别人的丈夫，二人真挚的情感也因此出现了裂痕。

值得注意的是，虽然战争所引发的灾难是整部剧的戏核所在，但是莎士比亚并未对战争场面进行着重的描写，甚至在整部剧中并未描写出具体的战斗环节，而是通过剧中人的叙述来讲述战争的计谋、败退等细节，这无疑节省了笔墨，使得戏剧的情节更加紧凑、集中。

灾难影响了人物关系的走向

剧中最为重要的一组人物关系即男女主人公安东尼与克莉奥佩特拉之间的关系，他们的关系始终受到这场外部战争灾难所影响。故事一开场就通过安东尼的部下菲罗之口来阐述主帅安东尼与克莉奥佩特拉之间的关系——"他本来是这世界上三大柱石之一，现在已经变成一个娼妇的玩物了。"可以看出部下对主帅迷恋于情欲是十分鄙夷的，但这些流言蜚语并不妨碍安东尼与克莉奥佩特拉相爱，即便在恺撒的府中，安东尼也毫不避讳地谈到"我的快乐是在东方"。二者情意相投的爱却因为战争灾难而产生了嫌隙。首先是安东尼为了笼络与恺撒之间的联盟娶了恺撒之姐，在音书并不通畅的情况下，克莉奥佩特拉两度派遣使臣前往罗马，只是为了从别人口中知道安东尼迎娶的人是什么样的。

克　她像我一样高吗？

使者 她没有您高，娘娘。

克 听见她说话吗？她的声音是尖的，还是低的？

使者 娘娘，我听见她说话；她的声音是很低的。

克 那就不大好。他不会长久喜欢她的。

……

克 你还记得她的面孔吗？是长的还是圆的？

使者 圆的，太圆了。

克 面孔滚圆的人，大多数是很笨的。她的头发是什么颜色？

使者 棕色的，娘娘；她的前额低到无可再低。

克 这儿是赏给你的金子；我上次对你太凶了点儿，你可不要见怪。我仍旧要派你去替我探听消息。

不可一世的埃及女王当听到爱人移情别恋，她发疯嫉妒、打探对方的样子，更加坐实了她与安东尼用情之赤诚、之真。

但是再赤诚的情感经受战争灾难的考验之时却出现了更大的裂痕，安东尼与恺撒决战，本就是安东尼不擅长的水战，正当双方军队战斗得如火如荼的时候，克莉奥佩特拉却调转船头，安东尼也追随她的爱人而去，不战而败，成为安东尼领兵生涯中的耻辱。他的将领谈到"他的整个行动，已经不受他自己驾驶了，我们的领袖是被人家牵着走的，我们都是供妇女驱策的男子"，可以看到陷入这场爱恋中的安东尼一次次失去了理智，也导致他永远失去了自己的政治力量和翻身机会。但安东尼与克里奥佩特拉的情感是建立在安东尼给予克莉奥佩特拉政治庇护上，所以当安东尼失去了所有，失去了他最为重要的"政治家"身份，他就只能将所有的情感与未来寄托在克莉奥佩特拉的身上。虽然他对女王调转船头的行为暴怒过、辱骂过，但当他听到克莉奥佩特拉于墓室中的"死讯"，显然他所有的情感寄托全部幻灭了，天下之大，孑然一身，无可眷恋，他选择了"追随"克莉奥佩特拉而去。

就像他在临终时所说的：埃及的女王，你完全知道我的心是用绳子缚在你的舵上的，你一去就会把我拖着走，你知道你是我灵魂的主宰，只要你向我一点头、一招手，即使我奉有天神的使命，也会把它放弃了来听你的差遣。

而埃及女王在听到他的死讯后才真正意识到，这位曾经不可一世的政治家对她的爱有多么深刻、多么沉沦，他抛弃了世间的一切，只为与其厮守。最后，女王也用自刎来回应安东尼深沉而热烈的爱，双双殉情使得悲剧的力量感更为强烈，即便是恺撒这样铁石心肠的将领，也为二人真挚的爱情所动容，下令将二人一同安葬。

可以说，这部由战争灾难而引发的悲剧深刻地展示了爱情的焦灼、撕扯，它张扬着伟大的人性力量。也正是如此，安东尼与克莉奥佩特拉的故事成为莎士比亚剧作中的经典而永久流传。

当正义的天平左右倾倒

——《泰特斯·安德洛尼科斯》鉴读

高　嫒　21戏剧与影视学博士

通常意义上，我们会怎样看待《泰特斯·安德罗尼科斯》呢？莎士比亚作品中血气最为浓郁、色调最为阴郁的一部吗？那它或许还比不上《哈姆雷特》或《麦克白》，论对纠结心理的阐述与对阴鸷情调的营造，鬼魂的诉冤和女巫的预言自然在戏剧性、悬疑性上都高出一筹。《泰特斯》通篇布满的，是态度俨然的屠杀与谋杀——甚至不是刺杀或暗杀——并因此奠定了所有的无可挽回。

它是彻头彻尾的悲剧，但这悲剧却又并非由来无因；它充满了足以毁灭一个或几个家族的人间灾难，但这灾难却又并非不能预料。每个读过这剧本、观看过这剧的人只怕都难以避免一线幽幽的、发狂的叩问自内心深处汹涌而出：

——以正义之名施行杀戮、继而带来的灾难，究竟要如何看待？又该如何面对？

一、被累积的高潮

从戏剧构思的层面上来看，整部《泰特斯》的剧情构造，几乎是两重大屠杀灾难的重叠，其间夹杂着一起又一起直接而毒辣的谋杀、酷刑与侮辱。报复直截了当，凶残咄咄逼人。以杀戮而始，又以互相残杀而终。戏到终局，舞台上血流成河、暴虐化身为实体，如黑夜里漆黑的野兽流淌着腥膻的口涎，嘶吼着扑到眼前——所有这一切，都残忍得令人目眩。

灾难、仇恨与毁灭，砌成了《泰特斯》这部剧的骨骼，想要终结这坚不可摧的痛苦，要靠将自己化身为疯狂、付出所有作为代价……如果没有灾难、恶意、痛苦、绝望，就没有《泰特斯》。

过分吗？

但这是年轻的莎士比亚呀。一千多年后，我们面对的是挥舞着鹅毛笔的年轻作家对舞台满怀想象与热望的盲目赞美与冲刺。至极的生与死、善与恶，至极的仇恨与报复，至极的毁灭和终结……才配得上那咯吱咯吱作响的十几呎木板台子在他心底燃起的炽烈光辉。

后来他懂得熟练地自灾难与绝望中提炼人性、游刃有余地打磨死亡的深度——但此刻还没有，在《泰特斯》时还没有。灭族与毁家之灾带来的极致戏剧性与强刺激观演感受，仍然引诱着年轻的作家。这无疑是创作起步之初的热烈尝试，但，并不影响《泰特斯》成为莎士比亚创作历程中的重要一步。

二、被主宰的人物

放诸人物塑造层面，《泰特斯》中冲突的两方代表——罗马将军泰特斯·安德洛尼科斯与哥特女王塔摩拉，实则都是被仇恨驱使着、裹挟着走向绝望的受害者。作为上至两个国家、两种文化，下至两个家族、两个家庭的最高话事人，二人因其政治立场、个性情感与天然担负的责任，成了不死不休的仇敌。

在故事的开端，冤仇起源自泰特斯得胜还朝，擒获了哥特皇后塔摩拉母子四人，为祭奠自己阵亡的儿子而杀死塔摩拉的长子。他本有竞争皇位的资格，却将皇权拱手相让给轻浮的先皇长子萨特尼纳斯，又应下了萨特尼纳斯向自己女儿拉维妮娅的求婚——那很显然是一种结盟与感恩的暗示，且将塔摩拉母子交由萨特尼纳斯处理。然而皇弟巴西安纳斯早与拉维妮娅相恋，当众抢回自己的情人，萨特尼纳斯深觉受辱，又早已惊艳于塔摩拉的美貌，愤而立她为皇后，从此——灾祸开始了。

我们看到，起初匍匐在泰特斯脚下哀求的塔摩拉，最终变身成狂烈毒辣的雌虎，她与自己的嬖奴摩尔人艾伦私通，指挥他和自己余下的两个儿子杀死皇弟巴西安纳斯，侮辱拉维妮娅又残忍地砍其臂，断其舌，使其不能言不能写，以免罪行暴露，且与艾伦生下私生子……所有这些，成就了一个典型的"妖后"。

我们看到，泰特斯让出权势，困于皇权之下，受骗断自己一手也没能挽回儿子们的性命，最后一个儿子路歇斯远走他乡，身边只剩残疾女儿……鲜血压弯了刀锋，绝望磨蚀着弓弦，泰特斯终于决定装疯复仇，拿住艾伦及其私生子，又杀死塔摩拉的两个儿子如屠杀牲畜，用他们的血拌着骨灰和面，头颅捣成肉泥做馅，以这肉饼在最后那疯魔的御宴上，招待他们的亲生母亲塔摩拉和皇帝萨特尼纳斯。

最后的最后，飨宴终结，恨穷匕见，泰特斯杀死塔摩拉，又被皇帝杀死。其子路歇斯率领哥特大军卷土重来，继位称王。

最后的最后，真相被揭露，报复被完成，仇恨被新鲜的血海淹没，故事最初的女王与母亲沦为幽暗的毒妇，最初英雄与父亲化身疯魔的亡魂。他与她的转变那样绝望，那样黑暗，又那样顺情合理。

是灾难与仇恨奠定了他们一生的基调，也完成了戏剧的全部。而这灾难，又是他们亲手铸造。在中国，古人常说"杀降不祥"。假使泰特斯没有以塔摩拉的儿子作为祭品，之后的报复性灾难会否发生？我们谁也不能知晓。但站在泰特斯的立场上，他为自己牺牲于征战的儿子讨一个公道，作为仇敌一方的塔摩拉及其子便理所当然成了牺牲品。

一个母亲，一个父亲，他们冤冤相报，因降临在身上的灾难而疯狂了。

三、被牺牲的女儿

《泰特斯》写于 1589—1592 年间，伊丽莎白一世统治下，黄金时代的英国。或许正是那样的繁盛才容得下艺术家这样地放纵想象。毕竟在繁荣世象面前，对心态轻松的观众而言，鲜血只是点缀，绝望只是虚妄——正如《泰特斯》中，王座要靠尸体堆砌，最后为王的人是踏着亲人与仇敌以死亡终结的怨恨，手握权柄，拾级而上，成为新王——在观众眼中，帝国的未来从灾难中重生，这是一个最正义的、光辉的、圆满的结局。

但我们没能忘记拉维妮娅，《泰特斯》中最无辜的受害者。从头到尾这美丽的少女主动做过什么足以令她遭难的选择吗？没有，完全没有。她遭遇不幸的唯一前提，只因她是被报复者的女儿，最后被父亲亲手杀死，理由也只是"让你的耻辱和你同时死去；让你父亲的怨恨也和你的耻辱同归于尽"——在这一刻，泰特斯的疯狂显露无遗。在莎士比亚的时代，女性是父权与夫权的所有物，遭受的所有损害即便得到雪冤，却仍旧要被视作家庭的耻辱。

可这是不公平的呀！时间已经过去了四个多世纪，如今我们更加繁荣，更加强大，也更加洞悉。将一切归于灾难本身又有何益呢？如若是英雄、是亲人，便更应懂得保护与宽容。从天而降的灾难的确足以使人疯狂，但疯狂却并非制造连锁灾难的借口。战争的正义性永远值得争议，因为人的生命永远是这个世界上最可宝贵的东西。《泰特斯》里有天生的恶人，皇后的嬖奴、摩尔人艾伦，一个即便临死也不知悔改的家伙说道："啊！为什么把怒气藏在胸头，隐忍不发呢？我不是小孩子，你们以为我会用卑怯的祷告，忏悔我所做的恶事吗？要是我能够随心所欲，我要做一万件比我曾经做过的更恶的恶事；要是在我一生之中，我曾经做过一件善事，我要从心底里深深懊悔。"可我们绝大多数人，都不曾背负着这样邪恶的念头而生。我们不知道艾伦这样的人物形象究竟是基于什么而塑造，也不知道他的发展历程终究面对了什么，但终有一点可以确定：人之所以为人，即便不甘于牺牲，也不应伤害无辜的人。

　　——灾难就是这样一种存在，你抵御它，它或许时刻猎猎而视、逡巡来去；但你若屈服于灾难，灾难就是你自己。

《沃伊采克》鉴读

李逸涵　20 戏剧影视编剧 MFA

1780 年，德国的狂飙运动即将走向尾声，德国的戏剧艺术也从古典主义走向了浪漫主义时期。在这个时候，将要改变德国戏剧乃至世界戏剧的贝尔托·布莱希特还未出生。歌德之后，还没有人能够扛住德国戏剧的大旗。

1813 年，在德国的一个中西部城市达姆施塔特附近的戈德劳一医生家庭中诞下了一个男婴，取名叫格奥尔格·毕希纳。

1834 年，年轻的毕希纳在达姆施塔特和吉森建立秘密革命组织"人权协会"，秘密发行政治小册子《黑森信使》，而这个小册子现在也被称为《共产党宣言》之前 19 世纪最革命的文献。

1835 年，毕希纳用了五周的时间完成了自己的第一部戏剧作品。《丹东之死》，取材于 18 世纪法国大革命时期著名革命家丹东与另一位革命家罗伯斯皮尔之间斗争的史实。丹东在大革命时期创立了"革命审判庭"，审判庭可以在没有任何证据支持的情况下根据想象或臆断判处被告死刑。丹东很快发现这一司法制度的危害性，并竭尽全力终止审判庭的工作。然而，他的努力遭到了另一位革命家罗伯斯皮尔的阻挠。罗伯斯皮尔成功地维护了审判庭的运转，并借此屠杀自己的政敌，丹东也成为这一斗争的牺牲品。罗伯斯皮尔在铲除了自己的政敌后，更加肆无忌惮地利用审判庭大开杀戒，但也为自己最终被送上断头台铺下了道路。

《丹东之死》是德国文学第一次对法国大革命的全面反映，毕希纳借用文学创作来阐述自己的政治诉求，并反思了革命中的暴力和专政。

著名文学评论家刘小枫在评论《丹东之死》时曾言"通过《丹东之死》，毕希纳已经能够区分个体的自由——即不受他人强制的感觉和思想偏好的自由与专制的自由——依凭某种公意的道义有权利做什么的自由。"

1836 年，为了参加一家出版商的征稿竞赛活动，毕希纳创作了他的第二部戏剧作品《莱昂瑟和莱娜》。该剧讲述了 Popo 国王子莱昂瑟和 Pipi 国公主莱娜为躲避包办婚姻各自逃离自己的国家，在前往意大利的途中相遇并相爱，并一同回到 Popo 国的故事。莱昂瑟逃离后，Popo 国陷入了悲痛之中，并取消了所有的婚庆活动。然而参加婚礼的客人都已到场，国王这时犯了难。回国途中，莱昂瑟和莱娜为避免被人发现，进行了一番乔装打扮，被他的随从说成是"世界上最著名的机器人"。国王为了掩人耳目，决定用这两个"机器人"作新郎新娘，以瞒天过海。直到在婚礼仪式上，莱昂瑟和莱娜脸上的面具被揭去时，两个人才意识到原来自己的心上人正巧是包办婚姻下的安排。莱昂瑟认定这是天意，并接受了上天的安排。从《莱昂瑟和莱娜》中就可以看出，毕希纳此时的创作风格已经具有明显的荒诞戏剧的意味。

1837 年，毕希纳开始根据 1821 年发生在德国莱比锡城的一件骇人听闻的刑事案件创作剧本《沃伊采克》，但 1837 年 2 月，毕希纳还未完成《沃伊采克》就病逝于苏黎世，年仅 24 岁。《沃伊采克》只留给了后人由 26 个片段构成的"未完成"的剧作，因此，毕希纳也有德国的曹雪芹之称。

毕希纳无疑是极富有天赋的剧作家，他在短短五周时间内就构思并创作出了人生中的第一部戏剧作品。他有着敏锐的政治眼光和极具创造力和想象力的文字，他不仅放眼于现实社会中灾难，也洞穿了人性深处灵魂的灾难。

毕希纳的剧作并不一味地针砭时弊，而是渴望找到隐藏在现实社会外表下人们内心深处的灾难，并将其剖析、展现在观众眼前。

毕希纳的剧作给予人的是心灵上的激荡，灵魂上的洗涤。因此，毕希纳被推崇为德国表现主义的先驱。正是出于对其文学成就的认可，1923年，毕希纳的故乡黑森州设立了"格奥尔格·毕希纳奖"，以嘉奖对文学艺术卓有贡献的人。1949年，在歌德诞辰200周年时，德国成立了"德国语言文学科学院"，院址定在毕希纳的故乡达姆施塔特市。从1951年起，"毕希纳奖"改为纯文学奖，每年由德国语言文学科学院授予国内外对德语文学做出卓越贡献的作家。这个奖项也成为德语界荣誉最高的文学奖。

一、《沃伊采克》——人性的灾难

1. 灾难与剧情

步兵沃伊采克与他的情人玛丽生了一个儿子，为了母子两人能糊口度日，他出卖自己的身体，以只喝豌豆汤维持生命的方式，给一个医生当试验品，供其观察他的生理变化。他把军饷及当试验动物所挣的几个铜板全部交给玛丽。久而久之，沃尔采克不仅外表日渐衰弱，更糟的是他时常出现精神错乱的恐惧感。军乐队的鼓号手认识了玛丽，并以他特有的男性美迷住了她。她尽管感到有愧于沃尔采克，但在鼓号手的诱惑之下，仍然无法避免地与其发生纠葛。当有人问沃尔采克暗示军官与玛丽的关系，尤其是当他亲眼看见他们搂着跳舞时，他产生了杀死玛丽的念头，他听见有一个声音在催促他赶快行动。在湖边，他用一把从旧货店里买来的刀子杀死了玛丽。之后，走进玛丽经常跳舞的酒店。人们发现他身上有血迹，在慌乱中他逃了出来，又回到肇事地点，将行刺用的小刀扔入湖心，自己跳进湖里想洗净身上的血迹。《沃伊采克》剧本到此中断。

纵观《沃伊采克》的情节发展，不难发现，沃伊采克悲剧性命运的缔造者并不是因为某个人或者某件事，而是一场人性的灾难。这种灾难并不如自然灾害一样伴随着人类社会的自始至终，而是在19世纪初期随着资本主义和资产阶级的出现而逐渐产生的。

马克思以"人的异化"概括了这种灾难产生的源头。所谓人的异化，便是指在异化活动中，人的能动性丧失了，遭到异己的物质力量或精神力量的奴役，从而使人的个性不能全面发展，只能片面发展，甚至畸形发展。简而言之，当人类本应该掌控生产活动，但却逐渐被生产活动奴役和控制，丧失自己为人的地位和权力之时，"人的异化"就出现了。

毕希纳在《沃伊采克》中更加深入地阐述了"人的异化"所带来的现实灾难，即人性的灾难。人性在"异化"的过程中，逐渐被可计算的物质所衡量；人性在"异化"的过程中，逐渐被由物质划分的等级所扭曲。

当人类失去人性的时候，人又怎么能够称为是人呢？若自然灾难能够毁坏人的肉体，那么这种灾难的威力已远超于自然灾害。因为它的毁灭性力量是直接作用于人的精神层面的，它的恐怖之处便是能够将一个活生生的人从里到外地毁灭，从精神到肉体的毁灭。

2. 灾难与结构

为了更加凸显沃伊采克这个可怜的人被人性的灾难从内心到身体全方位摧毁的全过程。在戏剧结构上，《沃伊采克》突破了传统古典剧的结构法则。故事情节的发展不像亚里士多德戏剧理论那样循规蹈矩，而是情节发展无一定规律、时间、地点。人物的变更亦无统一章法，如同人生本来就是浑浑沌沌无章法可循一样，人物全是单个的，互相之间没有关系。人物的对话不像对话，倒像独白。

因此，《沃伊采克》也被认为是第一部意识流戏剧作品。这是一种全新的戏剧形式，完全通过沃伊采克的视角去讲述故事。

毕希纳以他独特的敏锐性在《沃伊采克》中探索通过幻觉对人物情绪与思想进行意识流描写。沃伊采克的个人意识在幻觉后的兀自呓语中体现，跳脱出原本的故事框架。其中"火""烟""刀子"等意象常伴随出现。比如"那火在怎样的上升呀！""那边地上升起一股烟………""我觉得两眼之间好像有一把刀子在晃来晃去。"

沃伊采克的精神世界与恐惧、压迫、虚无相关，这种意识流的思绪总是不经意在对话中出现。既然人的意识充满了黑暗和混乱，那么只有意识流方法才能引导读者进入人的意识深处，使这种黑暗和混乱得到真实的表现，这种情绪的直观流露反映了主人公压抑的真实生存状态，而个人意识又是如何在其中一步步消失殆尽的呢？

与传统戏剧中英雄式人物不同，沃伊采克是地位低下的士兵，给上尉刮胡子和割荆条，还以自己的身体作为医生的实验品进行观察，三个月来每天只能吃豌豆，逐渐出现幻觉。在如此不可抗拒的暴力之下，人的主体性愿望被漠视了，似乎身体本就不该感到舒适。至此，承载个人意识的身体已如将倾之柱。

当一个人失去个人意识和社会意识之时，失去了精神世界和现实世界的依托，人也就失去了自我身份和价值判定的能力。那么这个人活着或者死去都成了一件没有意义的状态。

毕希纳的"意识流"手法与电影中蒙太奇式剪辑手法有异曲同工之妙。我们在毕希纳的镜头下，跟随沃伊采克的主观视角看着社会上的热热闹闹、嬉戏欢笑。而这些跟沃伊采克没有关系，不同场景中人物的社会关系逐渐延伸，围绕主人公的关系结构相互交错，最后轰然倒塌。镜头里上演一幕幕鼓乐齐鸣，而沃伊采克从孤独中走来，也消失于孤寂中，这便是人性的灾难。

3. 灾难与冲突

戏剧冲突是一部戏剧作品的核心所在，人物的性格、意志均通过冲突进行展现。顾仲彝先生在《编剧理论与技法》中认为，戏剧的核心应是性格冲突。而这种冲突从广义上可以理解为意志冲突，性格是意志的基础，人物在面对冲突时，因为性格和取向的倾向不同而导致意志的不同，因此他会根据自己的意志面对冲突。虽然在一些戏剧中，人物并没有表现出明显的性格冲突，但都有意志冲突，不论是与他人或自身。

正如顾仲彝先生所言，在《沃伊采克》中主人公沃伊采克的意志便是"照顾好自己的家庭，然后尽可能地活下去"。是的，这便是沃伊采克这个人物的个性所在。与他人不同，沃伊采克将照顾好自己的家庭放在生存之前。而剧中，沃伊采克和情境、他人所产生的意志冲突也是极为明确的——生存的冲突，当沃伊采克卑微的生存的意志都被剥夺时，他不得不抗争。同样，当沃伊采克想要保护家庭的意志被磨灭时，也决定了他最终的悲剧性命运。

这种生存的冲突并不只是沃伊采克一个人的抗争，而是当时整个德国社会人性灾难下的底层人民的冲突。玛丽是与沃伊采克关系最亲密的人，这位沃伊采克眼里的"世间少有的姑娘"带着孩子生活却受到邻居嘲笑，被贫穷折磨，被欲望侵蚀，渴望着能拥有贵妇人的大镜子，见如同雄狮般的鼓手长时为之吸引，被物质诱惑走上了不归路。除了与爱人这一社会关系的破裂，沃伊采克与作为上层人士的代表上尉和医生的关系也是社会中的一个缩影。上尉以逗沃伊采克为乐，透露玛丽和鼓手长的事并非同情，而是以调侃的语气看笑话。而代表知识分子的医生仅仅把沃伊采克当做实验小白鼠，做三个月内只吃豌豆的荒诞实验，对沃伊采克没有控制住在墙角撒尿，影响了他的实验记录而大发雷霆。他们作为社会有话语权的阶层对更底层的人民进行压迫与羞辱，当作自身利益的工具。不管是哪一种社会关系与沃伊采克都是割裂的，剧中叙述了沃伊采克的去社会化过程，社会在人身上打下的标记在消失，社会关系也不断失去，他在其中游走，但却只有背叛和羞辱。

二、人性的灾难——人格的动物化

1. 灾难与人物塑造

在《沃伊采克》之中已经展现出早期象征主义戏剧的特征。但他的象征意象不同于中国传统艺术的意境美学，也不同于后期梅特林克的《青鸟》为代表的象征主义戏剧，将人的情感、思想、体验都进行物象化的象征。他所使用的象征是将人的人格、社会地位、人性进行动物降格化的荒诞象征手法。

剧中一共有 31 个场景，每一个场景内容都较为精简，但有两个场景详细描述了杂耍篷内部的情景。一位招徕者在用一匹马、一只金丝雀和一只猴进行表演，异常聪明的马会直立行走，穿礼服大衣和裤子，还佩戴一把弯刀。"猴子已经是个士兵啦，不过它进步得还不够，仍然处于人类的最低阶段！"在动物穿着光鲜接受人们的欢呼和掌声时，生而为人的沃伊采克作为实验品被医生带到学生面前进行展示："先生们，你们可以看看另一种东西……你们来摸一摸这不均匀的脉搏，瞧瞧这两只眼睛。"沃伊采克身体出现不适时，教授厉声道："畜生，你是想让我来动你的耳朵吧，你打算像那只猫一样溜走吧！"

《沃伊采克》一剧通过沃伊采克向动物的降格和动物向人的升格这两个相反的趋向，展现了沃伊采克作为社会底层小人物的生存境遇。"人习惯于相互施加的，也总施加于动物"，沃伊采克所遭受的剥削和社会暴力是对人单向奴役动物的演示。

2. 灾难与人物行动

在剧中，上尉指责沃伊采克的孩子没有接受过教会的祝福，是不道德的人，沃伊采克一针见血地指出："您瞧着我们这些平民百姓都是不道德的。在道德这个字眼的周围必须有一些漂亮玩意儿。可是，我却是一个穷光蛋。"没有"漂亮玩意儿"的沃伊采克却在进行着真正的思考。在与医生的对话中，他思考人的特性，思考人和自然的关系，认为不能忽视自然的属性。

尽管生活穷苦，但沃伊采克与人云亦云的学院派不同，有着自己的哲学思考。他努力生活，爱护家人，沃伊采克冷峻、木讷的外表下有着火热的、跳动的心，要将沃伊采克对生活的热爱表现出来。而这样鲜活的生命在剧中却不能向阳而生，生存的空间被挤压得所剩无几，甚至不如会体面应酬的动物。动物的人格化和人的动物化平行发生，社会的异化已经在荒诞的过程之中悄然发生，而人们却混乱不知。

但这也正是毕希纳在《沃伊采克》最讽刺的部分，他将沃伊采克塑造为一个有自我意识、会自我思考的人，反而加重了对于沃伊采克悲剧性命运的反讽。

人在身体和精神两方面实现了对动物的超越、占领和统治：动物出于宗教要求成为献祭品，或是满足科学目的、沦为实验动物；动物没有理性和精神，没有语言和话语权，处于一个没有概念的世界。人通过语言贬低动物，建构动物在精神和道德上的劣势，将动物置于人类对立面，以更好地利用动物、满足人类的需求。沃伊采克本身没有变成动物，而是被医生用隐喻和辱骂贬低为动物——像一条狗一样。

毕希纳通过主人公沃伊采克的种种遭遇——身体沦为任意使用的对象、道德上遭遇的指责、知识的贫瘠和语言能力的退化等等——演示了人利用语言、通过理性、道德等概念将自己与动物区别开的过程，体现了人如何用道德、法律等方式对自己进行规训。沃伊采克处于社会最底层，被视为没有意志和道德的"动物"，没有话语权，陷入被肆意戏谑、利用、评判和展示的无能境地。

相比同时代作家对政治活动、革命诉求的直接发声，毕希纳通过人与动物的界限问题这一独特的视角，塑造了沃伊采克这一既具有共性又具有个性的典型人物。通过沃伊采克，他阐明了对当时社会问题和底层人的深受剥削的生存境遇的认知和看法。

在《沃伊采克》中，20世纪深受关注的人在社会中的异化和变形问题已初见端倪。直至今日，其仍然具有强烈并且深远的现代性意义。

三、《沃伊采克》——"新"的戏剧

1. "新"的阶层

《沃伊采克》是第一部真正描绘"新"的市民阶层，即第四等级——无产阶级人物的戏剧作品。第四等级是指依附旁人方得以生在的百姓，如庄园主的佃农、小业主的雇工等。浪漫主义时期，席勒和赫贝尔笔下的人物已不全是宫廷显贵，在《阴谋与爱情》以及《玛丽亚·马格达雷娜》中，市民登上了戏剧舞台，成了悲剧主角，但他们毕竟还是自食其力的第三等级，即平民等级。

毕希纳的新的突破在于，沃尔采克不是平民、不是第三等级，而是无产者，是被剥夺一切人权的穷苦无告的第四等级，也是遭受这场人性灾难的最主要群体。《沃尔采克》是德国戏剧史中第一部描写第四等级的作品。它的划时代意义就在于此。

2. "新"的前提

古希腊悲剧讲述人性的崇高悲剧；古典主义讲述王公贵族的封建王权；浪漫主义讲述"古希腊"英雄的浪漫传奇。当蒸汽机的热量弥漫在英格兰的上空，工业革命在欧洲大陆蔓延，农民失去土地，贵族失去特权,资本主义蓬勃发展,无产阶级苟且偷生。当机械代替了人工,资本代替了人性,戏剧又该讲些什么呢?

这是毕希纳渴望在《沃伊采克》中解决的问题,他也通过了这部作品给出了他的答案。《沃伊采克》想要传达的生存哲理和价值导向几乎已经与现代主义戏剧的核心精神相似。毕希纳通过探讨人的精神世界和现实世界混乱与矛盾,展现出了人在现代社会中的异化。物质的过度发展导致了人的精神世界和物质生活的不平衡,过度的物质使人性的天平开始动摇,从而导致了人性的灾难。

在人性的灾难中,人们开始逐渐抛弃自我的人性,依附于物质生活的幻觉之中。而无法依附的人便逐渐变成了"不如人"的存在。人的概念和定义被资本逐渐扭曲、异化,但生存于其中的人却不自知。而毕希纳渴望用《沃伊采克》唤醒这些沉睡中的人逃离这场人性的灾难。

四、人民性的语言风格

《沃伊采克》中,毕希纳的语言有着强烈的人民性。深耕于马克思主义宣传的毕希纳,对于第四阶级有着强烈的熟悉感。取之于民,用之于民,他熟知百姓的语言宝库,运用自如,场景中的民歌民谣脍炙人口。剧本语言散发着浓郁的黑森方言的乡土气息,同时也经受了全民规范语言的锤炼。

因此,虽然沃伊采克和其他人物的语言是荒诞的、失常的,但是仍然具有强烈的可信度。符合人物现实的语言加之荒诞的情节,不禁让观众认为现实就是如此的荒诞。

荒诞的前提是建立一种可然性和必然性的结合,当观众相信情境之时,荒诞就如此产生了。

五、灾难戏剧创作启示

提到"灾难"二字，我们往往会不自觉地将其认为是天灾或者人祸。但毕希纳的《沃伊采克》却为我们展现了另一种灾难——人性的灾难。这种灾难要比任何的天灾人祸更加致命，因为它直接作用于人的精神之中。而这也是在现代戏剧中多次展现的主题，更警示着我们比天灾人祸这些更为致命的灾难就存在于我们的现实生活之中。

剧中，沃伊采克小心翼翼地维护现在的爱人和孩子，曾对同伴倾诉"这个世界上除了她之外，我什么也没有了"。玛丽是他全部的"财富"，唯一温存的场景是陪她逛杂货铺。然而看似片刻温馨的背后实则暗潮涌动，过度被消耗的身体让沃伊采克不断产生幻觉，与爱人同游却引来鼓手长的虎视眈眈，玛丽走上背叛之路，主人公生活信仰崩塌，自我意识被侵蚀击溃，最终杀了爱人，自己掉入河里死亡。在沃伊采克人生中，前半生与家庭脱离，漂泊在外，后半生爱人背叛，家的结构支离破碎，从始至终都在幻觉意识流中无边无际地流浪。

近两百年来这部戏剧被一次次搬上舞台，社会悲剧的演绎总能震撼人心。主人公幻觉中的意识流透露出内心的无助、彷徨与压迫，是位于社会底层最直接而又最无声的反抗。时空的不断转换折射出主人公社会关系的丧失，一闹一静，一繁一简的场景中反衬出主人公的落寞与孤寂。再加以动物与人关系的相互转换，身着光鲜的动物们在体面应酬，而穷苦的人民却被当作动物侮辱。整个关系秩序也坍塌。这一悲剧的根源在整个社会。沃伊采克也是千千万万生活在混乱秩序中底层人民的缩影，对于他们来说，不是何以为家，而是无以为家。

《凯瑟琳伯爵小姐》：出卖灵魂的意义

张　弛　19编剧学理论MA

《凯瑟琳伯爵小姐》是爱尔兰剧作家叶芝的代表作，全剧以诗句写成，具有强烈的象征主义色彩，其充满哲学悖论的情节曾一度引起争议：在大饥荒的影响下，爱尔兰饿殍遍野、民不聊生，两个魔鬼趁机向穷人们收购灵魂，受到了广泛的欢迎。凯瑟琳伯爵小姐知道后痛心不已，她将自己的钱财全部拿出，却遭到了魔鬼的算计，为了赎回人们的灵魂，她最终选择出卖自己的灵魂，而这一行为被上帝原谅，天使将凯蒂琳送往了安乐之土。

不难发现，灾难在剧中承担着构筑冲突的重要作用。一方面，它是所有人物产生冲突的必要前提，也是人物冲突得以发展的原动力。由于饥荒的出现，人们不得不屈从于魔鬼，以至于迷失了人性，纷纷拜倒在金钱之下，善良的凯瑟琳因此展开了与魔鬼的斗争——最初，凯瑟琳让管家变卖自己的财产，从其他地方换来食物以赈济灾民，企图用这种方式平息饥荒，但狡猾的魔鬼盗走了凯瑟琳的钱财，还欺骗凯瑟琳她派去寻找食物的管家病倒在异乡，所有的船都停泊在岸边，饥荒还会继续在这片土地上肆虐。凯瑟琳相信了魔鬼的说辞，就这样，魔鬼取得了第一阶段对峙的暂时性胜利。然而，魔鬼与凯瑟琳之间的冲突仍然在不断深化着，因为除了饥荒外，另一重灾难随着越来越多的人出卖自己的灵魂而降临，那就是人类道德的集体沦丧。从某种意义上来说，这比饥荒要恐怖千百倍。为了化解这场人类精神的浩劫，已是一无所有的凯瑟琳只好将自己的灵魂卖给魔鬼，用她一个人的灵魂来换其他所有人的灵魂，魔鬼同意了这笔交易，双方的对峙随即以凯瑟琳的自我牺牲结束。

而另一方面，灾难为冲突的化解指明了唯一的方向。肉体上的饥荒和精神上的道德沦丧共同创造了一个极端困境，如果不是在这种条件下，凯瑟琳作为一个贵族小姐，本应拥有更多种行动的可能。但正是因为面临着双重灾难，牺牲代替施舍，成了凯瑟琳解决问题的必然途径。也正是因为如此，她出卖灵魂的行为才被赋予了特定的意义。

对大多数灾难题材的戏剧作品而言，凯瑟琳无疑是一个特殊的存在——通常，这类题材的主人公往往处于灾难的中央，并且故事的情节总是主人公解决或尝试解决灾难的过程。然而，在《凯瑟琳伯爵小姐》中，穷人们饱受着饥荒的折磨，凯瑟琳反而没有受到灾难的影响。换句话说，她是以一个"局外人"的身份参与其中的，无论穷人们生存与否，也无论他们卖不卖自己的灵魂，本质上都与凯瑟琳的生活无关。但凯瑟琳的高贵就在于经过了内心的挣扎后毅然地投向了灾难。

剧中，诗人阿立尔深深地爱慕着凯瑟琳，面对这场大灾厄，他提出与凯瑟琳一起离开城堡，"到那没有人迹，只有天鹅戏水的地方"长相厮守，用美妙的音乐度过漫漫余生。这无疑是一个诱人的提议，并且从道理上来说毫无过错。但凯瑟琳不愿意躲避进自我安慰式的温柔乡，她拒绝了阿立尔，承担起一个贵族的责任，并一步地走向了深渊。在西方的宗教体系中，将灵魂出卖给魔鬼是罪大恶极的，这意味着对上帝的背叛。凯瑟琳不缺乏物质，也无愧于信仰，她与那些为了钱而出卖灵魂的人不同，她的背叛是为了拯救，这就构成了凯瑟琳人物形象的深度。

作为爱尔兰文艺复兴运动的领袖，叶芝一生致力于为爱尔兰发声，在那片饱经风霜的土地上，凯瑟琳的命运实际上也反映了叶芝对灾难的深刻思考：首先是灾难面前度人还是度己的问题，相比于凯瑟琳，绝大多数人的灵魂都是有瑕疵的，甚至不乏像希姆父子这般的卑劣之徒，不仅主动将魔鬼请进门来，还答应帮助它们采购穷人的灵魂。凯瑟琳也曾施舍于这对父子，但当她离开后，他们一改讨好的面容，大言不惭地说道："我们谢她什么？就谢她答应给我们双倍的施舍，给我们面包、肉类和各种食物，那价钱贵得闻所未闻而且还在一天天地猛涨？"可见，道德对他们来说没有任何约束，甚至连感恩之心都已失去，凯瑟琳的施舍也成了他们理所应得的。那么，在价值完全失衡的条件下，还要去施以援手吗？凯瑟琳的回答是："没有一个灵魂是不可以被拯救的。"为了这些被贱卖的灵魂，她放弃了"度己"，选择了"度人"。凯瑟琳死后，一些农民发现了她的伟大，并向她表达了感激之情，但那些本就不堪的灵魂真的会理解凯瑟琳吗？他们会为凯瑟琳的牺牲而动容吗？叶芝并没有给出明确的答案，也许他更希望用凯瑟琳的死来向世人诉说其崇高的理想，于是他借天使之口，以上帝的名义对凯瑟琳的行为进行了肯定。这又造成了另一个不可调节的矛盾：凯瑟琳的目的是救赎人的灵魂，但她选择的方式竟然是出卖自己的灵魂。上帝不但没有惩罚她，甚至还允许她进入天堂。天使对此解释道："光中之光，永远只看动机，而不看行为本身，黑暗中的黑暗才只看你做的是什么。"即，叶芝认为，目的比行为更重要，他特意制造出极端的道德困境，正是要表明这一点，也可以说，这是他的理想对现实的某种让步。古往今来，关于这部剧的争议大多集中于此，教会人士的批驳在该剧问世后凶猛地涌向叶芝。但不可否认的是，一个民族想要真正地走向强大，便不能缺少凯瑟琳伯爵小姐这种为众抱薪的人，他们使人类的精神得以延续，并在一次又一次的磨难中点亮了未来的希望。

《伤心之家》鉴读

李梦婉　19 戏剧影视编剧 MFA

　　《伤心之家》是 20 世纪著名爱尔兰剧作家萧伯纳的作品。萧伯纳一生横跨 19 世纪中期到 20 世纪中期，见证了英国乃至欧洲发展与变革最频繁的一段时光。社会经济与技术的发展带来了人们生活方式的转变，资本主义的车轮碾压着人性的善恶与生死的抉择，无法被满足的欲望转化成了无情的连天战火，最终倒灌回了这片被承诺一定会越来越好的光辉大地上。出身于没落贵族的身份让萧伯纳从儿时起就看尽了普通人的人情冷暖，但父母传承下来的良好教育又让萧伯纳始终保持着端正的态度和不被动摇的坚韧精神，最终在经历了无尽痛苦和失望后，写出了一篇篇震惊世界的名作，并在 1925 年因为作品具有理想主义和人道主义特点而被授予诺贝尔文学奖。在资本主义飞速发展与变革的 100 年里，萧伯纳用自己的全部经历与生命呼吁这个世界"柔和地成长"——善待女性，善待孩子，善待弱者……尊重一切被权力和资本忽视的，但依旧与我们共生在同一片土地上的人们。萧伯纳的视角永远站在低处，平视看待那些无法抬头的人，用笔写他们的故事，为他们发声，倡导循序渐进地发展资本主义，反对暴力革命，希望能唤醒更多已经给自己判了"死刑"的时代患者。

　　回到《伤心之家》这个剧本，萧伯纳以女青年艾丽邓的视角，描写了她到好友父亲——一位 88 岁的老船长邵非特家中做客的故事。在邵非特家中，一切都井然有序得十分诡异，身份体面但精神异常的一家之主，规矩古板但界限模糊的家仆，渴望家庭又无法融入的小姐，来自上流社会却一肚子龌龊想法的绅士……所有人都在合理的位置做着与自己的身份或者行为逻辑不相符的事情，在这样杂乱的氛围里，唯一正常的艾丽邓小姐反而成了最突兀的存在。起初，艾丽邓在以不可思议的视角审视邵非特之家时，看到的都是"他人之离谱"，例如：夫人如何为了留住丈夫的人，宁愿与他人共享丈夫的身体；乡绅如何巧言令色，引经据典博取众人的崇拜与好感，为的只是男人一贯沉迷的声色之欲；明明处于社会底层的女仆如何高谈阔论在家里指手画脚，甚至可以指使客人与主人的行动……但即便艾丽邓在这个家中倍感不适，她心中仍然坚定着自己与他们不同的信念，用明确的界线划分了所谓的"有序"与"无序"。在她的心中，她是拥有光明的信仰与赤诚的真爱之人，她不停地跟身边的人分享自己深爱的男人，仿佛他的存在就是自己全部的骄傲。直到她得知如意郎君原来是有妇之夫，甚至自己还成了闺蜜的第三者后，艾丽邓的信仰开始崩塌。国家统治的破败，爱人光辉形象的倒塌，让她同时失去了爱与自由，沦落成为伤心之家的一员。

除此之外，剧中值得一提的角色就是家族的大家长邵非特先生。作为年轻时支撑起整个家庭的顶梁柱，年老之后的他依旧备受尊重，有儿女围绕身边（但不完全，虽然有人在外漂泊多年，但最终还是因为破败回到了他的身边），有有身份有地位的乡绅拜访，有不绝于江湖的精彩传言……但他本人却是一个已经处于半疯状态的精神傀儡，他说出的话总是让人觉得有几分道理，却又回味出疯言疯语的意味。跳出《伤心之家》这个故事，邵非特先生的形象让我想到了莎士比亚笔下的李尔王，同样作为时代的英雄，在垂暮之年被披上了无法决定自己意志行为的面纱，也许两位剧作家都在某种意义上传达出了一种任何形式的"专制统治"（这里说的比较大，当然邵非特无法与李尔王相比，所谓的"专制"也并非同一等级与含义）都无法长久的理念吧。

《伤心之家》作为萧伯纳经典的三幕喜剧，他刻意用契诃夫《樱桃园》营造范围的笔法写成，主要地点集中在邵菲特家中的客厅里，多用语言和对话的形式表达，不重情节，也没有复杂的逻辑，但精彩之处比比皆是，其中不得不提的就是被大家喜闻乐见的结尾。战争笼罩着整个城市，听闻有一颗不知从何而来的炸弹要轰炸伤心之家，唯一的生路就是躲进地窖里。生死一线，所有对生活失去了希望的人都坚持留在房子里，只有小部分人愿意挣扎着躲进地窖。谁料，炸弹反而绕开房子击中了地窖，那些尚有求生欲望的人死于非命，苟延残喘的都是无心生活的人。麻木的艾丽邓在存活之际将炸弹的轰鸣兴奋地比喻成如贝多芬的交响乐般辉煌，甚至开心地期待着再来一次。可见战争与激进专制的统治让每一个正常的人都变得不再正常，透露着萧伯纳对这个世界的失望与无奈。

序言中，萧伯纳提出了心碎的人（heartbreaker）与驯马人（horse-breaker）的区别。在萧伯纳看来，这两类人代表了那个时代最具有典型特色的存在。心碎的人往往都是饱读诗书、受过良好的教育，但是无法经受打击的、敏感脆弱的人。虽然他们了解一切发生的原因、逻辑，甚至是路线，但却没有足够勇敢的心进行反抗，只能被历史的车轮碾压着前行，结局无疑是跪着，跪久了也就站不起来了。相反，驯马人都是没有文化的粗人，他们心中只有一个目标——把马驯服。为此，无论遇到什么样的困难，他们都会坚定心中的目标不动摇，因为简单又勇敢，所以往往都会取得成功。但即便如此，驯马人的成功没有智慧的加成仍旧只是无法改变世界的小小成就，他们和心碎的人都无法抵抗历史的运转，最终都是时代的牺牲品，唯一的办法就是将两种人合二为一，但又因他们太过于不同，无法融合，导致了永远无法如愿的无奈。如果说萧伯纳年轻时尚对自己所处的国家和时代有一丝希望，我认为在他创作《伤心之家》的人生阶段，这份赤子之心几乎被消磨殆尽了吧。

《圣女贞德》：人类"圣者"的悲剧还在循环

与其将萧伯纳的《圣女贞德》视为一个战争灾难题材的戏剧，不如将它看作一个反映人类"圣者"宿命（不妨也视为一种"灾难"）的作品。《圣女贞德》问世于 1923 年，讲述英法"百年战争"期间（1337—1453），法国乡村姑娘贞德为反抗英军的入侵，借上帝的旨意，冲破重重障碍，获得了军队指挥权，解困奥尔良，并连克重镇，带领法军大挫英军，拯救法国于危亡之际，而且扶持法国太子加冕登基为法国国王查理七世，巩固了政权。此举引发了英国贵族的惊骇，他们联合法国博瓦地区主教科雄，辗转将被出卖、俘虏的贞德送上了教会的审判席，并最终宣判其为异教徒与巫女，烧死于卢昂广场。

剧本的结构是相当清晰的，前三场讲述贞德如何获取军队指挥权并打败英军，后三场讲述英法两国的封建贵族与天主教神父如何密谋逮捕、审判贞德，并最终将其以女巫罪处以极刑。最引人注目的是全剧的"尾幕"。贞德牺牲 25 年后，查理七世与贞德的鬼魂在梦幻中会晤，那些置贞德于死地的封建贵族、天主教神父、士兵与掌刑人陆续出现，向圣女贞德忏悔自己的罪行。同曹禺先生的《雷雨》类似，《圣女贞德》的尾幕曾被某些"整一性"论者、将戏剧结构视为某种机械构造的西方评论家视为"画蛇添足"，但恰恰是这一尾幕，承载了全剧最为重要的表达，道出了人类"圣者"悲剧宿命的永恒循环，绝非多余。

萧伯纳借贞德之口发出的追问是那么尖锐——"哦，上帝，你造成这个美丽的世界，它要几时才可以预备接受你的圣徒呢？要多久呢？哦，天呀，还要多久呢？"在剧本的最后，我们可以发现，萧伯纳的倾向是如此鲜明——当亡魂贞德被平反，被树为"圣者"，前一刻，受助于贞德的、迫害贞德的大人物们（帝王、军官、主教、律师……）还在口口声声歌颂着贞德，下一刻，当贞德提出要"起死回生"之时，却一同"惊骇起立"，拒绝接受她的复生。就连贞德好战友迪努瓦、曾受其扶持而登基的查理七世，乃至她的"唯一信徒"士兵，也纷纷以各种理由拒绝她的复生——萧伯纳显然是悲观的，他并不相信人类准备好了去接受他们之中的"圣者"。

与莎士比亚、伏尔泰、席勒笔下，因受限于历史条件而多有主观歪曲、误解的贞德形象不同，也与1908年阿纳托尔·法朗士力图接近历史真实的《贞德传》迥异，萧伯纳所塑造的贞德，是他心目中的贞德，是一种平民与英雄的混合体。贞德作为一个英雄，不言而喻。贞德以一个平民形象出现，则是萧伯纳的一种创造，主要体现在以下两个方面：第一，贞德平民意识的闪现，比如在第六幕的教会审判中，当审问官将贞德称为"牧羊女子"时，她竟开始反驳"牧羊女"这个称呼，并夸耀自己的女工"比得过鲁昂的随便哪个女人"；当库塞尔质疑贞德认不出大天使，说大天使在贞德眼中"不就是一个裸体的男子吗"时，贞德却回应说"你以为上帝没有钱替他置备衣服吗"，引起了陪审员们失声发笑！此两点都写出了英雄贞德深藏在内心的淳朴农家少女的天性。而更能体现她平民一面的，是在她听说烧死她的柴堆已经垒好时，她也感到恐怖，也希望得到救援，为了保命，她决定签下悔罪书，承认错误——她终究是个有血有肉的平民。而最能体现其作为平民的良善之心的，是在她签完悔过书，却发现仍然要被"永远禁锢"时，她又撕毁了悔过书，再次声称自己是正确的。她被架上了火刑台。可即便到了这样的境地，她却仍然大声提醒在她身旁的拿忘诺"赶紧下去"，以防一起被烧死，"想到了他人的危险"！第二，萧伯纳有意识地对贞德身上神秘性、宗教性的自我拆解。在以往的作品中，常常以贞德预言士兵之死、众人中认出太子、战争中借来西风来构建贞德身上的神秘性，或者说魔性，但在萧伯纳的作品中，他借大主教之口指出士兵是个酒鬼，因为酗酒而死是迟早的事，属于巧合；认出太子也没有什么神奇，因为人人都知道他是宫里面样子最寒碜、穿戴最难看的人；而所谓的借来西风，在贞德去教堂祈祷之前，早已悄然降临了。

萧伯纳费尽苦心塑造一个平民化的贞德，或许是为了一次次地提醒我们，贞德并非什么高高在上的神秘圣徒，而只是一个拥有着清醒认识、无上勇气、爱国热情、卓越智慧的普通人，她勇于承担自己所选择的重担，因此成了人类之中的"圣者"，但人们对他们之中的"圣者"从不宽容。萧伯纳对尾幕的存在非常坚持，因为"贞德遇害，并非她在世上历史的结束，而是她在世上历史的开始"。回想人类历史，我们轻易就能想起一连串被当时的人们所抛弃的"圣者"的名字，苏格拉底、孔子、司马迁、商鞅、岳飞、图灵……肯定还有！萧伯纳对此进行的总结是："在人类历史上，圣洁的人物，就像贞德一样，常常在生前被当作异端受迫害，死后才被追认为圣者，而且，一方面，人们庄严地追认着老的圣者，一方面，当代的新的圣者仍然还是常常被当作异端受迫害。"而他在《圣女贞德》这部剧中最终给出的结论是："贞德虽被追认为圣女，但是她如果复活，还是要被烧毁的！"——可谓振聋发聩！

萧伯纳的发问与结论绝不仅仅是针对贞德一人，但凡我们对人类历史有那么一点认知，就能明白，他所描绘的是无数人类"圣者"的共同宿命，而正是在这个意义上，《圣女贞德》的命题拥有了普遍性与超越时空的力量。它所诉说的，是有关人类"圣者"的集体灾难，而应当引起思考的是：这种灾难究竟是怎么发生的？在《圣女贞德》中，有关这一问题的答案只能是片面的，因为它只能从贞德的对立面去描述，清晰可见的是，是教会的利益、世俗权力的利益联合剿杀了贞德，但顺着这一指向，我们可以思考的方向是——人类"圣者"总有一些东西是超越了"人性"的，"圣者"也总是与众不同的。那么，是否是人性中的那些幽深以及世俗现实中的利益关系，甚至那些沉默不语的大多数，共谋伤害了人类中的"圣者"呢？我们暂时没有明确的答案，我们目前所知道的，仅仅是一个事实，那就是，人类"圣者"的悲剧还在循环。

《马门教授》鉴读

　　弗里德利希·沃尔夫，出生于德国的一个资产阶级家庭，是德国著名文学家、剧作家。中学毕业服过一年兵役之后，曾在轮船上当过杂役和运煤工人。后来到明兴去学习造型艺术，大学时期接着又转攻医学，曾在轮船上当过医生，一战时还担任前线军医。1918年曾参加十一月革命，1924年加入德国共产党，1933年希特勒上台执政，被迫流亡瑞士、西班牙、法国、苏联等国。1945年，纳粹政权崩溃之后，沃尔夫从苏联回到阔别多年的祖国，积极参加民主建设，直到逝世。从1917年起，沃尔夫便开始文学创作，他的创作文学创作领域广泛，其中有戏剧、诗歌、小说、散文、随笔、电影剧本和广播剧，但最主要的是戏剧剧本。沃尔夫非常明确自身的政治身份和政治立场，主张艺术为政治服务，于1929年提出了"艺术就是武器"的口号，而他在戏剧创作当中也自觉熔铸了这一思想。他的一生是充满斗争色彩的一生，在反法西斯战争中，沃尔夫一直致力于工人阶级的事业，为争取和平、进步、社会主义而斗争。他先后创作了一大批富有战斗性的作品，如《卡特罗的水兵们》《马门教授》《弗洛里茨多夫》《博马舍》《爱国者》《女村长安娜》《托马斯·闵采尔》《樱桃树》《放大镜写字家》等。

　　其中，《马门教授》是沃尔夫在1934年流亡法国时完成的一部反法西斯剧作。该剧主要讲述了一个带有犹太人血统的外科医院院长马门教授专注于给病人治病，对政治并不感兴趣。他也因此和身为共产主义青年团成员的儿子产生强烈的情感冲突。然而随着局势的变化，马门教授在上中学的女儿鲁特因为犹太人的身份而受到了人格侮辱，他也因排犹运动面临着被赶出医院的危机。最终，马门教授在受到伤害后开始意识到儿子选择的斗争道路是正确的，为了捍卫自身所坚持的人道主义精神，他选择开枪结束自己的生命。此剧透过在法西斯主义统治下发动的种族战争这一历史灾难，对人的精神生活和人格尊严的迫害进行细致入微的描写，深刻阐发了在灾难中人格意识的觉醒和人们对于生活的希望与追求。

在剧本中，纳粹党的排犹运动成为种族灾难的导火索，引发了人物的反抗行动，有利于刻画人物形象。罗尔夫是二十岁的大学生，年轻而热血，激情澎湃，加入了红色学生组织，有着自己的政治理想和革命观念。在面对保守的父亲时，他努力地捍卫自己的革命理想，维护红色组织的利益。当父亲把烧国会的矛头指向共产党人时，他始终站在共产党人这一边。哪怕父亲会训斥和制止他参加革命活动，他也没有放弃自身的革命信仰，最终他选择离开了家。罗尔夫这一革命青年可以说是一种美好的政治理想的化身。他是残酷的种族战争下保留的新生希望，是在灾难下有理想、有担当、有骨气的青年一代。在阶级斗争过程中，罗尔夫始终坚持自身立场，在任何艰难处境下坚持斗争。这一正面人物的精神信仰和精神风貌，无疑点燃了更多身处水深火热之中的犹太人的希望。而该剧另一个人物——黑尔巴哈代表的是纳粹分子的势力，对犹太人不满，充满敌意。在向英格母亲借钱时，他向其说明造成英格母亲破产的根源在于犹太人。希特勒上台后，颁布排犹政策，黑尔巴哈更是身体力行，依仗着权势对有犹太人血统的马门教授进行了驱逐和羞辱，甚至逼迫马门教授走上自杀的道路。黑尔巴哈可以看作是希特勒时期典型的纳粹分子的代表，是纳粹党的拥护者和走狗，是希特勒的"化身"，也是灾难的始作俑者。纳粹党所制造的灾难远不止针对马门教授这一犹太人，还有一群积极反抗的共产主义人士和无辜的犹太人。

本剧塑造得最为成功的一个人物——马门教授是一个坚持人道主义精神的外科医生。他曾经上过战场，获得过一等铁十字勋章，但他只顾给病人治病，并不想过度参与政治争论。然而，他并没有意识到阶级斗争才是解放人的根本途径。他作为一个医生，只想去救人，可是救人本身并没有阻止灾难的延续，因为当他把病人救活后，这些人却又会继续在这场战争里流血。面对灾难，马门教授却还是天真地坚守着治病救人的理想。他并不具有无产阶级觉悟，起初也不支持自己的儿子，但当他遭到纳粹党的驱赶，没法到医院工作甚至人格受到凌辱时，没有轻易屈服，可换来的又是更残酷的折磨，后来不堪重负，以自杀的方式宣告了自身的立场。虽然马门教授倒下了，但千千万万个马门教授式的人却觉醒了，因为他们深刻感受到法西斯主义给人类带来的灾难和苦痛。该剧将人物放置于历史灾难之中，突出了人物之间的矛盾和冲突，强化了戏剧张力，也凸显出人在灾难下的思想转变和意识觉悟。

这部剧通过德国犹太人医生马门教授在法西斯专制下的悲惨命运，揭示出战争这一灾难性事件给人带来的深刻影响，也大胆地暴露了希特勒对于科学家野蛮迫害的丑陋罪行，对法西斯种族歧视进行了强有力的控诉。逃避现实斗争的马门教授并未深刻意识到自己会成为纳粹分子种族理论的牺牲品，还一度反对具有无产阶级倾向的儿子的行为，但是随着纳粹分子的恶劣行径裸露而出，他的幻想瞬间破灭。在对马门教授悲剧命运的描绘中，也注入编剧本人对于战争的反思和对于纳粹分子的批判。在纳粹分子的统治之下，有太多像马门教授这样无辜的犹太人遭受到了前所未有的打击，甚至是遭遇毁灭。法西斯匪帮的血腥统治不仅给德国的犹太人，也给其他国家的犹太人带来了深重的灾难。"屠杀犹太人"是一场历史性的灾难，是人类史上无法抹平和治愈的伤疤，那些埋葬在滚滚硝烟下的生命，依然在提醒着我们要铭记那些给人带来精神创伤的人为灾难，启示着我们去珍视生命与和平。

黑格尔曾经说过："能把个人的性格、思想和目的最清楚地表现出来的是动作，人的最深刻方面只有通过动作才能见诸现实。"[1] 沃尔夫在描写灾难时，通过人物的外部动作和心理活动突出了人物的冲突。该剧中主要有三重冲突：一是马门教授与纳粹分子黑尔巴哈之间的矛盾冲突，二是马门教授与儿子罗尔夫之间的矛盾冲突，三是罗尔夫与纳粹党的矛盾冲突。黑尔巴哈虽然是马门教授医院里的下属，但是他却是纳粹党的忠实拥护者。当希特勒大选成功后，他的身份摇身一变，立即就对马门教授进行"清算"，而马门对法西斯的这种行为却感到愤恨，双方在激烈的争论中产生了争执，但马门最终并没有获得胜利，生命在法西斯主义者面前，显得是那么渺小和便宜。马门想要救死扶伤，可是改变不了流血的其实，他可以医治患者受伤的躯体，可是并不能去医治患者被统治的思想。纳粹党把责任推脱到犹太人种族上，以残酷的手段逼迫那些无辜的人屈就，马门便是其中的受害者之一。由于马门和黑尔巴哈的性格差异，这也就加剧了他和纳粹党的矛盾冲突，他面对纳粹的折磨和迫害却无力反抗，只能以死明志。

马门教授对参加红色组织的儿子并不支持，他甚至严厉地劝阻罗尔夫不要去参与斗争。两人的矛盾冲突在于罗尔夫所提那样"青年人和老年人之间有着本质上的差别……不过，今天所谈的问题不是生理学上的问题——不是这一代或那一代的问题……""而是阶级斗争问题"。马门教授却从法西斯专制与反抗法西斯专制这两种政治势力斗争中去寻找第三条道路，结果后面自己坚持的资产阶级人道主义却轰然崩塌。由于他与儿子在对待问题的看法不一，两人产生了尖锐的冲突。但在生命的最

---

[1]　黑格尔：《美学》第 1 卷，人民文学出版社 1958 年版，第 270 页。

后时刻，他终于从执迷、幻想的性格中觉醒，托人向罗尔夫问候，承认儿子的路是对的，只是他再也不能去走那条路了。"在阶级斗争面前没有第三条道路可走，应采取积极的行动，进行斗争。"马门教授从最初的排斥到阻止再到沉思，直至临终前才与儿子达到了"和解"，这也是因为这场迫害的斗争给他带来了深刻的启迪。马门教授的情感和意志，在最后"开枪"这一有力的动作里也得到强烈的表达。

在灾难面前，罗尔夫是心怀正义的。他的善良、正直和满怀理想的性格与纳粹党人丑恶、卑鄙、残忍的行径形成鲜明的冲突。1933 年，德国法西斯匪徒们制造了国会纵火案，企图欺骗人民、迫害共产党和进步人士，进一步地激化了法西斯与共产党人的矛盾。以希特勒为首的法西斯主义力量，展开了一场场压迫犹太人、打击进步分子、捕捉和杀害共产党员和革命人士的罪恶活动。罗尔夫奋起反抗，宣传马克思主义的共产主义斗争思想，以实际的行动昭示着自身的立场。在他与纳粹党的博弈中，两股力量的矛盾不仅显而易见，而且也披露了法西斯主义的真实罪行，更讴歌了为民族生存和家国命运而斗争的共产党人形象。

《马门教授》是一部带有鲜明的政治色彩的话剧作品，它以马门教授的人生悲剧去阐述了灾难下的生活，在这场灾难性的迫害中，许多无辜的生命都被摧残。难能可贵的是，该剧也深入表达了人的觉醒意识和人的精神信仰，去呼唤着美好的希望和理想，至今仍具有广阔的现实意义。

《灵魂拒葬》鉴读

张芮宁　20 戏剧影视编剧 MFA

　　《灵魂拒葬》是由欧文·肖的《阵亡士兵拒葬记》改编而来的戏剧。欧文·肖作为 20 世纪美国著名的作家，从 30 年代开始创作，有长短篇小说 20 部，13 个剧本及 13 部电视剧，可谓多产，且题材广泛，涉及政治、战争、心理等各个方面。换句话说，欧文·肖对社会问题和社会现实热切并紧密关注，因此他的作品总是与社会矛盾密切相连，贯穿、揭示人类重大问题，具有强烈的现实性。

　　1936 年，《阵亡士兵拒葬记》被改编为表现主义戏剧《灵魂拒葬》，它以残酷的战争为背景，以反战为主题，以阵亡的六名士兵为主要人物，展现在战争中他们所亲身遭遇的生存困境和精神骗局。戏剧的开场就是炮灰连天的战场，将军和参谋为了 25 码的一块土地，不顾自己人的性命，下令炮轰阵地，将自己手下的青年士兵杰米、韦伯斯特和另外四名士兵一齐炸死。后来，上尉命令下属将他们埋葬，但是负责挖掘坟墓的三个士兵却发现六名阵亡的战士发出呻吟并拒绝被埋葬。众人惊恐不已，将军和参谋对这六个拒绝进入坟墓的灵魂感到不安，于是找来他们的家人劝说他们早早安息，回到坟墓里去。然而，他们的妻子、姐姐、爱人和母亲相继劝说无果，他们的心灵仍然拒绝被埋葬。六位满怀热情却因战争惨死的年轻人，有未了的心愿，有未尽的梦想，有未来得及弥补的遗憾，有未来得及享受的生命……死亡并没有让他们真正地得以平静安详，因为他们死得毫无意义，所以，他们的灵魂在呐喊，在控诉这弥漫着硝烟的战场，这横尸遍野的坟地，这自相残杀的战争，这满目疮痍的灾难……该部戏剧，作者通过运用"死者拒绝死亡"这一奇特的表现手法，以离奇怪诞的形式让剧中死去的人物产生行动，犀利地控诉了战争的残酷性，深刻地揭示了战争带来的灾难之下人们的生存和精神境遇，同时鲜明地表达了人在面对灾难时的勇气和人性之光。

《灵魂拒葬》讲战争灾难，最鲜明的特征就是直面流血与残忍，用了很大篇幅，以最直白的台词向我们揭开战场凶残暴虐的画面，使我们似乎能够设身处地地强烈感受到它的硝烟和凶戾。戏剧开局是两名士兵进行交谈，杰米说自己20岁，韦伯斯特感到震惊且遗憾，他认为20岁的年纪应该在学校而不是战场。开篇仅仅两句话就交代了他们生活的不得已，紧接着继续展现战争的萧条和凄惨景象。三名士兵在为六名死去的前线战友挖掘坟墓，这片土地上耗子乱窜，尸臭熏天，三名士兵自己都说："这是什么气味？尸体已经发臭了。""这只耗子可是血统高贵的纯种耗子——它吃的可是我们国家近二十年来的精英啊。"

他们大骂这个鬼地方，没日没夜的交锋让他们的双脚都失去了知觉。医官前来鉴定死尸，刚来到战场便本能地反胃，他强忍着腐臭味对尸体挨个进行检查：一号尸体，头颅爆裂；二号尸体，子弹洞穿心脏；三号尸体，子弹穿过两肺；四号尸体，大肠流出；五号尸体，弹片损伤生殖系统；六号尸体，脸被炸去一半。简单直白的描述，字字却是猛烈的冲击，呈现出战争场景的惨烈和恐惧，让我们直观感受到这场灾难的严酷和残暴。另外，在医官鉴定士兵尸体的这场戏中，反复写到"死亡时间都是48小时"这句台词，呼应了下半场将军和参谋为取得一块土地，不顾己方士兵死活，直接炮轰战场，使敌友同归于尽的真相。欧文·肖对战争场面的描写，不仅揭露了战争灾难本身的残虐和反人性，还将另一方面——在劫难之下人类的利己冷血无情进一步造成的灾难揭露无疑。

除此之外，这部戏剧更为独特的一点是，以极大的想象力和创造力采用了六名拒绝被埋葬的士兵，用自己的灵魂同他们各自的家人交谈的形式，引发了一场场关于理想、爱情、亲情和信仰的对话。死去的士兵之一谢林的灵魂对来看望他的妻子说，有那么几件东西，他总是割舍不下，他忘不了家乡的那条小河，忘不了春天妻子播下的种子，忘不了妻子在草地上跳舞；莱维渴望再看看女人们的笑脸，遗憾没来得及弥补的旧爱琼；莫干思念自己的情人裘莉娅，却没想到对他也思念至极的裘莉娅来到此处竟为自己殉了情；吉米不肯抬起头见妈妈，妈妈却对被炸去半边脸的孩子说"我漂亮的儿子"；韦伯斯特向爱人倾诉，他最大的心愿是能同她有一辆普通的汽车，过上普通人的生活……

面对战争和自私人性直接或间接带来的灾难，死去的六名士兵没有走进坟墓享受安宁，因为他们的灵魂无法安息，他们的心灵还在疯狂地跳动，他们怀念那些不舍，痛斥那些不公，记挂那些未了的心事，未说完的话，未明了的生活……即使这个模糊的世界和生活是复杂和纷乱的，但是他们的灵魂是最光明、通透、不屈和坚贞的。他们以这样一种温暖的形式进行人物内心的真实表达，让人们在冷酷无情的灾难事实之下寻找并感受到一丝慰藉和爱，同时用爱的力量呼喊出内心的最强音：拒绝战争，拒绝非正义且无意义的死亡；企盼和平，珍惜人生，热爱生活。

他们的灵魂呐喊喊出了所有人心底深处的最强音，关乎人类共同命运，在恐怖的灾难之下，没有谁是永远幸运的……

《灵魂拒葬》是一部表现主义戏剧，它不局限于对外部事物的描写，而是突破"模仿"本身直接展现潜藏在内部的灵魂。实际上，就是跳出简单的言行描述，展示表象之下的内在实质，去发掘并表现人物的潜意识，表达人内心的深层情感，揭示人最本质、最原始的思想与灵魂，意义和真理。该剧借助独特的创作手法，清晰明了地呈现了关于战争灾难这一现实问题以及战争之下人类最实质、最真诚的灵魂，引发人们对这一社会矛盾的思考。同时，作者强烈赤诚的情感表达，体现出反战思想，期待灾难绝望中的一丝光明和希望。

向死而生之地

——论萨特《死无葬身之地》的灾难境遇

赖星宇　20 编剧学理论 MA

我们看待灾难的同时，往往容易被表层的现象所迷惑。以为灾难是外部的摧残和压迫，然而我们所忽视的是人在灾难境遇当中的抉择。在境遇当中所带来的选择，选择和选择之间，就有了对比和痛苦。

让-保罗·萨特（Jean-Paul Sartre，1905 年 6 月 21 日—1980 年 4 月 15 日），法国 20 世纪最重要的哲学家之一，法国无神论存在主义的主要代表人物，西方社会主义最积极的倡导者之一，一生中拒绝接受任何奖项，包括 1964 年的诺贝尔文学奖。在战后的历次斗争中都站在正义的一边，对各种被剥夺权利者表示同情，反对冷战。他也是优秀的文学家、戏剧家、评论家和社会活动家。《死无葬身之地》于 1941 年动笔，1946 年 11 月 8 日于巴黎安托万剧院首演，是萨特战后的第一个剧本。

"选择"是《死无葬身之地》作者萨特的存在主义哲学中的一个重要的问题。人的一生在选择中度过，在经过个人生命价值与团体生命价值之间的比较、判断后，再做出自己的选择。[①] 在这部四幕境遇剧中，萨特的观念戏剧存在着两个矛盾的基本因素：一定的境遇和在这境遇中进行自由选择的人。境遇所带来的是选择，选择中就有权衡和预设的痛

---

① 王晓珊：《存在与选择——从〈死无葬身之地〉看存在主义戏剧》，《福建艺术》2002 年第 4 期。

苦，在特定的境遇当中，选择本身更像是一场灾难。

《死无葬身之地》所描绘的是第二次世界大战当中的特殊境遇，剧中五名游击队员都要在这个境遇中做出自己的选择：要么选择努力抗战，实现自己的人生价值；要么选择妥协投降，苟且偷生。五名游击队员所面对的不是枪林弹雨的灾难，而是要在暗无天日的牢房中忍受敌人残酷的肉体摧残和精神折磨，在特殊的境遇当中坚定自己的选择。《死无葬身之地》全剧有三条冲突线，一是敌我之间的矛盾冲突，主要表现在两种意志、两种思想的交锋对决，是该剧冲突的核心；二是队员们内部的矛盾冲突，在是否招供、是否掐死弗朗索瓦的问题上激烈的思想冲突；三是敌人内部的矛盾冲突。

一、生与死的选择

在三条线索的矛盾和冲突中，更显示出了境遇选择当中的灾难。索比埃第一次被带到审讯室时究竟遭受了怎样的折磨，他的表现是怎样的？在剧中并没有明确表现，但从他被带回来之后的表现和与其他队员的对话中可以看出他的遭遇和此时的态度。弗朗索瓦问索比埃警察对他做了些什么，索比埃没有明确回答，而是说"你会知道的"，所隐藏着的是一种悲痛及沉默。在看到游击队长若望也被关进牢房之前，他和大家说因为不知道若望的下落而没有招供，如果知道的话就会招供。

索比埃此时露出的笑饱含深意，他的痛苦已经到达了极致。他摇摆的情绪，已经让其他游击队员捕捉到他可能会招供的信号。队友们苦口婆心、软硬兼施地引导他保持坚定意志。这构成了索比埃游击队员之间的矛盾冲突。但从索比埃自嘲的语气和表情中可以看出，他在肉体上和精神上已经不堪折磨，他对自我意志出现了质疑，但他最终并没有选择招供出卖队友，而是在再次遭受折磨之时选择以跳楼自杀的英雄方式进行反抗，结束了生命，保全了名节。

索比埃这个人物是真实的，在面对压迫和逼问拷打中，表现出了个人的动摇。他与卡诺里、昂利和吕茜在思想上存在矛盾冲突，但实际上，他们的目标和方向是一致的，他虽然在思想上并不是坚如磐石，但在关键的时刻，他做出了英雄主义的选择。他人物性格的真实，正是在第一个生与死，以及屈辱和正义的选择。这是整个剧目中第一个牺牲的战士，人物的形象在与其他队员的思想交锋中显得更加饱满。他并不是大无畏的英雄主义，而是有血有肉的人在极限环境下的瞬间抉择成就出的丰满的人物形象。

二、感情和大局的选择

弗朗索瓦年仅15岁，是吕茜的弟弟，也是年龄最小的游击队员。他并不很成熟。在第一幕中，弗朗索瓦好动的天性就显露出来。能够作为参考的是，当游击队员们回忆起农庄里惨死的村民，尤其是13岁的小姑娘时，弗朗索瓦表现出了不甘却没有如其他成年游击队员一样的愧疚之感。

15岁的孩子，本应尽情享受青春的年纪却被迫面对残酷的现实，又被深陷暗无天日的牢房之中，他呐喊道："我年纪最轻，我只不过服从了命令。我是无辜的！无辜的！无辜的！"当眼看着索比埃跳楼自杀，游击队员遭受严刑拷打，自己的姐姐吕茜惨遭蹂躏，他仅剩的勇气已经被耗尽，精神已经崩溃，他年幼的心灵已经无法承受重压，对若望的言行表示不屑，表现出会招供的迹象。包括吕茜在内的游击队员们断定这个孩子会不堪重负而招供，那他们之前所做的努力和坚持都付诸东流，名节不复存在，弗朗索瓦的名声也会因此而扫地，况且敌人不会因他招供而留给他活路。在吕茜的同意下，昂利和卡诺里掐死了弗朗索瓦，死亡堵住了弗朗索瓦的嘴。

15岁的弗朗索瓦是孩子，也是战友。尤其是对于吕茜来说，更是亲密的弟弟。但在集体的利益面前，他们选择动手结束了这个年轻的生命，使得秘密得以保全。给人物提供一定的环境，强调人物在环境中选择自己的行动，造就自己的本质，表现自己的性格和命运，恰好地展现了境遇剧所要表达的中心思想。

另一个是爱情和大局的选择。作为游击队员，昂利誓死效忠队长若望，绝不出卖自己的灵魂。但作为吕茜的爱慕者，昂利与若望实际上还存在着"情敌"的关系。吕茜与若望相互倾慕，并没有阻止昂利对吕茜的爱恋之情。剧中，若望、昂利、吕茜三者之间因爱情而生的矛盾冲突在特定的环境下被放大，争风吃醋的表现在日常生活中是自然的，但在忠于抵抗事业的大前提下，昂利并没有因为若望是他的"情敌"而产生出卖他的念头。

三、利益的选择

剧中三个主要的反面人物是心狠手辣的维希政府警察，他们对于游击队员的折磨成了剧中极端的境遇，是故事开展和发展的背景。但同时，敌人内部也存在着道路的选择。

在索比埃自杀后的一场戏中，朗德里约打了克洛谢一拳，责怪他没有关上窗子，让犯人有机会通过结束自己生命的方式来拒绝招供。在此之前，就能够看出他们为了争功夺利相互责怪推诿，相互猜忌，挑拨离间，钩心斗角。在全局中，朗德里约反复嘲讽克洛谢，让他把发生的事写到他的小报告中去，可见他们相互之间并不存在信任，也并非是一个联盟，而是为了共同的利益驱使，而对游击队员进行这种残酷的迫害。

朗德里约拿出命令的口吻来指使其他同伙执行他的命令，不能有任

向死而生之地

何质疑，这种对权力的扭曲热爱招致其他人对他的反感，但以克洛谢为代表的所谓"队友"并没有遵从他的命令，而是各怀鬼胎，为了各自的利益驱使而"同床异梦"。在剧中，以为游击队员招出了游击队长的下落后，朗德里约得意洋洋，他以为自己战胜了游击队员，但并没有要取他们的性命。而克洛谢违背了他的意愿，将三名游击队员枪杀。这过后必然又是一场权力和欲望的厮杀。通过对于利益的选择，表现出了法西斯政权的残酷和虚伪的本质。

《死无葬身之地》这幕境遇剧中，游击队员最终做出了各自的选择，他们的境遇、对抵抗事业的认知和各自不同的性格特征，选择中展现出了他们的相同和不同。同时，也在不同选择的痛苦中，展现出了"人"的力量。他们呈现出来的性格特征和人性的挣扎，是在一次又一次的选择中，在痛苦中超越了自己或者毁灭了自己，也展现了"人"的意志的高贵。向死而生之处就是灾难结束之处。

灾难与自由之间，一群苍蝇的纷飞

——论萨特《苍蝇》中的灾难主题呈现

赖星宇　20编剧学理论MA

让-保罗·萨特（Jean-Paul Sartre）（1905—1980）是20世纪法国著名的哲学家、文学家、戏剧家和社会活动家。他是法国最伟大的思想家之一，一生中创作了许多有着深刻思想内涵的作品，涉及哲学、小说、戏剧、评论等多种领域。主要代表作有哲学著作《存在与虚无》（L'Etre etle Néant）、小说《恶心》（La Nausée）、戏剧《苍蝇》（Les Mouches）、《禁闭》（Huisclos）、《恭顺的妓女》（La Putain respect-ueuse）、《脏手》（Les Mains sales）、《魔鬼与上帝》（Le Diable et le Bon Dieu）等。法国哲学教授让·吕克·南希曾在《世界报》上说："萨特是个古往今来从未出现过的两面神：没有一个哲学家像他那样在文学海洋中游弋，也没有一个文学家像他那样大举进行哲学操练。我们无法理解，逻辑思辨和形象推演，这两种完全不同的思维方式竟然在同一支羽毛笔下毫无妨碍地非常清晰地表现出来。"[1]

无疑萨特在世界戏剧历史上的崇高地位首先在于他勇于呈现了其存在主义的哲学思想。而当我们走入《苍蝇》这部剧中，我们不难发觉其对于灾难主题的呈现有着独特的艺术表征。萨特着重地突出了自

---

[1]　黄正平：《萨特百年：引人心动的文化现象》，《瞭望·东方周刊》2005年第21期。

由和灾难之间，完整的人在境遇中的选择和表现。《苍蝇》并不仅仅停留在一个简单的"存在"，而更多的在于选择，人在灾难前的选择往往彰显出了人性中最本质和自然的状态，是介于存在之前的自然人的属性。

苍蝇意象对于灾难气氛的还原

萨特在《苍蝇》中，借助苍蝇的意象完成的是对于灾难本身阴郁气质的还原。苍蝇喜欢聚集之地，往往是充斥着恶心、血腥、肮脏的。它伴随而来的是被灾难笼罩者本身的反感。而其中对于灾难到来时难明的苦楚，则隐含其中。

《苍蝇》是个三幕剧，在剧中，同名主人公俄瑞斯忒斯是位英俊、富有、自由的年轻人，简直十全十美。虽然他阅历很广，但却未经历现实的磨砺。他返回家乡阿耳戈斯，看到全城人的悔恨，看到无处不至的令人厌恶的苍蝇（苍蝇是暗杀阿伽门农的罪恶的产物）。他感到灵魂的空虚，他渴望去融入这一切，和全城人去分担这悔恨。埃癸斯托斯利用悔罪进行暴虐的统治。他同王后克吕泰涅斯特一样，都变成麻木不仁的人。俄瑞斯忒斯的胞姐厄勒克特拉倍遭虐待，她蔑视一切地怂恿弟弟去杀掉仇人；而主神朱庇特却一再阻挠，除非俄瑞斯忒斯愿意赎罪他才会支持俄瑞斯忒斯的谋杀。然而，埃癸斯托斯却无动于衷地听凭谋杀的策划并为谋杀创造机会。俄瑞斯忒斯选择了悖逆神意的自由，毅然杀掉埃癸斯托斯和自己的母亲，将全城的罪恶背负到自己身上，同时却拒绝悔罪。而其姐却沉溺于悔恨，向朱庇特臣服。在末尾处，俄瑞斯忒斯要做那没有臣民、没有国土的国王，在复仇女神的追逐下，带着阿耳戈斯城的苍蝇离开了，开始崭新的生活。

萨特表现灾难的时候，通过苍蝇这个线索贯穿全剧。苍蝇出场之时，正是整个城市陷入灾难与谋杀之时。萨特很好地刻画了灾难到来之时的阴郁气质。

保　傅　嘿！去得尔福的路上，我们遇到过他。我们在伊特亚上船的时候，他那把大胡子早摊在船上了。到了瑙普利亚，我们处处都碰上他。现在，他又在这里。在你看来，这无疑是偶然的巧合了？（用手驱赶苍蝇）嗳！我看这戈斯的苍蝇倒好像比这儿的人热情好客得多。你看看这些苍蝇，快看哪！（指着白痴的眼睛）他一只眼睛上叮着十二只苍蝇，就像叮在涂了果酱的面包片上一样。可是他，他还傻乎乎地笑呐，好像很乐意苍蝇啜他的眼睛。是啊，你瞧他眼睛里渗出的白水如同酸奶一般。（驱赶苍蝇）好啦，快滚开！好啦好啦！咦！这些苍蝇又落到你身上去了！（驱赶苍蝇）你看，这可使你感到宾至如归了：你总是抱怨到了你的故国仍是外邦人，你看这些小动物不是热烈地欢迎你吗！它们好像认出你来了。（驱赶苍蝇）去，去，去，安静！安静点吧！不要跟我这么亲热！这苍蝇是从什么地方来的？比红隼鸟声音还响，比蜻蜓个头还大！

朱庇特　（已走到他们跟前）这无非是吃得比较肥的绿头苍蝇罢了。十五年前，死尸腐烂的那般恶心味，把这些苍蝇吸引到这个城市来。自那以后，它们就一天比一天肥起来。再过十五年，个头怕要抵得上小青蛙呢！
　　　　［静场。①

戏的一开场就似乎伴随着浓郁的血腥酸臭的味道，萨特有意地突出

---

① 让-保罗·萨特著，李瑜青、凡人主编：《萨特文学论文集》，施康强等译，安徽文艺出版社1998年版。

和放大了"苍蝇"这个典型的意象，运用变形夸张，对苍蝇恶心的形象极致表达。他也无需再介绍整个城市所笼罩着的灾难气氛，仅仅在这样的纤毫毕现的描绘之中，我们就可以察觉到城市陷入了一片难以言喻的污浊里。对于一个主题以及主旨的呈现，需要通过典型的、有意味的形式以及意象。

苍蝇意象对于灾难情节的推动

苍蝇并不仅仅作为灾难气氛的意象存在着，同时，它有力地推动着戏剧情节的发生。

在萨特表述之中，苍蝇是为灾难情节做铺垫和准备的。在几次重大的情节转折之中，它都推动着其发展。萨特突出的较为明显的是人物在"境遇"之中的选择，这也是萨特所强调的"境遇剧"。写古希腊神话题材，他与亚里士多德强调的"性格第一"不同，他着重突出的是在境遇中刻画人物。萨特在《为了一种境遇剧》一文中写道："境遇是一种召唤，它包围着我们，给我们提供几种出路，但应当由我们自己抉择。"①所以《苍蝇》中主人公俄瑞斯特斯勇于反抗神的阻拦，他称自己是自由的人，他的百姓也是自由的，他杀死了叔父和母亲。而这次的行动并不意味着结束，因为行使自由的权利所选择的绝不仅仅是自由，还包括自由选择所产生的后果和责任。萨特"把主人公放在一个具体的历史、社会和政治环境中。这些人物都必须做出选择，从而反映出他们的自由和责任"。②萨特认为："当一个人对一件事承担责任时，他完全意识到不但为自己的将来做了抉择，而且通过这一行动同时成为全人类做出抉择

---

① 让-保罗·萨特著，李瑜青、凡人主编：《萨特文学论文集》，施康强等译，安徽文艺出版社 1998 年版。

② 弗朗索瓦兹·普洛坎，洛朗·埃尔莫利纳，罗米尼克·罗兰编著：《法国文学大手笔》，钱培鑫、陈伟译注，上海译文出版社 2002 年版。

的立法者——在这样一个时刻，人是无法摆脱那种整个的和重大的责任感的。"[1]俄瑞斯忒斯杀死了母亲和叔父，他在行动之时便选择了自己要承担的责任。当复仇女神化作无数苍蝇来追赶他的时候，百姓们不理解他、唾弃他，甚至连曾经再三激励自己复仇的姐姐也背叛他、痛恨他。为了让他的臣民不再过着悔恨、恐慌的生活，主人公又一次做出了自由的选择。我们不难发现其中他所饱含的勇气和毅力，在"苍蝇"堆积的灾难前的无畏和自由选择。

厄勒克特拉　它们来啦！它们从哪儿来的？它们吊在天花板上、就像一串串黑葡萄，正是它们黑压压地一片把墙变成了黑色。它们挤到光线和我的眼睛之间，正是它们的影子遮住了我的视线，使我看不见你的脸。

俄瑞斯忒斯　苍蝇……

厄勒克特拉　你听！你听苍蝇振动翅膀的声音，仿佛铁匠铺风箱的轰鸣！俄瑞斯忒斯，苍蝇把我们包围了。苍蝇盯住我们。过一会儿就要落在我们身上，我就会感到千百只黏糊糊的苍蝇腿在我身上爬行。俄瑞斯忒斯，往哪里逃啊？眼看着苍蝇越长越大，越长越大，现在已经有蜜蜂那么大了。苍蝇要结成厚厚实实的一团团，到处跟随着我们。太可怕了！我看见了苍蝇的眼睛，成百万只眼睛在注视着我们。

俄瑞斯忒斯　小小的苍蝇能把我们怎么样？

厄勒克特拉　这是厄里倪厄斯，俄瑞斯忒斯，这是复仇女神。

　　人声（在门后）开门！开门！要是不开门，就把大门撞开！

　　　　　［沉重的击门声。

---

[1] 让-保罗·萨特：《萨特哲学论文集》，潘培庆、汤永宽、魏金声等译，安徽文艺出版社1998年版。

俄瑞斯忒斯　克吕泰涅斯特拉的喊声引来了卫士。来！领我到阿波罗神庙去。我们在那里过夜，避开这群人和苍蝇。明天我要向我的臣民讲话。①

　　在俄瑞斯特斯的选择之中，他将自由放在首位，他所承担的是一种拯救全城的责任，而不仅仅止于复仇。而且在某种语境之中，苍蝇所象征的就是完整冷静的复仇，一种蔓延着的血雨腥风。俄瑞斯特斯迎着血腥而上，亦然带着血腥而返，结局的最后他将苍蝇带走，实则是把痛苦解构。他在境遇中对于自由的担负，是其完成自我救赎和救赎的重要表达，也完成了人物的成长。

苍蝇意象对于灾难意义的呈现

　　灾难所带来的溃烂和流脓，像是苍蝇一般飞舞着，它隐蔽地藏在城市的每个角落，它等待着解救。这场战争和复仇的本身就带有的原罪和悲剧意味贯穿着全剧。萨特所借用的古希腊神话的复仇情节，它隐喻着的是二战时期的战争灾难，以及在其中的反抗精神。

　　我们看到苍蝇在剧中表现的本身，是想通过苍蝇黑暗的现实表现出，人在灾难前并非毫无作为，而更应拿出勇气和决心去战胜它。《苍蝇》于1943年出版，同年6月2日首次在巴黎演出。剧中阿尔戈斯城的百姓从孩童到老人都在受着"忏悔"的教化，终日沉溺在悔恨之中，受尽精神的折磨和煎熬。这与法国人民当时的精神状态惊人的相似，1943年，许多人千方百计地说服法国人要为过去悔恨，朝后看，法国人民的内心充斥着沮丧和悔恨，精神萎靡。而萨特则反其道而行之，激励

---

① 让-保罗·萨特著，李瑜青、凡人主编：《萨特文学论文集》，施康强等译，安徽文艺出版社1998年版。

大家朝前看，号召"真正的法国人应当向前看；决心为未来而奋斗的法国人应当行动起来参加抵抗，不要懊丧，用不着内疚"。[①] 他曾经公开发表过这样一段话："1940 年我们失败以后，太多的法国人灰心丧气，悔恨交加。我创作了《苍蝇》，我试图表明悔恨不是法国人在我国军事失败之后所应选择的态度……但未来却是崭新的，尽管敌军依然占领着法国。我们有办法掌握未来，我们在自由地创造一个失败者的未来，或反之，自由人的未来，因为自由的人不会相信一次失败就标志着激起人生活愿望的一切美好事物的终结。"[②]1948 年，他再次提及："我创作这个剧本是想用我唯一的手段，非常微弱的手段，为把我们从悔恨病中解脱出来，为把我们从耽于懊悔和羞耻中摆脱出来作出微薄的贡献。为此，必须是法国人民重整旗鼓，恢复勇气。"[③]

　　萨特刻画的俄瑞斯特斯，作为一个挺身而出的英雄。他在伦理道德之中突破自我，在苍蝇飞舞之中保持着的自我牺牲和放逐的意识，展现出了"人"在灾难之中的作为和选择。灾难本身并无意义，正如苦难本身亦不值得歌颂，它们像是那一团团飞舞的苍蝇，而"人"在这样的灾难与苦难之中的勇往直前和直面黑暗，恰是永恒的自由。

①②③　让-保罗·萨特：《萨特哲学论文集》，潘培庆、汤永宽、魏金声等译，安徽文艺出版社 1998 年版。

人性的灾难

——浅析话剧《丽瑟》的灾难性

李晓青　21戏剧影视编剧MFA

　　萨特是20世纪存在主义哲学的代表人物，他的存在主义哲学的核心是："存在先于本质""人是自由的"和"他人即地狱"，为了阐释自己的哲学思想，他在哲学专著之外还出版了许多小说和戏剧作品。在这些文学作品中，他给作品人物设置了种种的困境，即境遇，让人物生活其中，必须做出抉择，并展现出人物为此承担的责任。《丽瑟》（又名《恭顺的妓女》）是萨特创作于1946年的独幕剧，这部剧作为萨特早期的境遇剧之一，充分体现出萨特对社会现实的关注、对个人和他人关系的认知，同时，整部剧采用锁闭式结构，遵循三一律，节奏紧凑，却涵盖了当时社会从种族分歧到人性压抑等的问题，它为我们展现的不是地震、战争等大型灾难，而是人性的灾难。

　　本剧主要讲述的是一个叫丽瑟的妓女，因为在纽约犯了事，跑到了这个南方的小城市，在来的火车上，受到了几个白人的骚扰，同车的黑人也被无端排斥，其中一个黑人甚至被白人枪杀。丽瑟作为见证者，被迫卷入那些白人的阵营，签下了一份伪证。等她意识到自己被骗的时候，黑人已经成为众矢之的、面临生命危险，最后她终于醒悟：自己虽为白人，但也从未被社会接纳。于是她决心保护黑人，说出真相。

　　在回应这部剧所面临的争议时，萨特曾说："一个作家对于他的读者的责任和特殊使命，便是揭露他所遇到的无论任何地方的非正义……①"同时表示，他在这部剧中所揭示和指责的是美国的种族歧视。上世纪，美国的种族歧视首先体现在白人对黑人的随意碾压上，白人可以随意杀死黑人而不受惩罚，同时，黑人们似乎早已将这种敌视、迫害和不平等对待刻入潜意识里，他们不仅不会反抗，甚至无法意识到这种不公的待遇来自社会，而非自然赐予，如剧末丽瑟鼓励黑人拿起枪反抗，黑人却说："他们是白人。"而所谓的优越的白人更不会意识到这是一种不公平，哪怕是女主角丽瑟——一个同样处于弱势地位的妓女，也早已被社会存在波及了内在的本质，在最初面对黑人的求助时，她表现出了抵触情绪，也是直到剧末她才发现，自己和那些黑人一样，一直处于社会偏见中，警察借着她是妓女的身份要挟她、克拉克议员哄骗她……所以可以说，该剧表层上展现的是种族的压迫，深层则是在批判群体中的偏见与不相容。

　　且不论已然麻木的黑人和白人，因为他们已经在理性的错乱中迷失自我。丽瑟作为全剧唯一意识到灾难席卷的人，她的思想是矛盾的——意识到了灾难却又无法否定灾难的不合理性，而正是因为她的清醒，她成了全剧"最孤独的人"。开场时，弗莱特以嫖客的身份出现在丽瑟的生活中，丽瑟以为自己与弗莱特能归为同一个群体，但弗莱特却十分排斥与她组成"我们"，因为在他心里，妓女是不能被划入自己那一类之中的；因此，在第三场约翰等警察闯入、弗莱特的真实身份暴露时，丽瑟惊异地发现原来弗莱特把她当成了工具和途径，并将她和黑人一并视为需要用暴力去征服、欺凌和消灭的群体，于是她愤怒地维护自己，拒绝作伪证；然而，克拉克议员上场后，他用谎言劝服和安慰丽瑟，"假如您签了字，全城都会把您当作自己的女儿"，丽瑟虽然意识到了他们

<hr>

① ［法］萨特著：《萨特说人的自由》，李凤编译，华中科技大学出版社2018年版，第211页。

的做法是不道德的，尽管他们无理且虚伪，但她想要融入这个正统且让人羡慕的群体中；她不得不与黑人为敌，而后，克拉克等人的真实面孔暴露——他们从未尊重过丽瑟作为个体的权利，更不愿承认丽瑟的合理存在；终于，丽瑟看清了这个群体的虚假，她放下了成见，给黑人递了手枪，想用新的"我们"来唤醒被压迫群体的反抗，然而黑人只是说"他们是白人，太太"，还反问："您为什么不自己开枪呢？"黑人不但使自己囿于被欺压的主体而甘心处于强权之下，而且把丽瑟也归于"白人"一类而无视于她与"白人"群体的矛盾与冲突，这造成了丽瑟在处境和精神上的双重孤独 ①，把丽瑟推到了对个人生存和选择的最终认知，她无奈地回道："我也是白人。"是的，她也是白人，她什么都没有做，为什么要被判定有罪？在针对黑人这件事上，白人似乎是一体的，但下一个针对的到底是谁呢？这真的只是白人对黑人的压迫吗？那为什么丽瑟也要遭受压迫？

目前存在两种结局：第一种是丽瑟在听说弗莱特没打中黑人后倒入了弗莱特的怀抱，成了"恭顺的妓女"；第二种则是丽瑟打通警察局的电话，说出了真相。在最初的版本里，人类面对灾难不甘心却又无力抵抗灾难的无奈被充分体现——丽瑟虽然意识到自己成为那些上层阶级玩弄和鄙视的对象，但她在保证自己良心的同时，还是选择了保全自己，她最后的恭顺是对自己负责，从萨特的"自由选择"的哲学观念出发，无论丽瑟做出何种选择，只要她出于内心，并愿为之负责，那就无所谓对错；其他人也是，他们只是顺应了内心的想法。改动后的结局更好地体现了丽瑟的成长，她拥有了真正的思想自由。但是，就算丽瑟决心说出真相，她仍是微弱的，因为社会的力量，尤其是那些自诩为正统的势力仍会压过她。所以，萨特批判的不是剧中某个人或者某个群体，他甚

---

① 陈溪：《从独幕剧〈恭顺的妓女〉看萨特哲学视野中的"我们"》，《戏剧（中央戏剧学院学报）》2011 年第 2 期。

至带着一种惋惜的态度去看待那些身处灾难却还不自知的人，根据"存在先于本质"，萨特批判的是决定了他们本质的存在——存在于美国社会里的种族歧视和偏见就像一场无声的灾难一样，扰乱了人类的人格与道德，使人们最终失去理性。

综上，该剧之所以带有灾难的元素，体现在：当社会被一种不良风气覆盖时，生活在其中的大部分人的本质心理属性（狭义上的人性）也被"辐射"了，比如本剧中的种族歧视、社会偏见等，在这种人性的灾难面前，越清醒反而越孤单，越"正常"反而越"不正常"。在这部剧中，萨特给我们的启示是：真正具有灾难性的不是种族歧视本身，而是人类的盲从及人的自私、冷漠和虚伪。古往今来，灾难总是短暂的，但在灾难之下的人性则是粗暴且失智的，天灾总会消退，战争终会结束，人类还会继续活下去，但是如果人格扭曲、道德沦丧，人类一样逃不过灾难的惩罚圈。

战争中人性的失落

——《大胆妈妈和她的孩子们》赏析

朱思雪　20 编剧学理论 MA

　　《大胆妈妈和她的孩子们》是德国剧作家贝托尔特·布莱希特于1939 年创作的剧本，两年后在苏黎世首演，是布莱希特"史诗剧""间离效果"理论的创作实践，同时也是他最出名的戏剧之一。"大胆妈妈"安娜·菲尔林想要在战争之中获取利益，最终失去了所有孩子，孤身一人随着战争流离。该戏剧写作于第二次世界大战前夕，很快战争爆发，为这部以反战为主题的戏剧更添了一份时代的思考。

一、灾难与剧作构思

　　《大胆妈妈与她的孩子们》取材于叙事诗《洛塔·斯维尔德》，描述了一个随军女商贩的故事，一说来自《女骗子与流浪者库拉舍》，布莱希特借鉴了其中流浪者的形象。《大胆妈妈》以 17 世纪在新教与天主教之间爆发的三十年宗教战争为背景，选取 1624 年春到 1636 年 1 月的 12年间，有"大胆妈妈"之名的商贩安娜·菲尔林带着她的三个孩子，拉着一辆篷车，跟随战争贩卖杂物，长子哀里夫，次子施伐兹卡司，哑巴女儿卡特琳，他们分别有不同的父亲和不同的姓氏，哀里夫的父亲是一个总说姓科亚契又说姓莫亚契的小偷，施伐兹卡司的父亲是瑞士人，卡特琳是半个德国人，而他们记忆中的父亲又各自另有其人，似乎含有对种族政策的讽刺。布莱希特以喜剧的口吻勾勒出这一个混乱且反常规的家庭样式，其构成暗含着战争时代的悲哀隐喻，战争是人为的最残暴的灾难，在这场灾难之中，团圆是遥不可及的幻梦，流离失散才是生活的常态。大胆妈妈一家人是战争之中家庭模式的汇总与放大，她的孩子们更像是"战争的孩子"，带有时代的不稳定因素，一家人的命运也与这场灾难息息相关。

1. 主动跟随战争讨生活

"春来到。基督徒！你醒醒吧，雪已融化。死者已安息！凡是没有死去的，赶紧开步打仗去！"在开篇，大胆妈妈就喊出了这样的口号，带着从中牟利的宏图，为战争摇旗呐喊，但与她所宣扬的口号不同的是，她恐惧战争，只想要从中获利，不愿意孩子参与到战争之中去，想要"让战争光啃骨头，留下肉""不付一点利息"，为此，她小心地守护着孩子们，然而美好幻想很快就被打破了，在她试图卖出一个值半块金币的扣环时，招募员骗走了大儿子哀里夫，在这一家人没有意识到的时候，灾难的阴影已经悄悄笼罩在所有人的头顶。

最初，一切都表现得积极向好，大胆妈妈的经商才能很快就有了用武之地，她的生意做得如火如荼，对于战争引起的饥荒表现得幸灾乐祸，充分表现出了一位战时商人的敏锐观察力和精湛口才。她向将军的厨师推销一只阉鸡，声称那是一只活着时候多才多艺的鸡，在听见将军要请客时，立刻将价格从四十个海勒抬高到一块金币，成功高价卖出。机智而勇猛的哀里夫也正春风得意，凭借着掳掠的天性从农民手中捕获了20头牛，因此得到了将军的赏识。可是不久后，大胆妈妈就失去了她的小儿子，施伐兹卡司在联团担任出纳员，出于忠诚保管着联团的钱箱，却被暗探发现，即将处以死刑。为了救回施伐兹卡司，大胆妈妈需要卖掉篷车来贿赂士兵，但由于讲价太久，施伐兹卡司最终被枪决。在残酷的战争之中，对生命的判决只在顷刻之间，就连作为母亲的大胆妈妈，也将儿子的生命与篷车的价值放上了天平做比较，讨价还价的能力作为生存的本能融入了她的思维，丧失了人性中最基础的亲情，唯利是图、生性残忍能够让他们吃到短暂的甜头，但终究没有人能在战争之中得到真正的利益，如同上士所说："谁想要靠战争过活，就得向战争交出些什么。"

2. 逐渐适应战争的生活模式

大胆妈妈没有因为施伐兹卡司的死亡看清战争的真相，由于货物被士兵们砸得稀烂还要求付出赔偿费，大胆妈妈决定向军官申冤，在唱完《大投降之歌》后，她意识到向指挥官寻求正义是不可能的，与其斗争，还不如听从上帝。面对炮火下受伤的人，大胆妈妈也没有丝毫怜悯之心，因为所有东西都是支付过杂捐、关税、利息和贿赂的，而救助伤者并不能让她赚到一分钱，宁愿看着伤者失去生命，这意味着她已经逐渐被战争同化，变得冷酷且唯利是图。战争就是赚钱的风向标，战争持续的时候，大胆妈妈就进货，"可是战争要是结束，那我就只好把他们扔掉"，她不希望战争结束，甚至将它比喻成"彩票"，足以看出大胆妈妈对于战争持续的积极态度。在事业最成功的时候，大胆妈妈甚至能挂上一条银币编制的链子，车上也挂满了新的货物，她大声地赞美和歌唱战争，讽刺期盼和平、渴望安定的"弱者"。盆满钵满的快乐几乎让她忘却一切烦恼，然而不幸再次来临了，哀里夫因为抢了农民的家畜而被判处死刑，在战争时期，这是一件彰显英勇性格的事情，而在短暂的和平时期却只能通往可耻的结局，戏剧性的是，恰恰在哀里夫被判决后，战火重新燃起。

3. 在战争中失去生活的希望

在宗教战争持续了漫长的16年后，瘟疫席卷了这片土地，大胆妈妈已经无法卖出货物，只能靠着行乞维持基本的生活所需。和她搭伙过生活的厨师接到了一封乌特勒希特寄来的信，死去的母亲留给他一爿客店，他邀请大胆妈妈和他一起经营客店，大胆妈妈才终于不得不承认对和平的渴望，"在路上漂泊不是长久之计。久而久之，会堕落下去。"个人的聪明才智远远无法抵抗环境的压迫，能干的大胆妈妈脱去了气派衣着，将需求从赚大钱降低为吃上饱饭以及拥有安定的居所，但连这样最基础的生存需求也是无法满足的。厨师并不愿意带上年长且没有嫁人希望的卡特琳，为了孩子，大胆妈妈不得不告别厨师，和卡特琳一起拉着篷车，听着农家传来的幸福歌声，继续着流浪的生活。善良的卡特琳像是大胆妈妈的反面，时常在路途之中救助无家可归的小动物和伤者，不顾惜成本，撕裂衬衫为士兵包裹伤口，然而美德在残酷的时代背景之下却成为致命的缺陷，她最终因为想要保护农户一家和城市之中的居民而被侦察兵杀死。为卡特琳筹措嫁妆、抚养孩子是大胆妈妈冒险经商的重要理由，但在最后，她贫困度日，还在战争之中失去了所有的子女，结局与初衷南辕北辙，其生存的意义也在无形之中消解了，她独自一人拉起篷车，成了战争的行尸走肉。

二、灾难与人物塑造

1. 灾难中的"投机者"

大胆妈妈精明聪慧，能说会道，是一个本领出色的小商贩。她对战争怀有乐观态度，想要乘机赚取钱财，过上好日子，抚养三个儿女。在她看来，战争使得物资匮乏，只要找准时机，抬高价格卖出别人急需的货物就能赚到数不清的钱。有别于想要发横财的一般投机者，大胆妈妈本质上遵循的是价值交换的基本逻辑，想要靠着自己的能力获益，这无异于与虎谋皮，战争中的人并不像和平时代一样遵守规则，招募员能用半块金币引开她的注意，轻而易举地骗走了哀里夫，士兵也可以打砸货物而不必付出什么代价。她的致富梦本身就是虚无缥缈的幻想，经不起现实的风吹雨打，当施伐兹卡司因为守约被处以死刑，哀里夫因为勇猛而丧生，卡特琳因为善良被敌军杀害，只有精于算计、冷酷无情的大胆妈妈活了下来，荒谬感油然而生，似乎真的如同厨师为了讨要一碗热汤时演唱的一支关于所罗门、恺撒和一些大人物一无所获的歌曲，智慧、勇敢、无私等美德并不能够减轻人们的苦难，最好抛弃道德，舒舒服服地过活。

2. 灾难中的"天使"

卡特琳是陪伴在大胆妈妈身边最久的孩子，也是与她个性差异最大的人，构成了大胆妈妈形象的对立面。幼年时因为士兵的恶作剧，她失去了说话的能力，依然饱含同情地救助着受伤的士兵，甚至是路边的小动物。她虽然没有一句台词，但是善良而富有同情心的个性全部都体现在了行动上，在大胆妈妈心疼撕破的衬衫会导致亏损的时候，她"陷入极度的激动之中"为士兵包扎伤口，为小婴儿哼着摇篮曲，用行动展现出了人道主义的光辉。对于大胆妈妈这位母亲，卡特琳尤其表现出了包容与体谅，面对战争中无辜遭难的可怜女儿，没有增长大胆妈妈对和平的渴望，反而带着全家人投入了战争，卡特琳只好将对爱情的期待埋藏在心中，忍不住偷偷拿走羽菲特的红靴子，为自己打扮一番，母亲训斥着她的行为，认为她是一个没有出嫁希望的人，这样做只会带来灾祸。相比于活生生的人，卡特琳更像是篷车上的一块石头、一件装饰品，不会说话也没有未来，在第11场中，剧作家将卡特琳的行为称之为"石头开始讲话啦"，卡特琳敲着鼓唤醒了沉睡中的村庄，或许也唤醒了战火中冥寂的心灵。

3. 灾难中的"强者"

相比于辛苦谋生的人们，羽菲特过上了不错的日子，穿着让卡特琳羡慕的红靴子，过得轻松愉快，实际上，她不得不出卖肉体，把自己当作一块烂肉，表面的浮华也只不过是生活的麻醉剂，"我们这种人是没有什么可骄傲的，一定得要会吃粪才好，不这样，就只好完蛋"，而将她推入深渊的正是对她施以暴行的敌人和无情抛弃她的情人。羽菲特是战争之中无力抗争的女性群体的缩影，她依然保存着良心，在施伐兹卡司将要被处刑的时候，愿意为大胆妈妈提供帮助，最终，她嫁给上校，维持着看似体面的生活。和哀里夫、上士、牧师等人一样，哀里夫善于掳掠的个性、上士的强横、牧师的虚伪都能使他们找到暂时的避风港，但他们和大胆妈妈本质上都是战争中的小人物、被异化了的牺牲品。

三、灾难戏剧创作启示

《大胆妈妈》这一出戏剧在很多方面体现出了布莱希特作为剧作家对于戏剧及舞台的构想，他希望能够打破第四堵墙的限制，从而以另一种全新的方式认识生活，反映生活，拒绝传统戏剧所提供给观众的观剧时的沉浸感，让观众清楚地认识到自己的在剧场之中。为了打破幻象，布莱希特在开场词中就会提及将要发生的内容，也会在剧情中用几首"大胆妈妈之歌"作为穿插。布莱希特的戏剧理念与灾难戏剧的主题表达相得益彰，对于一个这样宏大的主题，剧作家并非想要展现战争事件，而是想要借一个久远故事引发观众对时下的思考。

《大胆妈妈》以分场形式展开，共计12场，结构松散，冲突并不集中，剧作家按照时间顺序写就，在戏剧的一开场已经以命运签的形式预告了所有人的悲惨结局。在每一场的开始，剧作家还直接宣布了即将发生的内容，将观众放到了全知的视角，大量的已然泄露的信息虽然不能完全消除戏剧幻象，但足以让观众保持理智去俯观剧中人物的遭遇，正如布莱希特自己所说的那样："在这个剧本中大胆妈妈没有从她头上的灾祸学到什么……我不相信人们会从将要遭遇的不幸中学会什么东西……当大胆妈妈什么都没有学到的时候，我认为观众却能够从她身上学到一点东西。"①

参考文献

［1］刘迪：《浅析布莱希特悲剧理论中的社会性——以〈大胆妈妈和她的孩子们〉为例》，《安阳师范学院学报》2016年第4期。

［2］姚佳根：《战争的戕害——布莱希特剧作〈大胆妈妈和她的孩子们〉解析》，《名作欣赏》2016年第12期。

［3］屈菲：《论布莱希特间离效果理论及其反叛性——以〈大胆妈妈和她的孩子们〉为例》，《学习与探索》2015年第8期。

［4］［德］贝托尔特·布莱希特：《大胆妈妈和她的孩子们》，孙凤城译，上海译文出版社2012年版。

［5］［德］布莱希特：《布莱希特论戏剧》，丁扬忠等译，中国戏剧出版社1990年版。

---

① ［德］布莱希特：《布莱希特论戏剧》，丁扬忠等译，中国戏剧出版社1990年版，第135—136页。

灾难下"大""小"人物的辩证哲思主题

——浅析布莱希特剧作《第二次世界大战中的帅克》

龙施宇　22 戏剧影视编剧 MFA

《第二次世界大战中的帅克》由布莱希特改编自捷克著名作家雅洛斯洛夫·哈谢克的小说《好兵帅克第一次世界大战历险记》，讲述了一战退伍后当起了狗贩子的帅克和大人物希特勒的故事。当希特勒在担心小人物们愿不愿意为他的战争无私奉献之时，帅克因对希特勒和战争的谈笑被逮捕至太保总部，而太保军官布伦格尔却看中了偷狗的本领，派帅克去偷参事福伊泰家漂亮的纯种长毛狗，否则就将帅克送进集中营。这只纯种长毛狗就此改变了帅克的人生轨迹：帅克在偷狗时被抓到公役站做劳工，又因为无法处理狗狗而煮狗肉被抓进监狱，最后被充军发配至苏联，支援希特勒的战争，在苏联的冰天雪地之中，帅克掉队了，迷路之际却与大人物希特勒不期而遇，谁知，希特勒竟陷入了绝境，已将失去胜利……

在《第二次世界大战中的帅克》中，布莱希特通过描绘"大人物"希特勒和"小人物"帅克两个人物形象，由此引导观众思考"大人物"与"小人物"之间的辩证关系，即为本剧的主题表达。实际上，剧作中，布莱希特对希特勒和帅克的着墨轻重不同，人物形象塑造也各有特色，但是剧中无论是社会背景的选择、人物特色的不同塑造，实际上都是为了表达"大人物"与"小人物"之间的辩证主题：

一、剧作中"大""小"人物的社会背景

剧作以希特勒发动第二次世界大战为社会背景展开讲述，那布莱希特为何要选择战争灾难作为故事社会背景呢？中国有句老话："乱世出英雄"。第二次世界大战战争范围从欧洲到亚洲，从大西洋到太平洋，先后有60个国家和地区、20亿以上的人口被卷入战争，无疑是最佳的"乱世"阶段。

同时，在战争时期，"小人物"才有更大的与"大人物"相遇甚至相交的机会。帅克作为捷克人，希特勒是德国领导者，这两个人若不在战争的背景之下，恐难相遇，但在战争的背景之下，德国占领捷克，帅克才会在谈论希特勒时被党卫队抓走，从而引发后续的一系列故事，最后导致帅克被充军，同时被发配到苏联支援希特勒发起的战争，最后在前往斯大林格勒的路上与希特勒相遇。

原著《好兵帅克第一次世界大战历险记》中其实描写的是帅克在一战中的经历，但在布莱希特的笔下却将社会背景放置在二战之中，讲述了帅克退役后由被充军的故事。这样的选择也是为了更好地表现"大人物"与"小人物"之间辩证关系这一剧作主题。帅克是原著中原有的人物，他是一个并不出名"小人物"，他耿直质朴又幽默风趣，有时看起来呆呆傻傻，实际是揣着明白装糊涂，他虽是一个"小人物"，却也能做一些常人做不到的"大事"，那要如何为这个"小人物"配上一个能力相当的"大人物"角色？二战时期的希特勒确为一个最佳选择。提到希特勒的名字，无人不知无人不晓，他是当之无愧的"大人物"，能让人闻风丧胆，能让人咬牙切齿，但是最后他依旧走向了失败。正如剧作最后，演员们合唱着："大人物哪能永远强大，小人物哪能永远弱小"，帅克和希特勒，一个是狗贩，一个是元首，于地位之上，他们有

着极致的差别，正是在二战的背景之下，他们的故事有了交集，有了对比，从而淋漓尽致地将"大人物"与"小人物"之间的辩证关系于剧作中呈现。

二、灾难中"大""小"人物的不同特色

纵观全剧，希特勒和帅克是全剧中的两个核心人物，但是在剧作之中，希特勒的着墨并不多，大多的篇幅还是用于描绘帅克的经历和故事。同时，对希特勒和帅克人物形象的刻画，也运用了不同的手法。

在对帅克的人物形象进行刻画时，布莱希特多采用写实手法。剧中，帅克爱在一家叫作瓶记酒店的地方和好朋友们喝酒聊天，通过瓶记酒店，布莱希特为大家描绘了一幅下层社会人民热闹真实的生活图景，帅克和他们真实地交谈和生活。但是也有几场描绘帅克梦境的场面，如当帅克在前往斯大林格勒路上迷路之时，他在雪地里打起盹，梦见了瓶记酒店中的老友们，那是科佩卡太太的婚礼盛宴，巴卢恩终于吃上了他心心念念的肉食，安娜率先提起帅克，大家都惦念着他在雪地中是否还能吃饱喝足……这场梦境短暂却美好，反衬出此刻帅克的悲凉境遇。

而在对希特勒人物形象进行刻画时，着墨不多，多是出现在每幕正文前的一小段序幕中，且大多采用虚幻性的场景，如序幕标注为发生在梦幻境界的序幕，而希特勒、戈林、戈培尔身高如巨人，希姆莱则矮小如侏儒。场景中总有巨大的地球仪或者世界地图或坦克模型等，背景音乐总是充满战争气氛，希特勒出现的场景总是宏伟又神秘的，以彰显其身份和地位，与接地气的帅克形成巨大的反差。最后，两人在雪地中会面之时，希特勒依旧以巨人的形象出现，而帅克则是一个普通的小士兵，两人身形的差距就如他们身份和地位的差距，但是在他们历史性会面的这一刻，"大人物"和"小人物"似乎面对着一样的境遇，"大人

物"似乎不再继续强大。

三、灾难中"大""小"人物的辩证哲思

《第二次世界大战中的帅克》的主题是想表达"大人物"与"小人物"之间的辩证关系，正如剧尾歌词所唱："大人物哪能永远强大，小人物哪能永远弱小"，但是其主题背后的辩证哲思，远不止如此。

世界之大，"大人物"似乎很少，"小人物"却很多，而布莱希特想表达的确实希望每个人都能跳出"大人物"与"小人物"的标签去看我们于社会和生活中的位置，从而更好地生活。希特勒是一个"大人物"，他有着宏伟的计划和极大的野心，并且获得过不少的成功；帅克是一个"小人物"，最大的能力就是能运用聪明才智偷来一只漂亮的纯种长毛狗，他被拉到公役站做过劳工，被关进监狱，又被充军，他对命运的安排似乎没有反抗的能力。但是在故事的最后，"大人物"也会和"小人物"一样，迷失在雪地之中，希特勒将战争失败的原因归因于苏联恶劣的天气，却不愿反省自身的问题。在雪地中，希特勒失去了行进的方向，向北，帅克吹响口哨：雪深到下巴；向南，帅克吹响口哨：那里尸首成山；向东，帅克吹响口哨：那里有红军；向西，不行，希特勒无脸回去面对德国人民……希特勒不断地调整方向，却始终找不到方向，每一次他都在帅克的口哨声中叫回，多么荒谬又发人深省，"大人物"最终也只能听信于"小人物"的口哨声，他失去了判断的能力，也没有前进的希望，这时候的"大人物"，已经不如一个熟悉战争真实情况的"小人物"了。所以，若我们只以身份和地位来为每个人都贴上"大人物"或者"小人物"的标签，我们或许会被阴影笼罩；无论是"大人物"还是"小人物"，一切都是暂时的，"大人物"可以变成"小人物"，"小人物"也能成长为"大人物"，无论"大小"，只要在自己的身份之

下快乐幸福地生活，"大人物"和"小人物"其实都一样。

在这场战争灾难之下，"大人物"和"小人物"历史性地相遇，看似荒谬，却蕴含着许多哲学哲思，引导我们在戏剧之中去思考"大人物"与"小人物"之间的辩证关系，跳出标签思维，去看待我们的身份，去过好我们自己的生活。

《纪念碑》鉴读

周弼莹　21 戏剧影视编剧 MFA

　　《纪念碑》是一部典型的灾难题材作品，该剧仅有两位出场人物：一个是 19 岁的士兵斯科特，在战争中，他受命奸害 23 个年轻女性；另一个是梅加，这是一位受害女孩的母亲，她在斯科特即将受刑时把他解救出来，用自己的方式囚禁他、命令他，要求他说出藏尸之处，最终为死者建造起一座揭示战争真相的纪念碑。

　　《纪念碑》旨在围绕战争探讨人性、自由与宽恕。是战争的灾难使斯科特成为一个罪恶工具，也是战争使梅加失去了女儿。由此，战争不仅造成无辜的女孩们的死，还造成了两位主人公的命运灾难，对斯科特来说，他被战争异化，而对于梅加这位母亲来说，仇恨的火焰吞噬了她。

　　《纪念碑》的悲剧性正是在灾难题材的语境中构建起来的：尤其体现在主人公斯科特的身上。对于斯科特来说，他一开始对奸杀行径十分抗拒，在独白当中，斯科特回忆道："我还是干不了。他们就往我脸上抹屎，直到我能干了为止。"这表明，在他对女孩们施暴的背后，斯科特的人格与良知也被战争无情地虐杀。在犯罪过程中，他曾经遇到了一个自己很喜欢的女孩，那让他不禁想到自己的女朋友，他本有机会可以放过那个女孩，可相比之下，斯科特更在乎自保，他对自己说，如果蒙上眼睛开枪射中了女孩，那就杀死她，如果没有打中，就放过她，通过这一选择，我们看到了斯科特这个角色的脆弱性，他并没有坚定地为自己的良心做出真正的努力，而这一切都加速了他人性的丧失，也将在战后加剧他的痛苦和迷茫。

在斯科特遇到梅加之后，作者进一步展示出战争是如何使斯科特变成一个"残破的人"。他被梅加控制，戴着镣铐，仿佛一只动物，只有当他们谈论到"自由"的时候，斯科特才会闪过一丝光亮。对他而言，他不知道眼前这个女人为什么要如此折磨自己。斯科特的耳朵被梅加割掉了，他用手抓碗里的饭吃，他的身体也在真正意义上残缺了，他很关注自己是否还能成为一个真正的男人，为自己"还能行"而感到高兴，为自己"不行了"而感到沮丧。我们看到一个年轻的灵魂被战争抽空，所剩下的就只有一具破败的躯壳。当谈及战争本身，斯科特说："我才不关心谁输谁赢呢，这不过是一个工作，我想强奸也不过是这工作的一部分。"彻底表现出被异化后的淡漠、麻木。而当提到对女孩们道歉的时候，斯科特说："要是你想听我说'抱歉'，我可不会说，说了能改变什么吗？既不能让那些女人起死回生，也不能把我做的一笔勾销，更不会把我这个人变得好一点儿。"斯科特拒绝道歉，原因是他认为道歉毫无用处。灾难使斯科特对规则、意义都失去了判断，他的生活从此只剩下活着这一个要求，当梅加说要杀死他的时候，他甚至也表现得有些淡漠，唯有提到女友被奸杀时，斯科特心中还有波澜。通过这个人物的塑造，我们清晰地看到，战争是如何摧残一个灵魂的。

在结构的处理上，全剧共分为八场戏，第一场戏的前半部分是斯科特一段漫长的独白，让观众得以了解这个年轻罪犯的真实内心，此后的七场戏均是梅加和斯科特的对手戏，剧情伴随着这对人物关系的进展而发展。了解斯科特这一人物的最好方式就是理解开头的这段独白，他具体地描述着自己奸杀女孩们的情境，表现出从抵抗到被同化的过程。在第二场戏当中，斯科特追问梅加的真实目的，梅加让他："说出真相来"。这里的真相指的既是罪行的真相，也是战争的真相，斯科特无法回答这个问题，他反问梅加："告诉我，我到底是好人还是坏人？什么才是真相？"在这场戏的后半部分，梅加的情绪变得激动，开始殴打斯科特，当冷静下来的时候又开始谈论"真相与谎言"的话题。为了惩罚斯科特，梅加描述起斯科特女友的死，斯科特想确认她话语的真实性，此时梅加的态度变得暧昧不明，真假难辨，她用这种聪明的方式让斯科特面对谎言的痛苦。第三场戏，梅加指使斯科特种地、搬石头，二人似乎成为一种生存的依靠关系，但在交谈当中，梅加从未放弃对于那些女孩真相的探索，她加倍地折磨斯科特，却没有因此换来自己内心的解脱，反而使自己的情绪愈加激动。最终她大骂着："斯汀科（她故意叫错斯科特的名字），你什么都不是，你不过是，一条狗，一个奴隶，一个杀人犯。"而斯科特对这些攻击早已麻木，他毫不在意地认领这些称号。面对他如动物一般的麻木，梅加的愤怒再次上升，直至充满无力感。"是啊，那又怎么样，我们对狗、奴隶、杀人犯又能怎么样呢。"在这场戏的最后，梅加命令斯科特用石头砸自己的脚，否则就活埋了他，由此可以看出梅加的精神状态也被仇恨折磨得开始失常。第四、五场戏里，梅加帮斯科特包扎伤口，允许他养一只兔子，但她对待斯科特的态度依然是粗暴的，无论什么话题都可以引发她对于女孩们的死的仇恨，她引导斯科特说出真相，同时更娴熟地使用斯科特女友的死来刺激他。在这两场戏的结尾处，斯科特分别发表了对生存和权力的感叹。在第四场戏的结尾，他对生活的无力感达到了顶点，他对兔子说："生活是什么，呢？吃或者被吃……我是个男人，总该不至于如此吧。可我也不过如此，我不过如此。"在第五场戏的结尾，面对梅加的质问，斯科特坦诚地回答道："服从更容易做到，我服从权力，我服从你，这更容易。"

梅加与斯科特的人物关系转折发生在第六场，梅加的情绪更平静，也更沮丧。开场时，二人一起喝啤酒，梅加说了关于斯科特女友的真话："她失踪了，这是我们所知道的全部。"从这里开始，梅加已经不再把斯科特看成绝对的对立者，在某种程度上，她意识到他们都是战争的受害者。梅加说："你孤立无助。我也孤立无助，我们都是命运的牺牲品，战争就是命运吗？"情绪稍加缓和的时候，当再次谈论到死去的女孩们时，梅加又开始用最恶毒的话形容斯科特女友的死，斯科特说"我再也不相信你了"。第七场戏，梅加和斯科特一起回到林子，挖出了那些女孩的尸骨，梅加也再次见到了自己的女儿，她要求斯科特抱着自己的女儿，真诚地忏悔。这一切结束后，她要求他说出每个死去女孩的名字，挖出每一具尸骨，把女儿还给母亲，她要为战争的真相建立起一座纪念碑。第八场戏，一座由死者组成的纪念碑竖了起来，梅加要求斯科特描述每一位死者，当斯科特说出女儿安娜的名字时，梅加的情绪汹涌而来，她几乎打死了斯科特。当她发现斯科特还活着，她不能再欺骗自己，此刻她已经无法再承受仇恨，她开始把斯科特当作一个"人"看待，斯科特真诚地忏悔，和第一场形成对比，他自发地道歉，乞求原谅，而梅加成了那个无助的人，她反问斯科特："我怎么原谅你？告诉我，告诉我我怎么才能原谅你？我不知道。"结尾处，面对斯科特反复的道歉和伸出的手，梅加似乎做出微弱的回应。留下一丝谅解的希望。

《纪念碑》将人类社会最大的人为灾难——战争，聚焦于斯科特和梅加这一组人物关系当中，为我们今后处理灾难题材作品中的人物关系提供了探索。《纪念碑》塑造了一个极端的情境，一组极富张力的人物关系，他们之间展开的对话，亦是人和社会发生的对话，剧中斯科特所面临的来自自身和梅加的每一次质问，亦是作者对战争与灾难的质问。这是一部风格凛冽的灾难题材的成功之作。

灾难的另一面，是荣誉和美德

孙清涵　19 戏剧影视编剧 MFA

《羊泉村》，第一幕暴露矛盾，第二幕引来高潮，第三幕以一个意想不到的惊喜做收尾，打破了亚里士多德的时间、地点和行动的三个相统一的规则，将悲喜剧元素交织在一起。

《羊泉村》是根据 15 世纪中期的一个真实故事改编的。羊泉村的农民淳朴善良，希望过上幸福的生活。然而，驻扎在村子里的骑士们依靠他们的力量，行事鲁莽。他们在国外扩大势力范围，反对国家统一。他们对内压迫人民，欺凌人民，扰乱居民的正常生活。指挥军务的军士长戈麦斯多次试图勾引村长的女儿劳伦蒂娅，令村民们勃然大怒，这引起了整个村庄的愤怒，他们拿起武器，冲进城堡，杀死了骑士团的队长和他所有的部下。国王派了一名法官去审问船长。法官严刑拷打居民，问他们是谁杀了队长。他们唯一的回答是："是羊泉村杀了队长。"最后，国王亲自审问了居民，并被他们的英雄主义所感动，他赦免了所有人，并将羊泉村置于皇家管辖之下。

喜剧的目的要符合时代精神和观众的喜好，不能脱离观众的真实生活。羊泉村把情节作为戏剧构成的重要因素，用情节推动戏剧冲突的发展。

维加是《羊泉村》的作者，西班牙黄金世纪最重要的诗人、剧作家，被誉为"天才的凤凰""自然的魔鬼"。他彻底改变了西班牙戏剧的模式，在那个时期，戏剧开始成为一种流行的文化现象。他的作品至今仍在上演，代表了西班牙文学和艺术的最高峰之一。他是西班牙民族戏剧的奠基人，使西班牙戏剧在当地乃至世界发扬光大，他精湛的戏剧艺术是后世艺术家效仿的典范，戏剧的独特精髓保留至今。维加是西班牙民族戏剧的创始人，他的想象力是如此丰富，他塑造了多种类型的人物，而且他具有非凡的诗歌天赋，他的戏剧主题忠实地反映了16、17世纪之交西班牙的主要社会问题、社会风格和各阶层人民的思想和生活。他对各种人物形象的生动描绘深受大众欢迎。他在公众心目中的地位和他在西班牙黄金世纪乃至世界文坛的杰出作用是不可动摇的。维加擅长安排戏剧性的场景，情节引人入胜，结局往往出人意料，偶然性在情节发展中扮演着重要的角色。剧中人物众多，刻画真实生动。维加的戏剧，语言生动幽默，情节跌宕起伏，具有强烈的艺术感染力。

维加的作品题材广泛，涉及当时的重大社会问题，反映了16、17世纪之交西班牙的社会面貌和各界人士的生活。在他的成功作品中，人物形象的刻画和心理活动的描写细致入微；有些人以英雄气概和对爱情的忠诚深深打动观众，而另一些人则以残忍的方式引起观众的义愤。

在戏剧的主题上，维加提出了"荣誉"和"美德"。"荣誉"是人们美好的理想和正当的权利；"德"是争取和维护"荣誉"的力量，也就是正义和英雄主义的品质。羊泉村的重要意义在于确定了剧作家创作动机和艺术想象的自由，推动民族戏剧摆脱古典主义的桎梏，真正体现当代生活和时代精神。

在《羊泉村》中，维加没有把农民写成无知的暴民，而是把他们写成了一个英勇的集体，这在17世纪的欧洲文学中是罕见的。正直、勇敢、是剧中农民集体最动人的形象，他们的叛逆情绪随着形势的发展而增长，法官对他们进行折磨。村里300多人说，是"羊泉村"杀了队长。在剧中，连一个10岁的孩子都被描绘得很坚强，通过孩子传达的情感和深度更加真诚和纯粹，同时升华了主题。

羊泉村"叛乱行动"的故事发生在西班牙即将收复被摩尔人分割了几个世纪的国家、实现统一大业的时刻。羊泉村的人们反抗骑士队长，骑士队长与葡萄牙国王勾结起来反抗国王，破坏了西班牙的统一。这体现了全体西班牙人民反对分裂、维护统一的正义感和自觉。当双方发生激烈冲突时，法官掌握着全村的生杀大权。所有的村民都冒着生命危险站在国王面前，解释他们对国王的要求，但国王确实表现出了智慧和宽容。几句话化解了所有的矛盾，一个羊泉村得救了，忠于国王的村民的生命也得救了。

《羊泉村》还有一条值得称道的副线，就是和劳伦霞和福隆多索之间的爱情。劳伦霞虽然年轻，但她有自己的想法：当门戈问她什么是爱时，她回答说："是对美的追求"，并问为什么爱会追求这种美。劳伦霞说："去享受美景。"劳伦霞的观点反映了作者的观点，也反映了文艺复兴时期人文主义美学的思想内涵。

《哥本哈根》鉴读

王兰兰　19编剧学理论MA

　　《哥本哈根》是英国剧作家弗莱恩写作的两幕话剧，全剧包括玻尔、海森堡、玻尔的妻子玛格瑞特三个人物，而这三个人物都是已经逝世的人的"灵魂"。全剧没有什么剧情，只是三个人关于1941年哥本哈根会见之谜的对话，他们不断叙述着，探讨这次会见的"真实"情况，然后推翻，最终的结果仍是不确定的。《哥本哈根》的灾难体现在科学家与政治之间的联系。

　　我们回溯一下《哥本哈根》的创作背景，剧中的三个人物，一个是丹麦大学学者，对20世纪物理学有着深远影响的哥本哈根学派的创始人尼尔斯·玻尔，一个是他的妻子玛格丽特·玻尔，而另一个则是他的学生，德国物理学家，量子力学主要创始人，哥本哈根学派代表人物的沃尔纳·海森堡。海森堡以"不确定原理"闻名于世，是德国二战期间核研究的领导者，而玻尔在1943年，为了避免希特勒迫害，被任命为英国的顾问，与查德威克等一批英国原子物理学家，一起去了美国，参与制造原子弹的"曼哈顿计划"。这两位伟大的科学家，在二战期间，都曾参与推动了原子弹的研制工作。

　　时间回到1941年9月底，当时第二次世界大战正在激烈地进行中，丹麦早已被纳粹德国占领，但玻尔此时尚在首都哥本哈根。还未因战争逃离丹麦，海森堡应邀到哥本哈根的"德国文化研究所"发表演讲，玻尔并未出席，海森堡在演讲上公开叫阵玻尔，玻尔听说后，请他到自己的研究所来。海森堡来后，在餐桌上说了一些很不恰当的话，并公开宣称德国必将全世界获胜。海森堡希望和玻尔单独会面，两人进行了一次只有 10 分钟的秘密会谈后不欢而散。而对于当时分属两大敌对阵营的科学家而言，这次会谈的重要性不言而喻，这次会谈的内容对于原子弹的研制与是否将原子弹投入战争，以及会谈所产生的后果都有着深远影响。然而会谈并未留下任何白纸黑字的记录。且会谈后，海森堡和玻尔两人对所谈的内容都讳莫如深，唯一可以肯定的是玻尔事后十分生气，两人之间真挚的友谊从那时起也永远结束了。

回到话剧《哥本哈根》，作者将剧中的人物设定为已经逝世的灵魂，既是已经死去，生前的是非恩怨就早已随着生命的逝去而烟消云散。于是，剧作家让他们重新回到当年那次见面，重现当年见面时曾发生了什么，分别对海森堡的来访提出了三种可能性，其一是作为间谍来访的海森堡，其二则是作为说客来访的海森堡，其三则是不带任何目的，仅仅只是一位在战争中守卫科学家良知的海森堡。他们谈论着所有的可能性，在哥本哈根 9 月那个雨夜，在玻尔家里的 10 分钟里，究竟发生了什么？而这其中，还掺杂着在挪威滑雪场的比赛，纳粹德国的核反应堆情况，以及同盟国正在研制的原子弹的情况。他们也谈论量子、粒子、铀裂变、测不准原理，谈论贝多芬和巴赫的钢琴曲。当然，他们还谈论了战争时期，公民爱国的权利。他们谈论了许许多多的事情，却始终围绕着谜一样的哥本哈根见面。倾尽了所有的可能性，结果却不确定。

《哥本哈根》由于背景的独特性，展示了两位科学家在战争期间，因为政治立场不同，最终做出的选择不一致，导致了不同的结果。海森堡曾是玻尔的学生，两人情谊深厚，不论是生活中，还是科研中，亦师亦友，遇见对方，认识对方，乃是人生一大幸事。而随着战争的爆发，一个身处侵略国，一个身处被侵略国，双方立场发生翻天覆地的变化，更要命的是，海森堡还参与了德国的原子弹研制工作。作为海森堡的老师，玻尔了解海森堡的能力，若是他一旦帮助纳粹德国制造出原子弹，那么受难不仅是他的祖国丹麦，很有可能是全世界。而作为玻尔的学生，海森堡同样了解自己老师的能力，他同样害怕玻尔帮助同盟国先于德国制造出原子弹，那么他的祖国将陷于灾难之中。二人别无选择，海森堡只能尽力帮自己的祖国，虽然它是不道义的一方，而玻尔后来被迫出走哥本哈根后，也不得不参与"曼哈顿计划"，和爱因斯坦一样，以科学顾问的身份积极推动了原子弹的研制工作。而 1941 年那次会面后，两人关系决裂，再也回不到从前，对于双方来说，都是极其深重的灾难，而那次会面的内容仿佛已经不再那么重要：

波　我们尚在寻觅之中，我们的生命便结束了。

海　我们还未能看清我们是谁，我们是什么，我们便去了，躺入了尘土。

波　湮没在我们扬起的尘土之中。

玛　那时会迟早到来，当我们所有的孩子化为尘土，我们所有孩子的孩子。

波　那时，不再需要抉择，无论大小。也不再有测不准原理，因为那时已不再有知识。

玛　当所有的眼睛都合上，甚至所有的鬼魂都离去，我们亲爱的世界还会剩下什么？我们那已毁灭的，耻辱的而又亲爱的世界？

海　但就在那时，就在最为珍贵的那时，它还在。费拉德公园的树林，加默廷根，比伯拉克和曼明根。我们的孩子，我们孩子的孩子。一切得以幸免，非常可能，正是由于哥本哈根那短暂的片刻，那永远无法定位及定义的事件，那万物的本质上不确定性的终极内核。①

---

①　弗莱恩：《哥本哈根》，胡开奇译，《戏剧艺术》2002 年第 5 期。

若是没有战争的发生，没有想要将原子弹用作战争武器的设想，那么这两位科学家可能还会为科学的进步做出更大的贡献。可是没有如果，当科学家在战争期间沦为政治的工具，那么科学家自身的灾难也就在所难免了。然而，事实是战争已经发生了，灾难不可避免，但尘世的一切是非恩怨都会随着生命的终结而化作灰尘，不论是幸事，或是祸事，都将远去。

《骑马下海的人》鉴读

童琳然　21编剧学理论MA

　　《骑马下海的人》是爱尔兰剧作家约翰·密林顿·辛格的独幕剧。作品讲述了在已经失去了六个男丁的爱尔兰海岛家庭中，老妇人毛里亚无法阻拦小儿子巴特里即将出海卖马的步伐，在为儿子送面包的路上看到了失踪的儿子米海尔的身影。归家后，两个儿子的死讯接连传来。大海夺走了毛里亚的最后一个儿子，她以静止的哀痛作为对大海的答复。海难是《骑马下海的人》中的特殊戏核。剧中灾难自大海而来，虽然"海"未曾正面出现，但显现出不可违抗的威慑力。剧作者通过海难派生出环环相扣的悬念来推动情节发展，又以海难为中心构建全剧的核心冲突，并在冲突的结果中揭示出爱尔兰渔民家庭的悲剧性命运，使得全剧呈现出人与自然环境、命运斗争的古希腊式悲剧美感。

一、贯穿全剧的命运灾难

　　剧情伊始，牧师给这个海岛家庭送来遗物，让整个家笼罩在死亡的阴霾之下，而后剧中悬念主要围绕着米海尔和巴特里的生死：一边，伽特林和诺那两姐妹瞒着母亲毛里亚辨认米海尔的遗物，为米海尔之死造疑；另一边，毛里亚为即将出海的巴特里送面包，却看到米海尔的身影出现在灰色马驹之上，虚实场面的融合延宕悬念，将剧情推向了高潮。约翰·辛格笔下的渔网、油布、纺车等物件勾勒出海岛家庭的原生模样，呈现出现实主义的场景特征，但海难在其中延伸出"非自然"场面，以"幻觉"或是"鬼魂"的出现，为剧作增添空灵的哀情。在观众知晓米海尔已故但毛里亚蒙在鼓里的情况之下，神秘因素的出现似是"海"给予毛里亚的预告，在母亲见到儿子"最后一面"的同时，失去亲人的哀痛如钟鸣回荡在海岸，在对话与回忆中不断延续。海难从当下追溯到过往，勾连了毛里亚回忆中丈夫、公公和四个儿子葬身鱼腹的悲惨前史，并在妇人的敲门声通达将来，使观众和剧中人都已有预感的悬念被彻底揭开。

全剧冲突以海难为核心展开，在叙事时间里表现为毛里亚和巴特里关于是否下海的意志冲突，在故事时间里实则是毛里亚为了亲人的生命同海抗争。毛里亚挽留巴特里是出于她对大海的了解，她遭受海难一次次夺走身边人的性命，深知人在海面前渺小无力。可小儿子巴特里是家中的唯一男丁，担负着支撑家庭的责任，他急需通过出海卖马来贴补家用，因而面对母亲的唠叨，只留下漠然离去的背影。母子都以自己的方式试图维护这个家庭的安定，他们的行动受环境所迫，在各自的生存准则中不得不然。合理意志之间的互相拉扯充满戏剧张力，将关注焦点凝聚在巴特里出海后的命运走向。隐于其下的是毛里亚和"海"对亲人的争夺，从毛里亚回忆中的前史开始，她在大海面前节节败退，持续到巴特里的死讯传来方才告终，却又孕育出毛利亚心灵世界的冲突。毛里亚梦呓般的独白中透露出心如槁木的平静，无可奈何的心绪转为被动接受的坚韧姿态。

二、悲剧人物的生存启示

《骑马下海的人》中的灾难是大海带给毛里亚一家的悲剧性命运。

"海"不仅是文本中自然层面的灾难来源，结合剧作者身处爱尔兰文艺复兴运动的创作背景，"海"还有着社会层面的隐喻。《骑马下海的人》中的爱尔兰西部海岛，其原型为爱尔兰西部的阿伦岛。这片土地"在民族主义的文化想象里被构建为被英国入侵中断了的爱尔兰本土文化的最后净土和实现未来民族重生理想的文化保留地。"①作品中所呈现的大海吞噬了毛里亚一家的所有男丁，连能为毛里亚送终的最后一个小儿子也不留下，其残酷形象一如资本主义社会的工业化浪潮覆过传统岛屿，无情倾轧岛民的原生生活。

纵然宿命由"海"主宰，仍有人在命运的捉弄之下奋力挣扎。剧中男性皆以模糊的形象出现：逝去的三代爷孙、出现在幻象里的米海尔，以及执意离家出海的巴特里。他们遵循着宿命的轨迹，只剩记忆与哀痛留给家庭。相反，剧中女性形象有着鲜明的性格特征。有主见又善解人意的姐姐伽特林、体贴善良的妹妹诺那、面对命运展现顽强意志力的母亲毛里亚，她们是家庭的真正支柱。全剧的人物光彩主要集中在母亲毛里亚身上，尤其汇聚在她得知巴特里死讯的静止瞬间。在剧的前半部分，毛里亚絮叨的言语中充斥着对世道的不满，她不避讳谈及死亡，却仍对小儿子的命运抱有侥幸，故而不惜口舌要将巴特里留在自己身边。但当达摩克利斯之剑落下，毛里亚再一次遭受绝望的冲击，她的反抗化为听天由命。没有哀号与咒骂。毛里亚说出，"谁也不会永远活着的，我们也不埋怨什么了"，她剪开了无情命运的莫比乌斯环。她对亲人的爱意与哀思不再需要恸哭来表达，静止的叹惋体现了她继续生活下去的勇气，是她对于人生和宿命的独特态度，也是其最后的体面。神灵亦无法从大海手中挽回亲人的生命，毛里亚转而祈愿所有人的灵魂得到安宁。在毛里亚与灾难不断斗争的最后，她已然自觉放弃了对神明的信

---

① 陈丽：《约翰·辛格与爱尔兰西部》，《外国文学评论》2013 年第 3 期。

仰，转而顺从于自然的安排。破碎的情感、精神在信仰的坍塌中重建，显现出坚韧不摧的生命力。

约翰·辛格笔下的灾难是一种非理性、不可抗因素，它的车轮碾过生命，向着死亡奔腾而去。主人公对于死亡的感知在灾厄的一遍遍降临中被放大，被动接受是她最终需要抵达的终点。静止的哀恸凌驾于死亡之上，是对人类共同命运的坦然，让毛里亚成为古典悲剧式"英雄"。《骑马下海的人》让我们领悟"静止"的力量，在"静止"中展现恒远的悲剧之美。

《哗变》鉴读

季 鋆   20 戏剧影视编剧 MFA

1951 年，美国作家赫尔曼·沃克根据自己在第二次世界大战中的亲身经历创作小说《凯恩号哗变记》（又译作《凯恩兵变》）。作者取材真实事件，生动描述了发生在暴风雨来临时，美国凯恩号驱逐舰上全体船员对船长魁格发动的一次夺权哗变。该书于第二年获得普利策大奖，不久后又被改编成了影视作品。

戏剧版《哗变》由作者赫尔曼·沃克根据小说亲自改编而成，用写实主义技法，着重塑造了军事法庭对凯恩号战舰哗变的审判过程，上演后在纽约百老汇乃至整个欧美引起轰动。

值得注意的是，《哗变》中涉及两种灾难，一是风暴，二是第二次世界大战。这两种灾难对整体的文本的构建起到了牵引情节、激化冲突和塑造人物的作用，更是在全剧结尾处再次点题，反思战争如何使人性扭曲，传递出作者深重的人文主义情怀。

一、两种灾难牵引情节

本剧共提及两种灾难，并贯穿故事始末。

其一，是自然灾害，指的是凯恩号遭遇的风暴，而这一自然灾害在现实生活中是有原型的，即被称为"哈尔西台凤"的"眼镜蛇"台风。

1944 年 12 月，这股台风在马里亚纳群岛以东洋面上生成，并迅速向位于吕宋岛以东 300 多海里的美国海军靠近，当时的风速甚至达到了 12 级，重创 12 艘军舰，186 架舰载机损失，引发数场大火，共 790 人丧生，造成严重的灾难性后果。美国太平洋舰队司令尼米兹后来回忆："这场风暴对第 3 舰队造成的损失，不亚于任何一场战役。"

在剧本对白中，描述这场风暴的形容是：事先没有任何预警的灾难，台风从东向西移动，而当时凯恩号正处在台风移动的方向上。风力达到 10 至 12 级，海面掀起巨浪，风力不断升级，情况万分紧急。而当时舰长魁格和副舰长玛瑞克作出了方向完全不同的指挥，玛瑞克凭借着对魁格精神状况素来已久的观察，加上更丰富的航海经验，作出了哗变行为。剧情也由此牵引铺陈。

其二，是人为灾难，即战争。作者选取了军事法庭审判这一视角，来展现战争之残酷：除了在战争中你死我活的极端情境，还有战争结束后因违反军令的审判，若诸如临阵脱逃罪或哗变罪的罪名成立，处以极刑也并不是什么罕见之事。

军事法庭上，凯恩号舰长魁格提起诉讼，控告副舰长玛瑞克犯夺权哗变罪，若这一指控成立，哗变犯将被处以极刑。玛瑞克的辩护律师格林渥主张独裁者魁格具有类偏狂型人格，在凯恩号遭遇台风风暴这一万分紧急的情形中无法正常指挥作战，因此玛瑞克夺权是正当合理的。在庭审时，格林渥凭着机智精湛的辩护技巧，一步一步引导着庭审，使得双方证人都为其所用，而原告魁格也仿佛成了在战时有临阵脱逃嫌疑的被告，最后法庭宣判玛瑞克无罪。然而，在最后的庆功宴上，格林渥却没有因为获胜而喜悦，相反，他终于吐露出自己的纠结、不满、无奈和愤怒。格林渥为玛瑞克脱罪是律师之天职，但作为犹太人，格林渥深知，在二战中真正保护他们的是魁格这样的人。真正的罪人并非魁格，而是庆功宴上举杯痛饮的众人。

二、两种灾难与戏剧冲突

赫尔曼·沃克笔墨严谨，紧扣庭审中原告被告对立的、"你死我活"的这一规定情境，围绕风暴及战争爆发时的情况，提出问题：舰长魁格有没有临阵脱逃？是否有"类偏狂型人格"？玛瑞克的哗变是否正当？

不管是玛瑞克哗变罪，还是魁格临阵脱逃罪，都是十分严重的指控，事关对抗双方的胜负、荣誉、生命，还有军人最重视的尊严，双方必不可能让步，因此对撞出核心人物及对抗人物最激烈的矛盾冲突。

从这场哗变以及引发的军事裁判背后的隐情来看，风暴和战争对于舰长魁格和其他人的人物关系的构建同样不可或缺。舰长魁格和其他人除了年龄上的隔阂，更多的嫌隙来自不同的人生经历和性格习惯。诚然，魁格行事独断，固执己见，在行军细节上有"大炮打蚊子"之嫌，使得和下属的关系越行越远，然而，更重要的因素来自战争这一大气候，老舰长不允许下官抗上，而接受了所谓自由主义影响的年轻士兵也不可能不扳倒、不仇视这位"失去人心"的长官。可见，战争所毁灭的不仅仅是生命，还有准则、荣誉，甚至信仰。

此外，人物内心冲突，也在自然灾害和人为灾难中得到体现。既是律师、又是军人的格林渥处于纠葛之中，作者通过他的手负伤这一外在表征隐喻了格林渥的无奈和被束缚。他在律师的天职所在和个人的良心谴责中徘徊。诚然，魁格是有着自身的性格缺陷，但要证明被告无罪，就必须摧毁魁格的荣誉，并为玛瑞克树立一个"带领凯恩号冲出风暴凯旋"的英雄形象。

新英雄的树立要以践踏老英雄的历史和荣耀为垫脚石。这是否就是炮制英雄的犯法？这是否就是战争使人性扭曲的侧写？

作者通过格林渥的反思，传达出振聋发聩的质问，更绝的一笔是，作者在格林渥的人物设置中，设立犹太人身份以及格林渥对母亲的一段独白，增强了格林渥同魁格的人物张力。

因为格林渥深知，这位在美国海军正规军服役 14 年的英雄在某种意义上就是自己的救命恩人，而不仅眼睁睁地，甚至更是要亲手把这位英雄、恩人和功臣曾经的荣耀给葬送，格林渥是处于极端痛苦的情绪中的，同时，这也是对战争后人性异化作出的最有力的批判和反思。

三、两种灾难视角下对人物的塑造

从作者设置的悬念线索来看，在庭审尚未开始，就已通过格林渥对玛瑞克较为冷漠消极的态度埋下了伏笔，格林渥似乎并不想为玛瑞克辩护，为其脱罪，但职责所在，他不得不做。有趣的是，这一看似只是在情节设置处的伏笔，其实也为作者对这场战争及相关军队的厌恶和反思埋下了伏笔。作者通过玛瑞克和格林渥之口，说："海军是由天才设计，交给蠢材去执行的一项宏伟规划。"虽然字面上，是对美国海军的调侃，事实上，作者想说的或许是：用以维系和平稳定的武器，是人类天才般的设计，但由此催生出的侵略战争和非正义战争，是人类创造出的最愚蠢的灾难。

在庭审的早期阶段，通过吉弗等人的证词表明：魁格舰长是被诬陷的、是被别有用心地栽赃的；而玛瑞克发动哗变、解除舰长职务是违反规定的，甚至可能是一场处心积虑的阴谋，若罪名成立将处以极刑。

但随着情节推进，新的证人和证词出现，再加上格林渥技巧娴熟的辩论才华，剧情发生了突变和反转。舰长魁格情到激动处，会加快语速，情绪渐渐失控，不断长篇大论，更会情不自禁掏出两个小球施压。这无疑在佐证玛瑞克对他具有"类偏狂型人格"，在极端灾难前无法指挥军队的指控。

在格林渥的辩护下，玛瑞克被判无罪。但在玛瑞克的庆功宴上，格林渥说出了全部真相，庆功宴上众人口中斤斤计较、刚愎自用的舰长其实是一位英雄，是他反抗了德国纳粹，保护了格林渥母亲这样的犹太人，免于被屠杀，真正该受到良心谴责的反而是眼前诸位，是躲在和平背后搬弄是非的诸位。

至此，两种灾难在一波三折的故事变化中，几名角色的纠结、矛盾、选择、情绪等等都跃然纸上，主要人物——特别是主人公格林渥——得到了完整立体的塑造。

同样地，其他次要人物也如牵引般展现出来：暴风时被吓得不轻的、学历不高，承担了一定喜剧效果的胆小信号兵厄本；反被格林渥用激将法激得失控的、自诩精神稳定的精神科军医伯德大夫；把战争看成一笔生意账的、两面三刀的、精致利己主义者吉弗上尉等；都有着优秀的呈现。

四、同余上沅《兵变》的联想与启示

1923 年，剧作家余上沅创作了独幕剧《兵变》。兵变，即为哗变。可以说，两部作品聚焦处有相似之处，但中西方的剧作家却为我们展开了全然不同的视角。《兵变》描述了一对受封建礼教束缚的情侣，巧用兵变传言，为自己赢得自由的故事，对军阀混乱带来的人间疾苦和旧社会封建礼教的迂腐给予了深刻的揭露。相较于《哗变》，余上沅的作品侧重喜剧，视角更小，对战争之反思，落脚于战争同普通民众的关系。

《哗变》则明显带有悲怆色彩，最后格林渥严肃地赴庆功宴，并将奶油擦在吉弗脸上，对精致的利己主义者宣称这是永远也擦不掉的耻辱，然后，大呼一声："东京再见吧，你这个哗变犯！"更像是一种果决又无奈的反抗，深刻传达出作者对美国海军在二战胜利后，时代变革的割裂、人文语境的矛盾和对战争与人性的反思。

《熙德》鉴读

王安童　21戏剧影视编剧MFA

高乃依是17世纪法国古典主义悲剧的代表作家，他对于悲剧创作和理论的贡献，使他被称为法国古典主义戏剧的奠基人，也使他成为世界戏剧和文学史上的优秀剧作家。其中，《熙德》被人们誉为是法国古典主义悲剧创作的巅峰之作，作品以人性的灾难和国家的灾难作为贯穿全剧的线索，突出了爱情基于荣誉、荣于尊严这一主题，并深入人物内心冲突，塑造了两个围绕理性与情感、理智与义务展开不断冲突和斗争的两位主人公——唐·罗德里格和施曼娜。两人也在不断地直面人生、历经磨难后，拥有了爱情，取得理智上的胜利。

一、灾难与剧作构思

高乃依是从国家灾难和人性灾难的基础上，对于《熙德》进行创作构思的。《熙德》诞生于法国君主专制政体的确立时期，古典主义是封建社会向资本社会过渡时期的产物，其中充斥着封建贵族、独裁君主、资产阶层间的血与火的纷争。因此从剧作初始构思而言，《熙德》起源于一场阶级纷争与国家灾难。

由于法国文艺检查制度所带来的限制，高乃依倾向于溯源历史题材或从英雄人物、经典作品中寻求创作的灵感，《熙德》的故事情节取材于西班牙剧作家吉伦·卡斯特罗的剧本《熙德的青年时代》，而人物原型熙德是西班牙著名的民族英雄，原名罗德里高·迪亚兹·德·维瓦尔（1043—1099），年少时曾为卡斯蒂利亚的阿方索六世的陪臣，其间被流放，后在西班牙与摩尔人的战场中屡立战功，被拥护为护国公及巴伦西亚的统治者。从取材而言，《熙德》的故事原型和人物原型都是在战乱中经过血与火的考验，成为英雄人物的，这构成了《熙德》的人物基础和故事基础。

另外，在战火中王权相对于分裂叛乱的贵族而言是秩序，是稳定的守卫者，而对于正在呈上升之势的资产阶层而言，王权是可攀附者，是强势一方。因此战乱中的法国，无论是文艺作品或是理论思想上，整体呈现出文艺专制和君主专制的倾向，具体表达为理智和情感、意志与义务、国家与个人之见的对抗和选择。在这种对抗和选择中，形成了构建剧本人物性格发展和情感历程的矛盾和冲突，造成了一种人性的灾难。

二、灾难与剧作叙事

在剧作叙事上，灾难从"情""理"的对抗、国家与个人荣誉的对抗两个方面构成了整体的叙事逻辑，并由灾难作为基础，向内生发情节。

《熙德》的主要故事情节为：主人公唐·罗德里格是西班牙卡斯蒂利亚开国国王的老臣唐·狄哀格之子，与自高其功的唐·高迈斯之女施曼娜有恋爱关系。狄哀格被国王任命为太子师傅，高迈斯在嫉妒与愤怒中和狄哀格发生冲突，并打了他一耳光。狄哀格要求儿子罗德里格为其报仇，守护荣誉。罗德里格因复仇一事被架在天平两端，一面是爱情，一面是义务。矛盾中，罗德里格选择抛弃爱情，承担责任并为父报仇，在决斗中杀死了施曼娜的父亲高迈斯。而施曼娜也因罗德里格的选择，放弃爱情，选择作为子女的义务，要求国王严惩杀人凶手。矛盾激化之时，外族摩尔人入侵卡斯蒂利亚王国，罗德里格率众击败敌军，大获全胜，被外族摩尔人尊称为"熙德"，即"大人""君王"之意。罗德里格凯旋，国王预备既往不咎，但施曼娜由于私情，仍不断向国王表意要惩办凶手，杀死罗德里格。国家的荣誉和个人的仇恨间再次形成矛盾与冲突，在国王的劝诫和罗德里格的诚意下，施曼娜最终放弃了为父报仇，惩戒罗德里格，在国王的安排下与罗德里格相爱，有情人终成眷属。

就叙事而言，全剧的冲突都紧紧围绕着"荣誉与爱情"这一主题发生。前半部分主要由狄哀格和高迈斯的政治冲突引发，从而带来双方情感上的对抗，这种对抗波聚到施曼娜和罗德里格的身上，形成了第一种灾难——人性的灾难。罗德里格必须在父亲的荣誉和爱人的义务中做出选择，相应地，在复仇之后，施曼娜也需要在恋情的欢愉和亲情的离散中做出对于罗德里格的宣判，这直接为他们的爱情带来了急转直下的结局。后半部分，冲突仍以"荣誉与爱情"作为核心，但通过外族摩尔人入侵这一外来事件，冲破了双方对抗均衡的局面。罗德里格获得战功并受到拥戴，荣誉和地位呈上升之势，与此同时，施曼娜因父仇要求杀死护国的罗德里格这一行为失去了其合理地位，是为一人之私杀死护国的功臣，还是因为国家的荣誉放下个人的悲伤？国家灾难的发生，直接使得二人的地位发生逆转，从而先前合理的惩戒也变得不再顺理成章。在国王的劝诫下，施曼娜最终放弃了个人利益的争取，而是服从于理智和作为臣民的义务，她的屈从也带来了爱情的新转机，二人在国王的安排下，抛去前尘往事，有情人终成眷属。

三、灾难与人物塑造

在人性的灾难中，施曼娜和罗德里格都表现出了超乎寻常的矛盾和坚定，矛盾在于他们会为爱情和荣誉间的选择纠结和徘徊，坚定在于他们都理智且清醒地看到了自己的唯一选择——理性与义务。而在国家的灾难即战乱中，罗德里格身上所体现的是一种古老的骑士精神，它包括谦卑、荣誉、牺牲、英勇、怜悯、诚实、公正、灵魂这八个方面，这既是由熙德这一历史英雄人物形象所带来的，也是由混乱中的王权，在战争中坚守并走向胜利所带来的。大战后，外族摩尔人将罗德里格称为熙德，并在熙德归来后赋予他最高的荣誉和表彰，也是对他骑士精神以及忠勇精神的赞扬与褒奖。

《熙德》是法国悲剧创作史上的开山之作，它以理性与情感的冲突、荣誉与爱情的冲突作为主线，深入人物的内心矛盾和情感状态，刻画出了刚强果敢的罗德里克和高尚执着的施曼娜。剧作所体现出的个人意志服从国家主权，情感私心让位于理智理性，实则也是动荡混乱的社会中对美好和理想的一种寄托，是高乃依以饱含理性光辉的悲剧作品，向战争和混乱发出的振聋发聩的呼声。

命运是最原始的灾难

——浅评古典主义悲剧《昂朵马格》

郭　静　20 编剧学理论 MA

拉辛以悲剧《昂朵马格》奠定了古典主义悲剧诗人的领军地位，五幕诗剧《昂朵马格》也被认为是第一部标准的法国古典主义悲剧，并在上演后轰动整个巴黎。《昂朵马格》取材于古希腊神话，大背景是特洛伊战争，古希腊悲剧诗人欧里庇得斯的悲剧《希波吕托斯》也取材于同一故事。然而，拉辛与欧里庇得斯不同，欧里庇得斯的悲剧有神的存在并促成悲剧的发生，并且神的不义之举和荒唐情绪主导着悲剧情节的走向，而拉辛身处古典主义时期，早已没有神的观念存在，而是倾向于把神转化为不可知的命运，在剧本中随处可见的"上天"和"命运"字眼无疑表现出拉辛强烈的宿命论观点，而这种宿命论并不向中国古典戏曲那般指向阴差阳错的大团圆结局，而是像瘟疫蔓延般引发一系列悲剧事件并导向悲剧性结局。当命运之不可抗，那么灾难的发生便是一种原罪，《昂朵马格》的灾难与情欲相连，爱而不得指向命运的纠缠，情之所困本就是人生而扭曲的意志。

一、命运与情欲的意志交融

17 世纪的法国，资产阶级与封建王朝暂时妥协，资产阶级便利用王权进行反封建斗争，笛卡儿的唯理主义哲学观念受到推崇，理性和有序成为既定规则，在一定意义上确实促成了稳定和繁荣。所以在当时的社会背景下，崇尚理性战胜情感，并且要求个人欲望服从国家利益的思想精神统领着古典主义戏剧的创作。虽然《昂朵马格》被定为一部古典主义悲剧作品，但是拉辛显然不是以理性精神结构整部剧作，而是用情欲的宣泄形成不可阻挡的命运之势，引发一系列灾难性事件，形成不可挽回的悲剧性结局。

剧中几乎所有角色都在受情欲的煎熬，并且总是在情欲与理智的对抗中倒向受命运支配的情欲一边。如第一幕第一场奥赖斯特的登场，所爱之人艾妙娜迷恋自己的未婚夫卑吕斯，本来已经心灰意冷的他听说卑吕斯爱上女俘虏昂朵马格后，又重新燃起爱情之火，在理智与情欲的冲突中犹豫痛苦，"谁能知道我来此的命运是什么样的命运？爱情使我来这里找寻一个狠心肠的女子；可是，谁知道命运将要怎样安排我的前途，谁又知道我是来求生还是来求死？"爱情显然已成为一种命运般的存在，"但是命运的安排你会与我同声惊叹，它竟然驱使我投入我所要回避的陷阱……既然经过那么大的努力我的抗拒终归无效，现在我也只好盲目地听从命运的摆布。"奥赖斯特显然意识到命运所设的"陷阱"，但终是任由情欲的发散深入到爱情的漩涡之中，任由命运摆布而不可自拔。卑吕斯同样是受尽情欲的煎熬，他毅然而然地拒绝了奥赖斯特处死所爱之人儿子的要求，为此愿意与整个希腊人为敌。同时，在与昂朵马格的交谈中，作为战争胜利一方的卑吕斯卑躬屈膝地向战败方乞求爱情，"被全希腊人怨恨，受各方的压迫，难道我还要向你的冷酷作战吗？我把我的臂膀献给你，我还能不能希望你再接受一颗崇拜你的心呢？我为你去打仗，能不能允许我不把你算在我的敌人里面呢？"卑吕斯毫无理智地求爱，甚至愿意帮助昂朵马格的儿子复国称王，只为能赢得昂朵马格哪怕一丝丝的爱意，然而事与愿违，昂朵马格站在理智的一方和对丈夫厄克多的忠诚而予以拒绝。卑吕斯因爱而生恨，随即在第二幕中便决定处死昂朵马格的儿子，并迎娶希腊人的公主爱妙娜，想以此来引起昂朵马格的注意和嫉妒。昂朵马格虽然理智，但仍然躲不过身为母亲对儿子的爱，这种爱怜使她愿意暂时委身于卑吕斯来换回儿子的命，卑吕斯惊喜于昂朵马格迟来的爱意，甚至于违背了对艾妙娜的誓言和对希腊人的承诺，这一事件彻底激怒艾妙娜，由爱生恨的愤怒迅速使得剧情急转直下，艾妙娜利用奥赖斯特对自己的爱而让他杀了那负心人——卑吕斯，然后悲剧便不可避免地发生，卑吕斯被刺杀，艾妙娜恍然醒悟殉情而亡，奥赖斯特悔恨不已终至疯癫。

"情欲"在《昂朵马格》中体现为一种命运的使然，所有人都受到它的影响，并做出有违理智的戏剧动作，就算是被认为代表着理性和维护国家利益的昂朵马格也因对已死丈夫深沉的爱和儿子的爱而选择违背所谓的"道义"，虽然只是暂时的，但却因此激发另一位女性疯狂极致的爱，而酿成"苦难"性的结局。

二、人与命运的内在冲突

早在古希腊悲剧中，便以表现人与神进行斗争最终导致难以抗拒的悲剧命运为主要情节，"目的在于引起人们的怜悯和恐惧，并导致这些情感的净化；主人公往往出乎意料地遭到不幸，从而成为悲剧。因而，悲剧的冲突成了人和命运的冲突"[1]，人与命运的永恒冲突自然是来源于现实生活经验的凝练，拉辛的众多作品都取材于古希腊神话，对古希腊的命运观自然熟尔，然而拉辛引入了古希腊的命运这一概念，却有着与之不同的命运观。"古希腊人是通过外部来写命运的，而拉辛是从内部

---

① 亚里士多德：《诗学》，人民文学出版社 2002 年版。

来写激情的命运。"① 如上文所述，情欲与命运是彼此交融的，人与命运的冲突，实际上转化为人与自身欲望的内在冲突，或许把《昂朵马格》称为第一部标准的古典主义戏剧的原因正在于此。情欲是人之天性，按照弗洛伊德的说法，便是"本我"的体现，而"自我"和"超我"随着社会的进步被要求符合法律和规则，并压抑着"本我"的勃发。同时，又因拉辛生活在唯理主义的社会中，经过了文艺复兴"人本主义"的衰落，理性和秩序成为压制一切不安分欲望和社会混乱的枷锁，所以在戏剧创作中，人与命运的内在冲突常常导致灾难的发生和发展，最终归于毁灭的结局。

拉辛看到了社会的进步对人性的压抑，但他不得不承认的是，"公利"的存在是为了调节个人私欲和行为，才能保证整个社会体系的正常运转，所以受激情支配的角色最后都失去理性而堕入命运的深渊。奥赖斯特一上场就坦露与自我理智的冲突，作为出使爱比尔城的使者，他有着重要的使命，便是除去敌国余孽以保全自身国家的安宁，但是显然他是受到爱情的驱使才前去出使，而国家利益不过是一个聊以慰藉自身的借口罢了，在艾妙娜让他杀了卑吕斯，此刻人物的内心冲突达到极致，然而激情战胜了理智，反噬到人本身，奥赖斯特的结局可悲又可叹。卑吕斯又何尝不是与自己理应承担的国家重任和社会责任作斗争？作为一国之君，国家利益和个人私欲的冲突集中表现在他身上，他在经过内心斗争以后，选择为昂朵马格献上一颗真心，而罔顾公利和誓言，最终难逃命运的掌掴。不得不提的是，昂朵马格被认为是没有违背"公利"的角色，但深入剧情来看，她的假意委身本就是带有欺骗性质的行为，只是拉辛给了她一个不可不为的理由——对丈夫的忠贞和对儿子的爱，同样也隶属于情欲的一种，同时，由于她答应卑吕斯的求爱而使得整部剧

---

① 郑克鲁：《古典主义悲剧思想艺术的新高度——拉辛悲剧论》，《上海师范大学学报》2000 年第 8 期。

发生"突转"，本来有望获得爱情的奥赖斯特突然陷入失去爱人的危机，本来渴望嫁给深爱之人的艾妙娜突然被辜负而因爱生恨失去理智，本来获得赫赫战功理应受到推崇的英雄成为全希腊人愤恨的对象，本来连年的战争得以平息、即将迎来和平之时，却因此而掀起新一轮的复仇复国之战，所有的一切似乎都因昂朵马格的抉择而陷入灾难性境地。唯一不同的是，昂朵马格始终是清醒的，时刻压制着个人的私欲，因为在剧中她始终是拒绝卑吕斯的，并且已做好自杀的准备以"殉义"。拉辛在昂朵马格身上最为集中地表现出私利的危害，由她生发出的一系列灾难是人与命运抗争而最终失败的例证，而这种冲突实际上又是特定时代两种价值的冲突——道德和人性。

"情欲，在剧中提出来的目的，就是说明他是一切罪恶和祸乱的根源。"[①] 情欲在《昂朵马格》中是制造一切灾难的根源，而情欲的表现是遮蔽一切的命运之手，私欲战胜理智的后果就像命运般不可逆转，毫无回旋余地地造成灾难性事件的发生，而人在与情欲作斗争的同时，也是社会性力量和与生俱来的人性的冲突，是社会规则形成的道德规范与人之为人的私欲两种价值的冲突，虽然拉辛肯定了前者，但仍能在《昂朵马格》中窥见两种冲突带来的深刻痛苦和人生体验。

---

① 威尔·杜兰：《世界文明史·路易十四时代》，东方出版社 1999 年版。

灾难戏剧赏析

——《埃格蒙特》

王安童　21 戏剧影视编剧 MFA

约翰·沃尔夫冈·冯·歌德是德国魏玛的古典主义代表作家，他的创作历程大致可以分为两个阶段，第一个阶段是歌德受公爵卡尔·奥古斯特的邀请来到魏玛，此段期间他写下了诸多作品，如一举成名的《少年维特之烦恼》，以及反封建专制精神强烈的《普罗米修斯》等；第二个阶段则是席勒去世后的古典主义人性理想时期。① 长时间的优秀作品创作也使歌德在世界剧坛上留下了璀璨的印迹。他的作品，不仅体现着德国狂飙突进运动时期的力量与激情，不断为抨击陈旧封建思想、宣扬民主意识作出卓越贡献，其蕴含的灾难意识和人性在灾难中的反抗与斗争精神也是相当显著的，这一特性在作品《埃格蒙特》中得到彰显。

《埃格蒙特》以 16 世纪荷兰民族英雄埃格蒙特反抗西班牙统治的事迹为材料，讲述了一个英雄在战争后逐渐被人性蚕食，在狱中被百姓离弃、被敌人针对，最后死亡的故事。从叙事角度而言，战争成就了埃格蒙特的身份、地位、尊严和所受到的百姓的拥戴，他是尼德兰反对西班牙政策的早期领导人，并在成为伯爵后，多次带领军队挫败法国敌军，战场上他拥有杀伐果断的勇气和决心，而在面对统治他的国王和残

---

① 王静：《歌德魏玛前十年戏剧的主题分析——论歌德古典主义精神的建构与呈现》，《戏剧艺术》2014 年第 2 期。

暴的新任管理者时，他却重新拾回了对局势错判的信心，以及对死亡的恐惧。

　　灾难在剧作中主要体现为三个层面。第一层面，是国家之间的侵略和防守战争，在这场国家的灾难中，埃格蒙特带领尼德兰对抗法国并获得了胜利。战争上的常胜也使得百姓对于这位伯爵有着足够的信任和喜爱，百姓向往和平，并极度厌恶一切带走他们自由和快活的人事物。第二层面，是由于宗教对抗和宗教裁判所产生的暴力行为和尼德兰当地人民的反抗行为，宗教教义的冲突与尼德兰人民所信奉的自由、特权彼此违背，造成了教堂的流血、抢劫和杀人事件，这将女摄政在本地的统治不力推向了巅峰。当安抚体恤的政策无法统治人民时，国王便派出了以残酷和暴力作为手段的阿尔瓦伯爵，进一步加深这个地区的人民百姓的灾难。灾难的第三层面的体现，即是在阿尔瓦爵士来尼德兰治理之后，严苛的条令使得本地人人人自危，而面对生命和自由的消逝，百姓是无法继续为埃格蒙特奔走和呼喊的。在人性的困境和生存环境的挤压下，在政治政敌的蓄意谋害和策划周全下，埃格蒙特只能在遗憾和无力中离开人世。

　　灾难对于埃格蒙特的人物塑造也起着十分重要的作用，在埃格蒙特性格的逐步展现中，实际上是以三个层面的灾难作为结构，来一步步铺排的。悲剧中的埃格蒙特是个矛盾且自我纠结的人：一方面，旷日持久的侵略战争使埃格蒙特在战场上养成了足够果断和足够理智的习惯，他拥有一个贵族所具有的高贵，上位者的勇敢和机智，以及令人臣服的气场。他的战功显赫也为尼德兰带来了快活、自由自在的生活环境，这是尼德兰人民信服他并拥护他的原因。另一方面，战争所带来的是民生疾苦，民不聊生，带来的是人在极端环境下被激发出来的恶行和本性，而在战场中厮杀过、见过太多生命轻易消逝的埃格蒙特对此会报以极大的慈悲心肠。因此面对暴徒攻占了教堂和修道院，面对在战争中犯下难以被谅解的错误的同胞，埃格蒙特会选择宽恕和体谅，大方地为他人减免过错，并以善良之心看待所有人的行为。这造成了他面对即将到来的阿尔瓦公爵对他的残害和谋杀选择熟视无睹，面对亲信和朋友奥兰宁的劝说视而不见。性格的强悍和软弱，使得他在面临阿尔瓦的暴政时显得束手无策，从而在第三重灾难也就是谋害来到之时手无缚鸡之力，只能上缴佩剑并在牢狱中与敌人之子畅谈心事，最终在郁郁中等待命运的安排。

全剧最大的灾难并非国家间的战争，而是尼德兰独立运动对于埃格蒙特内心秩序的摧毁。在尼德兰与法国的战火消停之后，原以为可以获得一个较为和平和稳定的局面，埃格蒙特和女摄政都希望能通过安抚措施和良性治理来换取片区的安稳繁荣，但残暴的西班牙国王不顾人民和贵族的反对，强硬地派遣阿尔瓦公爵治理尼德兰，从而使得所谓的"除暴委员会"成了"暴力委员会"，整个尼德兰沦为血场。在整个计划实施的过程中，埃格蒙特内心始终存在一种自我矛盾。作为侍臣，他理所应当地需要去完成国王颁布下来的指令，无论是否合理，而作为被统治的臣民本身，他内心十分清楚，这些命令是与人性相对抗的，是与百姓相对抗的。因此在劝诫闹事的民众时，他以国王的权利作为借口，却不提事情的合理性，因为他深知，尼德兰人民的利益和国王的利益并不站在一条战线上。而这种矛盾发展到阿尔瓦的到来时，就达到了顶峰。埃格蒙特与阿尔瓦的政治对抗，正如萦绕在整个尼德兰上空的迷雾一般，一面是黑暗，一面是光明，他们的冲突正是光与夜的较量。只是由于埃格蒙特所具有的妥协、迁就、对异族统治所抱有的幻想，使得他的爱国热情被残暴统治所压迫，只能走向悲剧。

更能体现出灾难中的斗争精神和人文精神的是埃格蒙特的情人——克莱尔茜，这是歌德虚构出来的角色，却浓缩了被压迫环境下一切人性的美好品质。作为平民女子，在面对埃格蒙特这样一位贵族、伯爵、战功赫赫的人时，她倾注了全部的热情和爱意，并且不顾一切地信任他。而当埃格蒙特深受陷害，被全城百姓离弃时，她敢于做第一个出声并呼吁的人，积极地争取一切可以团结的力量帮助埃格蒙特。在她身上可以看到对人民群众的信任和期望，虽然最后她因为无法救出埃格蒙特而绝望自杀，但她仍化作自由女神，为埃格蒙特的死带来了宽恕和加冕，宣告他的死为荷兰带来了真正意义上的救赎。在克莱尔茜的身上，浓缩着战争背景下平民的理智、勇敢、果断，相较于埃格蒙特以身试法的死亡，克莱尔茜更代表着追逐自由的主动献祭，在她的身上，更是浓浓地体现出对不义的殖民统治的鞭笞，以及对于外族侵略的反抗和斗争。在克莱尔茜的身上，自由意志得到了肯定，灾难中依旧能够激发出奋斗的勇气和理智，这是对于希望执着的追逐，也是灾难后人类仍能生生不息的原因。从这种意义上而言，克莱尔茜所散发出来的力量，无疑是相当强大的。

一场让人惊心动魄又心惊胆战的爱情灾难

——灾难戏剧经典作品鉴赏之《阴谋与爱情》

兰　潇　20 戏剧影视编剧 MFA

《阴谋与爱情》是席勒笔下的一部市民悲剧。故事讲述了一场由阴谋引发的灾难。

宰相瓦尔特之子斐迪南爱上了平民乐师米勒之女露伊丝，在一个等级制度森严的封建小公国里，这注定是一出悲剧：青年男女为爱叛逆，必然遭到无情的摧残，妄图以个体情爱冲破阶级牢笼的行为无异于以蚍蜉撼大树。剧本正是在米勒对女儿恋情的强烈反对中开场的。最具有戏剧性的是，这场破坏爱情的阴谋是伴随着政治目的而展开的：公爵想摆脱已经厌倦的情妇弥尔芙特夫人以便另觅新欢，宰相为讨好公爵便计划让自己的儿子斐迪南迎娶弥尔芙特，斐迪南一心只爱露伊丝，于是说服弥尔芙特放弃这桩婚事，可正当这场阴谋行将破产之际，蓄谋独占露伊斯的宰相秘书伍尔牧又生一计：他们凭借权势将米勒夫妇投入监狱，以此逼迫露伊丝给宫廷侍卫长写下假的约会情书，再让这封信件佯装意外落入斐迪南手中。至此，冲突加剧，高潮再起，当爱情露出隙罅，客观矛盾凸显，斐迪南无法面对神圣爱情被亵渎，冲动之下给露伊丝投毒。濒死的露伊丝终于说出事情的真相，斐迪南最终也服毒自杀。

灾难在本剧当中是不可遏制的。这是一场爱情灾难，也是一场社会灾难。引发这场灾难的阴谋不仅关乎爱情，更牵连政治。在这场阴谋的背后，是封建暴君的血腥罪行，是宫廷贵族的丑恶灵魂，也是市民阶级的激烈抗争。因此，恩格斯评价《阴谋与爱情》"是德国第一部有政治倾向的戏剧"，它的上演将狂飙突进运动推向了最后的高潮。

灾难于本剧而言也是不可或缺的。在剧中，灾难既是导火索又是贯穿线，人物动机因灾难而起，人物行动受灾难驱使，人物命运由灾难所致。也正是由于灾难贯穿始终，才推动了剧情的发生、人物的发展、主题的发人深省。

首先，冲突因在灾难中形成而更加尖锐。平民出身的露伊丝与贵族身份的斐迪南两情相悦，因差异而产生的冲突在所难免，他们之间横亘着亲人的阻挠、情敌的阻碍、阶级的阻力。剧中的核心冲突看似是爱情冲突，但其背后深层次的矛盾纠葛错综复杂，有阶级之间的冲突，各阶级内部的冲突，还有人物内心的冲突。

露伊丝代表的是平民阶层。她身上具有进步性：虽然出身卑微但自尊纯洁，面对爱情对象时她忠贞专一，面对上流社会时她不屑一顾，面对贵族势力时她镇定自若。但同时，在她身上又不可避免地暴露出局限性：虽然憧憬自由平等，渴望冲破束缚，但等级意识和门第观念又迫使她不得不对爱情的前景悲观失望。她固囿于封建伦理，固步于阶级身份，在统治阶级的威胁下写下假情书、遵守伪誓言，"对阴险的地狱屈服了"。外部世界的冲突在她内在价值形成中早已盖上封印，与其说露伊丝是被阴谋所害，不如说她是在封建思想设定好的行为规范中自愿入瓮的。是市民阶级的软弱性和动摇性引导露伊丝走向最终的灾难。

斐迪南代表的是统治阶级。他出身贵族但具有反叛革新的精神，他是爱情至上的捍卫者，是贵族阶级的叛逆者，是政治罪恶的揭露者，是新兴思想的倡导者，他坚拒父亲"造孽的家当"，断然逃离可以让自己平步青云的婚姻，他真心爱着"天神似的完善"的平民女孩露伊丝。但长期养尊处优的他却又是根本体会不到平民少女真实的生活现状和心理状态的。他虽可以在父权的打压下勇往直前，却不免在敌人的阴谋中妒火中烧。面对爱情理想的破灭，他立刻表现出自我、极端、残酷的属性，爱而不得就要彻底摧毁。与其说他是被阴谋策划者算计，不如说是他的阶级弱点和革命的不完全性让他堕入了这场阴谋。

这是带有各自旧有属性的新兴市民阶级与新贵族阶级之间的冲突，两个阶级身上都有革命性，也都有局限性，不彻底的反抗性使得他们都无法真正冲破等级的桎梏。

本剧借助尖锐的冲突，有力地揭露了德意志封建贵族腐朽堕落的道德、虚与委蛇的嘴脸、利益交换的勾当和专制独裁的残暴，并借此表达了鲜明而强烈的反封建思想。德国批评家梅林曾在评论《阴谋与爱情》时说，"席勒的这个剧本有超过他的全部先驱者和后继者的一个优点，它达到了一个革命高度，在它以后的市民阶级戏剧永远也不会达到这个高度"。

其次，人物因在灾难中洗礼而更加饱满。除了男女主人公之外，本剧还细致刻画了诸多性格饱满的人物：荒淫残暴的公爵，他可以用本国的七千子弟卖给英王做炮灰换取昂贵的宝石作礼物讨好情妇；卑鄙自私的宰相瓦尔特，他可以为了争权夺利残杀前任官员、为了政治野心牺牲儿子幸福；丑陋庸俗而又愚蠢可爱的侍卫长卡尔勃，阴险恶毒的伍尔穆，自尊而又谨小慎微的市民米勒等。除了这些个性鲜明的男性形象，剧中对女性形象的塑造尤其具有深度和立体感，真实还原了不同阶层女性在面临时代灾难时的生存状况。

以弥尔芙特夫人为例，剧本的初始，这个神秘贵妇是以反面形象出现的。她是骄奢淫逸的公爵情妇，作为上层社会的一分子，她自私虚荣，对市民阶层不屑一顾，为掠夺幸福不择手段；但随着剧情的推进，她因宫廷政变而流亡异国的英格兰公主身份被揭露，作为一个目睹了残暴统治的政治牺牲品，弥尔芙特夫人虽选择用献身公爵的行为抵消罪行换取富贵生活，但她本质上并非完全丧失了善意与同情心，她愿意偷偷用自己的首饰救济穷人，也在内心向往追求着真挚纯洁的爱情，此时夫人的形象开始变得令人同情；直到她爱上了斐迪南，沉睡的爱情复苏，久违的激情复萌，她从虚伪的浮华中惊醒，应激出善良的德性。剧本的结尾，作者为弥尔芙特夫人安排了与公爵告别、与罪恶挥别的结局，这在某种程度上也是时代女性觉醒的象征。在对这个女性形象进行描摹的同时，其悲剧命运背后国家政治的荒淫和统治阶级的腐败也展露无遗。这是夫人的灾难，更是时代女性的灾难，对时代背景的铺垫帮助本剧真实地展现出"这一个"人物性格的硬币两面。同时，在人物弧光的正向转变中，我们也看到了阶级社会破旧立新的希望。

这样一个层次感极强、正反两面兼具的女性，与深受宗教信仰束缚、饱受封建观念影响的露伊丝是形成鲜明对比的。相较而言，露伊丝就显得思想单纯、行为单线，她认为自己和斐迪南的爱情破坏了永恒秩序，因而失去了追求爱情的勇气，轻易地就落入了敌人的阴谋之中。从露伊丝的行动轨迹中我们可以窥见，当时启蒙运动虽在德国进步阶层掀起波澜，但广大的市民阶级仍然被封建制度和宗教思想所制约。在平民女性的认知里，只有等待"出身微贱的皮壳剥落以后"，"人又纯粹是人"的时候，"美好的思想才能取代高贵的门第"。可以这样说，这道"等级差别的篱笆"是深深烙在她们思想意识里的。也正因如此，诸如露伊丝之类的市民阶层女性，在面对诡计多端的敌对力量时是无力的，在面对爱情困局背后的巨大时代灾难时无能的。

在这场押上了名利、荣誉、爱情和生命作为筹码的角斗场中，灾难犹如试金石，无怪乎有人说，弥尔芙特夫人才是本剧中唯一真正追求自由独立的人。

第三，主题因在灾难中升华而更加深刻。《阴谋与爱情》之所以经久不衰，是因为故事所反映的主题既具有特定时空的特殊意义，又具有跨越时空的普世价值。

从特殊性的角度来说，故事中的灾难具有时代性，它是爱情与命运冲撞带来的灾难。故事发生在18世纪的德国社会，当时新旧生产关系正在交替，封建统治阶级在政治上的腐败、生活上的糜烂已经昭然若揭，婚姻只不过是一种利益交换，亲情也不过是一种政治手段，而平民想要拥有"不同流合污的自尊"就必须要牺牲爱情、献祭生命，故事对灾难的呈现振聋发聩，带给我们对社会的质疑批判和对命运的哀叹思考。

从普遍性的角度来看，故事中的灾难又具有跨时代性，它是爱情与性格冲突带来的灾难。剧中的这场阴谋之所以能够得逞，是伍尔牧充分把握住了爱情双方的性格特质。阴谋本身的安排只是勾勒出剧情发展的路径，真正推动故事走向灾难性结果的其实是人物面对阴谋时的反应：露伊丝是封建伦理关系的维护者，她逆来顺受、温驯贤良，在面对父爱和情爱的抉择时，她必然会选择前者，因而只要可以拯救父亲，她愿意做出任何妥协；同时，她又是上帝虔诚的信徒，伍尔牧又借助这一点，逼迫她向上帝起誓不揭穿这一骗局，露伊丝死守对上帝的承诺，直到最终斐迪南给她喝下了毒酒，临死她才吐露真相。而斐迪南对爱情一往无前，伍尔牧洞悉了他爱之深恨之深的冲动特点，把握住了他自负疑心的性格弱点，在同样面对父爱与情爱的抉择时，斐迪南必然做出与露伊丝不同的决定，他义无反顾选择后者，一心冲破等级的鸿沟，抵制父权的威严，认为"父权是一个强大的字眼，但是真正大到尽头的只有爱"。这样执拗激进的他在爱情中像一团火，炽烈燃烧，然而当痴情与自私相伴，深爱与固执相随时，这团火焰便会肆意蔓延，失去控制，在荒诞无知中泛滥成灾。

两人的爱情是被阴谋残害的，是被时代扼杀的，也是被性格毁灭的。用力过猛的爱情本身就是一场灾难，捏碎了别人，也吞噬了自己。

《阴谋与爱情》在跌宕起伏的冲突和张弛有度的节奏中为我们呈现了一出宏大背景下细致入微的爱情灾难，以惊心动魄的美好誓愿开场，却以撕心裂肺的残酷结局收尾，在心惊肉跳的同时带给我们无穷的回味，也为世界灾难戏剧史奉上了一部不可多得的经典。

借"逐巫案"批判"麦卡锡主义"

——浅析阿瑟·米勒剧作《萨勒姆的女巫》的灾难背景

陶倩妮　16 戏剧与影视学博士

美国剧作家阿瑟·米勒被称为"美国的良心""美国的脊梁",他深切关注现实,在他的作品中都体现出极为强烈的社会意识。著名评论家克里斯多夫·毕格斯比曾这般评价阿瑟·米勒——"没有一位作家能像米勒这样如此成功地触动民众意识的神经";阿瑟·米勒本人亦坚信戏剧应是"反映社会的晴雨表"①。

阿瑟·米勒于 1953 年创作的代表作《萨勒姆的女巫》(The Crucible),故事讲述了 1692 年在美国一个叫萨勒姆的小镇上真实发生过的惨绝人寰的"逐巫案"。实际上,作者是借此影射 20 世纪 50 年代在美国大行其道的"麦卡锡主义"的极权政治灾难。

"麦卡锡主义"(McCarthyism)意指由美国参议员约瑟夫·麦卡锡(Joseph Raymond Mc-Carthy)所发动的美国全国性反共"十字军运动"。麦卡锡任职参议员期间,大肆渲染共产党侵入政府和舆论界,促使成立"非美调查委员会"(House Committee on Un-American Activities);麦卡锡主义者则恶意诽谤、肆意迫害共产党和民主进步人士乃至与其意见相左的人士。阿瑟·米勒的《萨勒姆的女巫》一剧完成与上演的 1953 年,

---

① 姚小娟、周天楠:《论〈萨勒姆的女巫〉对麦卡锡主义的批判》,《西南科技大学学报(哲学社会科学版)》2016 年第 1 期。

正是"麦卡锡主义"对美国进步人士和共产党人野蛮迫害到登峰造极之时。1950 年至 1954 年间,有数以万计的人被列入"黑名单"遭到非法拘禁;它的影响波及美国政治、外交和社会生活的方方面面。[1]

《萨勒姆的女巫》一剧中描绘了人们为了争夺土地、明哲保身、泄愤报复等一己私欲,通过欺骗和诬告使他人身陷囹圄,甚至轻易地夺取他人的性命。剧中的这场"逐巫案"发生的基础,就是清教徒排斥异己、禁欲主义、政教合一的统治。而这场骗局背后更有力的推动力,是人性之黑暗。于是它酿成了萨勒姆镇的一场 400 多人被关进监狱、72 人被绞死的惨剧。阿瑟·米勒凭着剧作家敏锐的直觉,提炼出 300 年前萨勒姆镇的"逐巫案"与 20 世纪当时麦卡锡主义席卷美国的两大历史事件有着本质的相似之处,阿瑟·米勒在当时所经历的政治灾难同剧中所描写的惨剧如出一辙,在麦卡锡主义时代,文艺界和政府部门煽动人们互相揭发,数千名美国公民被指控为共产党员或共产主义的支持者,进而成为被迫害、调查和审讯的对象。许多人因此失业,职业生涯被毁,甚至遭受牢狱之灾。在这种集体歇斯底里的氛围下,社会大众人心惶惶,人人自危。许多人尽管无罪,却发现自己被朋友们排斥,被公司解雇,甚至还受到一些极端"爱国者"的人身威胁。随后而来的恐惧,竟使得许多人走上了自杀的不归路。[2]

剧作家在《萨勒姆的女巫》一剧中,成功塑造了男主角普罗克托这一人物,他出场时是一个普通的中年农民,而在剧作的结尾则升华为一个信仰坚定、诚实正直、不畏牺牲的悲情英雄形象。剧中的普罗克托,敢于面对自己曾经犯下的通奸罪行,也和普通人一样,曾经在强烈

---

① 王俊英:《从〈萨勒姆的女巫〉管窥阿瑟·米勒的人生价值理念》,《咸宁学院学报》2010 年第 3 期。

② 姚小娟、周天楠:《论〈萨勒姆的女巫〉对麦卡锡主义的批判》,《西南科技大学学报(哲学社会科学版)》2016 年第 1 期。

的求生欲望面前，有过动摇，甚至对自我产生了质疑；然而，在最后善与恶、生与死的紧要关头，普罗克托突然意识到，唯有良心才是审判自我的最终权威，即使是法律，当它与正义相违背时，也必须与之抗争到底。普洛克托最终决定宁可舍弃生命，也不愿出卖朋友，苟且偷生。临刑前他欣慰地说道："现在我想，我在我身上看到了一点点正直的品德。虽然它不够织成一面锦旗，却清白得足以不跟那些狗杂种狼狈为奸，同流合污。"① 阿瑟·米勒在刻画普罗克托这位具有高尚的理想人格的主人公时，投射当时作者自我对于在当时猖獗一时的麦卡锡主义的反抗精神。阿瑟·米勒本人曾屡次收到非美活动调查委员会的传讯，并被判处过"藐视国会"的罪名。美国剧评家马丁·哥特弗里德认为此剧——"可与米勒自己在美国众议院非美活动调查委员会上作证时英勇不屈、慷慨陈词的表现相提并论。作为一部戏剧作品，它结构匀称，充满激情；作为一部伸张正义的作品，它具有一种罕见的庄严气氛。"②

值得一提的是，在《萨勒姆的女巫》一剧中，阿瑟·米勒并没有将悲剧简单地归因为剧中清教徒的政治生态，而是运用高超的编剧技巧，巧妙地设计了多重人物关系的纠葛与社会关系的压力，让这一场"人祸"的灾难一步一步走向必然。剧中的两位神职人员推动了此次猎巫行动——本应该廉洁奉公的巴里斯牧师却虚伪、贪财，为了挽回自己已经狼藉的声誉，掩盖女儿与侄女、女仆在树林里跳巫蛊之舞的事实，巴里斯逼迫来自巴巴多斯的黑人女仆蒂图巴承认亲眼见到了女巫；女巫与巫术的存在是赫尔牧师的信仰，为了捍卫自己的尊严与声誉，赫尔牧师也成了此次猎巫行动的始作俑者，即便此后他意识到他们草菅人命的事

---

① 秦文：《性别话语对历史的建构——〈萨勒姆的女巫〉与〈醋汤姆〉之比较》，《译林（学术版）》2012年第3期。

② 阿瑟·米勒：《萨勒姆的女巫》，梅绍武译，上海译文出版社2020年版，第19页。

实，却也无力挽回。

　　然而，富绅普特南夫妇才是这次沾满无辜之人鲜血的"逐巫案"的真正的策划者，目的是为了争夺他人的土地与产业。甚至，女孩们在树林里跳巫盅之舞的原因，也是因为普特南太太的愚昧与嫉恨，要通过巴巴多斯的巫盅之术"追问是哪位女巫害死了自己夭折的孩子们"。除此之外，阿瑟·米勒笔下人物鲜明的性格，也注定了悲剧的发生——普罗克托诚实、正直，但性格过于执拗，说话容易得罪人，于是容易引来小人的构陷；同普罗克托有过一段不伦之恋，一心想取代普罗克托妻子的阿碧格性格极端，于是带头发起了对她所记恨的女性的诬陷；而那些在树林里跳舞的女孩们性格懦弱、盲从，于是她们才会宛如癔症爆发一般装神弄鬼，以隐瞒自己在树林里跳舞的真相。

　　在直面血淋淋的生死问题的人道灾难面前，"是受制于恐惧还是坚持自我"，这是这部戏剧的另一主要冲突。[①] 阿瑟·米勒作为关怀人性、关注社会的"易卜生式"社会剧作家，担负起了使戏剧摆脱单纯的娱乐功能、传播严肃思想的目标之重任，正如作者所言，"伟大的戏剧都向人们提出重大问题，否则就只不过是纯艺术技巧罢了。我不能想象值得我花费时间为之效力的戏剧不想改变世界，正如一个具有创造力的科学家不可能不想证实各项已知事物的正确性"。[②]

① 姚小娟、周天楠：《论〈萨勒姆的女巫〉对麦卡锡主义的批判》，《西南科技大学学报（哲学社会科学版）》2016年第1期。
② 阿瑟·米勒：《萨勒姆的女巫》，梅绍武译，上海译文出版社2020年版，第19页。

《推销员之死》鉴读

尹瑞麟　19 编剧学理论 MA

　　《推销员之死》是美国当代著名剧作家阿瑟·米勒的代表作之一，首演于 1949 年 2 月 10 日，并连演 742 场，被列为百老汇上演纪录最高的剧目之一，并获得了"纽约剧评家奖""普利策戏剧奖""唐纳森奖""戏剧俱乐部金牌奖""佩里奖"等。这部作品取材自阿瑟·米勒 17 岁时创作的一部微型小说《悼念》(In Memorial)，剧作家只截取了威利一生中最后一天多的生活断面——他自杀前的苦闷、挣扎和绝望的内心历程，展示了威利·洛曼在执着追求"美国梦"的道路上陨落的悲剧故事。

　　《推销员之死》的灾难在于威利·洛曼穷尽一生追求的"美国梦"的幻灭，全剧两幕戏都围绕着这一点展开，从现实与威利内心两个方面展示了这一灾难形成的原因与其导致的威利悲剧结局，揭示了"美国梦"的虚假事实与当代美国人的悲剧命运。其中，威利现实的经历又包含着两个方面的内容：他在公司的遭遇与他同他儿子们的关系，这些经历一步步使威利在灾难的泥潭中越陷越深，并最终走向毁灭；而在这一过程中，剧作家利用回忆、幻境等多种表现手法，对威利内心进行了细腻的刻画，使威利的现实行动与回忆、幻境等内心变化交融在一起，构成了全剧特殊的结构方式。

　　在剧本一开始，威利在公司里的遭遇便表现出来——大幕拉开时，剧作家向观众呈现了一个刚从外地回来，拎着推销不出去的样品箱，筋疲力尽、喊着自己要累死了的老人。而随着情节的发展，剧作家让观众渐渐发现，这位推销员已经不能胜任自己的工作了。他不仅已经年老体弱，难以四处奔波，而且过去的熟客早就死的死了、退休的退休了。他过去一天可以在波士顿接连跑六七家商行，如今只能把手提箱从汽车里取出来又放进去，什么事也办不成了。他开车开了700英里路，开到那里一看，再没有一个人认识他，也没有一个人欢迎他。一个子儿也没挣到手又开700英里路回家……他的老板取消了他的固定薪金，只按推销商品的数量付钱，但他连一点商品都推销不出去，薪水也就等于零了。他只能每个星期向别人借上50块钱，骗妻子说是自己的工资。他没有办法，只有请求老板在城里找份工作，每周只要40块钱维持生计就行了。可老板不仅不接受他的请求，干脆把他解雇了。在愤怒之下，他向老板说道："我在这商号里耗上了34年了，霍华德，可如今我保险费也付不起，你不能吃了橘子扔掉皮——人可不是水果！"

毫无疑问，这句话是理解剧作家创作意图的关键。在此处，剧作家并没有把威利个人的灾难看作是其个体的命运，而是把矛头指向了"美国梦"背后实际不平等的劳资关系与社会价值，认为这才是威利生活灾难的原因。

威利生活灾难的另一原因在于其与两个儿子比夫、哈比的关系，尤其是与比夫的关系。比夫可以说是威利的一个缩影，他继承了父亲的人生理想与价值观念，不注重对知识的学习和道德修养的追求，故而每次考试都依赖抄袭伯纳德的答案，甚至在威利的包庇下养成了偷盗的恶习。而威利在波士顿旅馆偷情一事被比夫发现后，比夫从此改变了自己的生活道路，他放弃了暑假的补习班，并永远地告别了学校。父子之间出现了一道无法弥补的裂痕。

对威利而言，最使他难以释怀的就是比夫背叛了自己对其的期望，变得游手好闲与堕落。他把比夫的抗拒视为对自己的故意冒犯，与"恶意冒犯"联系起来。但就如同其在推销员身份时面对的困境一样，威利也无法向自己的儿子兜售他本人信赖无比的"美国梦"的价值观。困窘的生活、失望的亲情与梦想的幻灭是促使威利在灾难的泥潭中越陷越深，并最终走向绝境的客观原因。

在外部的情节之外，威利人物形象的塑造与发展还依赖于剧作家采用的回忆、幻境等表现手法。这种将回忆、梦境等场面嵌入进情节的主要脉络，又根据人物心理的逻辑来连接的结构被孙惠柱总结为"电影式结构"。[①] 在《推销员之死》中，威利的内心变化正是通过其回忆、幻境等场面连接的，在威利对自己的孩子感到失望时，他回忆起了一个场面——威利曾经让自己的孩子去偷沙子，比夫为此挨了打；这时，威利与哥哥讨论起了孩子的教育问题，再次强调了自己所坚持的精神，他说"这正是我想要鼓舞他们的精神！闯进那个人吃人的世界！我做得对！我做得对！我做得对！"事实上，威利是在用这种精神鼓舞自己。但现实的困境却无时不再提醒着观众，威利在闯进了这个人吃人的世界后，却并没有得到好的结局，结果却是要被人吃掉。威利自己也清楚这一点，所以在想起本时就产生了悔恨："要是当初我跟他上阿拉斯加去，一切就都完全不同了。"

这种对自我价值的怀疑与信仰的渐渐崩溃还体现在第二幕中威利对当年波士顿旅馆的回忆与从酒店回到家，在进行自杀前的内心斗争时。在威利回到家后，他此时仍在犹豫是否要自杀。这时，他的脑海中出现了本的幻影，威利得以向这个幻影提出疑虑，讨论自杀的问题，而我们都知道，本只是威利的幻想，是威利内心潜意识的外化与投射。通过与"本"的对话，威利逐渐明确、坚定了自己的计划，决定自杀。至此，

---

① 孙惠柱：《戏剧的结构与解构》，上海人民出版社 2016 年版，第 51 页。

《推销员之死》鉴读

威利的内心也完成了由一开始的状态到最终决定自杀的转变。威利的这一心理变化历程与外部情节发展共同构成了情节发展的脉络，在这一情节发展中，现在和过去的场面、现实和幻境的场面紧密地结合在一起，使全剧结构和谐、整一，也生动形象地揭示了威利·洛曼这一人物的内心与性格，成功地塑造出一位具有普遍性的普通美国人的悲剧原型，进而对美国社会盛行的"美国梦"价值观念提出了质疑，对当时金钱至上的社会现实进行了揭露与批判。M.W.斯坦伯格曾鲜明地指出了作者的这一寓意："米勒把人的处境看作外在于个人的力量的产物，而这处境内固有的悲剧，是个人全力反对贬低人的秩序而遭灭亡的结果。"①

与其他灾难题材的作品不同，《推销员之死》中的灾难并不宏大、具体，其主人公也并不是神话史诗中的英雄，也不是王公贵族，而只是一个普通的美国人。但正是这种"普通"所具有的普遍性，威利·洛曼的灾难才得以被观众所共鸣。米勒也曾经说过"一个人物能否成为悲剧的主人公并不取决于他的地位高低，而取决于在这个人物身上所发生的事件能否引起人们对人性和正确的生活方式的思考。"换言之，在悲剧中，主人公面临的灾难应当是能被观众所感知的，应能如亚里士多德所说，达到"借引起怜悯和恐惧，从而使这些情感实现卡塔西斯"。从这点上看，威利虽然是一个普通的人物，但却代表了千千万万梦想成功而又无法面对现实的现代美国人，发生在他身上的梦想与现实的矛盾在美国社会具有普遍性，这就决定了他的故事足以引起人们的怜悯与恐惧，也说明了《推销员之死》对于灾难的使用，也是与传统的悲剧对灾难的使用一脉相承的。

这种对灾难的使用方法还体现在剧本的结构与场面表现上。在结构上，正如上文所说，《推销员之死》继承了古典悲剧在时间、地点、事

---

① 任生名：《西方现代悲剧论稿》，上海外语教育出版社1998年版，第137—144页。

件高度集中的原则，选取了威利·洛曼一生中最后一天多的生活片段，基本上以威利的家为背景，通过回溯的手法表现了其在自杀前的苦闷。而在场面上，显而易见的是，威利自杀的场面都沿用了古典悲剧对于灾难、悲剧性场面的处理方式，将其放在幕后处置，而不直接表现出来。最后的"安魂曲"段落在作用上实际与古希腊悲剧中的末场相似，目的在于对主人公承受的灾难与结局进行评论。可以说，《推销员之死》对灾难的使用与表现某种程度上是对古典悲剧的继承与发展，但不同于古典悲剧的灾难，阿瑟·米勒将人所面临的遭遇与苦难放置在了现代社会的普通人之中，从而赋予了这一灾难更为广阔的意义与价值。

《悲悼》鉴读

尹瑞麟　19 编剧学理论 MA

《悲悼》是美国现代著名剧作家、美国戏剧的奠基人尤金·奥尼尔的作品，尤金·奥尼尔一生共 4 次获得普利策戏剧奖，并于 1936 年获诺贝尔文学奖。有评论家说："在奥尼尔之前，美国只有剧场；在奥尼尔之后，美国才有戏剧。"奥尼尔的作品以悲剧为主，具有现实主义与象征主义混杂的特征，在主题上继承了古希腊悲剧命运观，常以意识流、精神分析等方法去发掘人的内心，塑造人物形象。《悲悼》（Mourning Becomes Electra）是其于 1931 年创作的悲剧作品，这一作品在主题、人物塑造、表现手法等方面都与奥尼尔创作生涯中期的其他作品较为相似，具有极强的悲剧氛围。

《悲悼》在编剧中最为显著的特征是这一作品对古希腊悲剧传统的继承与创新。在情节上，这一作品以古希腊悲剧作家埃斯库罗斯的《俄瑞斯忒亚》三联剧为底本进行再创作，将故事背景从特洛伊城陷落移植为美国南北战争的结束，其三部曲中的《归家》《猎》《祟》的人物关系与冲突也与《俄瑞斯忒亚》三联剧的《阿伽门农》《奠酒人》《复仇神》具有较强相似性，尤其是《悲悼》的前两部《归家》与《猎》。《归家》讲述了孟南准将归家后被与卜兰特偷情的妻子克里斯汀毒害，而这一事实最后被莱维尼娅发现；《猎》的矛盾冲突集中在克里斯汀和莱维尼娅对弟弟奥林的争夺上，最终以莱维尼娅将母亲与卜兰特的奸情和父亲的被害真相告知奥林，奥林开枪打死卜兰特后，母亲克里斯汀自杀为结局。

这两部作品在情节上与《俄瑞斯忒亚》三联剧的《阿伽门农》与《奠酒人》是基本相似的——阿伽门农成了孟南准将，克吕泰墨斯特拉成了孟南的妻子克里斯汀，他们的儿子奥林就是俄瑞斯忒斯，女儿莱维尼娅就是厄勒克特拉。而在第三部《崇》中，奥尼尔抛开了《复仇神》的情节，在《复仇神》中，那个杀死母亲的儿子被复仇女神追逐着，在雅典娜女神主持的法庭审判中请求得到援助和宽恕；而在奥尼尔的笔下，复仇女神不是外在的力量，而是内心的谴责，这种谴责把奥林逼疯，使莱维尼娅最终选择把自己永远关在房内的黑暗中。至此，《悲悼》也呈现出其与《俄瑞斯忒亚》三联剧不同的指向。不同于埃斯库罗斯笔下将灾难归结于不可知的神意与命运，奥尼尔通过现代心理学来重新诠释阿伽门农家族，也即孟南家族灾难的根源，在奥尼尔看来，孟南家族世仇凶杀背后隐藏着最深刻的心理和家族遗传的因素，奥林的俄狄浦斯情结、莱维尼娅的俄瑞斯忒亚情结，以及家族代代相传的清教徒传统与戒律取代了命运，成为导致这场灾祸的原因，这些因素促使着剧中的人物产生强烈的难以控制的情欲，并决定了这种情欲与情欲导致的灾难是先天的、不可改变的、注定的。这种命运观念与古希腊命运悲剧思想较为相似，体现了奥尼尔对于古希腊悲剧的继承。

但需要补充的是，即使奥尼尔认为灾难的诞生与其导致的悲剧结局是不可改变的、注定的，但奥尼尔却不认为凡人就应该对这一结局逆来顺受，而是强调人的个体意志。在《悲悼》中，莱维尼娅最后选择回归孟南家族的阴影的行为就体现了这一点，奥尼尔曾这样评价莱维尼娅："我自己认为我给了我那美国式的厄勒克特拉一个值得他拥有的悲剧性结局。这个结局对我来说是这部三联剧中最成功的和不可避免的。她的形象显得如此高大，成功地体现出我在她身上寄予的信心。她历尽挫折，但并未屈服！她以向孟南家族命运屈服的方式战胜了这个家族的命运！"① 换言之，莱维尼娅亦是俄狄浦斯式的英雄，她在面对不公平的命运时没有选择逃避，而是选择以自我惩罚的形式对命运进行抗争，这一冲突中彰显的人的不屈的意志就是奥尼尔所认为的面对灾难时的态度。

正如上文所说，《悲悼》中的灾难在于孟南家族遗传因素与清教徒传统对人的影响，而在奥尼尔看来，这种影响是先天的、无法改变的。而为了突出这种灾难的遗传性，奥尼尔在结构、人物关系、人物动作等方面都采用了有效的方法。首先，在结构上，《悲悼》相对遵循了时间与空间统一的原则，前两场戏发生在两周内，第三场戏的时间则发生在一个多月内，除了一个场景外，其他的场景都安排在孟南家的院子与屋内，时间与空间的相对整一一定会导致事件的相对整一，进而更好地塑造人物的内心。

而从其故事结构上看，为突出这种灾难的遗传性与命运感，奥尼尔还设置了一个圆形结构。可以说，故事中所有人物的活动都与具有坟墓意象的孟南家宅相联系，孟南准将、卜兰特、克里斯汀、奥林等人的人物活动都是从这里出发，又到这里了结。尤其是在剧末，当莱维尼娅从面具式的门廊走进去，将自己封闭在这座坟墓时，她的动作与第一幕第一场她出场时从门廊走出来的动作遥相呼应，以循环往复的圆形结构诠释出了这一家族遗传下来的命运与灾难。

这种灾难的遗传性还体现在奥尼尔刻意为之的人物塑造上，从剧中的人物塑造上看，所有主要人物都带有相似的悲剧命运，这种悲剧命运不仅体现在结构上的循环往复，还体现在奥尼尔所谓的"面具式的脸孔"上。在《悲悼》中，奥尼尔曾考虑运用面具，但最后采用了所谓的"面具式的脸孔"，即让剧中人物的脸孔面具化，进而表现家族内部男人

---

① 转引自杨彦恒：《从纳维妮亚看奥尼尔的悲剧意识》，《中山大学学报》1996 年第 1 期。

女人们的相似之处。如舞台提示中提及的克里斯汀与莱维尼娅相貌的相似性，以及莱维尼娅与克里斯汀又非常像卜兰特的母亲，这三个女人有着一种颜色的头发、一副面具似的脸；而在孟南家族的男性身上，这种面具则体现在优柔寡断的性格与仇恨的代际传承上，遗传性的相似特征象征着孟南家族成员悲剧命运的循环性，正如孟南准将所说，"生命就是死的过程，初生就是开始死去，死就是生"。

　　除了在家族成员内部构建一个圆形结构之外，奥尼尔还尝试结合当时时代特征，将清教主义对人的禁锢作为孟南家族灾难诞生的原因之一。这一思想对人的禁锢在孟南准将与其妻子克里斯汀身上体现得尤为明显，在家庭生活中，孟南准将扮演的是清教主义卫道士的身份，他主张禁欲，坚持男权至上，这使得克里斯汀在婚姻生活中饱受痛苦，甚至说出"你获得了我的身体，我给你生了孩子，但是我始终不是你的！"这种话；而孟南，同样也是清教主义的受害者，正因为习惯了清教主义的面具，孟南始终无法与妻子进行正常的交流，在剧中，他亦说过："我的内心有种古怪的东西不让我说出我最想说出来的事情，不让我表达我最希望表达的事情。"除却这二人之外，奥林与莱维尼娅也是清教主义的受害者，尤其是莱维尼娅，她的遭遇与灾难更能体现奥尼尔对清教主义的控诉。在《归家》与《猎》中，莱维尼娅一直扮演着一个卫道士的身份，直到《祟》中南洋小岛的经历才让莱维尼娅认识到人性解放的快乐与清教主义的罪恶，所以她毅然决然地与过去的生活、与死去的孟南家族的人割裂。但正如古希腊特尔斐城的阿波罗神殿上刻着那句名言"人啊，认识你自己"所说，在不可知的命运与灾祸面前，人永远是盲目的。即使决定与过去的生活做告别，但奥林的阻挠与自杀最终都使莱维尼娅离新的生活越来越远，并最终导致她选择重新回到孟南家宅中。

　　综上所述，奥尼尔在对《悲悼》进行创作时，对古希腊悲剧《俄瑞斯忒亚》进行了有机的继承与创新，在对灾难的设置与运用上，奥尼尔一方面沿用了古希腊悲剧的命运观，另一方面又借鉴了现代科学中的精神分析法与实证主义哲学，对灾难诞生的原因进行了重构。而在具体创作层面，又以家族内部的循环与剧中人物经历的闭环共同构成了一个圆形结构，再次强调了孟南家族灾难的遗传性与循环特征。可以说，奥尼尔对古希腊悲剧的借鉴与扬弃使他对"灾难"的意义与原因进行了彻底的重构，这一重构使得《悲悼》相对于《俄瑞斯忒亚》具有了更强的现代性，这也是《悲悼》取得成功的重要原因。

当我们躲避时，我们也正在制造
——灾难戏剧经典作品鉴赏之《物理学家》

何心怡　19戏剧与影视学博士

"继布莱希特之后最重要的德语戏剧天才"——迪伦马特一直以他荒诞、戏谑而又夹杂着悲悯的人生思考闻名于戏剧圈。而《物理学家》自半个多世纪前问世以来，一直在舞台上大放异彩。

《物理学家》讲述了一位天才的物理学家默比乌斯发明出一套万能公式后担心被有心人士利用，因此躲进疯人院，希望以这种方式避免掉灾难性后果。可最终，默比乌斯与另两位追随他而来的"物理学家"都被疯人院里的"正常人"博士小姐所威胁控制。

默比乌斯在剧中所做的一切都试图在躲避一场人类的灾难，规避掉一场人类的浩劫，然而可悲的是，他在躲避的过程中，另一种灾难也在悄然发生，而这一切，都让人不禁开始深思，人类真正的灾难究竟是什么？

迪伦马特将对科技进步的反思意识，熔铸在主人公的思想与行动线中，也借着主人公的行动线，展现出了残酷而荒诞的社会背景。

默比乌斯发明了一套万能公式，这个发明也许能使人类迈向一个新高度。可在欣喜于这个发明的强大之后，默比乌斯也开始担心起这种力量如果使用不当，便会带来灾难性的后果。于是，这位物理学家宁愿舍弃了原本幸福美满的家庭，装疯卖傻地住进了疯人院，看着自己的妻子另嫁他人，当他与他的孩子们、妻子做最后的告别时，内心又会是怎样的波涛？当他发现爱慕自己的护士知晓了自己的秘密时，只能亲手杀死了她，他的内心又会是如何的难过？可他依然要选择这样做，因为"我宁愿住我的疯人院，这样我至少可以保证不被政治家们所利用"。"有的风险是切不可冒的：人类的毁灭就是属于这样的风险。世界用它所拥有的武器正在造成什么灾难，这我们是知道的；它用那些我们促使其产生的武器将会招致什么，这我们是能够想象的。我的行动服从于这一观点。"

而同时，另两位情报人员伪装成科学家牛顿与爱因斯坦也来到了这家疯人院。他们在劝说默比乌斯为自己的组织效力无果后，被默比乌斯说服，愿意和默比乌斯一同留在疯人院。"我们不住疯人院，世界就要变成一座疯人院。我们不在人们的记忆中消失，人类就要消失。"

这三位科学家共同的精神特质都是对科学进步充满着反思意识。而这种反思意识，与20世纪以来科技迅猛发展的时代特征相契合。自20世纪开始，物理、化学等各个科学领域的发明发现，极大地推动了人类社会的文明进步与演变。可与此同时，随着种种科学武器的发明，人类的力量得到了史无前例的壮大，也带来了无尽的危机。科学家们原本只是以促进科技进步为己任，但在一个没有底线、毫无秩序可言的时代里，科学家们需要反思自己的伟大发明是否会成为人类的灾难与浩劫。这何尝不是一种悲凉反讽？

剧中人物所呈现出来的反思意识更成了一种反讽，构成了本剧人物内核的戏剧张力所在，人物形象兼具艺术美感与思想深刻性，更充满了时代的特点。

迪伦马特的作品除了荒诞性外，还充满着人物塑造的对比。在塑造了三个充满了反思性、反讽性、悲悯性的"科学家"之余，迪伦马特在《物理学家》中还塑造了"正常人"博士小姐。而当剧中的人物正躲避灾难时，灾难也正在被制造中。

与有责任心、有使命感、一片赤诚的物理学家们截然相反的是，迪伦马特其实很早便在布局。博士小姐是一位心思缜密、善用手段的"霸权主义"。从护士长和巡官的口中我们得知，"爱因斯坦只有在博士小姐伴奏下才能安静"。"三个月前，为了能使牛顿安静，博士小姐曾不得不跟他下棋。"在明知牛顿与爱因斯坦都是装疯卖傻的情报人员后，博士小姐依然陪着他们演习，下棋、弹琴，以此"安抚他们的情绪"。在所有人面前，她是唯一可以使这群"精神病"安静下来的存在，可其实，她利用谋杀案和巡警，让男看护顺理成章地进入精神病院，让其他的病人转移到别处，从而让这个关着三位"科学家"的精神病院成了真正的"监狱"。她在自己的"精神病院"中装满了窃听设备，从而真正拿到了默比乌斯的研究成果。这位博士小姐，便是真正的灾难所在。

那么，如此聪明的默比乌斯等物理学家们，他们落入博士小姐的圈套是一个偶然的事件，还是命运的必然？默比乌斯明明知道自己没病，处处提防着他人掠夺自己的研究，又怎会心安理得地接受家庭有"精神病遗传基因"的博士小姐，从而让自己真正的掉入一种无尽的灾难中？我想，要思考这个问题，便要从迪伦马特设置的"所罗门"开始。如果我们再来细看默比乌斯这个人物，除了是个天才物理学家之外，他也是那个抛下了妻子和三个年幼孩子的男人。从他与博士小姐的对话中可知，这十几年来，价值不菲的"治疗费"都是由这个可怜的女人来支付；而那个对他一片真心的 25 岁护士，在发现默比乌斯的秘密后依然被毫不留情地勒死了。那么，如何再细想另外的两位护士呢？她们是摔跤和柔道的冠军，她们的死亡真的是因为精神病人发病时的"力气惊人"吗？从这些线索中，我们可以发现，这几位科学家，抑或是与"对照人物"博士小姐一样，也有一个共同的特点，那就是一直追求着所罗门式的智慧，"一种智力很难接近的存在"。他们也许有智慧，有耐心，可心中却永远没有爱，永远怀疑爱。这是否也是灾难降临在每一个人心中的另一种毁灭性的展现方式呢？

迪伦马特对世界失序性与迷失感的认知及反思总是渗透在他笔下的主人公们身上，让他们呈现出一种独特的精神特质。而再回顾《物理学家》这个作品时，我们还是想说，灾难的本身原本是没有任何意义的，只是在灾难发生时，人类永远能迸发出耀眼的生命力。可当我们在逃避时，那个幽暗的深渊也在凝视着我们，发出轻叹：对于我们自己，什么，才是真正的灾难？

极致情境中的怪诞之美

——灾难戏剧《罗慕路斯大帝》赏析

程杨昊　20 戏剧影视编剧 MFA

灾难戏剧《罗慕路斯大帝》是瑞士剧作家迪伦马特于 1948 年创作的四幕喜剧。此剧部分取材自罗马史，讲述了公元 476 年 3 月 15 日清晨到翌日清晨，西罗马帝国覆灭前最后 24 小时内发生的故事，迪伦马特对真实历史进行了艺术加工，成就了这部"非历史的历史剧"。在本剧中，西罗马帝国的末代皇帝罗慕路斯·奥古斯都登基 20 年来始终漠视政治，在国库亏空、外敌入侵的危难时刻，他仍只关注自己的养鸡大业。当众人想通过牺牲公主的幸福换取和平时，罗慕路斯一反常态坚持反对，遭到了众人的责难。罗慕路斯用尖锐的语言戳破了这些所谓爱国者的虚伪面具，并道明了自己始终不理朝事的缘由——他认为西罗马帝国过去侵略成性，理当灭亡，自己的"无为而治"正是为了加速罗马帝国的灭亡。当亲眷朝臣纷纷逃往西西里岛时，罗慕路斯仍选择了留下，想通过以死于敌手的方式彻底结束罗马历史。未曾想到日耳曼首领奥多亚克同样是个厌恶战争的反帝国主义者，为了避免日耳曼变成下一个罗马帝国，奥多亚克提出了让日耳曼归顺罗马的方案，最后罗慕路斯在日耳曼人的军礼前宣告引退。

经历两次世界大战后，欧洲传统人文精神遭受了摧毁性的打击。20世纪 40 年代，受战争影响，不少反对战争的作家逃往中立国瑞士避难，反战思想随之涌入瑞士文学界，这也构成了迪伦马特创作源泉的一部分。正如本剧副标题上所标注的——这是一部"非历史的历史剧"，虽然全剧以罗马帝国覆灭的灭顶之灾为背景，但剧中的故事并非真实历史，迪伦马特在遵循基本历史背景的前提下，对人物及情节进行了虚构化处理，使其成为充满黑色幽默的悲喜剧，从而传达自己对政治及历史的思考。

一、特殊架构的戏剧情境

在 1955 年发表的理论著作《戏剧问题》中，迪伦马特强调情境是创造戏剧性最重要的因素，这与黑格尔、狄德罗对于戏剧情境的看法基本一致。情境是迪伦马特创作的核心，早在剧本创作前，他便已经开始如何架构时空情境及情境布局的意图了。迪伦马特认为，特定的情境能产生内含行动的言语，使得人物动作具备意义。通过构架特殊情境可以探索这个世界所能表现、承载的极限。分析迪伦马特剧作中的情境设置有助于我们感受他作品中的美学内涵，理解其剧作中的人文思想。

1. 极端的时空环境

迪伦马特在内容创作上反对僵化与教条的传统戏剧，但在戏剧的叙事结构上却多次采用古典主义的"三一律"，这与迪伦马特的戏剧观是紧密相关的。迪伦马特认为，通过特殊的附带紧张气氛的情境才能产生内含行动的言语，以帮助受众理解剧本想表达的真正内容。

战火连天，帝国覆灭，这是灾难时期的极端环境。在此情境基础上，迪伦马特通过设置锁闭式戏剧结构进一步增强了时空环境的极端性。本剧的故事发生在一昼夜之间，地点始终是坎帕尼亚避暑别墅。随着骑兵队队长史普里乌斯、艺术商人阿波利翁、东罗马帝国皇帝泽诺、裤子工厂主恺撒、公主的未婚夫爱弥良等人物渐次上场，剧情不断推进。国库亏空、朝臣外逃、外敌入境、公主不得不为国牺牲。时间一分一秒消逝，众臣及皇后都焦灼不安，罗慕路斯大帝却仍只关心他饲养的母鸡。情境是促使人物产生特有动作的前提和条件，也是推动矛盾冲突爆发和发展的契机。剧中如此极端的时空环境激化了罗慕路斯大帝与众人之间的矛盾，也使得剧情极具戏剧张力。

2. 突转的情节设置

迪伦马特认为事件是最能吸引观众的戏剧因素，因而他相当重视剧作中事件的设置，并提出了"即兴奇想"的创作手段，即在剧中插入出人意料的戏剧情节。该创作理念在《罗慕路斯大帝》中体现为"突转"情节的设计。

在剧中，骑兵队队长史普里乌斯快马加鞭两天两夜来通传情报，本以为会被重视，罗慕路斯大帝却毫不关心情报内容，只让他先去睡一觉。剧中反复强调国库亏空，罗慕路斯大帝不得不变卖文物甚至皇冠上的金叶子以抵债，本以为罗慕路斯大帝是贪财惜命之人，可当裤子厂厂长鲁普夫提出只要将公主嫁给他，他愿意替皇帝出钱消灾时，罗慕路斯一反常态断然拒绝了，称自由的爱情比国家的兴亡更重要。结合本剧的战争背景，读者能猜到大难即将发生，却因罗慕路斯异于常人的行为无法判断大难会如何发生、众人又将如何应对。发现与突转使得剧情跌宕起伏，形成了强烈的戏剧效果。

在本剧的前两幕中，罗慕路斯是不理朝政的昏君，可到第三幕时，罗慕路斯与皇后及众臣对峙后，坦言自己登基是为了摧毁这个压迫他国人民的罗马帝国，这么多年"无为而治"是故意让罗马走向灭亡。在剧渐入高潮时而非一开始就点明罗慕路斯的真实目的，这样的结构设置使得剧情的突转更具力量。高潮阶段往往是矛盾冲突最激烈的时候，也是人物性格最鲜明、主题思想最集中的体现。当罗慕路斯大帝讲明了他的计划后，前文中他的一切反常行为都有了合理的解释，此时罗慕路斯的形象已然从昏君转为了"正义的审判者"这样伟岸的形象。

在妻女和众臣都逃往西西里岛时，罗慕路斯仍候在宫中等待日耳曼军队的到来，想通过自己的死亡终结罗马帝国的历史。当我们以为剧情就此结束时，作者在此处又安排了一个突转——日耳曼君主鄂多亚克表示自己愿意归顺罗马帝国，请求罗慕路斯继续当皇帝。在与鄂多亚克交心后，罗慕路斯才明白自己之前的所作所为仅仅只能结束罗马帝国的历史，并不能将帝国之恶从世界历史上彻底剜除。罗马帝国之后还会出现同样压迫百姓的日耳曼帝国。结尾处的突转正应了李渔的"水穷山尽之处，便宜突起波澜"，罗慕路斯试图通过"不作为"的方式以拯救世界的意愿最终成空了。荒诞式的结局能够引发受众的思考，也为全剧蒙上了一层灾难性的悲剧色彩。

二、以喜写悲的灾难戏剧

1. 灾难之源

克罗奇曾说"一切真历史都是当代史"。迪伦马特对历史素材进行了富于创见的艺术处理，用荒诞的人物、剧情和充满幽默的对白书写了一个悲剧故事。

戏剧史上有不少战争题材的灾难戏剧，内容大多为描述人民的苦难、战争的破坏性。同为灾难戏剧，同为反战题材，《罗慕路斯大帝》却剑走偏锋，用黑色幽默的笔法探讨了战争发生的根本原因。本剧以荒诞可笑的形式揭露了罗马帝国暴力统治的罪恶本质，也表达了作者对"世界帝国"的强权政治，沙文主义以及盲目爱国主义的谴责。西罗马帝国覆灭后，日耳曼帝国仍将兴起。以古观今，不断重演的历史悲剧正揭露了战争发生的根源——人性的贪欲。

2. 怪诞之美

迪伦马特认为我们所处的世界充满了悖谬，因而他选择用非常规的"怪诞"手段去展示这个非理性的世界。《罗慕路斯大帝》一剧中的"怪诞"感的由来，主要体现在人物形象与剧情两方面。从人物形象来看，罗慕路斯大帝面对帝国灭亡的危难无动于衷，忘情痴迷于养鸡的学问，而以皇后、内务大臣为代表的爱国主义者其实是只在意自己权力与性命的精致利己之徒，两类人物形象的塑造便十分荒诞；从剧情内容来看，为了交上鸡饲料，罗慕路斯变卖宫中文物；裤子厂厂长称自己可以通过贿赂使战争停止；作为侵略方的日耳曼军队首领对战败国皇帝俯首帖耳；皇后及众臣为保命千里奔逃西西里岛，却意外中途丧命，本打算坦然赴死的罗慕路斯计划落空反而安享晚年，这些充满黑色幽默的情节不仅让人感到荒谬可笑，也使得受众与看似熟知的历史故事产生了间离，从而引发受众的思考。

3. 以喜写悲

在迪伦马特的剧作中，情节是滑稽的，而人物形象则相反，常常不仅是非滑稽的，而是悲剧性的。在剧中，罗慕路斯被塑造成了一个试图拯救世界的审判者，他意志坚定、理智且清醒，从登基到退位的几十年内都在通过"无为"的方式推进自己的目标。罗慕路斯看似掌控着国家的走向和自己的命运，但其实他的每一个抉择都是在现实世界的逼迫下产生的。最后意图赴死的他也无法选择生死，可以说罗慕路斯身上带有浓郁的悲剧色彩。

《罗慕路斯大帝》寓"悲"于"喜"，以怪诞的艺术手法对灾难的本源及人性之恶进行了深入分析，剧中所展现的人文精神和思想内容远远超越了时代，至今仍有借鉴意义。

《鼠疫流行时期的宴会》鉴读

王兰兰　19 编剧学理论 MA

《鼠疫流行时期的宴会》是普希金对英国诗人约翰·威尔逊诗剧《鼠疫城》的仿写，于 1830 年 11 月完成，是"波尔金诺之秋"四个小悲剧的最后一出。

《鼠疫流行时期的宴会》是一出非常简短的小戏，戏的发生地点是大街，主要人物有年轻人、主席瓦尔辛姆、玛丽、路易丝和神父，主要讲述的是，鼠疫到来，尸横遍野，恐惧充斥着整座城市。一群年轻的男女却在大街上办起宴席，喝酒作乐，纵情声色。而他们的喝酒作乐却是有缘由的。

戏的一开始，年轻人哀悼了一遍他们共同的好友杰克逊，两天前他还在宴席上讲述了故事，而此刻他的座席已经空了。哀悼过后，年轻人提议举杯，因为虽然失去了一个杰克逊，可还有许多人活着，没有理由难过，应该为他干杯，仿佛他还活在他们之中。而主席瓦尔辛姆立马接话道，杰克逊是头一个离开了他们，应该为他干杯。接着鼓励玛丽为大家唱一支歌，为宴会助兴。玛丽即兴唱诵，歌词先是赞颂了过去繁华兴旺的家园，然后描绘了瘟疫到来后曾经的家园变得空寂凄凉的景象。玛丽一曲唱毕，瓦尔辛姆称赞玛丽的歌声，提到从前也有过这样一次瘟疫，在那一年，瘟疫同样带走了无数人的生命，但却没有牧歌提到那一年的事。露易丝却为瓦尔辛姆对玛丽的称赞感到不屑，称自己讨厌黄头发的苏格兰女人。就在这时，一个黑人驾驶着一辆装满尸体的马车驶来，露易丝被吓得晕倒了。瓦尔辛姆讽刺道，听着露易丝不屑的话语，原本她会有一颗坚强的心脏，没想到却是嘴硬心软。随即让玛丽往露易丝脸上洒点水，她会慢慢苏醒。而玛丽丝毫没有介意露易丝刚刚说的话，而是称露易丝为自己悲伤和受辱的姐妹。露易丝在玛丽的胸口慢慢醒来，说自己做了一个可怕的噩梦，梦里一个全身乌黑的魔鬼，让她坐上她的车，车上的死人嘴里嘟嘟哝哝地说着吓人的话语。年轻人打断了露易丝的话，虽然他们身处的大街是举办宴席的绝佳场所，但是这辆装载死人的车，有权驶过任何地方。年轻人提议瓦尔辛姆不要再继续争议下去，唱一首欢快活泼赞颂酒神的歌吧！瓦尔辛姆却表示自己不会唱这样的歌，给大家唱了一首鼠疫的赞歌，众人非常高兴，都要听听这鼠疫的赞歌是如何唱的！瓦尔辛姆正唱着歌，老神父却跑来打断他们，让他们赶紧离开！老神父先是以地狱恐吓众人，让他们不要用歌声搅得黄泉下的灵魂不得安宁，众人不听；神父又试图以在天国和亲人的亡灵重逢劝诱众人回家，瓦尔辛姆却说他们的家园已经变得惨不忍睹，青春不能再没有欢乐。这时，神父发现了瓦尔辛姆，他开始奉劝瓦尔辛姆，不要忘记了自己三个礼拜前在母亲墓前的悲伤，瓦尔辛姆却说母亲的阴魂也无法叫他离开这里。老神父又提到瓦尔辛姆的亡妻马蒂尔达，声称马蒂尔达的灵魂在召唤他回家，瓦尔辛姆却告诫神父，不要再去惊扰已经沉默的灵魂！自己堕落的灵魂已经不可能到达天国。老神父无计可施，只好离去，酒宴继续，瓦尔辛姆在沉思。剧情到这里就结束了，可是灾难却还在发生，而像剧中瓦尔辛姆一样沉思的人也仍然存在。

《鼠疫流行时期的宴会》是在灾难已至，人类无能为力做出改变时，剧中人物以另一种更极端的方式——设宴、喝酒、唱歌面对灾难，从而引发对生命与人世、灵魂与宗教的思考。戏一开始，死亡的恐惧就笼罩舞台，鼠疫肆虐，横行猖獗，所到之处，人畜倒毙，十室九空。从年轻人的台词得知，才高八斗、妙语连珠的杰克逊昨天还在座上谈笑，席位余温尚存，人却已经去了冰冷的阴曹地府。玛丽唱的歌词更是描绘了鼠疫来临后凄怆的景象：教堂里空荡荡，学校锁了门，死人连续不断运来，活人呼天抢地地呻吟，一刻不停地掘土下葬，一个新坟接一个旧坟。我们该如何抵御这飞来的横祸、拯救厄运难逃的生灵？剧本中提供了两种方案。其一是青年男女们的及时行乐，放声歌唱。他们在十字街口大设宴席，喝酒唱歌，以此度日。而主席瓦尔辛姆则写出了鼠疫的赞歌，积极迎战鼠疫。

"鼠疫这个威严的女皇
如今亲自向我们进攻，
觊觎我们的丰收；
白天与黑夜
举着阴森的铁锹敲击我们的门窗。
我们怎么办？有什么办法可想？
我们锁上房门，既抵御肆虐的冬神，
又躲避鼠疫女皇，
我们点起烛火，斟满酒杯，
高高兴兴地唱得昏昏沉沉，
然后安排好酒宴与舞会
来歌颂鼠疫女皇的降临。
战斗是一种欢乐，
就是在阴暗的无底深渊的边缘，
在咆哮着狂风恶浪的黑暗海洋上，
在阿拉伯海上的飓风里，
在徐徐降临的鼠疫中同样也有欢乐。

......

所以，——应该赞颂呢，鼠疫女皇，

我们不畏惧坟墓的黑暗，

我们不因你的召唤而不安，

我们一起斟满酒杯，

饮下这玫瑰香的美酒——

也……美酒中浸满鼠疫。"①

其二则是老神父结束宴席，回到家里，回归神灵的法子。而两者势必产生冲突，最终瓦尔辛姆摆脱了神、教会、天堂、地狱这些外在的羁绊，孤零零地独自面对世界，无畏地面对死亡。自在的人，终于成长为自由的人。

《鼠疫流行时期的宴会》表现了人类面对灾难时，在死神的威逼下，摆脱了神的庇护，大胆站起来的故事。通过瓦尔辛姆面对老神父时，果断拒绝他的所有引诱的行动，讲述了人类在灾难中实现了精神上的成长，向死而生，最终大彻大悟。

---

① ［俄］普希金著；沈念驹、吴迪主编：《普希金全集4　诗体长篇小说　戏剧》，智量、冀刚译，浙江文艺出版社 2020 年版，第 571—572 页。

《鼠疫流行时期的宴会》鉴读

灾难戏剧经典作品鉴赏之《阳台》

邹信禹　20 编剧学理论 MA

　　荒诞派戏剧作为 20 世纪西方剧坛的一大重要流派，它的产生与二次世界大战后理性世界的崩塌有着紧密联系。世界战争将现有社会秩序打破，催生出了人对人类、社会、世界的百般困惑，在不断的自我诘问下，原有的一切旧有形式规则成为被质疑、被颠覆的对象，荒诞派戏剧即是在这一形势下在戏剧领域的发展，它们用反戏剧的手法，以荒诞不经的戏谑姿态解剖着社会的病症。灾难的阴影成为每部作品的幽暗底色，投射在了舞台上游荡的人物之间。其中，法国剧作家让·热奈的《阳台》当属代表之作。

　　《阳台》创作于 1956 年，热奈在这部剧作中将整个世界浓缩为一间名为"大阳台"的妓院中，在这间"意义崇高的妓院里"，职员、水管工等普通民众只需向妓院主人伊尔玛支付一定金额，即可化身成为"主教""将军""法官"，享受几个小时幻想成真的荣耀时刻。与此同时，"大阳台"之外的世界，革命的火焰正将原本权力制度下的主教、将军、法官摧毁，于是，在妓院中扮演着主教、将军、法官的假货们摇身一变，成了真实的权力符号。

　　这是一部极具热奈个人风格的作品，他将原本最有戏剧张力的动荡革命搁置在暗处，将人物间的滑稽扮演推至舞台中央，用一面面镜子编织出虚假的幻想，借以抨击掌握权力的统治阶层。因此，灾难带给人民的表层伤痛不是该剧的故事内核，战争这一人为灾难下，权力机构被颠倒的丑态与民众对掌权者的扭曲幻想，才是该剧作的真实主题。热奈以他戏剧中一以贯之的镜子意象、符号式人物等完成了主题的表达。

一、镜子大厅：真实与虚假

英国戏剧理论家马丁·艾斯林在《荒诞派戏剧》一书中，曾用"镜子大厅"四字作为描写热奈这一章节的副标题。"镜子"有两层含义，一是客观存在的镜子，二是人物间扭曲的镜像。前者是热奈戏剧中常常出现的道具，它映照着舞台上人物仪式化的扮演，客观地旁视着一种虚假的进行时。后者则直指热奈戏剧的本质。

在《阳台》中亦是如此，镜子不仅出现在舞台布景上，也反复出现在人物的对白间。首先，热奈有意识地将舞台上的镜子装点到极致的富丽堂皇，以承载那些华丽而虚空的幻想，这也正是他惯常使用的手法——让高贵的滚落进泥土中，将卑微的捧至崇高。在戏的大幕拉开时，扮演主教的职员踩着二十英寸的厚底靴亮相，镜子成为他观看自己表演、满足他白日做梦的工具。他反复询问在镜中看到了什么影像，"镜子，镜子，墙上的镜子……我来这儿干什么来了？来寻找罪恶？来寻找纯真？"自身被他遮掩起来，他试图用主教华丽的衣袍取代自己的存在。

然而，这种扮演是滑稽而荒诞的，因为主教的形象全然来自一个底层职员的朴素想象，他对这个身份背后的权力机制一无所知，所以他仅仅只能靠主教的教冠、金色斗篷这些夸张的服饰堆砌出这个形象的全部。尔后"法官""将军"的扮演同样如此，"法官"的扮演者为了获得"小偷"扮演者的配合，穿着官袍双膝着地苦苦向小偷乞求。而"将军"的扮演者脱下衣袍和厚底靴后，蜕出的样貌是与将军身份截然不同的畏畏缩缩小男人形象，这些可笑的姿态与身份自带的高大威严形成了绝妙的反差，展露了热奈对权贵不可遏制的厌恶与嘲讽。由此，镜子与镜子中反射出的形象构成了热奈戏剧中的人物，镜子成为底层人民在心理层面跨越阶级的工具。

热奈对镜子意象的热忱不免让人想到拉康的镜像理论，拉康依循于黑格尔的主奴辩证法。黑格尔认为，个人主体是无法确认自身的，需要通过在对象化的他人镜像中寻找自身，才能获得自我认同。拉康在此基础上，进一步谈到，主体终会在他人的凝视中消解自身的存在，反映在热奈的剧作中，即人们通过扮演成为他者，从人成为"人物"，而镜中映照出的人物作为主体的心理幻想对主体实施精神奴役，最后让主体归于虚无。

不仅是在《阳台》里，热奈的另一部代表作《女仆》也通过镜子完成了对人物的心理转向。女仆克莱尔以扮演女主人为乐，她痛恨着女主人，又想要成为女主人，她愤恨道："我讨厌看见镜子反射给我的我自己的形象，就像讨厌臭味一样。"所以在热奈的戏剧中，情节反而退居次位，扭曲的镜像代替了高潮的发生，因为镜子所映照的幻象不仅激怒或抚慰了剧中人物，也是热奈的内心投射。在热奈的世界里，戏剧与世界皆为假象，镜子是唯一真实的客体，而这一客体也因人物的扮演投射出虚无，于是一切都屈服于扭曲。

二、符号式人物：幻想与死亡

亚里士多德式的传统戏剧塑造人物时，总强调要赋予其自由自觉的意志，并以意志促成人物的行动。而荒诞派戏剧受存在主义哲学影响，对人的生存境遇更为关注，为了更赤裸地展露自己想表达的，热奈直言道，"我也希望消除人物，用象征符号来代替它……使得舞台上的人物仅仅成为他们所要表现的东西的隐喻符号"。

在《阳台》的众多人物中，角色的姓名大多是以"主教""法官""警察局长""小偷"这类身份名词代替，并且，他们获取身份的方式，是通过外在物的装饰，我们从他们身上唯一能捕捉到的主体意识的表现来源于对这符号式外观的主动依附。所以，这些人物在剧作中的作用是扮演热奈眼中这些身份的本来面貌——即一种滑稽虚伪的表面，并在扮演的仪式中走向身份既定的结局，它展现了热奈对体制化的权力机构决然的否定与反对。

如此对比，在剧作中拥有具体姓名的伊尔玛、罗杰、尚尔达、卡门几位无疑是特别的，但这不代表他们摆脱了符号化的命运，而是被剧作家赋予了更多层面的象征，这由剧中的两次死亡可见一斑。一是尚尔达之死，身在妓院的尚尔达不愿在虚伪的扮演中耗费生命，她投奔了革命者罗杰，然而她仅仅是从一个性幻想变为另一种性幻想，"她自己不再是一个女人了，他们在愤怒和绝望中把她变成了另一个东西"。于是，没有只言片语，没有多余的动作，在妓院阳台上，随着一阵风掠过，随着一声枪响，尚尔达倒地。热奈没有交代谁向尚尔达开了枪，但显而易见的是，尚尔达带着革命者的纯洁死亡了，她的死亡不是一个人的丧生，而是一个象征的诞生。

第二次死亡是罗杰之死，即他在扮演中的自我阉割。罗杰在全剧中的出场极少，但具有重要意义。最开始他是水管工身份，尔后是革命者，在革命失败后，他成为"大阳台"妓院中第一个扮演警察局长角色的客人，在纷杂的镜子中，他终于"靠近"了他想成为的人。罗杰的阉割与《女仆》中克莱尔之死在冥冥之中重叠在一起，他们都是无法在现实中掌握权力的失败者，于是他们采取扮演的方式，试图成为自己厌恶又渴望成为的人，但镜子中冷光一闪露出现实的冷酷面貌时，虚假的扮演仪式进入倒计时，他们不得不以自杀去制裁自己的敌人，以肉体的死亡接近权力，继而完成对权力的反抗。

纵观热奈的戏剧，死亡一直是他剧作的深层主题。犹如《阳台》中卡门断言："先生，您是想把您的生命变成一场漫长的葬礼。"警察局长反问道："生命还能是别的什么吗？"这是热奈借剧中人物之口对生命发出的叩问。热奈戏剧中的死亡，抛却了严肃的悲壮与满含眼泪的悼词，以一种虚无的姿态呈现在舞台上。它是无声的，并在这种寂静中成为热奈所有仪式的终礼。

三、阳台：私密空间与公共空间的共生

选择"阳台"作为妓院与戏剧的题名绝非一种达达式的偶然。首先，阳台作为室内空间的一部分，是室内向室外的延伸，亦是私密空间向公共空间的延展，阳台朝内是隐秘的场所，阳台朝外是喧闹的街道，由此在阳台的方寸之间，它形成了一个暧昧的过渡区域。所以在阳台之上，我们看到罗密欧与朱丽叶，看到人生如梦，它构成了心理层面趋向外部的态势。

在《阳台》中，供非演员的普通人完成扮演游戏的妓院叫"大阳台"，这即是对阳台这一物理空间的呼应，因为在这里实现了生活空间与剧场空间的交融，它既是戏剧的——每一个人都在其中扮演，他们清醒地感知着邀请着观众（镜子）的存在。同时它又是生活的，人物不断跳进跳出，做出与"戏服"不相符的各种姿态，幻觉与真实在此地来回颠倒，欲望在此处得以宣泄。

其次是阳台这一空间的政治性。作为私密与公共的连接，阳台犹如聚光灯下的休闲沙发，它隐秘地透露出一种不经意的被观看，成为日常化的演绎舞台——这当然会是政治家的挚爱。无论是英国已故女王的阳台挥手，还是政客们的阳台宣讲，都宣告着阳台这一空间在政治语境中

的符号意味。

热奈极为敏锐地捕捉到了"阳台"的政治性。事实上，虽题名为《阳台》，但剧作中的大部分场景都在妓院的镜子屋中进行，唯有在第八场戏中，老鸨伊尔玛成为女王，水管工、普通职员所假扮的法官、主教、将军成为真正的权力符号时，热奈选择将这一向公众宣告的册封仪式在阳台上上演，而这一原本恢宏的仪式在乞丐战战兢兢的一声"万岁"中，在一声枪响与一具尸体倒地中仓皇结束，让革命斗争彻底成为笑话，在戏谑间消解了灾难。

四、结语

萨特谈起热奈的作品时曾说，他的每一部剧作都是一种精神危机的宣泄。热奈正是通过作品中的不断再现、重复的扮演和仪式完成着自己的心理治疗。作为深受二战影响的一代人，热奈的作品中没有对战争灾难的宏大叙事，没有对社会问题的激烈批判，而是抒发着他作为社会弃儿对世界的困惑不解。他渴望用一面面镜子看清这个人世的真面目，但镜子所反射出的扭曲镜像更深刻地告知他社会的虚假，于是他坦诚地展露出自己的境地，邀请他的观众走进他的镜子大厅，在其中寻找真实的自我。

《我可怜的马拉特》：寻找幸福的人们

於　闻　19编剧学理论MA

战争，作为人类经常面临的一种灾难，往往会对身处其中的人们造成巨大的肉体和心灵创伤。而那些因战争灾难而被围困的城市，则面临着最为严酷的考验和折磨。列宁格勒就是这样一座城市，在二战中，它经历了一场长达近900天的围困战，一百多万市民因战争直接或间接死亡，而列宁格勒战役也成了近代历史上最为持久和惨烈的一场包围战。但是战火在摧毁人们生活的同时，也让人们不断看见生存的本质，并且更加坚定地走向追寻幸福的道路。

《我可怜的马拉特》是一部以战争灾难为题材的戏剧作品，剧作的主人公是三个列宁格勒的青少年。在1942年的严冬中，他们在战火之下挣扎求生。在纳粹军队的包围中，他们彼此帮助、彼此扶持，共享生活必需品。在情感上，他们彼此依恋并且发展成了三角恋的关系。战争结束后，他们试着理清各自的生活，处理各自的创伤，但战后的社会发展和已有的情感纠葛为他们寻找幸福带来了更大的阻碍。

剧作以三个人物和一间屋子为中心，以前苏联社会历史的发展为纵线，选取了三个时间节点作为主要历史背景，勾勒出二战时成长起来的苏联青少年在战时和战后的心灵世界。第一幕的时间为1942年3月到5月，这正是列宁格勒保卫战时期，列宁格勒和它的市民们正处于纳粹军队的围困之中，而三位主人公马拉特、丽卡和列昂尼吉克也机缘巧合地生活在同一间屋子里，在第一幕将要结束的时候，马拉特决定离开去参军，成为一名真正的战斗英雄；第二幕为1946年3月到5月，这是战争结束后的第二年，面对战争带来的创伤和新的生活，列昂尼吉克和马拉特相继归来，害怕得到幸福的马拉特再次离开；第三幕的时间是13年后的1959年12月，马拉特再次归来，虽然他已成为小有成就的桥梁工程师，但是离开丽卡的他觉得自己像一座"熄灭的火山"。但马拉特发现丽卡和列昂尼吉克失去了生活的激情和意志，醒悟过来的列昂尼吉克决定离开，去找寻真正属于自己的独立生活。阿尔布卓夫选取这样一段历史时期和几个历史时间节点，表现出了战争对于人的生活和心灵的影响，尤其是对苏联青少年成长的影响。战争改变了他们的生活，也影响着他们对于爱情和幸福的选择。

在这部作品中，三位人物处于同一屋檐下，所有的矛盾冲突也发生在这一间小小的屋子里。而该剧的主要冲突也来自人物之间各异的性格和心理。阿尔布卓夫非常善于写作发生在室内表现人物心理和情感的作品，这种写作风格也反映在他的其他作品上。在《我可怜的马拉特》中，马拉特、列昂尼吉克和丽卡性格各异，但是战乱却使他们不得不朝夕相对，他们也不得不面对由此带来的各种激烈的内心冲突。

列昂尼吉克是个"需要被照顾"的角色，他第一次出现就是"摇摇晃晃地走进屋里来"，然后"沉重地倒在地板上"，得到了马拉特和丽卡的救助，吃掉了许多他们的生活物资。同时，他也是马拉特和丽卡二人生活的闯入者，造成了他们之间的三角关系。在列昂尼吉克到来之前，丽卡和马拉特的爱情已经萌芽，两人一起跳舞相拥。可在他闯入之后，马拉特却时不时地惹丽卡生气伤心，而丽卡也在与列昂尼吉克的交往中感到自在。在第二幕中，战后归来的列昂尼吉克失去了左手，但是他却更早更勇敢地和丽卡表达了爱意："你同独裁者联合起来了吗？那好极了，我爱你光明磊落，丽卡。我爱你——我毅然向周围的人宣布这一点。周围的人——你们明白我的话吗?"① 在决定有一个人要离开的时候，他也依然坚定地表达自己的心意:"没你我就完蛋了。你对我来说是妹妹加母亲。是整个人世间。"② 在对待爱情上，列昂尼吉克不是那种会为了他人牺牲自己的一切的人，所以他在表明态度上也比马拉特要直接果断得多。到了第三幕，列昂尼吉克与丽卡已经结婚，而他也成为一个对现实不满及依赖丽卡的人，曾经的理想和激情已经消失殆尽。他曾经有着写作诗歌的爱好和理想，虽然成功发表了诗集，可他早已发现自己的有限和固步自封。他有着对现实清醒的认识，可以愤怒地表达对"最高纲领主义"的不满，可他同时又是软弱妥协的，这也是他内心痛苦的来源。

丽卡是一个喜欢屠格涅夫和托尔斯泰的少女。在第一幕刚开始，战争让丽卡找到了马拉特家作为避难所，而她也不得已地将家具和马拉特的相片烧掉取暖。她把所有的图书都烧了，却唯独留下了屠格涅夫的书，可见她对屠格涅夫作品的喜爱和珍视。但这一点却是马拉特所鄙夷的，他称屠格涅夫为"贵族之家的歌手"，认为在这战争时期这些书并不能鼓舞人的斗志。在屠格涅夫的笔下，有许多敢于抗争现实并且追求爱情的贵族少女，吸引着这个年纪的丽卡。尽管丽卡比马拉特小一岁，但她对于爱情却比马拉特要早熟且敏感一些。虽然身处战乱之中，丽卡对马拉特和生活都充满着积极包容的爱。她会在拿到母亲托人寄来的包裹后，和马拉特一起开宴会庆祝，和他一边哼唱慢圆舞曲一边跳舞。到了和平年代，她去医学院读书，逐渐成长为一个医生，一步一步地向自己的理想前进。同时，她也是那个始终守护在原地的人，与外出漂泊的马拉特和列昂尼吉克不同，丽卡最早来到这间屋子并且始终不曾离去，

---

① [苏] 阿尔布卓夫 (A. Арбузов) 著:《阿尔布卓夫戏剧选》，白嗣宏译，上海译文出版社 1983 年版，第 377—378 页。
② 同上，第 389 页。

她也在等待马拉特变得勇敢，不再畏惧追求幸福。

而马拉特无疑是三人之中最重要的角色，也是最让剧作家和观众偏心和关爱的角色。他比丽卡大一岁，同样遭受了失去亲人的悲伤。他没有列昂尼吉克的温柔气质，骄傲爱面子，有时还会以谎言来维护自己的颜面。他渴望成为英雄，出走的他在战争中成了真正的苏联英雄。虽然阿尔布卓夫对于他外出"漂泊"的战争岁月没有进行直接描绘，但是我们还是可以看出战争带给他的变化。他从一个小男孩成长为一个男子汉，身上的金星勋章显示了他的成绩和能力。等到战争过去和平到来，马拉特也没有迷失自己的方向，他坚持自己的桥梁建造的理想，选择去萨拉托夫上大学。13年后，即使他已经完成了六座桥梁的建造，他还是在思考如何前进、如何不虚度自己的生活。正是因为如此，马拉特才会再次回到丽卡和列昂尼吉克的身边，想要从朋友那儿获得生活的激情。

马拉特 也许我是不该到这儿来。……（用围巾围住脖子）到你们这座城市来的路是遥远的。（戴上鹿羔皮帽子）多少事都能涌上心头。于是我就陷入回忆中了。回想起来的往事数不清……真多呀。（走到门口，转回身）桥梁！……（带着一种狂热的愉快心情）是世界上最好的一种建筑物！六座桥梁就是六页生活。其中的一页是否成了我的极限，或者顶峰？（沉默片刻）我有过一个好朋友，是个设计工程师。我和他架了三座桥梁。他是一个充满信心的青年。然而他也有不足之处。有一次交给他设计一座桥梁……稀世罕见的建筑物！……设计方案难以通过，反对者不计其数；他却争取到任命我当建设工程局长。（没再说下去，朝他们看了一眼，似乎刚刚看见）算啦……谈这些干吗？已经晚了，对吗，丽卡？（走向门口，接着突然摘下帽子，转身向着他们）这本来可以成为生活中主要的事业。本来可以！……但是你们看，没成功。（尖锐地）我拒绝了好朋友。随随便便就拒绝了。不可想象，对吗？而我却拒绝了。（急忙）我使自己和别人都相信我没有思想准备，不能胜任，搞不好……（沉思片刻）也许确实是这样的？（怒气冲冲地）是这样好，不是这样也好，我总算十分巧妙地转到另一项建筑工程上……接着信来了："你好，马里克，你好，熄灭了的火山。"完全正确。这几个字就是他写给我的。（急躁地，匆忙地说起来）现在他，我原来的好朋友，日子不好过。太平生活的爱好者骂他的设计是令人怀疑的方案……（苦笑）不，问题的实质不在于他鄙视我，甚至可能恨我……我并不迁就自己！（慢慢地）我大概永远也不会迁就自己。①

在这一方面，马拉特是阿尔布卓夫所肯定的有理想有抱负的苏联青年形象。他对生活和工作都充满了信念感和荣誉感，并且始终对自我有着严格的要求，有着强烈的自省意识。尽管如此，剧作家对于马拉特还有另外一种情感——同情和怜悯。阿尔布卓夫称他为"我可怜的马拉特"，看到了他身上不幸的另一面——"不敢"。马拉特不敢向丽卡表明自己的心意，选择离开，成全朋友。造成这一点的原因很大程度上来自战争灾难，战争带走了很多人的生命也包括马拉特的家人、朋友、战友和邻居。对于活下来且亲手获得胜利的马拉特来说，他觉得自己不能获得幸福，或者说他的幸福不能建立在别人有所牺牲的基础之上。"可怜的马拉特"既是剧名，也是丽卡对马拉特的称呼。在每一次马拉特流露出对于幸福的恐惧和自卑时，丽卡都会这样来称呼和安慰他。这是一种对于所爱之人的包容和期待，也是丽卡对马拉特不了解自己和爱情的感叹。但是剧作家毕竟是对于马拉特有所偏袒和关爱的，他选择让列昂尼吉克为寻求独立生活离开，让马拉特和丽卡在一起。因为列昂尼吉克的离开实在是有些突然，剧作家对他从依赖丽卡到决心离开丽卡和成全马

---

① ［苏］阿尔布卓夫（А.Арбузов）：《阿尔布卓夫戏剧选》，白嗣宏译，上海译文出版社1983年版，第405—406页。

拉特的这一转变并没有进行交代，人物行动的逻辑有些不够顺畅，这也是该剧作的一个小小不足。

马拉特是可怜的，因为他在爱情面前是胆怯的，更因为是战争给他心灵带来了这种持久的创伤，让他不敢拥有幸福。但是从另一种角度来看，马拉特的胆怯也是一种谨慎严肃的表现，他看见了爱情背后的幸福与不幸福，由此带给观众关于生命和爱情本质的深深思考。

马拉特、丽卡和列昂尼吉克，他们都是战争的幸存者，内心都有战争留下的伤痕。所以他们的心灵深处都存在对于过去和现在的不安和恐慌，也有着对理想、爱情和事业的坚持，他们更坚信，未来的日子里幸福一定会到来。

《人民公敌》戏剧鉴赏

魏小艳　20 戏剧影视编剧 MFA

一、灾难与剧作构思

《人民公敌》是一部经典的现实主义社会问题剧，由世界戏剧大师易卜生发表于 1882 年，距今 140 年，对世界仍具有深刻的意义。故事以当时真实发生的事件为蓝本，讲述挪威南海岸的一个海滨城市，浴场医官斯多克芒发现日渐成为当地命脉的浴场正在被制革厂污水污染，新浴场成了传染病窝，这个浴场是由他发起的。于是他写信告诉担任市长和浴场董事会主席的哥哥彼得，要求立即整顿浴场，并要借助支持他的报社朋友多数派的力量将此事公之于众。在彼得告诉支持斯多克芒的多数派，整顿浴场不仅需要停业两年，还需要他们纳税，这两年他们不仅没有收入还要花钱时，多数派纷纷倒戈反对并攻击斯多克芒的行动。失去多数派支持的斯多克芒寄希望于公众，在其召集的市民大会上，多数派却率先表态，制造舆论，诱导人民不要听信斯多克芒医生居心不端的报告，并阻止斯多克芒发言，斯多克芒在愤怒中将矛盾对准无知的公众，指责他们是乡下老母鸡、没有修养的杂种狗，他被投票为"人民公敌"，受尽侮辱，不仅家被砸烂、房子被房东收回，女儿也被解聘、小儿子被学校开除，他也被解聘，在最无助绝望之时，他呐喊出："世界上最有力量的人是最孤独的人。"最后决定培养后代继续战斗。

在剧情方面，该剧本身是一场浴场水被污染的生态污染灾难，城市工业化带来的生态污染威胁人们的健康，然而，当剧中主人公斯多克芒将污染公布给多数派和市长时，多数派想借机扳倒市长，而市长并不想让自己及其所代表的利益集团买单，于是将灾难转嫁于多数派和公众。所有人不想为这场灾难买单，为保护他们各自的利益他们要掩盖真相，于是他们联合起来攻击斯多克芒，向不明所以的民众隐瞒真相，生态污染问题上升为一场劣币驱逐良币、公民丧失责任与良知的灾难。真正正直、坚持真相、敢说真话的人最后却被公民投票为"人民公敌"，受人指摘，这无疑是这场生态灾难背后的一场大灾难，一场公民集体精神扭曲的灾难，腐蚀着剧中人的公德、良知，坚持真相的斯多克芒以及其家庭变成灾难的牺牲品。灾难贯穿于整个剧情，并通过改变人物行动、性格推动剧情向前发展。

在冲突方面，该剧所有矛盾因灾难而起，围绕斯多克芒的行动展开，由生态污染引发的社会与生态的矛盾升级为人与人之间、个人与集体之间的矛盾，解决生态问题变成解决人的问题，矛盾冲突紧张激烈。

斯多克芒与其当市长的哥哥之间是个人与个人，个人与当权者之间的冲突。兄弟俩于公于私从始至终都表现得不和谐。起初，市长哥哥想要发表斯多克芒对浴场赞美的文章，遭到斯多克芒强烈的反对，当哥哥询问缘由，斯多克芒却闭口不谈，于是两人互相指责，市长愤然离开。之后，斯多克芒给市长哥哥寄信说明浴场有毒，要求立马整顿浴场，市长将信退回，并劝说警告他不要多管闲事，而斯多克芒坚守真相，老谋深算的市长向支持斯多克芒的多数派发起进攻，告诉他们整顿浴场要他们买单，多数派立马倒戈，斯多克芒失去了支持他的多数派。两人的对话，斯多克芒把市长当哥哥，市长把弟弟当下属，一个需要来自下属的尊重，一个需要来自哥哥的支持，身份认知错位导致这对冲突非常激烈，一碰就着。在市民大会上两人矛盾爆发，针锋相对，市长诱导民众

《人民公敌》戏剧鉴赏

不听斯多克芒的报告，并禁止他发言，斯多克芒辱骂当权者昏聩糊涂、顽固落后腐朽，结果被众人投为"人民公敌"。市长解聘了斯多克芒，禁止他在当地行医，还为他的所作所为扣上了另有所图的帽子：借着真理的幌子攻击地方领导，骗岳父的遗嘱，两人彻底闹掰。

这是一对亲情兄弟私人矛盾，也是一对上下级公事矛盾。作为亲兄弟，二人不合，动不动互相指摘对方的缺点；作为上下级公事矛盾，二人立场不同观点不一，一个是科学家的角度，要立马整顿浴场，不考虑其中牵扯的利益和现实情况等问题，一个是政治家角度，考虑自己的名声威望以及功劳，打算隐瞒之后循序渐进马马虎虎调整，不考虑其中危害人民身体健康的要害。可以说，此二人的矛盾是两个片面真相的矛盾，浴场有毒需要治理是真相，治理需要花费高额经费和由此带来停业亦是真相，互有对错，但都不能称为真理。二人的矛盾是选择短期发展和长远发展的矛盾，是两个片面真相的冲突，力量相对弱小的一方总会成为牺牲品。经济的发展总是要付出一定的代价，这是社会需要快速发展的必然要求所决定的。

斯多克芒代表的少数派与《人民先锋报》编辑记者代表的多数派之间的矛盾。这是个人与代表资产阶级之间的矛盾，尽管斯多克芒要公布真相的行为不是为了满足个人利益，但这一行为带来的后果没有人愿意买单，而他自己也承担不了，所以产生要求短期发展、重视眼前经济效益与要求整顿、避免长期对人民身体危害的矛盾。报人起初是斯多克芒的好朋友，经常去斯多克芒家喝酒吃饭谈论民主自由思想，当斯多克芒发现问题后，他们想借灾难引起的矛盾冲突夹带私货，借机搞革命，推翻市长当权者们，搞他们所谓的自由政治，于是大力支持医生，结果当市长告诉他们其中利害时，他们架不住利益驱动，从支持斯多克芒的多数派，一下子变成操控舆论反对斯多克芒的多数派，个人之间的矛盾上升为个人多数派的矛盾。在市民大会上，他们首先站出来表明态度，攻击斯多克芒，之后又跑来找医生企图再次收买利用他，斯多克芒这次不像开头一样款待他们，而是将他们打跑。他们之间互为工具，有利用价值便是朋友，没有利用价值就是对簿公堂的敌人。是他们将斯多克芒孤立成"人民公敌"。

还有一对矛盾冲突：市长与多数派之间，多数派内部之间的矛盾。有共同利益的时候，他们之间的矛盾是和谐的，互相协作，当利益互相冲突，他们之前又暗自斗争、互相使坏。剧本开头市长便于报人在发起浴场这件事的功劳上起了冲突，报人说功劳是斯多克芒的，市长诋毁编辑："庄稼人家出身的子弟永远不知趣"；在是否发表斯多克芒的文章上，报人开始力挺斯多克芒，要与市长对着干，企图利用斯多克芒把"市政交给适当的人去管理"。而后因为维护自身利益，又与市长合作，一起掩盖真相诋毁斯多克芒，变成没有公理的多数派。多数派内部也各有立场，各怀鬼胎，印刷厂老板维护中小产阶级的利益，第一个倒戈，报社编辑维护报社利益，想要另找其他金主，报馆职员谋划这市议会秘书的职位，各怀鬼胎使得他们的矛盾有迹可循。

在结构方面，该剧共有五幕，以斯多克芒的信（文章）为线索，将五幕巧妙地串联起来，围绕浴场，层层将矛盾揭开。

第一幕开场介绍，人物聚集在斯多克芒家，通过次要人物的看、听等动作，为主角出场铺垫蓄势，调动观众对主角的好奇心，让观众对主角产生间接了解。主人公出场后，一直在等信，作者又将观众的视点集中于信上，当信被送来，信的秘密揭开：他们自豪并给予希望的浴场是一个传染病窝。于是主人公写信给市长哥哥，要求整顿，作家将观众视点集中不同人物对灾难的态度。

第二幕依旧在斯多克芒家，事件发展，信被退回来，报馆编辑、印刷厂老板为代表的多数派前来表达他们的力挺，市长来劝阻警告斯多克芒，要求他再查重新出结论声明，否则会成为"人民公敌"，而主人公的妻子也阻止他，只有女儿支持他。

第三幕，事件继续上升，为矛盾的爆发蓄势。事件发生在报馆编辑室，主人公找报人们刊发他关于"毒浴场"的文章，报人们信誓旦旦地谋划如何搞这场运动。而市长恐吓他们若将事实公之于众，浴场不但要停业两年，整顿浴场需要他们多数派掏钱，这让多数派的行为立马发生彻底颠倒，指责斯多克芒"瞎捣乱""毫无根据"，决定不发斯多克芒的文章而发市长带来的文章，这激怒了正直的斯多克芒，他发誓即使是去街头巷尾念也一定要将真相说出来。矛盾快到爆发的边缘，气氛越来越紧张。

第四幕，事件高潮，矛盾冲突爆发，场面发生在支持斯多克芒的一位船长的旧屋子。斯多克芒与多数派在市民大会上正面公开决斗。不被市长和多数派允许演说的斯多克芒发表了他激进的言论，与多数派彻底站在了对立面，被民众投票为"人民公敌"。

第五幕，尾声，场景回到斯多克芒家，被喊"人民公敌"后，斯多克芒和家人被驱赶，他本想离开这个肮脏的家乡，但最后还是决意留下来，要培养自由高尚的接班人，与他们决斗到底，他呐喊出："世界上最有力量的人是最孤立的人"。

五幕戏三幕在斯多克芒家，一幕在报馆编辑室，一幕在船长的旧房子，幕与幕之间连续发展，气氛一幕比一幕紧张，按照生活事件节奏，矛盾层层递进，为我们展现出人物复杂的关系和激烈的冲突纠葛。

二、灾难与人物

《人民公敌》有9个主要人物：医生斯多克芒、医生妻子斯多克芒太太、女儿裴特拉、市长彼得、编辑霍夫斯达、报馆工作人毕凌、印刷厂老板阿斯拉克森、制革厂老板摩登·基尔、船长霍斯特。

斯多克芒是这场由社会问题引起的灾难中心。作为浴场医官，他发现了浴场水被污染，这对当地居民来说本身是灾难，于是他想要整顿，将此事告诉了来他家做客的报社朋友，他们为这个发现感到兴奋，要庆祝一番准备大干一场，斯多克芒写信给他的市长哥哥。发现浴场被污染是灾难的开始，主人公接下来有更大的灾难，而他并没有意识到其行为会导致比浴场问题更大的灾难。当信被市长退回，主人公的第一反应非常奇特，不是从信件内容出发，而是考虑他哥哥退回信的原因竟然是："这个问题是我发现的，不是他发现的，他心里一定会不高兴。"他抢了他哥哥的功劳。从主人公奇怪的脑回路，可窥见他性格的某些侧面：与他经常会批驳的哥哥有些相似，争强好胜，分不清公私，不把市长当市长，将一个社会性的生态问题看成是个人恩怨。这也许是作者写作灾难转移目标的一种方式，将事件转移到人物性格身上。

紧接着，基尔、报馆人和印刷老板相继出现，表达对斯多克芒最大的支持，甚至借此背地里攻击市长。此时所有人将矛头转移，让一个生态问题变成社会政治问题，变成人的问题。作者为斯多克芒的灾难继续酝酿，现在支持他的人有多大力量，将来有更大的力量将他反噬。市长的一番保守处理和让他再查重新出结论发声明，否则将免去他职务让其成为"人民公敌"的言论，更加激起了斯多克芒的斗志，坚定了他要公布真相的决心。从这一面，可以窥见，斯多克芒是顽固的、莽撞的、看问题简单片面、容易激进，且容易轻信、耿直、感情用事，坚持公理不顾一切不计后果。

被市长激怒后，更坚决的斯多克芒迫不及待地到报社催促，让报人尽快发表他的关于浴场问题的文章，市长的到来让一切发生了180度转变，他们背叛了斯多克芒，背地里批驳斯多克芒瞎捣乱，浴场有问题是斯多克芒的空想，斯多克芒变成了灾难的背锅侠，支持他的强大的多数派变成了攻击他的多数派，斯多克芒将最后的希望寄托在公众身上。此时的斯多克芒气势一下子跌入谷底，变成孤军奋战的战士。在他得意时戴市长帽子捉弄市长，在他失意时变身勇士，单纯而又坚定地坚持自我。

最后，在公众大会上，他的灾难真正降临。他勉强隐忍地接受一个对立派的人为主席，露出性格中软弱的一面，预示着他的失败。多数派先声夺人，表态引导没有任何消息源的公众听市长的，不听斯多克芒的，斯多克芒被禁言。公众听信了多数派的发言激怒了斯多克芒，于是他发表了"关于群众、多数派，可恶的多数派——他们正在制造瘟疫、毒害咱们精神生活根源的人"的主题演讲，抛出他少数精英派的论调。在他最气愤时将公众比作乡下老母鸡、杂种狗，嘲讽藐视群众为没有权利裁判批准建议和管理公众事务的原材料，要经过培养训练才能成为人民。他愤怒的情绪主导了他科学家的客观，他掌握真相，但对不明真相的群众，他并没有以自己科学家的身份视角向公众解释浴场问题，而是以精英的姿态愤怒谩骂蔑视群众，最终站在了公众的对立面，成为人人喊打的"人民公敌"，成为世界上最孤独的人，这就导致了他的悲剧命运。奇怪的是，斯多克芒享受这种"少数精英"的孤独，他呼喊："世界上最有力量的人是最孤独的人"，将被孤立的孤独视为自己最强大的力量和高尚的道德情操，强化了这个人物身上理想主义的悲剧色彩。

他身上背负的灾难，也是不明真相的公众的灾难，公众不会知道浴场的真实情况，且成为利益集团的帮凶，帮其隐瞒了真相，真相被掩盖才是真正的灾难。灾难并没有改变斯多克芒的性格，反而让他愈挫愈勇，面对公众的驱赶，他本打算离开，后来决意留下培养下一代自由高尚的人继续与他们战斗。

斯多克芒这个人物矛盾且复杂的一点是，如果他真心为浴场出现问题担心公众的健康，那他应该在发现问题后忧心忡忡，想办法解决，但发现问题后他异常兴奋并要庆祝，他将发现问题视为探到宝，并与本地市长，自己的哥哥较上劲，这是他的局限性，浴场问题其实也有一部分是他的责任，但他没有反思，反而责怪别人不听他的，将自己化身为正义使者，借此想搞大事，对不了解真相的群众，贬低蔑视，其"精英"论调的优越心理尽展无疑。

他的性格将他一步步推向更深的灾难，性格影响行动，使人物身处灾难的旋涡。斯多克芒单纯地为发现问题兴奋，想要解决问题，却将自己陷入"人民公敌"的境遇，一个正直诚实的人被人民背弃，这是社会的灾难。《人民公敌》是由生态灾难引发的社会灾难，这场灾难中没有一个无辜者。

三、灾难与主题表达

19世纪80年代，随着第二次工业革命，生产力大力提高，人类进入电气时代，资本主义国家相继进入垄断资本主义阶段，资产阶级的政权日益稳固，并向帝国主义发展，同时，资本主义基本矛盾也进一步积累和深化，区域性或全球性经济危机频繁爆发，人与自然的矛盾日趋激化，社会各种矛盾凸显，社会问题加剧。

挪威剧作家易卜生在这样的大社会背景下，响应丹麦评论家勃兰兑斯"文学要有生气，就必须提出问题来"，用现实主义的创作方法，创作了一系列反映现实生活的社会问题剧。他笔锋犀利，饱含激愤的热情，戳穿了资本主义道德、法律、宗教、教育以及家庭关系多方面的假面具，揭露了整个社会的虚伪和荒谬，其中《人民公敌》便是其经典代表作之一。

该剧在情节上取材于现实真实事件：19世纪30年代，德国一位担任当地矿泉疗养地医疗官员的医生向当地人警告要发生霍乱，于是旅游旺季被他破坏，城里的人们向他家扔石头，他不得不逃走。1880年，挪威一位药剂师指责一家蒸汽食堂忽视穷人利益，在一次会议上他打算宣读事前准备好的发言稿，但会议主席制止他发言，听众强迫他离开会场。在情感上一般认为该剧是作者对其1881年《群鬼》发表引起的抵制与谩骂所做的公开答复和表态。

在《人民公敌》中，斯多克芒表现的生存之道是理想主义者的愈挫愈勇，极具战斗性和反叛精神，他坚定不移且天真地认为自己是对的，自己坚持的就是真理，真理就要被公之于众，不管付出多么惨重的代价，他始终简单片面地站在自己的立场上宣扬自己的真理，把坚持真理和正义当作自己最神圣的信念，即使变成"人民公敌"变成"世界上最孤立的人"，他也不为外界诱惑所动，继续战斗。

剧作家借斯多克芒之口，谴责资本主义社会虚伪、唯利是图、操纵舆论掩盖事实真相的丑恶现实，痛斥官老爷和多数派的不道德与谎言，并提出了他自己自由高尚的道德理想，激愤地鼓吹其所坚持的真理道德以及"少数派的精英主义"，表现出坚决的力量："世界上最有力量的人是最孤立的人！"这是斯多克芒的生存哲学，也是剧作家的生存哲学。

其价值导向具有"自由精神和高尚道德"的少数精英派论调，斯多克芒不遗余力地攻击强大的多数派只有势力，没有公理缺乏良心，多数派宣扬的文化败坏道德，像从制革厂流出来的污水毒害公民的精神生活，少数优秀知识分子才有公理，站在社会前哨，发芽着新真理，意志自由、道德高尚，因此他乌托邦地想要培养这样的人继续为他坚持的真理战斗，但他坚持的真理是真理吗？

四、灾难与剧作风格

《人民公敌》用开放式的叙事结构，从头到尾交代了灾难事件的始末，事件由发现浴场污染引发，围绕要不要揭露污染，塑造了三类人：

一类如斯多克芒坚定不移地为揭露而奔走呼号；一类如市长不惜欺骗恐吓坚决地阻止斯多克芒以求隐瞒真相；还有一类中间派，强大的多数派，起初强烈支持斯多克芒，后又倒戈，不遗余力地反对攻击斯多克芒。作者通过斯多克芒发现、写信报告、写文章揭露、被阻止后又召集市民大会愤慨演说、被驱赶、决定留下来等行动，纵向建立了清晰的情节线索，构筑了戏剧矛盾冲突的运动方向。幕与幕之间事件的发展，形成新的矛盾，交代前因后果，主线清晰，情节集中，剧情紧凑，吸引观众的注意力和好奇心。同时作者又利用人物之间的横向对比，将故事分排在斯多克芒家、报社和举办市民大会的旧房子，展现人物关系和冲突纠葛，交代人物行动背后的目的，刻画人物，并推动冲突迅速发展，营造一幕比一幕更为紧张的气氛，最终推向高潮。叙事结构纵横交错，首尾呼应，在有限的时空内形成强烈的戏剧效果，叙事结构完整，和谐统一。

作为一部现实主义戏剧，《人民公敌》使用口语散文化的语言风格，语言贴近并再现真实的现实生活场景。比如开头，市长与斯多克芒太太的对话，太太邀请他坐下来吃晚饭，他不吃，胃消化不了，太太劝他"偶尔吃一回怕什么"，市长只以吃黄油面包和茶，"再说省钱"。一来一往，完全是热情好客的主人与想拒绝的客人的现实生活既视感。斯多克芒听完市长的言论后说："你这话也许有理，可是干我什么屁事？"非常口语化了。

本剧的人物语言并非千篇一律，而是一人一面，语言性格化、个性化，富有戏剧张力。人物用语言对话互相刺激，互相影响，暴露他们的性格，让矛盾激化，转向新矛盾，促进剧情发展。比如斯多克芒与市长的对话充满挑衅意味："咱们当然看不出来，像你我这么两个老顽固……""当然，你不会看得像我这么真切……"足见两人经常斗嘴，互争上下，在语言中就能看出两人关系不合。斯多克芒的语言天真耿直顽固，"就是地球碎了，我也绝不低头让步。""难道我就心甘情愿地让舆论、让这些多数派和这些牛鬼蛇神把我打败吗？对不起，办不到！""我要当着正派人的面达到那批坏东西，把他们打垮……"而市长的语言总是显得小肚鸡肠，好挖苦人，"庄稼人家出生的子弟永远那么不知趣"……"有些人好像得了一份儿面子还嫌不够"……

剧本中出现一个有趣的人物：醉汉，是对斯多克芒的隐喻。公众叫嚷着"把那个醉汉轰出去"，说他精神不正常，辱骂他上辈子有疯病，投票除了醉汉没有投以外，其他的人都投斯多克芒是"人民公敌"，斯多克芒同样被孤立、被侮辱、被驱逐，被众人认为是不清醒的人，但他或许是最清醒的人，最知道真相的人。醉汉的存在象征着公众昏头昏脑的无知，驱赶同类，悲剧也是自己造成的。

五、灾难戏剧创作的启发

《人民公敌》作为一部揭露社会时弊抨击社会不良道德风气的社会问题剧，在创作上最大的启发是成功塑造了一个具有理想主义情怀的角色斯多克芒医生、一群道貌岸然虚伪的多数派和具有人之恶性又具有制度性的市长官员。剧作家将生态灾难问题变成人的问题，人精神腐朽堕落的问题，由此产生了少数派与多数派的矛盾、生态与发展的矛盾、道德与政治、真相与谎言、正直与虚伪之间的矛盾。他没有聚焦生态问题本身，如何具体解决生态问题，而是将其作为一个戏剧种子，在这个种子上开出有关人性、社会制度的花朵。这样做使得问题指向整个人类文明，主题更深刻，作品经得起时间的考验，更耐人寻味，使不同时代和不同空间的人产生更深层次的反思。

以斯多克芒为例，首先，作者通过人物行动来塑造人物形象，斯多克芒是一个热情好客，热衷于参与公众事务，并将此视为自己责任的激进理想主义医生，他医治的对象不是人，而是社会，社会病了，他为社会开了"斯多克芒式的药方"。基于此，作者为斯多克芒设计了一个贯穿动作：写文章（信），有事没事喜欢在先锋报纸上发表自己对公众事务的观点。这一动作将他的职业与舆论多数派、市长和本事件紧密相连。

剧本开头，报人和市长因为斯多克芒的文章来找主人公，作者让主人公不在家，利用两个次要人物围绕斯多克芒和其文章进行的充满火药味的交谈，塑造了"此地无此人，却处处是此人"的情境，间接渲染斯多克芒热情好客的性格，更重要的是，成功让观众聚焦在斯多克芒这个人物身上，于是，主角在台上角色和台下观众的期待中带着来家中做客的朋友隆重出场。他一登场的主要动作是拒绝发表前面两位人物提到的文章，不断询问家里是否收到信，他故意跟市长卖关子，不告诉市长他这番操作的缘由，引起了市长的不悦，反倒提起了观众对他所等信件的好奇，又成功将观众聚焦在信上，信件内容成为台上台下的焦点。作者利用设疑性构思，不断设疑，不断解疑，将观众的注意力牢牢地从一个面抓到一个具体的点上，无疑增强了戏剧张力，为观众提供更广阔的审美空间，可谓用心良苦。这种声东击西利用灾难事件造势的方法很值得我们借鉴。

其次，作者为人物的行动提供了充分的心理依据。斯多克芒从开始决意不发表赞美文章到后来执意要发表问题文章揭露真相，其心理依据源于坚守的道义和信仰，"真相比什么都重要。"所以他为揭露真相四处奔走，为揭露真相战斗演说，不惜成为"人民公敌"。从人物心理需求出发，让人物从一个灾难一步步走向另一个更大的灾难，让人物说出的话有内在根据，其行动更加夯实真切，这也是易卜生戏剧留给我们的财富。

最后，本剧给我的启发还有作家深切的人文关怀，作家始终保持着

《人民公敌》戏剧鉴赏

对社会问题的热情和对在社会中生存的活生生的人的关注，将自己对人的爱恨情仇倾注于这复杂多变的人性上。他带着深沉的思考，以自己擅长的形式，创造出许许多多如斯多克芒一样浇灌着作家内在精神和品格的众生相。

本剧对于灾难所带来的后果，作者并没有给出答案，只是给了一个人物继续为正义战斗的理想化展望，人物在这座驱赶他们的"孤岛"上之后依靠什么而活，最后结局如何，作者将答案留给了观众，带给观众一个美好的向往，他看到了光明，成为世界上最有力量的人，这力量来自正义的伸张，这是人物的期盼，也是易卜生对人性和社会的思考和期盼。

《人生是梦》
——于梦碎时醒来

王嘉馨　20 戏剧影视编剧 MFA

　　波兰国王巴西利奥从神的预言中得知自己的儿子塞希斯蒙多将成为暴虐嗜血的人，一名兽性难驯的王子。为了不使自己的国家在未来的国君手中遭难，老国王不得不在王子仍是婴儿时将他隐藏于古塔。在荒野的山林中，对自己身世一无所知的王子渐渐长大成人，他接触不到其他任何人，只有克洛塔尔多是他的师长。这荒凉孤独的软禁生活在罗索拉——克洛塔尔多的女儿闯入塔内时发生了巨变。此时，老国王正欲指定将来的继承者，究竟应该将王位传给莫斯科公爵阿斯托尔弗及艾斯特雷亚公主，还是让被自己囚禁至今的王子继承王位，成了摆在老国王巴西利奥面前的难题。他决定用药物使王子睡去，不动声色地将他接回王宫，如若王子的行为举止令人满意，则证明神的预言已被他多年来的精心计划所破解，王子就可以成为继承人，戴上他的王冠。而塞希斯蒙多的举止却宣告了神的胜利，老国王痛心地看到，他的儿子是那样残暴、任性，正如预言的那样，仿佛一只野兽。于是，国王采取他的下一步计划，仍旧用药物使王子睡去，再次醒来时，王子发现自己仍身处塔中，仍旧是那个一无所有的痛苦的人，而王宫中发生的一切仿佛只是一场幻梦。得知王子的存在后，波兰人拒绝外来的统治者，极力拥护他们的王子。可此时的王子与第一次获得王子身份时的心境已截然不同，他明白，这一切也许只是另一场梦。老国王悲伤地认为神的预言终究是实现了，他无力反抗命运，终将向自己的儿子臣服。而意识到人生如梦一般的王子，仿佛终于醒来，在带领军队取得胜利后，他选择将王位交还给父亲，用他的高尚赢得了桂冠。

西班牙剧作家加尔德隆创作的《人生是梦》，在激烈的戏剧变化中蕴含着丰富的哲理及宗教意味。加尔德隆在大学时期攻读哲学与神学，一生创作近两百部喜剧及宗教短剧，并于1651年成为一名教士。在《人生是梦》这部作品的开端，似乎有着《俄狄浦斯王》的影子，但随着剧情的深入，我们可以从中看到精妙的戏剧结构及作者独特的哲学观。企图扭转命运的老国王却恰恰促成了命运；王子身份的幻灭却使得塞希斯蒙多在这破碎的梦中悟到了真理，找到了一切不幸的来源。如同庄周梦蝶般，现实生活与梦境那样难以分辨，交织于他的生命，最终，他选择用积极的方式来面对眼前一切境遇。

"因为让一个不幸的人活着，就等于让一个幸福的人死去。"再糟糕的困境，也可能于下一秒消失，再狂热的幸福，也不过是迅速湮灭的幻觉。既然如此，不如让这易碎的梦做人生的导师，放下对稍纵即逝俗世利益的渴求，在每一场幻梦中追寻永生的荣誉，那么，无论何时又将梦碎，幸福不会永远沉睡。

《流血的婚礼》：鲜血和激情的安达鲁西亚之歌

於 闻 19编剧学理论MA

《流血的婚礼》（Bodas de sangre）是西班牙剧作家费德里科·加西亚·洛尔卡（Federico García Lorca）的代表作之一，首演于1933年3月8日的马德里，剧作从内容到形式皆鲜明地反映出20世纪初期西班牙乡村地区的世俗风貌。作品讲述了一个摄人心魄的悲剧：在20世纪初期西班牙某地，新娘跟随旧日的恋人在婚礼进行中私奔，追来的新郎和情郎展开了决斗，最终却双双殒命，只留下失去亲人的女人们为他们悲痛。

一、一场基于真实事件的灾难

《流血的婚礼》为三幕七场话剧，采用了双线并行的叙事策略，一条主要讲述了新郎和母亲筹备和举办婚礼的种种行动，另一条则展示了新娘和情郎莱昂纳多重逢到决定私奔的全过程，这两条线在第三幕交织在一起，最终走向了这场无法避免的悲剧。第一幕共三场，清楚地交代了人物的前史，第一场上来就交代了新郎家与莱昂纳多家的世仇及新娘与莱昂纳多昔日的恋人关系，第二场的焦点立刻转向了莱昂纳多，交代了他在得知新娘即将结婚后的反应，第三场则是新娘与莱昂纳多的重逢，新娘的内心开始动摇。第二幕共两场，为婚礼进行时，第一场的地点是新娘家的门厅，塑造了盛大热闹的婚礼场面，第二场中间由于新娘和莱昂纳多的私奔情势发生了突转。第三幕则是全剧的高潮和尾声部分，在第一场中，追来的新郎在死神的指引下与莱昂纳多进行决斗并双双身亡，最后一场只剩下新娘、新娘母亲和莱昂纳多之妻为他们悲伤哭泣。纵观全剧，其剧情发展脉络清晰，而这场"人为"的灾难是剧作的核心。作品从一开始就暗示了流血的发生，并在一步步地推进中走向最后的悲剧。但是由于场景的变换和诗歌的元素较多，剧作的整体结构显得有些松散。

从作品的构思来看，这部剧取材于当地一个真实的事件：1928 年 7 月 22 日，在阿尔梅利亚省的尼哈，农场主的女儿弗朗西斯卡·加尼亚达将与卡西米罗·佩雷斯·莫拉雷斯举行婚礼。吉时已到，新娘却不知去向，宾客们只得各自散去。后来人们在距离农场八公里的地方发现了新娘的表兄蒙斯特·加尼亚达的尸体，并在附近的树林中发现了衣冠不整、惊魂不定的新娘。新娘坦白了与表兄骑马私奔的经过。据她讲，在逃跑的路上，突然出现一个蒙面人，向蒙斯特开了四枪。事后警方证实：蒙面人是新郎的哥哥，他在婚宴上喝多了酒，一时气愤便酿成了这桩惨案。① 将剧作和这一事件相比较，我们可以很清楚地看到其中的种种差别，这一真实案件同样也是新娘在婚礼中途与情郎私奔的故事，只不过死去的只有情郎，而且他是被新郎的哥哥开枪打死的，并非与新郎决斗而亡。加西亚对原始事件中的灾难元素进行了提炼和升华，并在剧作中加重了这场灾难的力量。对于新郎与莱昂纳多而言，相较于枪杀的干净利落，以肉身和刀具相搏的打斗是更为激烈甚至是惨烈的，并且伴随着骇人的流血场面；对于新娘而言，她不仅失去了爱情也失去了丈夫，并且余生将在悲伤和寂寞中度过。世仇这一设定，使得这场悲剧更

---

① 赵振江：《加西亚·洛尔卡和他的"乡村三部曲"》，《艺术评论》2008 年第 6 期。

添了几分宿命的意味。以上种种，均反映出加西亚舍弃了现实素材中悲剧的偶然性，为悲剧的必然发生创造条件。

二、一个燃烧着情欲之火的新娘

对于悲剧形成的原因，加西亚给出的答案是生命深处无法遏制的欲望和激情，并且集中体现在新娘这一人物的塑造上。这是一个众人口中美丽且正派的姑娘，一次情欲驱动下的逃婚烧毁了她的生活。

在第一幕，作者已经通过他人之口告诉了观众新娘与莱昂纳多的关系，恭顺的姿态只是表象，她对结婚和婚礼并没有过多的期待。在第一幕结尾处，听到女仆说莱昂纳多昨晚来过，新娘先是震惊不相信，接着以嗔怒来掩饰内心的惊喜。

女　佣　因为我看见了。他停在你的窗口，我很奇怪。

新　娘　是不是我的未婚夫？他有时在这时候从这里过。

女　佣　不是他。

新　娘　你看见那人了？

女　佣　看见了。

新　娘　是谁？

女　佣　莱昂纳多。

新　娘　（有力地）撒谎！撒谎！他到这儿来干什么？

女　佣　住嘴！你那该死的舌头！

　　　　［响起一匹马的声音。

女　佣　（在窗口）你看，探出头来。是他吗？

新　娘　是！

　　　　［幕疾落。

第二幕第一场，新娘再次出场，她又恢复了之前的严肃和平静，但是通过她与婢女的谈话，我们很快感受到了她内心涌动着的情欲。女仆一边给她梳妆，一边给她讲述男人和婚礼的好处，她却反而兴致缺缺，心中似乎十分憋闷。莱昂纳多的到来勾起了往日的情思，也让新娘的内心起了波澜。惊讶、愤怒、不安，新娘的内心已经被莱昂纳多搅动得十分混乱："我不能听你的话。我不能听你的声音。它好像使我喝了一瓶茴芹酒并睡在了一个玫瑰花的垫子上。它拖着我，我知道自己要憋死的，可还得跟着走下去。"①

在西方传统的婚礼仪式中，新娘大多身着白色婚纱，这是一种纯洁美好的象征，但剧作中这场婚礼中，新娘却穿的是黑色的婚服。黑色的婚服比白色更能体现新娘内心情欲所受的压抑，成了新娘之后的丧服。

新娘在新郎和情郎莱昂纳多殒命之后进行了自白："我是一个燃烧着的女人，里里外外都充满了创伤，你的儿子是一点水，我对他的期待是儿女、土地和健康；可那另一个男人是一条浑浊的河，充满树枝，带着灯芯草的细语和含混的歌声从我身旁流过。我和你的儿子一起跑着，他像一个水的小孩儿，冷冰冰的，而那另一个男人给我送来一百只鸟儿，它们使我无法动弹，将寒霜降在我这个可怜人的伤口上，我这个枯萎的女人，这个被火抚摸的女人。我不愿意，你们清楚！我不愿意，听清楚！我不愿意！"②新郎对于新娘而言只是新郎，而莱昂纳多对于新娘而言却是莱昂纳多。莱昂纳多是全剧中唯一拥有姓名的角色，以"雄狮"为名足见剧作家对这一角色寄托的期待：他是男性力量的化身，是"引诱"新娘出逃的动力。对于这一地区的妇女而言，婚嫁和生育对于

---

① 加西亚·洛尔卡：《加西亚·洛尔卡戏剧选》，河北教育出版社 2007 年版，第 129 页。
② 同上，第 166 页。

她们而言是天然的责任和宿命，而爱情并不在婚嫁的考虑范围之内。而《流血的婚礼》所塑造的新娘这一人物，对西班牙传统农业社会中的这种婚嫁模式进行了抗争，她听从内心涌动着的情欲大胆逃婚，却不可避免地同时失去了丈夫和爱情。于是，她认为自己洁白的胸脯再也不会被看见，社会的传统规则和自身的局限目光给她套上了枷锁，锁住了她未来的岁月。

但加西亚的重点不在于批判社会的封闭和农民们的落后观念，他更多的是对当时西班牙乡村这种蒙昧而又充满生命激情的状态的展现。他发现了潜在的反传统的因素，也发现了这片土地上延续至今的民族力量。也正是如此，他的这部作品不同于与当时西班牙剧坛反映资产阶级生活图景之流，颇具创新姿态，而历史也证明了这部作品的价值。

三、生命的存续如诗如歌

《流血的婚礼》不仅仅是一部戏剧作品，也是一首充满民族气息的生命赞歌。受到传统与现代、本土与外来文化因素影响的洛尔卡，他借用"诗"的形式对传统的西班牙农村进行兼具抒情性和哲理性的反思与批判。

首先是在舞台场景的构思上，加西亚善于使用不同的色彩和植物来展现环境的特点，而具有高度象征意味的颜色也成了剧作的底色。在第一幕第一场和第二幕第二场中，新郎家房间内和新娘家窑洞外的主色调为黄色，这是土地的象征，也是新郎所担负的主要象征功能——土地对于生命的孕育、生长和丰收作用；而第一幕第三场和第三幕第二场中，新娘房间的墙壁则被设计成了纯洁的白色，暗示着新娘的贞洁和荒芜；至于第一幕第二场中的莱昂纳多家，房间被粉刷成了玫瑰色，这是一个已经育有幼子的家庭，生活似乎如玫瑰一般幸福圆满。简洁但又充满象征意味的色彩运用表现出了这片土地和土地上的人们的生活和期盼。其次是加西亚对于传统歌谣的运用，例如在莱昂纳多的岳母和妻子哄孩子这一行动中，二人不停地以"马儿喝水"来哄孩子睡觉，又如婚礼这一场，"醒来吧，新娘！"的歌谣反复出现并不断推动着情节的发展。这些经过加西亚改造的传统民谣使得剧作充满了浓郁的民族气息。

> **莱　妻**（渐渐清醒过来，如入梦境）
>
>   石竹花，快快睡，
>
>   要不马儿不喝水。
>
> **岳　母**　玫瑰花，快快睡，
>
>   要不马儿要流泪。
>
> **莱　妻**　小宝宝，哦哦哦。
>
> **岳　母**　大马不愿把水喝。
>
> **莱　妻**（充满激情）
>
>   别过来，别进来！
>
>   请你上山岗！
>
>   黎明的马儿啊，
>
>   白雪多悲伤！

鲜花的点缀、鲜血的浸染和传统的音乐节奏，让这一场"血"的婚礼变成了一曲歌颂土地和生命的悲歌，也让这一场灾难不仅仅止于爱情和命运的层面。

对于决斗身亡的惨烈场面，加西亚并没有进行直接正面的描绘。在新郎和莱昂纳多碰面之前，加西亚用两个象征的人物——代表月亮的年轻樵夫和死神化身的老乞婆来指引决斗并暗示死亡的发生；而在决斗之后，又通过两位姑娘歌谣般的叙述还原当时的场景：倒在土地上的汉子用鲜血浸润了土地，并将孕育出新的生命。于是他们的死亡也变成了吉卜赛诗歌戛然而止的结尾，使得剧作充满了诗歌的节奏和韵味。这场西班牙土地上的人为灾难，在加西亚的笔下变成了一首充满生命激情的民族歌谣。这首悲剧性的"安达卢西亚之诗"展示了该地区吉卜赛人独有的浪漫，也彰显了他们身上爱和激情的破坏性力量。

爱情与战争
——评灾难戏剧《生与死的王冠》

史欣冉　21 编剧学理论 MA

西班牙当代剧作家阿莱杭德罗·卡索纳于 1955 年所创作的三幕七场悲剧《生与死的王冠》（又名《葡萄牙的堂娜伊内斯》）既是一个关于战争的故事，更是一个关于爱情的故事，王子佩德罗与堂娜伊内斯相爱了十年，西班牙公主来到科因布拉需要与王子佩德罗结为夫妻以保证两国的和平，否则将会造成战争。于王子佩德罗而言，一边是忠贞的爱情，一边是宝贵的和平。国王命令王子必须离开伊内斯，与西班牙公主成婚，却遭到了佩德罗的反抗，国王为保住自己的王位和两国和平，囚禁了王子佩德罗，同时杀掉了堂娜伊内斯。佩德罗悲痛万分，带领众人发动起义，国王阿方索被召唤进天堂安息，佩德罗成为主宰这片土地的国王，他为伊内斯而战，视她为爱情的象征，并宣布堂娜伊内斯为葡萄牙女王。该剧属于灾难题材中的战争灾难，着重刻画战争发起的原因和情感内涵，将情感表达放置于剧本主体，简略概括战争情节，在极端的战争和严峻的后果中，二人的爱情显得格外珍贵。

一、叙事空间延伸性

该剧围绕战争与爱情展开叙述，共三幕七场，叙事空间逐步由国王的城堡、王子别墅向外推移到空旷的打猎场与茂密的树林，伴随着叙事空间从封闭—半封闭—开放的向外延伸发展，剧中主人公之间的矛盾更激化、情感更浓烈，由静止的争吵冲突逐渐发展为更大的战争，故事情节以国王和三个廷卫刺死伊内斯为节点，向不受控制的方向发展，佩德罗丧志爱情，情绪激动，发动起义，战争开始。

该剧的第一幕第一场发生在国王所在的科因布拉城堡大厅中。为维护两国和平，远道而来的西班牙公主要与王子结婚，却始终不见未婚夫出现，便质问国王，要求王子前来，与此同时，公主听到了民间传颂的爱情诗歌。第二场故事发生在蒙德戈河畔的圣克拉拉别墅中。王子与伊内斯在城堡中生活，伊内斯担心这个和亲的公主会给他们的生活带来什么变故，产生担忧。伊内斯认为，"同一个女人斗争，可以我们二人承担，但是公主代表西班牙"，"她身边有国王的意志，背后有两国的军队"。王子佩德罗决定要与父亲、整个国家，乃至西班牙作对。第三场是在城堡大厅中。国王找到王子，要求他与公主见面，王子与国王对峙，他坚定自己对伊内斯的爱意，同时将内心的真实想法告诉公主，公主听后对这个女人产生好奇，究竟是什么样的女人让王子不顾一切而坚持，公主决定明天打猎时设法见到伊内斯。

该剧第二幕共一场戏，发生在圣克拉拉别墅中，国王为欢迎公主进行打猎游戏，公主按照计划来到城堡中，与伊内斯相见，二人从敌对到和解，并且共同探讨爱情的真谛。随后国王找来，与伊内斯、孙子和儿子交谈，国王与儿子的矛盾开始激化。

该剧第三幕的第一场发生在王宫的大厅中，国王得知伊内斯成为民众尊重的对象，"因为我们大家已经把她变成了一种象征，像我们这样的国家，人民是不会被一种思想所挑动，但是他们可以甘愿为一种美丽的象征献身"。国王为王子提供一种解除婚姻的合法方式，随后再与西班牙公主结婚。王子拒绝，国王对王子说，"你所造成的问题已经煽动起我的人民的热情。全体人民一旦激动，会比任何人干出的蠢事还多"，于是他把王子送到蒙特莫尔城堡中囚禁，并与三个廷臣讨论决定处死伊内斯。第二场发生在圣克拉拉别墅的夜晚之际，国王和三个廷臣来到伊内斯的卧室，将伊内斯刺死。伊内斯对国王说："两步。或者佩德罗，或者死亡。"伊内斯不能放弃佩德罗，坚定地选择了死亡。她在爱情与生命之间，坚定地选择爱情。

第三场故事发生在王子佩德罗从科因布拉到蒙特莫尔的途中（王子佩德罗被流放到蒙特莫尔）。伴随着三弦琴响，佩德罗感到忽冷忽热，伊内斯魂魄出现在佩德罗眼前并与之对话，伊内斯讲述相恋十年的爱意与被杀的过程。护卫弗拉门戈索传递出伊内斯被国王下令杀死的消息。佩德罗决心复仇，他呼吁他的君臣和全体人民反对他的父亲，发动反抗起义战争。佩德罗举起明亮的剑，整个葡萄牙都来反抗国王。伴随着起义号角声和战争的声音，起义成功。卫队长宣布：杀人的罪犯受到了惩罚，我们伟大的国王阿方索已被召唤进天堂安息，我们举行了起义，获得了胜利。佩德罗成为主宰这片土地的国王。在取得胜利后，佩德罗说：我不配接受这项王冠，这位被杀死的女人为大家赢得了新的生活。她作为爱情的象征，把爱情归还我们，堂娜伊内斯——葡萄牙女王。

二、人物塑造多面性

该剧中的主要人物共有四个，分别是国王阿方索、王子佩德罗、公主康斯坦莎、妻子伊内斯，每个人物都具有多面性，具有多重身份，多重身份的影响造成了人物性格的多样，立体的人物塑造是该剧的特点。

国王既是父亲也是国王，他身上承担着国家的责任，需要考虑的是国家的安定与和平，所以当西班牙公主来到时，他必须让王子与公主结婚，只有这样才能维护国家的和平，宫廷政治是没有爱情的。国王对儿子说，"除了你的人民的利益，你不能有别的心愿"，一直在压抑限制自己的儿子。当他面对孙子时，他认为"我的唯一的危险是一个孩子，祈求上帝不要叫我陷入溺爱的感情"。在阿方索身上，国王的身份远比父亲身份更加重要，他选择杀死伊内斯是身为一个国王做出的判断，却伤害了儿子，引起儿子的反抗。

王子佩德罗是一个爱情至上的人，对所爱之人始终如一，坚持十年的爱情，并且与父亲对抗十年。佩德罗视爱情如生命一般："她捆着我的耳朵和眼睛，捆着我的脉搏和呼吸"，"我唯一的战争与和平叫佩德罗"。王子与国王是两代人，有着两代人思想观念的冲突和矛盾。王子认为："我需要自由的空气。我憎恨你的宫廷大臣在角落里嘀嘀咕咕，他们总是卑躬屈膝，好像要在地毯上寻求他们的人格。"他厌恶宫廷生活，想要追求真实。国王不理解儿子，而且一直压抑、逼迫他，故而造成了两人之间不可化解的矛盾。

西班牙公主的到来打破了王子与国王之间的平衡。原本国王反对王子在外的情感生活，但是他无法彻底地阻止，但是当公主来到后，王子无法履行承诺，国王与王子之间的矛盾就会加剧。当王子对公主坦白时，公主表面上坦然相对，实则对伊内斯产生了好奇，便智慧地设计见到了伊内斯，在与她的交谈中，公主获得新的认识，她不再是和亲与维持国家之间和平的工具，而是以独立的个体，去体验与寻找爱情，离开葡萄牙。公主善良、聪明、智慧、知进退，在受到伊内斯的启发后，勇敢果断地选择离开，去寻找属于自己的爱情。

伊内斯，具有多重身份，妻子、母亲、国王的侄女，还是一个女人，该剧名为《生与死的王冠》又名《葡萄牙的堂娜伊内斯》，讲述的就是堂娜伊内斯的故事。伊内斯是故事主角，爱情因她而起，战争亦因她而战。身为妻子，她照顾家庭和孩子，将圣克拉拉别墅打理得井井有条，在公主上门挑衅之际，她得体大方，用智慧与公主交谈。身为母亲，她为佩德罗养育了三个孩子，教育培养孩子，在临死之际也要安排好孩子的未来。身为女人，她全心全意地爱，勇敢地争取和反抗，与佩德罗相爱十年。在伊内斯死后，她的魂魄来到佩德罗身边，诉说着自己十年的爱情："你知道一个女人幸福的十年意味着什么？那是在千百种恐惧中度过的三千个日夜：唯恐失掉青春和美貌，唯恐你的爱情变得平淡，你的快乐变成疲倦，唯恐一个早晨醒来找不到你，唯恐你不再爱我……""感谢那几个人杀死了我这个沉湎于爱情中的女人，因为现在我可以继续爱你了。"这是一个"沉湎于爱情"中女人的独白，情感深刻，蕴含着深深的爱意。伊内斯十年的爱情也得到王子的回应，王子为伊内斯而战，在起义胜利之际向大家宣布："我不配接受这顶王冠，这位被杀死的女人为大家赢得了新的生活。她作为爱情的象征，把爱情归还我们，堂娜伊内斯——葡萄牙女王。"两人真挚的爱情令人动容，这是战争灾难外壳下柔软的爱情故事。

三、语言表达哲理性

该剧中的语言表达具有哲理性，意蕴深刻，有朗朗上口的民间传颂的诗歌，有关于打猎的哲理性语言，也有富有情感的对白。

伊内斯与佩德罗的台词对白极具感情和哲理。如"你知道一个女人幸福的十年意味着什么？那是在千百种恐惧中度过的三千个日夜：唯恐失掉青春和美貌，唯恐你的爱情变得平淡，你的快乐变成疲倦，唯恐一个早晨醒来找不到你，唯恐你不再爱我……"，又如"我不配接受这顶王冠，这位被杀死的女人为大家赢得了新的生活。她作为爱情的象征，把爱情归还我们，堂娜伊内斯——葡萄牙女王。""关于爱情的理解。你要幻想和他融为一体，直到忘记你自己。他的寒冷是你唯一的寒冷；他发烧你觉得身上发热；他离去你痛苦得肠断心碎，如果他的手被砍掉，你觉得你的手流血。"民间传颂的诗歌及关于爱情的诗歌具有情感和创造力。伊内斯死后的幻影所念的歌谣"你到哪去，佩德罗王子？你到哪去，不幸的你？你的情侣已经死去……她已经死了，我看见的……"，佩德罗为伊内斯所创作的歌谣"你的眼睛寻遍河流……为了找到我的朋友。你的眼睛寻遍天空，为了找到我的情侣。你的目光落在哪里？将我和我情人的眼睛相遇"，这些歌谣朗朗上口又饱含情感，是伊内斯与佩德罗两人爱情的见证。除此之外，该剧中关于政治、关于战争、关于打猎的语言也充满哲理，哲理性的语言为紧张的故事情节中平添了一分严肃，该剧是关于战争灾难的故事，剧作家用哲理性的语言对战争、政治、宫廷进行批判与讨论。

阿莱杭德罗·卡索纳所创作的三幕七场悲剧《生与死的王冠》讲述了一个关于爱情和战争的故事，该剧略写战争，详写了佩德罗与堂娜伊内斯二人情感的叙事方式，展示了爱情的顽强与真挚，伴随着叙事空间的不断向外延伸，矛盾不断被激化、情感更加强烈，空间的向外延伸推动故事情节发展，塑造出了一批立体生动的人物形象，在残酷的战争中描绘真挚的爱情，于爱情中塑造多面的人物，而"战争灾难"这一元素融入故事情节中，不仅成为情节发展的基础，不断推动情节的发展，而且还成为爱情的见证，王子佩德罗通过起义战争，向全国人民证明了爱情。

死亡来临之际
——评灾难戏剧《阿塔瓦尔帕之死》

史欣冉　21 编剧学理论 MA

贝纳尔多·罗卡·雷伊是秘鲁剧作家，在外交部工作，其作品曾多次获得国家戏剧奖，他于 1950 年创作的历史剧《阿塔瓦尔帕之死》是一部独幕剧，讲述了战败的部落首领印加·阿塔瓦尔帕在死亡来临之前所发生的故事。故事发生在 1533 年 8 月 29 日的夜晚，在囚禁印加·阿塔瓦尔帕的监狱中，多米尼科派的教士巴尔韦德正在审问印加，印加原本是印第安民族塔乌安廷苏约这个国家的首领，在部落内部斗争中战胜兄弟赢得了首领的地位，可是却被来自西班牙的外来侵略者所打败，被囚禁在监狱中，等待着死亡。巴尔韦德对印加斥责讥讽，并告诉他将要死亡的命运，印加开始向上天祷告，刺耳的鼓声越来越响，仆人巴尔韦德上场，他与印加通过一场交换游戏，彼此控诉、揭露对方，随后，印加走到了生命的尽头。

该剧篇幅较短，却蕴含哲理，选取了一个极端情境——生命的尽头，在面临死亡这一个极端情境中，通过战胜方巴尔韦德、落败方印加及奴隶费利皮略三个视角的对话，表现印加临死之际的生命状态，展现在死亡来临之际的紧张、反抗、暴躁、坦然接受的全部心理历程。在"死亡"的不断逼近下，印加通过各种行为妄想拯救自己，为自己解脱，在发现死亡已经是一个既定的事实之后，他决定坦然面对。他面不改色地，神圣不可侵犯地，充满着尊严地徐步下场，为自己的一生画上了尊严的句号。

该剧中的战争元素贯穿全剧，可以划分到灾难戏剧之中，该剧既有内部斗争，又有外部侵略。印加·阿塔瓦尔帕通过内部斗争，战胜王子，成为印第安民族部落的首领。巴尔韦德认为印加"用内战烧掉了这个国家"，同时，西班牙族群的外来侵略又使印加成为战犯，被囚禁于监狱之中。在多次战争中，百姓早已经苦不堪言，发动战争和经历战争的印加更是成为囚犯，故事便是在双重战争的背景中展开叙事，双重战争灾难为该剧营造了紧张的气氛，同时增加了剧中人物的内在矛盾。该剧为历史剧，通过战犯印加的视角侧面描绘战争的残酷与血腥，侧面讲述历史故事，使该剧充满历史感和厚重感。

该剧重点塑造了印加·阿塔瓦尔帕这一人物，使这个人物全面立体地呈现在剧本中。他是一个暴虐的首领，巴尔韦德说印加"你自己用内战烧掉了这个国家，你杀死了王子"，印加辩解道"我没有杀死他"。有的百姓认为"有个凶神，在王子兄弟之间挑起仇恨，我们这些老百姓，就是受的这个罪孽的报应。"印加是个胆小懦弱的怕死之人，他说要"交出一笔令人难以置信的赎金"来挽救自己的生命，"以接受洗礼为条件，从火刑减为绞刑"。他为自己暴虐的行为寻找借口，"我从我父亲手里继承了权位，他向我指示的道路要从流血和威胁的黑暗中通过"；他也是一个自大的人，"只要我不点头，就没有鸟会在我的国土上飞"。该剧中塑造人物的方式有三种：一是在对话中塑造人物。通过他与巴尔韦德、费利皮略的对话，不断丰满这个人物，揭露出这个人物的行为。二是在抒情性语言中塑造人物。印加的台词语言具有哲理性和抒情性，如，"那个死亡难道就不是和这个出生之前一模一样？我们回到开始，返向虚无，如此而已……我们来到这个世界的时候，应该对生命感到敬畏。"他花言巧语地为自己过去行为寻找借口，也真心害怕死亡的到来。三是在"交换游戏"中塑造人物。费利皮略提出要交换身份，扮演彼此，"我们做游戏，互相交换我们的罪孽……把你的廖图巾给我，把这顶外国人的头盔给你！"他们在游戏中揭露、辱骂彼此，揭露"自己"的罪恶。该剧通过这三种方式塑造了一个立体多样的人物，尤其是展现了印加·阿塔瓦尔帕临死之际复杂的内心情感变化。

剧本中的舞台提示通过视听结合的方式塑造渲染战争的氛围、刻画战争的群众场面，既具有震撼力又能体现该剧中战争的紧张氛围。舞台提示中的鼓声也具有深层含义，敲击战鼓的声音在全剧中共出现了六次，分别是以下六次：

1. 远处传来西班牙人战鼓凄厉的敲击声，混杂着妇女的哭声和士兵粗暴的说话声。

2. 印加呆呆地站在舞台中央，鼓声又阴沉沉地响起。鼓声静寂下来时印加屈膝下跪。

3. 响起一阵雷鸣般的鼓声。

4. 鼓声更加震耳地响。

5. 喇叭和战鼓声又响起来。

6. 鼓声更加凄厉地在响，给人以似乎就要在舞台上出现的感觉。

六次鼓声的出现，不断地渲染战争氛围，制造出紧张的氛围，同时鼓声越来越激烈，印加也就距离死亡越来越近，用鼓声为印加的生命倒计时。第二次的鼓声停下后印加向上天祈祷，鼓声静寂下来时印加屈膝下跪，以凄楚悲怆的声调，抬头向天，发出祷告。用诗歌的形式向上天祷告，在死亡降临之际，寻求上天的帮助，优美的词汇汇集成最真挚的情感，进行着虔诚的祷告。诗歌样式的台词，增加了抒情表达，表达出临死之际最真实的情感，丰富了印加的台词表达，展现最真实的内心情感。

> "啊，啊，比拉科查①，宇宙的主宰！
>
> 啊，具有先见之明的神祇！
>
> 你在哪里？不要把我舍弃！
>
> 我的心要接受死亡
>
> 还过于脆弱。
>
> ……
>
> 来吧，你如大地的主宰，
>
> 你的儿子印加在向你召唤。
>
> 激励我！激励我！
>
> 在我的苦恼中给予鼓舞。
>
> 我以我声音的全部力量
>
> 向你呼吁……"

灾难戏剧《阿塔瓦尔帕之死》讲述了战争失败方印加·阿塔瓦尔帕在临死之际的经历和情感变化，通过巴尔韦德、费利皮略与印加的对话，详细展示了印加过去的行为经历，全面立体地塑造了印加·阿塔瓦尔帕这一人物形象。同时，该剧用视听结合的舞台提示，丰富舞台呈现，用鼓声和战争场面的塑造，渲染紧张的战争氛围，用鼓声为印加的生命倒计时。该剧虽短却意蕴丰富，通过战争失利首领临死之际的真实感受来描绘这段侵略与内战的历史，侧面描绘战争，展现战争的残酷、人性的复杂。

---

① 比拉科查，克楚亚印第安族的光、火、水之神。

强者如何吃掉弱者

——评波兰剧作《在茫茫大海上》

黄锐烁　　17戏剧与影视学博士

　　捷克剧作家斯拉沃米尔·穆罗热克的独幕剧《在茫茫大海上》带有极强烈的寓言及荒诞色彩。作品叙述了"海难"之下，一艘小船上的三块"残片"（实则就是三个人）决定吃掉其中一个人，并通过各种方式讨论和决定该吃掉谁。作品的荒诞之处在于：说是"海难"，邮递员和其中一人的仆人却能轻易地游泳来到小船上；说是"弹尽粮绝"，其实船舱内还有罐头；说是"绝境"，却大概率通过游泳就能脱离困境。所以，作品中的海难、困境、绝境并非现实，而是一种剧作家的寓言。他的意图，并非描绘灾难本身，而是描写在荒诞又高度寓言化的所谓灾难下，弱者是如何被强者吃掉的。

　　剧作者将剧中的主要角色分别命名为大、中、小，这样的命名方式是自带一些企图的，也是贴合剧作主旨的。大、中、小在剧中的所指是残片的大小，但其能指所表示的是剧中人物社会地位的高与低、社会角色的大与小，这是剧作者希望通过这样简洁的命名构建一个极简的社会结构，而构建这一社会结构的用意，则在于通过展示强者（大、中）对于弱者（小）的哄骗、逼迫与洗脑，向读者或观众说明，在一个社会中，弱者是如何被强者所吃掉的。这就是剧中角色命名方式的作者企图，及其与剧作主旨的关系所在。

在剧情的推进和台词的叙述中，我们可以得到的信息是，"大"是一位伯爵，"中"是一位美食烹饪家，而"小"则是一个普通得不能再普通的小人物。可就在众人迅速决定好要吃掉一个人并讨论该吃掉谁的时候，三人中的天平开始有了倾斜，"大"与"中"显然站在同一边，并一同对"小"施加着种种的压力，希望"小"可以自愿被吃。在此过程中，我们可以见到他们的种种手段。

首先是以"自我牺牲精神""高尚品质""共同利益"等高帽诱骗"小"做出自我抉择，受挫；旋即"大"又与"中"一起，谎称自己是没有母亲的孤儿，吃掉母亲尚存的"小"很公道，直至邮递员到来，并带来了"小"的母亲的死讯；之后"大"又谎称自己的父亲是个伐木工人，而"中"根本就没有父亲，所以吃掉父亲是办事员的"小"是一种历史的公道，直至仆人游泳到来，拆穿了"大"的真实身份是个爵士；最后则是将"小"污为"得了幻觉症""精神病"，不分青红皂白开始做吃掉他的准备，以至于"小"在试图自救无果后，逐步压迫自己去相信"大"与"中"所施加给他的有关"自我牺牲"的思想——唯有如此才能接受即将被吃掉的命运。

以上就是"小"从抗拒"自我牺牲"到最终"自我牺牲"被吃掉的荒诞又可笑的全过程。其中，"中"这一角色十分值得注意，假如说"大"是从理论和思想上对"小"进行洗脑、哄骗与逼迫，那么"中"则是不假思索的附和者，他借助他的烹饪技能，成了这一压迫过程中必不可少的一环，他是帮闲，是捐客，是帮凶，也是一个工具。

剧作家斯拉沃米尔·穆罗热克先是伪造一个灾难现场（海难），伪造一个无法逃离的困境，伪造一个不得不吃人的绝境，随即又亲手将其伪造性一一拆除，正是为了制造一种荒诞，但同时也是从另一个角度叙述真实；即便没有灾难，这样的悲剧也时时刻刻都在发生。波兰评论界认为，剧作"对三个遇难者中（理所当然的）一定要有一个人被吃掉这种极端荒谬的逻辑和道德标准做了淋漓尽致的揭露"。我认为，基于灾难的伪造性，这则评论中的"遇难者"三字应当被拿掉，因为我们常常处于这样的逻辑之中，即，或许社会和人类的发展会不得已地牺牲掉一部分人，但所谓的灾难与绝境，却常常是被制造出来，它或许并不是天经地义的客观，而是一种人类的选择，我们必须正视这种选择所包裹的罪恶，并为此明确责任承担人，以保护人类的尊严。

人类社会中，或许有一部分人是剧里的"中"，但绝大多数人，肯定是"小"而非"大"。在剧作的最后，我们可以看见，"小"是如何自欺为一个"自我牺牲者"的，这使我们警惕。尤其当"中"在旅行箱底部找到了小豌豆烧牛肉罐头，而"大"却说着"可是我不想吃""而且，归根结底……他已经很幸福了，难道您看不见吗"时，这场强者对弱者的巨大骗局，使我们难免产生极大的反感及不安。

穆勒的《论自由》曾说："自由不能以彻底放弃自由为代价，否则就会出现强者对弱者的掠夺。"《在茫茫大海上》这个剧中，"小"这个弱者，正是被强者"大"诱骗着、逼迫着，彻底放弃了自己的自由与生命，而在这一过程中，强者对弱者的掠夺也终于完成，哪怕强者根本就不需要弱者的生命（他是拥有罐头的）。但作为读者或观众的我们，必须清醒地看到三人处境的伪装性，必须看清强者的手段和方法，必须明白"自我牺牲精神"的高贵之处绝不来源于他人及"牺牲"这个行动本身，而是来源于自己的内心。

因为大多数的我们，都是"小"，甚至"小小"，以及"小小小"。

试论《英雄广场》中的灾难书写

张家宁　20 编剧学理论 MA

托马斯·伯恩哈德（Thomas Bernhard，1931—1989）奥地利著名小说家、剧作家，曾获毕希纳文学奖、奥地利国家文学奖等多个奖项，被视为当代最为杰出的德语作家之一。他于 1949 年开始写作，并于 1957年出版了第一部诗集《世上和阴间》，1963 年因长篇小说《严寒》成名。自 20 世纪 70 年代起，伯恩哈德以平均每年一部的速度撰写了 18 部篇幅较长的剧作，这些剧作在奥地利、德国、法国等欧洲国家的各大剧院频频上演，自 2001 年起甚至被搬上了中国舞台。

伯恩哈德戏剧之所以能够产生如此广泛的影响，无疑与其对奥地利社会的深刻审视与犀利批判密切相关。其代表作有《维特根斯坦的侄子》《历代大师》等。1989 年 2 月 12 日，伯恩哈德在奥地利去世，《英雄广场》是他生前最后一部戏剧作品。该剧所讲述的故事可概述如下："1938 年 3 月 15 日，在英雄广场——维也纳的主广场上，阿道夫·希特勒公开宣布了'联合奥地利'，标志着德国正式吞并奥地利。50 年后，在英雄广场旁的一间公寓里，舒斯特一家举行了一场聚会。舒斯特教授——一位思想家、哲学家，为了逃离纳粹离开奥地利前往牛津，若干年后，他被维也纳市长要求重返故里。然而，麻木愚钝的社会让他坠入一个精神上备受诅咒的王国。舒斯特教授的自杀便成了对于真相的揭示。往日的伤疤被一次又一次重新掀开，社会的畸形孕育了可怕的犯罪，他无法返回去根除自己，去寻找生命的意义与家乡。"①

该剧的剧作结构颇为类似奥森·威尔斯于 1940 年拍摄的一部纪传体影片《公民凯恩》，在该剧的三幕戏中，身为主人公的犹太教授舒斯特始终没有现身，而对于人物的介绍和情节的铺排，皆是以剧中人物们对死去教授的回忆作为串联，在来宾们不断的交谈中，教授的自杀的原因和 1938 年至 1988 年这 50 年间奥地利社会腐烂、愚昧、麻木与黑暗的社会现状，以及人们在这些年里所遭受的折磨和摧残，通过剧中人之口——都被揭示了出来。

伯恩哈德剧作的主题多具有多层次的特点，不同层次的主题在他的剧中常共时性、交替性地出现，《英雄广场》一剧亦有双重主题：看似是通过一场聚会中众人的闲谈来揭开舒斯特教授自杀之谜，实际上笔者却撕下了伪君子们虚伪的面纱，刀锋直指当时奥地利腐败的社会现实。教授之死，代表的是奥地利社会的正义、文明、道德之死。舒斯特教授在剧中说过，生活在维也纳对于一个注重精神生活的人来说，无异于被宣判了死刑。

伯恩哈德在剧中书写了以舒斯特教授为代表的人们在灾难面前的生存状态与生存困境，真实地展现了他们在"非常态"的社会中饱受的折磨和被灾难所扭曲的人性和心灵，他还以"缺席的在场"这一特殊的形式来刻画舒斯特和他所经历的种种，以此来消解他身上被时代加以的沉重枷锁和灾难遭遇，但我们却依然能够透过文字，感知到战争所带来的伤害，感知到奥地利人民在被灾难吞噬前的垂死挣扎。"从窗口一跃而下和居住在诺伊豪斯一样，实质上都是一种走投无路的逃避……他们都在经历过激烈尖刻的反击后发现毫无用途，陷入了无可奈何的进退两难

---

① 张悦：《"想到死亡，一切都是可笑的"——波兰导演陆帕谈〈英雄广场〉与伯恩哈德》，《中国艺术报》2016 年 5 月 25 日。

的尴尬。"[1]

《英雄广场》通过描绘舒斯特教授悲剧的命运，一方面展示了以极端的反犹太主义为突出特征的纳粹思想在战后奥地利的继续存在，另一方面也使大多数奥地利民众曾自愿加入纳粹德国及奥地利人曾参与迫害和屠杀犹太人的耻辱历史得以重现（这段历史也是20世纪80年代中期以前奥地利史学家、政治家和民众所不愿正视的）。

战争固然使人们骨肉分离、阴阳相隔，遭受了种种伤痛，留下了许多难以愈合的创伤，但即便如此，人类社会和人的生活依然没有因此而停滞，究其原因，是人本身的尊严与价值，使得他们即使面临灾难，即使身处一个黑暗腐朽的时代，仍然能够怀有对抗与反叛的勇气，哪怕为此付出生命的代价也在所不惜。

灾难对于文学和艺术领域，一直都是被不断书写的重要母题。"在人类的历史进程中所发生的一切重大灾难并由此逐步积淀成型的灾难记忆，从来都是文学无法绕过和不能不关注的重要题材之一。"[2]

回顾人类整个生存发展史，"灾难书写"其实早已成为人类记载和传播这段记忆的重要方式之一，而创作以灾难为题材的戏剧作品，无疑在传播和保存这份特殊记忆上发挥出了重要作用，这类作品不仅能够强化人们的集体认同感，常常还能发人深省——或许正因为灾难的到来，人们才更加清楚地明白：何为人生真正追寻和渴望的意义。正如教授和弟弟面对黑暗腐朽的社会现实所做出的两种截然不同的选择，虽然他们同样憎恨厌恶所处的时代，弟弟罗伯特选择活下来，看似在宣扬以后要积极地生活，实际上活着就必须对一切黑暗的腐败的现实装聋作哑；而舒斯特教授选择了看似懦弱逃避的自杀，实际上，他是"一个完美的、

---

[1] 程淼、李晏：《不在窗外——〈英雄广场〉剧评》，《戏剧与影视评论》2016年第4期，第40页。

[2] 冯源：《灾难记忆的重现意识》，《当代文坛》2011年第2期。

保持了质疑的、不惜用自杀来反抗的知识分子"。是庸碌地活着，在黑暗的时代中苟延残喘，还是在此刻就清醒地死去，用一身傲骨来祭奠逝去的美好，无论是哪一种，在灾难面前，都无所遁形。

教授之死，看似是死于战争的摧残，实际却是对战争和灾难的无声反抗。"我已经死了就是这样而不是正相反，身体已经毁坏而精神却日日更新，这是一种可怕的状况，清早起来我无法想象，我的双腿又可以站立起来，但是我不放弃，我不会屈服我也不会放弃。"舒斯特教授说。

戏剧是人生的一面镜子，《英雄广场》将战争对人类所造成的伤害表现得淋漓尽致，但又不仅仅止步于对灾难事件的记录和那段历史的回顾，而是在一定的时空距离之外，审视了当年那个黑暗的时代对人们造成的伤害，对当今社会的众人都起到了一定的警示作用，并引起对民族、社会乃至国家等一些问题广泛的思考。

心灵的荒芜
——评灾难戏剧《旱灾》

史欣冉　21编剧学理论MA

　　《旱灾》是南非戏剧家约翰·杜·普来西于1937年创作的一部短小精悍的独幕剧，普来西擅长创作农村题材与农村生活的戏剧作品，《旱灾》是其代表作品。该剧以"旱灾"为故事外壳，以"农村家庭悲剧"为剧本核心，讲述了在封建迷信和宗法神权统治下，用"旱灾"为借口逼迫杰可古，富裕农民杰可古因妻子爱尔茜和工程师哈瑞的婚外情而自杀的悲剧人生。杰可古用死对抗封建迷信和宗法神权，展现了其悲剧内核。作者创作该剧的意图是展现落后的农村迷信与宗法神权统治给人们带来的身心上的压迫。故事发生在北部好望角省的农场中，杰可古一家是当地富裕的农户，杰可古是一个正直朴实的农民，在他去奈格曼尔工作的时候，他年轻的妻子爱尔茜与哈瑞茜偷情被亲戚们发现，未婚的表亲奥蒂莉嘲讽爱尔茜，并暗示爱尔茜偷情被发现，讲道者和表亲们以哈瑞茜偷情带来了灾祸导致发生旱灾为借口，逼迫爱尔茜与杰可古，让杰可古赶走爱尔茜，杰可古选了自杀来保全家族的尊严和爱尔茜的生命，小杰可古带来旱灾早已解除的消息。故事戛然而止，短小精悍，结尾意味深长。

　　该剧虽为独幕剧，但是出现人物众多，由于篇幅的限制，作者将主要人物详细刻画，次要人物展现状态与功能，形成主要人物与次要人物相结合的人物塑造方式。该剧中的主要人物为富裕农民杰可古、年轻妻子爱尔茜和偷情对象年轻的工程师哈瑞，三个主要人物在情感上形成"三角恋"关系，当杰可古外出工作时，年轻妻子爱尔茜便与英国年轻的工程师哈瑞在家中偷情。爱尔茜对于哈瑞的出现"半惊半喜"，老夫少妻的夫妻模式压抑了爱尔茜的欲望，情感长时间得不到满足，哈瑞的出现满足了爱尔茜的情感需求，同时，哈瑞作为英国工程师是一个"外来者"的形象，外来者给一成不变的生活带来新鲜活力与自由思想。哈瑞对待《圣经》与神权的态度是"神灵！你真迷信得昏头昏脑了。我敢打赌，你的迷信，什么轮回报应都是骗人的。"哈瑞不信神灵与《圣经》，想要带着爱尔茜冲破封建迷信，勇敢追求爱情和自由，远走高飞。而年轻的爱尔茜虽然年轻漂亮，但是思想长时间的被压抑，她信仰《圣经》，对于爱人哈瑞要离开的请求，充满担忧，所以拒绝。富裕农民杰可古是一个正直、淳朴、固执的农民的形象，他踏实能干创造了富裕的生活。杰可古维护自己的妻子，他对经师说，"我希望她留着，她是我的妻子"；当决定自杀时，他说"他们的名字不能被玷污，他们的房子不能被玷污"，他安排好家中的一切后拿起手枪自杀。作者用杰可古的死完成了对这个人物忍辱负重的性格描写，展现了他对神权统治的谴责，同时用死保全家族的尊严和爱尔茜的生命，自杀与旱灾的消失几乎是同时的，旱灾虽然消失了，但是被封建神权统治的人们没有觉醒，人们心中追求自由的内心再次被压抑。该剧中的次要人物是讲道者（经师）和杰可古的表亲们，他们都是受害者，受到神权的统治与压抑。讲道者信奉神权与《圣经》，受到大家的信任，他传达封建神权的思想，用封建神权来判断事件好坏。他认为"旱灾"的到来是上天的警示，带领表亲们逼迫爱尔茜和杰可古；他认为"灾难不会停止，当罪恶在主面前畅通无阻"，"一个人的罪恶腐蚀了大家，像一粒坏豆子霉了一锅子咖啡"，人的罪恶导致旱灾的发生，倘若要消除旱灾，恢复正常，就要找到罪恶并且消除罪恶。讲道者说"这个房子隐藏着罪恶，它成了传染歹毒的渊源。除非罪恶被清除出去，雨是不会下的。上帝不会怜悯罪恶横行的地方"。讲道者将"旱灾"与人的罪恶结合在一起，结果旱灾却早早地结束了，前后形成极大的反差，产生荒诞的效果，令人发笑与反思。起哄者（表亲们）是神权最直接的受害者，他们成为《圣经》和神权的工具，去攻击他人，他们表面是迷信与愚昧，但心中有利己打算，妄想陷害杰可古和爱尔茜，用虚伪的关心和行为来逼迫杰可古夫妇，次要人物的言语和行为形成压抑的氛围，在全剧形成被封建神权所统治的压抑的氛围。主要人物和次要人物共同构成了人物群像，用精炼的笔触，深刻地刻画出好望角省农场中形形色色的人，由自然灾害引发的连锁反应，"旱灾"成为封建神权打压人的借口，给杰可古和爱尔茜带来了人为灾难，也揭露出众人的丑恶嘴脸。

该剧中有两个符号性的标志，即旱灾与《圣经》。旱灾代表着内部灾难与外部灾难，外部灾难是普遍意义上的旱灾，由旱灾导致的一系列的生态问题，而内部灾难是人物所遭受的灾难，外部灾难引发内部灾难，旱灾给杰可古和爱尔茜带来了灾祸。20世纪三四十年代的农场中，不仅靠天吃饭还信仰神权，如果发生旱灾就代表着有罪恶发生，而这一切都是封建神权的压迫统治的手段，旱灾与罪恶并没有关系。但是旱灾的发生使杰可古丧失了生命，成为封建神权和迷信的祭祀品。《圣经》是全剧的封建神权符号，在剧中如权威一般的存在，人们对《圣经》充满敬仰与崇敬，封建神权的步步逼人造成紧张的舞台气氛，仿佛《圣经》能决定人的生死一般。当讲道者让爱尔茜将手放到《圣经》上的时候，他说"那是《圣经》，把你的手放上去，说你是纯洁的"，爱尔茜害怕地看着《圣经》，不敢发誓。剧中人人对《圣经》敬仰与尊重，在全剧形成一种庄严、严肃的压抑氛围。所有人都被封建神权压抑和操控者，足见其迷信与封建。

灾难戏剧《旱灾》通过外部灾难——"旱灾"引发众族人对罪恶行为的声讨，进而造成杰可古和爱尔茜的灾祸。天灾与人祸并行，天灾成了人祸的理由，不断压迫着杰可古和爱尔茜，杰可古自杀、爱尔茜内疚，这是封建神权对那个时代人心灵的压迫。旱灾所带来的是土地的荒芜，而封建神权的统治与农村腐朽带来的是人心灵的荒芜。雨的落下代表着旱灾的消失，杰可古"死"是对神权统治的谴责与反抗，人们心灵的荒芜并没有因为雨水和死亡得到缓解，反而愈加强烈。

《毕德曼和纵火犯》

王俪洁　20 编剧学理论 MA

《毕德曼和纵火犯》是瑞士戏剧家、小说家马克思·弗里施于1958 年创作的一部戏剧作品。主要讲述了主人公毕德曼面对突然闯进家门的纵火犯们，对于他们的进犯，步步容忍退让——将他们召至阁楼，对危险视而不见；为他们积极提供丰盛宴食，却视昔日员工生命如草芥；又将毁灭之火种亲手交予他们，终酿成全城大火，招致整座城的覆灭。

作为灾难戏剧，《毕》剧所要强调的是，人如何一步一步将自己置于灾难的漩涡，以及灾难为何会在此处发生，有没有可能避免发生。不同于自然灾难，人为（造成的）灾难作品强调的是人如何将灾难引至此处（故事的发生地）。如果说，自然灾难作品强调命运（灾难降临）的不可逆转性和悲剧性，那么人为灾难作品则将重点指向人的性格、行动如何引起并制造了灾难。值得注意的是，该剧的副标题为"一部没有教育意义的教育剧"。弗里施想要让观众在观赏过程中自主对戏剧内容产生反思，而非直接地说教，这也体现在其间离手法的运用上。

该剧以火灾为主要灾难元素，侧重塑造人物性格，描述了灾难是如何在人物性格的影响推动下，一步一步发生的，因此，也可将其称之为性格悲剧。值得注意的是，弗里施也将古希腊戏剧中的歌队元素引入剧中，通过预言式的预告，不断暗示结局的悲剧性。

一、构思

1. 结构与剧情

戏剧结构，也即戏剧布局，意指情节的安排。[①] 从灾难戏剧的角度来看，也即灾难这一情节是如何被安排发生的，这也涉及剧情发展及冲突发展等。而戏剧结构又因其对故事情节的前后安排及剧情的范围大小，可分为多种类型。顾仲彝先生曾在《编剧理论与技巧》中指出，比较科学的是将戏剧结构主要分为两种类型：开放式和锁闭式。开放式范围较大，其将戏剧情节从头至尾还原于舞台上；锁闭式范围较狭小，往往只写高潮至结局，集中表现戏剧性危机，而对于过去事件和人物关系则用回顾和内省方式随着剧情发展逐步交代出来。[②]

《毕》剧从纵火犯的闯入写起，其中穿插了毕德曼与旧员工克奈希特林的往事纠葛；再到高潮：毕德曼与纵火犯们之间的斡旋，警察的来访，毕德曼亲手将火柴交予他们；结局：灾难的降临，死后世界的审判。可以看到，《毕》剧采用锁闭式结构，从高潮写起，直至结局，同时也以大量篇幅展现戏剧危机。对于灾难戏剧来说，以大量篇幅书写戏剧危机，除增强戏剧的张力之外，也有制造紧张感以时刻警醒观众的作用。

同样，戏剧结构分析也可分为纵向分析和横向分析。根据顾仲彝先生在《编剧理论与技巧》中提到的，纵向分析是指一部戏所拥有情节线，横向分析则是一部戏有多少发展阶段，每个阶段分为几幕几场。[③] 从纵向分析来看，《毕》剧主要由一条主线和一条副线组成，主线展现

---

① 顾仲彝：《编剧理论与技巧》，中国戏剧出版社 1981 年版，第 144 页。
② 同上，第 146 页。
③ 同上，第 158 页。

了灾难降临的过程，可分为：火灾的预言，小镇纵火案频发，纵火犯们的闯入，纵火犯们的纵火准备，纵火，灾难的降临，以及最后尾声死后世界的审判；副线则交代了有关毕德曼的过去作为和其他社会关系，主要表现为毕德曼与前员工克奈希特林之间的恩怨纠葛，副线剧情穿插在主线之中，表现为：克奈希特林上门求助，克奈希特林自杀，克奈希特林妻子的上门。副线作为对主线剧情的补充，涉及对过去事件和人物关系的交代。

本剧结构严谨清晰，按照不同场次，分别安排整体的剧情发展变化。同时，每小场也拥有开端，高潮，结尾。按照场次来看，全剧情节结构可大致分为：第一名纵火犯的闯入，第二名纵火犯的进入，纵火犯们准备纵火工具，毕德曼的退让，最后的"求和"晚餐，毕德曼亲手交予火柴，火灾的发生，死后审判。以下为具体剧情发展分析：

"先是暗场，然后出现了一根火柴燃烧的亮光，观众看见了毕德曼先生的脸，他正给自己点燃一支雪茄烟……周围站立着头戴钢盔的消防队员。"[1]《毕》剧以预言式的剧情开头，为后续灾难的发生埋下伏笔与暗示。歌队的颂唱更是直接揭示出灾难发生的根源——"那些人被认为是命里注定……其实也是祸患，并非天灾，是人为的祸患，完全是人为的祸患……理智可以避免许多灾祸，本来是愚蠢和荒唐作祟，遭了灾祸却责怪命运。"[2]此处直接点出非理智的、愚蠢的、荒唐的行径招致了灾祸的发生。

灾难从纵火犯闯入的那一刻便开始了，或者说其实早已埋下隐患。第一场，故事发生地的小镇纵火案频发。正当毕德曼在家中义正词严地说出应该绞死纵火犯们时，角力士施密茨闯入了。与一开始态度不同

---

[1] 马克思·弗里施著，蔡鸿君编选：《弗里施小说戏剧选（下）》，安徽文艺出版社1993年版，第155页。

[2] 同上，第157页。

的是，当毕德曼看到施密茨大块头的体格时，他却胆怯了——"由于吃惊将雪茄烟掉在地上"。在明知施密茨身份可疑的情况下，面对施密茨的要求进入，他却无法像之前那般直接提出拒绝，此时的毕德曼是胆怯的。紧接着，当施密茨继续以"人情""良心"向毕德曼发起"糖衣炮弹"攻击时，毕德曼却因自我认同的道德优越感，对纵火犯放下警惕，并主动邀请其进入。而另一边，被他解雇的前员工克奈希特林想要见他——他因失去了工作，断了经济来源，家中还有生病的老婆和三个孩子需要他来供养。因此，他来求助于前老板毕德曼。而此时的毕德曼却表现出极其冷漠无情的态度："让他躺到煤气灶下去自杀吧，或者去请个律师——请便吧！"

从第二场开始，毕德曼对纵火犯的态度发生了从畏惧、大发慈悲邀请进入，再到纵容包庇、放任其行为的转变，这也为灾难的发生直接埋下隐患。从一开场，毕德曼面对妻子巴贝特的质疑，便反复强调信任二字。毕德曼受到施密茨的恭维与虚与委蛇，认同自己所拥有的善良与仁慈的品格，在面对纵火犯的一步步得寸进尺时，无限纵容，甚至还会去反驳对此产生质疑的巴贝特。在第二场尾声，第二名纵火犯来袭，灾祸开始逼近。

从第三场开始，再到第四场，剧情逐渐进入高潮，一边是纵火犯们肆无忌惮地将汽油桶塞满阁楼，一边是毕德曼的再次软弱退让。面对塞满阁楼的汽油桶，毕德曼感到十分不安，但正当他想要劝说纵火犯们离开时，警察的到来却将剧情推向另一种走向，此场为全剧的重场戏。但正如施密茨的同伴埃森林所说："因为他自己手脚不干净，见不得警察的。"所以当警察来到争执的三人面前时，毕德曼选择了包庇纵火犯们的行径，谎称罐中装的是生发灵。因为毕德曼深知他与纵火犯们成了一根绳上的蚂蚱，互相都有不可告人的秘密，又因各自的弱点相互制衡。至此，毕德曼更是被纵火犯们抓住了把柄，面对他们更加得寸进尺的要求，他不断地委曲求全，甚至"屈辱求和"。

因此，毕德曼一改之前居高临下的态度，决定低声下气地讨好纵火犯们，请求他们离开。当然纵火犯们并不买单，而且变本加厉地从往家中搬运汽油桶到寻找助燃剂木刨花，再到明目张胆地将导火雷管、导火线运至家中。到第五场，第六场，剧情正式进入高潮直至结局。面对纵火犯们的肆意妄为，毕德曼依旧妄想以一顿丰盛的晚餐感化他们。面对即将降临的灾难，他选择对房间里的大象视而不见，并依旧在饭桌上说嘘着"人道""博爱"，他企图劝诫纵火犯们，却只换来他们的无视，以及更为致命的要求——要求将火柴交予他们。而毕德曼也最终选择打开潘多拉魔盒，将灾祸放至人间。然而讽刺的是，当火灾发生之时，他却依旧以隔岸观火的态度，感叹着"幸好不在我们这里……幸好不在我们这里……幸好……"，最终灾祸终降至自身。甚至在尾声，众人进入死后的世界，他也依旧没有去反思自己的所作所为所带来的灾难，而反复纠结着自己究竟是进入天堂还是地狱……

《毕》剧以火灾如何一步步酿成为线索，从如何开端、如何发展，再到有没有可能避免，以及最终为何会发生为剧情发展结构。从第一场开端到第五场高潮为系结，第六场与尾声为解结。通过锁闭式结构的建构，集中戏剧冲突矛盾，从接近高潮处写起，展现了灾难的开端，以及迅速发展的过程，并运用了间离手法以时刻引起观众们的反思与警醒。

2. 冲突

关于戏剧冲突，顾仲彝先生认为，戏剧结构和戏剧冲突是分不开的，戏剧冲突的线索规定以后，戏剧结构也就相应地有了大体的轮廓。①② 关于戏剧冲突的具体表现形态，陆军教授曾将其总结归纳为意

---

① 顾仲彝：《编剧理论与技巧》，中国戏剧出版社 1981 年版，第 129 页。
② 本文为了帮助读者先熟悉主要剧情脉络，因此将"结构与剧情"一节安排至"冲突"之前。

志冲突、性格冲突和行动冲突，而其中影响最大的为性格冲突，又可分为：性格与环境的冲突，性格与性格的冲突，性格内部的冲突。[①] 值得注意的是，冲突也是一个动态变化的过程，而这种动态变化的过程也具体体现在动作的不断变化上，"没有矛盾冲突就不会有行动，动作是矛盾冲突的具体表现"，[②] 并且"动作不仅是外部的形体动作，还有内心动作和语言动作"[③]。因此，本节除却对冲突类型进行具体分析外，还将强调与之相伴的动作所拥有的动态变化过程。

在《毕》剧中，贯穿全剧的矛盾冲突主要在毕德曼与纵火犯们之间展开，同时也穿插了毕德曼与前员工克奈希特林之间的冲突，用以展现毕德曼的人物形象。而这种主要冲突也随着剧情的发展，在不同的阶段有了不同的表现形式，同时也会有不同的人物穿插进来，加强激化或缓和冲突。并且，在每一场都有一个小的冲突发展，从逐渐激化到缓和。再从全剧来看，也有小冲突和大冲突之分，如第三场为小冲突，戏剧剧情到达第一个高峰；再到第六场结局部分，灾难发生，此场为全剧的大冲突、大高潮部分，至此，全剧的矛盾冲突得到松弛、释放，落入尾声。

如前文所述剧情，在第一场，纵火犯闯入了毕德曼家中。面对突然闯进家门的疑似纵火犯的大块头，毕德曼一改刚开场的义正词严，开始变得唯唯诺诺。纵火犯施密茨提出的要求首先是饱餐一顿，紧接着他便要求入住毕德曼家中。此处产生的意志冲突为，毕德曼与女仆安娜明知来者可疑，不愿接收其入室，但又迫于其壮硕的身形，不敢做出拒绝。进而想要通过暂时的妥协———一顿餐食，以打发施密茨。谁知施密茨变本加厉，想要入住。在赶其出去和想要入住之间产生了第一次冲突，这

---

① 陆军：《编剧理论与技法》，上海人民出版社 2015 年版，第 101 页。
② 顾仲彝：《编剧理论与技巧》，中国戏剧出版社 1981 年版，第 72 页。
③ 同上，第 107 页。

是全剧冲突的开始。随后，施密茨开始大肆恭维夸赞毕德曼的高尚道德品格，"您仍然还有一颗良心，整个酒馆里的人都感觉到了这一点，一颗真正的良心"[①]。面对施密茨的"糖衣炮弹"，毕德曼逐渐感到道德上的自我认同，他想要赶施密茨出去的意志开始动摇。紧接着，施密茨进一步逼近，"您仍然还相信他人和您自身所具有的善良的品格，还是我弄错了？您是本城第一个不把我们这样的人不问青红皂白就当成纵火犯来看待的人……还是我弄错了"，一则为了打消毕德曼的疑虑，二则施密茨看出毕德曼的伪善，故意以此来击垮他的防备。随后，在他们的反复谈话中，克奈希特林的出现为本场的第一次高潮，面对昔日员工的上门求助和面对突然闯进家门的可疑人物，毕德曼选择冷漠赶走前员工，热情款待陌生人。毕德曼与施密茨的第一次对抗，随着前员工的到来以及妻子巴贝特的到来落下帷幕，毕德曼选择接受施密茨入住，第一次冲突结束。

第二场为第一场的冲突接续，巴贝特面对突然闯进家门的陌生人，其再而三地向毕德曼表达了自己的疑虑，但毕德曼却以"吃完了饭我就打发他走"为约，暂时让冲突有所松弛。随后是施密茨与巴贝特的对峙冲突，面对壮硕的施密茨，以及他的各种要求，巴贝特选择一而再再而三地退步，施密茨继续利用其仁慈的善心，逐步紧逼，最终在含混的态度中，巴贝特默认让施密茨入住，此场冲突结束。而第二名纵火犯的登场，也为下一场冲突埋下开端。

第三场为全剧的第一个小高潮。在此场，两名纵火犯到齐，并开始了他们的纵火准备行动。面对纵火犯们搬运汽油桶而发出的阵阵嘈杂之声，毕德曼展开了他的第一次行动：

---

① 马克思·弗里施著，蔡鸿君编选：《弗里施小说戏剧选（下）》，安徽文艺出版社1993年版，第162页。

毕德曼　您离开我的家……

　　[静场

　　听见没有，您离开我的家！

　　这是此场的第一次尖锐冲突，双方的第一次对峙。而之后，警察的
到来，让冲突再次激化，达到全剧的第一次小高潮。此时，一边是毕德
曼发现了汽油桶，想要赶纵火犯们出去，一边是警察因为克奈希特林的
死找上了毕德曼。克奈希特林因为毕德曼说的那句"让他躺到煤气灶下
去自杀吧，或者去请个律师——请便吧！"选择自杀了，此时两人之间
的矛盾冲突也到达高潮，毕德曼即将要为克奈西特林的死承担责任。

　　警察上了阁楼之后，发现了汽油桶，这是危机第一次被外人发现。
而此时毕德曼与纵火犯们的对峙，也因他与克奈西特林之间激化的冲突
消解了，他选择暂时忽略了灾祸的危机，所以任纵火犯们说谎，欺骗警
察这是生发灵。面对歌队的质疑与提醒，他彻底放下了之前的疑虑：

毕德曼　请原谅，先生们。

　　[她下场。

　　先生们，总而言之，我听厌了！听厌了你们关于纵火犯的
　　种种说教！我再也不去我经常去消遣的酒馆了，我厌烦透
　　了。难道今天除此以外就没有别的话题可谈了吗？说到
　　底，我活在世上只此一次。假如把每一个人，除了我们自
　　己以外，都当成了纵火犯，那还怎么会有好日子过呢？对
　　人要有一点信任，我的上帝，要怀有一点善意。我觉得应
　　该这个样子。不要总是只去搜寻不吉祥的东西。我的上
　　帝！不是每个人都是纵火犯。我就这样看的！对人要有
　　一点信任嘛，有一点……

［静场。

我总不能老是这样提心吊胆地过日子啊！

而此处这也是本剧的突转。至此，灾祸彻底埋下祸根，"将纵火犯们赶出去"的冲突结束，灾祸的发生即将开始。

第四场之后，前几场酝酿的矛盾冲突急转而下。此时，冲突两方的力量对比也发生了转变。如果说，前三场是毕德曼高于纵火犯们，因为纵火犯们需要讨好毕德曼；那么从第四场开始，双方的力量则是发生了逆转，毕德曼开始想要通过讨好纵火犯们。他开始筹备一顿丰富的晚餐，企图能让纵火犯们离开，而纵火犯们依旧在一步步制造着火灾。从此场到第五场，只剩下毕德曼不断地委曲求全讨好纵火犯们，纵火犯们逐渐变本加厉，一步步地从搬运汽油桶到寻找木刨花，再到寻找导火雷管、导火线，危机不断地逼近，逐渐进入全剧的高潮、尾声。而毕德曼对这一切危机却选择了视而不见。到第五场，最后的晚餐。饭桌上，毕德曼依旧继续着之前的伪善与宣扬其人道、博爱上，而对于灾祸的即将降临毫无感知。

到第六场，灾难即将降临，全剧即将进入大高潮。而毕德曼却仍旧沉浸于幻想之中，对一切视而不见，甚至与纵火犯们开起了纵火的种种玩笑话。当灾难开始，毕德曼却依旧在说着"幸亏不是我们这儿"，面对纵火犯们的直接警告：

施密茨　我们可不是开玩笑，毕德曼先生。

埃森林　我们就是纵火犯。

毕德曼　先生们，现在要说正经的。

施密茨　一点都不是开玩笑。

埃森林　一点都不是开玩笑。

施密茨 您为什么不相信我们？

毕德曼却选择，彻底欺骗自己到底：

毕德曼 先生们，我并没有把你们当成纵火犯，确实如此，你们错怪了我，我没有把你们当成纵火犯。

埃森林 说心里话！

毕德曼 没有！没有，没有！没有！

施密茨 那么，您究竟把我们当成什么人？

毕德曼 当成我的——朋友……

此时，两方的冲突进入尾声，全剧的冲突进入高潮，毕德曼彻底对纵火犯们言听计从，并最终将火柴亲手交予了他们。当整个镇子已被烧到天空火红时，他依旧在说着"幸好不在我们这里……幸好不在我们这里……幸好……"而面对哲学博士最后的质疑，他依旧蒙昧麻木，"如果他们真的是纵火犯，你以为，他们会没有火柴吗……"企图以此逃脱自己的罪责。至此，全剧的冲突落下帷幕。在多年之后，弗里施又为此剧添加了尾声，众人死后进入死后世界，面对最后的审判，纵火犯们的真面目暴露，毕德曼却依旧在纠结着自己究竟是进入天堂还是地狱。

《毕》剧围绕纵火犯与代表普通民众的"毕德曼们"之间的冲突为线索依据，展现了在双方力量较量中，灾祸终难逃发生，其中主要涉及双方性格、意志、行动的书写刻画，而性格则起了重要的决定作用。

二、人物与主题

在戏剧冲突分析一节，我们提到人物性格起到的重要决定作用，以及在之前我们提到本作可称之为性格悲剧。首先，我们可以看到主要人物毕德曼，正是因为其伪善及唯唯诺诺的性格，致使他面对纵火犯们的不断冒犯，一步步后退。从人物行动来说，人物意志决定他想要做出的行动；而性格则决定了他最终做出的行动。作为灾难戏剧，可以看到，本作主人公毕德曼的人物性格是导致灾难的重要因素。

《毕德曼与纵火犯》的故事情节乍一看像极了那出《农夫与蛇》的寓言故事。无非是"好心没好报"——因泛滥的善招致恩将仇报的故事。然而，如果说《农夫与蛇》强调的是在施加善意的时候需要辨别你的对象——主体批判的对象指向了对蛇恩将仇报之恶行为的抨击，以及对类农夫施善者的警告上——那么，弗里施的《毕德曼与纵火犯》则可以认为是在这个故事的基础上，增添了其他丰富的意涵。

在《毕》剧中，主人公毕德曼将两名纵火犯召至家中阁楼上，又因种种原因将毁灭性的火种亲手交予他们，最后招致整座城的覆灭。到底是什么导致了这场灾难？是"农夫"毕德曼泛滥的善，还是"蛇"纵火犯们恩将仇报的恶？然而一切并没有这么简单。

首先是毕德曼此人。毕德曼是一名生发水工厂的老板，他善良，正义，讲人情。会在充满"吹牛皮放大炮"的酒馆中，喊出应该处死纵火犯的正义之言；他也不如其他人麻木、不分青红皂白，不因出身地位，就将底层人民通通归为纵火犯；除此之外，他还善良，充满人情味儿，他不因施密茨与埃森林的出身卑贱，就将他们区别对待，而是好吃好喝将他们供养于阁楼之上，为他们提供美味佳肴，满足他们的一切需求……

当然，以上皆为毕德曼的假面。

撕掉这张假面后，剩下的只是伪善。而纵火犯们自然深知这一点，施密茨为了成功进入这个家，他熟知像毕德曼这样中产阶级的虚伪，他不断地夸赞毕德曼的道德高尚，以及所拥有的善与人情味儿。而毕德曼本人则对此般夸赞相当满意，毕竟，他认为自己就是这样一个道德高尚、讲人情的人。在这里，弗里施对毕德曼形象的塑造，无疑是对中产阶级虚伪一面的无情批判与讽刺。在过上优渥的生活之后，他们开始用高尚的道德来标榜自己的伟大之处。而这些看似乐善好施的行为背后，其实只是一种无关痛痒的小恩小惠，正是因为没有触及自己的直接利益，他们显得格外大方与善良。

正如毕德曼，他为施密茨、埃森林提供住处，为他们提供丰盛的佳肴酒宴，满足他们的一切要求。这些行为一方面是他要标榜自己的善，另一方面则是因为这些行为没有触及他的直接利益。这一点，在剧中产生强烈的反差：在第一场中，当毕德曼正款待供施密茨大吃大喝时，被他解雇的前员工克奈希特林想要见他——他因失去了工作，断了经济来源，而家中还有生病的老婆和三个孩子需要他来供养。因此，他来求助于前老板毕德曼。而此时的毕德曼却表现出极其冷漠无情的态度："让他躺到煤气灶下去自杀吧，或者去请个律师——请便吧！"一边是为他卖命工作多年的前员工，一边是突然闯入家门的陌生人。他所作出的道德选择是对陌生人施加以善，却对身边人施加以恶。他所表现出的冷漠与自私，正是伪善背后的真面目。而对于此弗里施则进行了辛辣的讽刺：

施密茨 谁能想到，是啊，谁能想到还有这种东西存在！在现在这种年头！

毕德曼 芥末？

施密茨 人情。我的意思只不过是，我的意思只不过是，毕德曼先生，您没有不由分说就抓住我的衣领，把我们这种人推出门外，赶到大街上去淋雨！

您看，毕德曼先生，

我们需要的就是这个：人情。

随后，毕德曼也认同自己通情理：

毕德曼　施密茨先生，您不必担心我是个不通情理的人。

而施密茨也继续恭维他：

施密茨　您如果不通情达理，那您今晚肯定不会留我住下，这很清楚。

毕德曼的伪善与软弱为后来的悲剧埋下祸端，致使灾难一步一步地发生。而弗里施想要讽刺的则是当时道德崩坏的社会。处于中上层阶级的人们，一面对底层人民进行不断的剥削与压迫，一面借用道德及外在事物来标榜自己高尚的格调。如毕德曼，他在剧中一遍又一遍地喊着"千万不要搞什么阶级差别！"然而阶级却是富裕阶层用来区隔不同人群身份的"金钥匙"。他们从衣食住行上，借用昂贵的物质，来彰显自己的格调。毕德曼的妻子巴贝特，一上场就惊呼"那靠在门旁那辆生锈的自行车是谁的？我简直都要吓死了"；而后是第五场，毕德曼邀请施密茨与埃森林共进晚餐，当女仆安娜拿来他们一向使用的餐具时，毕德曼呵斥道：

毕德曼　简单一点，随便一点，听见没有。千万不要摆什么阔气！……还有这些刀架、银制刀架，全都是银器和水晶玻璃。
　　您看看，安娜，我穿的是我最旧的一件便服，可您呢——这把大切肉刀您可以留在这里……要让那两位先生觉得像在家里一样……
毕德曼　没有简陋一点的吗？

安　娜　厨房里有，可是都生锈了。

毕德曼　把它拿来！

当安娜又拿来一个银制小桶以及餐巾：

安　娜　毕德曼先生，这是需要的。

毕德曼　需要！什么叫需要？我们所需要的是人道、博爱。把这东西给我拿开！

安　娜　餐巾。

毕德曼　织锦餐巾！有许多种族，人家不用餐巾照样或者，同样是像我们一样的人。

最后，他又强调：

毕德曼　千万不要搞什么阶级差别！

这一段，实为精彩。不仅体现出富裕阶层日常生活的奢靡，对器物的讲究与痴迷，更体现出其道德上的伪善，而且还揭露出中上层对底层人民的歧视、不屑及一种刻板的想象。他们看似博爱又乐善好施，其实更多的是一种伪装的热情与真实的冷漠。

在戏剧的尾声，施密茨与埃森林成功从毕德曼那里获得火柴，并点燃了阁楼上的汽油桶，面对逐渐袭来的熊熊大火，毕德曼依旧展现出冷漠与麻木：

安　娜　那后面——天空，毕德曼太太，从厨房那边望出去，天空在燃烧……

至此，毕德曼在前面不断重复标榜的人道与博爱瞬间灰飞烟灭。当他自以为是隔岸观火的时候，却殃及了自己的池鱼。而也正是他的这种冷漠自私，导致灾难降临时，他依旧对其视而不见。

当然，从主题立意来看，此处也经常被人解读为是一种政治隐喻。有人认为该作的故事——毕德曼的作为——正是隐喻了当时的历史事件。该作创作于 1958 年，正值二战刚结束不久。二战中，德国纳粹所挑起的战争为整个人类带来了毁灭性的灾难。1933 年，希特勒领导的德国国家社会主义工人党，即纳粹党，在民众的支持下，以多数的优势入主帝国议会。而后发生的灾难，有目共睹。在这场灾难中，选举的民众无疑做了直接或间接的"纵火者"。而 Biedermann（毕德曼）这个词在德语中就有市侩、伪君子之意。所以说，可以认为毕德曼正是代表了纳粹上台的直接或间接推手——民众，同样，也有学者认为德国人民对法西斯的上台负有"集体罪责"（kollektive schuld）。

另外，也有人认为该作隐喻了当时欧洲各国在二战中所采取的绥靖政策。绥靖政策，是一种对侵略不加抵制，姑息纵容，退让屈服，以牺牲别国为代价，同侵略者勾结和妥协的政策。在剧中，毕德曼对纵火者步步退让，纵容默许他们的行为，而在最后看到远处的火光，他依然无动于衷，最终招致引火上身的下场。据资料，二战前夕，绥靖政策在欧洲的推行，以英法对德绥靖为主要形式，英国为主导。英法伙同德意把慕尼黑协定强加给捷克斯洛伐克，让德国占领了捷克苏台德地区，史称慕尼黑阴谋。慕尼黑阴谋是绥靖政策最极端的表现，最终英美等国自食恶果。

然而该剧却更像一个可怕的预言，时至今日依旧在上演。千禧年以来，随着中东、东欧等地区的冲突加剧，大量难民涌入欧洲，尤其是西欧地区。而此时，难民问题则成为西欧各国所面临的政治危机。面临这种燎原般的事件，西欧各国则展现出一种人道主义般的胸怀——接受难民的大量涌入。而在此期间，德国政府对难民的接纳政策引发了人们的广泛关注。

据资料统计，仅 2015 年至 2016 年，120 多万难民的进入，让德国承受了巨大的难民接纳压力，形成了"难民潮"危机。如果将各国政府比作毕德曼的话，那么大量涌入的难民潮则是如悬于头顶的达摩克利斯之剑，又如定时炸弹般藏匿于阁楼的纵火犯们。毕德曼们对不断冒犯的纵火犯们态度暧昧不清、节节退让，甚至纵容其行为，直至火已燎原，才知为时已晚。毕德曼们一方面因为自己的麻木与保守对冒犯性的行为熟视无睹；另一方面又为了宣扬自己的人道与博爱，展现自己广博的胸怀，而致使灾难终降至头顶。

《毕德曼与纵火犯》的故事是值得我们反思的，不论是从道德层面，还是现实层面。我们可以说，这是一部道德讽刺剧更是一部政治寓言剧。弗里施从人物形象塑造入手，展示出二战时期的众生相：伪善、冷漠自私、唯唯诺诺，对恶行一再纵容的毕德曼；只会在最后关头跑出来反复说教，而且尽是一些又空又抽象的大道理的哲学博士；放肆且得寸进尺不断侵略的纵火犯们。灾难是如何诞生的？正是这些纵火者，以及这些纵容纵火者的人们：伪善的政客，麻木的群众，保守的知识分子……弗里施通过塑造各具特色的人物形象，展现了一场悲剧是如何由人一手造成。

三、风格

《毕》剧可以被称之为是布莱希特式的，也可以被称之为是古希腊式的，这是在其形式上。语言上，《毕》剧极尽辛辣讽刺，语言以游戏式的对话构成，同时也展现出夸张、滑稽的特点。

布莱希特式的特点体现在其对间离手法的使用上，古希腊式的则体现在其对歌队的引入，而这两者在一定程度上共同构建出一种陌生化的效果。在第一场之前，歌队便作为消防队的角色登场了，

合诵队长　是人为的祸患，

合 诵 队　完全是人为的祸患，

合诵队长　它能毁掉市民有限的生命。

　　　　　〔塔楼钟声：三刻。

合 诵 队　理智可以避免许多灾祸。

合诵队长　事实确实是这样。

合 诵 队　本来是愚蠢和荒唐作祟，

　　　　　遭了灾祸却责怪命运，

　　　　　这分明是冤枉了神明的上帝，

　　　　　对缺乏理智的世人，

　　　　　也不该用命运来开脱罪责，

　　　　　他们辜负了"人"这一称号，

　　　　　他们不配居住在这美好的大地，

　　　　　它用它取之不竭的宝藏，

　　　　　慷慨地养育着人类，

　　　　　他们不配受用他们呼吸的空气，

　　　　　不配享受太阳的光辉。

可以说，如同古希腊命运悲剧，从一开始合诵队便预言了该故事的结局遭遇灾祸及核心观点：非天灾而是"人为的祸患"。再有，歌队也充当两场戏之间的过渡作用，在第一场：

285

合诵队长　谁都知道我们在值勤，

　　　　　一个电话就可以找到我们。

　　　　　〔他装烟斗。

合 诵 队　谁家在这个时辰，

　　　　　房间里还灯火通明？

　　　　　可叹啊，不幸的夫人，

　　　　　心烦意乱，夜不成眠。

　　　　　〔巴贝特穿着晨服出现。

巴 贝 特　有人在那儿咳嗽！

　　　　　〔可以听到打鼾声，

　　　　　哥特利普！你没有听见这声音吗？

　　　　　〔可以听到咳嗽声。

　　　　　那儿有人！……

　　　　　〔又传来打鼾声。

　　　　　这些个男人！吃点安眠药不好吗！

　　　　　〔塔楼钟声：4点。

合诵队长　时间又是凌晨4点。

合诵队长　没有用电话通知我们。

　　此处合诵队的登场，除了作为两场戏之间的过渡外，还有交代剧情，以及间离作用。这种间离作用，除了体现在突然出现在剧情之间，打断观众的舞台幻觉外，还体现在对观众的提醒（可视为与观众直接对话）以及剧中角色的直接对话上。在第一场，

［外边传来女人讲话的声音，毕德曼示意施密茨赶快行动，并帮忙把小托盘，酒杯和酒瓶拿起，他们踮起脚跟朝右面合诵队坐的地方走去。

毕德曼　请诸位原谅！

［他跨过长板凳

施密茨　请你们原谅！

［他跨过长凳和毕德曼一起隐去。

此处可以认为是角色与合诵队的对话，也可以认为是角色和观众的直接对话。以及在第二场：

合诵队齐诵　已经先后来了两人，

　　　　　　　这使我们十分怀疑，

　　　　　　　生锈的自行车停在那里，

　　　　　　　它们的主人究竟是谁？

合诵队长　一辆昨天就有，

　　　　　　另一辆今天刚到。

合　诵　队　啊，多可怕呀！

合诵队长　转眼又到夜晚，

　　　　　　我们要加紧巡逻。

此处除了衔接上下场，切换场次外，还对本场剧情进行了总结，以及提出疑问"主人究竟是谁？"用以制造悬念，提醒观众，同时产生了间离效果。而在第三场，面对毕德曼对眼前的危险视而不见时，合诵队出场提醒他：

《毕德曼和纵火犯》

毕 德 曼　出租汽车！……出租汽车！……出租汽车！

　　　　　　［合诵队挡住他的去路。

　　　　　　出了什么事啦？

合 诵 队　糟糕！

毕 德 曼　你们要干什么？

合 诵 队　糟糕！

毕 德 曼　这你们已经说过了。

合 诵 队　太糟糕了！

毕 德 曼　为什么这么说？

合诵队长　可疑，我们觉得十分可疑，

　　　　　　那危险的易燃物的出现

　　　　　　擦亮了你的和我们的眼睛

　　　　　　否则让我们怎样求解释

　　　　　　楼顶上堆满了易燃物品

　　　　　　［毕德曼大声叫喊起来。

毕 德 曼　这关你们什么事！

　　　　　　［静场。

　　　　　　让我过去，我要去找我的律师。——你们想要我怎样？

　　　　　　我没有任何过错……

　　　　　　［毕德曼胆怯起来。

　　　　　　难道要审讯我吗？

　　　　　　［毕德曼表现出主人那种镇定神态。

　　　　　　让我过去，嗯。

　　　　　　［合诵队没有反应。

此处，合诵队本不是该剧中的任一个实际角色，但却出现在剧情中，并与主角直接对话，以此种方式，可以说合诵队将主角从剧中暂时间离了出来，也可以认为将观众与剧情间离开来。

除了间离特点外，其语言风格也颇具特色。第一场，纵火犯施密茨登场，安娜告诉毕德曼一名串户小贩要见他：

安　娜　我跟他讲了，毕德曼先生，已经说了3遍了，但对他来说一点都不管用。

毕德曼　为什么？

安　娜　他不需要洗发水。

毕德曼　他需要什么？

安　娜　人情……

上门的如不需要洗发水这类实质的物品，却想要"人情"，讽刺又引人发笑。再有，描述施密茨外貌"他的装束既像囚犯，又像马戏团演员。胳膊上刺有花纹，手腕上戴着皮护腕"。而毕德曼见到他，"吃惊地将雪茄掉在地上"，人物形象的夸张化，进一步使整部剧滑稽与荒诞合理化。以及，本剧多处的人物对话也颇具游戏性，充满了可笑性与荒诞讽刺性，在第一场：

施密茨　谁能想到，是啊，谁能想到还有这种东西存在！在现在这种年头！

毕德曼　芥末？

施密茨　人情。我的意思只不过是，我的意思只不过是，毕德曼先生，您没有不由分说就抓住我的衣领，把我们这种人推出门外，赶到大街上去淋雨！

您看，毕德曼先生，
我们需要的就是这个：人情。

极具游戏性的对话，让人在忍俊不禁时又深感讽刺。两名角色之间对话出现的"词不达意"，是本剧经常出现的情况，再有，

巴贝特 您要吃一个煮鸡蛋吗？
施密茨 两个。
巴贝特 您要吃一个煮鸡蛋吗？
施密茨 两个。

除此之外，本剧中除了合诵队的台词极具节奏性与韵律外，剧中人物的台词也时而会出现，极具节奏性的台词，

埃森林 生发灵。
施密茨 "男人一见就喜欢。"
埃森林 生发灵。
施密茨 "今朝就试莫迟疑，"
埃森林 "保你满意不后悔。"
两　人 生发灵，生发灵，生发灵。

作为灾难戏剧的《毕德曼和纵火犯》，采用间离手法迫使观众打破第四堵墙，对人物行为产生反思，对灾难本身产生反思；而与之相应的是，本剧意不在于向观众说教大道理，而是通过荒诞剧情的设置、讽刺戏谑的言语演绎，呈现出一部荒诞讽刺但又引人深思的作品。

三重社会性灾难议题

——浅析文献剧《奥本海默案件》

龙施宇　　22 戏剧影视编剧 MFA

《奥本海默案件》是文献剧的代表作品之一，德国剧作家海纳·基普哈特采用记录性手法，根据 1954 年美国原子能委员会所设立的雇员安全部的听证记录而写成，剧本内容从 3000 多页的打印文献中筛选而成，较为真实地呈现了奥本海默案件听证会的原貌。《奥本海默案件》讲述了原子弹之父罗伯特·奥本海默在广岛原子弹爆炸之后，感到深深的自责和内疚，原子弹的使用和他原本追求的想为人类生活带来福祉的目标所违背，并开始反对美国率先制造氢弹，但是却因此被指控与共产党人合作，包庇间谍，反对制造氢弹等罪名，在 1954 年被起诉而开展了为期长达 4 周的听证会，最后被解职并剥夺了他的安全特许权，而这也是轰动一时的"奥本海默案件"。

剧本从 3000 多页的听证会记录文献之中筛选了重要部分进行了剧本的呈现，对于一些重复的证词和证人进行了合并整理等等，在保持真实性的情况下，又艺术性地呈现了"奥本海默案件"。在剧本之中，实际上隐藏着三重社会性灾难议题，发人深省。

一、战争灾难：原子弹爆炸

剧本中的第一重灾难也是最表层的灾难便是战争灾难。奥本海默作为原子弹之父，其研发的原子弹在第二次世界大战末被投放至广岛、长崎，原子弹爆炸的强烈光波，使成千上万人双目失明；6000多度的高温，把一切都化为灰烬；放射雨使一些人在以后20年中缓慢地走向死亡；冲击波形成的狂风，又把所有的建筑物摧毁殆尽……

原子弹的成功并没有为奥本海默带来喜悦，而是带来了担忧和恐惧，在听证会上，奥本海默被询问道是否反对将原子弹扔在广岛时，他回答道："我提出论据，这些论据是反对这样做的。"而在提到原子弹的爆炸伤害了70000人时，他回答道，他的良心受到了强烈的谴责。作为科学家，奥本海默并没有权利决定是否投放这颗原子弹，而他们制作原子弹的初衷，是为了阻止希特勒制造出原子弹并使用，但是他却未曾想到，自己制作的原子弹成了第一个为人类带来毁灭性灾难的武器。

在《奥本海默案件》之中，我们不仅感受到了第二次世界大战中原子弹的爆炸为日本带来了近乎毁灭性的灾难，同时我们也第一次意识到，作为研究原子弹的科学家们，也在承受着战争带来的灾难。在科学家们呈现的报告之中，他们更加建议将原子弹投放在沙漠之中，奥本海默在听证会上说道："考虑这个问题的决定性因素必须是爱惜人的生命。"但最后，原子弹夺走了70000人的生命，而这场灾难背后真正的原本就是战争，而《奥本海默案件》同样是这场战争灾难之后延伸的另一场灾难。

二、政治灾难：麦卡锡主义

剧本中的第二层灾难便是政治灾难。在第一部第一场戏的开篇便播放了美国参议员在奥本海默听证会的前一天于电视节目上的一段发言，发言指出因为政府内部有共产党人，才导致氢弹的研究推迟了 18 个月，导致美国的核弹垄断被打破，而麦卡锡将这一切都罪恶都推到了奥本海默的身上："试问，这是谁的过错？是忠诚的美国人的过错，还是故意给我们政府出坏主意、以原子英雄自居、其罪行终于受到应有的调查的叛徒的过错呢？"而在听证会正式开始前，各委员们也和奥本海默提起了麦卡锡的发言。显然，这本是一场由麦卡锡引发的政治灾难。

美国参议员麦卡锡是 20 世纪 50 年代美国反共、极右的典型代表，在他的带领之下，成立了"麦卡锡非美活动调查小组委员会"，展开反共运动和排外运动，恶意诽谤并肆意迫害各共产党和民主进步人士，乃至一切与其有不同政见的人，后来这一危险的运动及其指导思想被称为麦卡锡主义，麦卡锡主义涉及美国政治、教育、文化等各个领域，为美国带来了灾难性的影响，而奥本海默就是麦卡锡主义的受害者之一。

麦卡锡善于撒谎和编造，他巧舌如簧并且极易煽动群众的情绪，在《奥本海默案件》之中，他在电视节目中公然责骂奥本海默，即使他并没有掌握奥本海默与共产党勾结的证据，却能在节目中公然称奥本海默为叛徒，以制造政治舆论，为奥本海默的听证会制造压力和阻力。在《奥本海默案件》的结尾时，尽管有多名科学家联合抗议对奥本海默的审讯，即使听证会调查结果承认并没有发现他对国家有过不忠诚的行为，但是依旧要剥夺奥本海默的安全特许权。实际上，这就是一场关于政治的压迫性战争，而奥本海默就是这场政治灾难的牺牲者，在麦卡锡主义的统治之下，人们受舆论和情绪的压迫，却忽视了人性和证据。

在《奥本海默案件》之中，我们从奥本海默的证词之中便能感受到在这场政治灾难中，他的小心翼翼，在踏入听证会之时，他便知晓，这是一场已有结果的斗争，正如在听证会最后他说道："我认为我是某种政治形势的牺牲品，我对这种政治形式感到惋惜。"但是在敌人的步步

三重社会性灾难议题

问询之中，他依然要小心不能踏入敌人的陷阱之中。当委员会要求其确认是否说过一些明确反对氢弹研究并带有一些情绪性的话语时，奥本海默的回答都十分谨慎："当时我反对首先迈出第一步"，"这是针对当时的计划而说的"，"反对太重了，当时我主张试验"……在这场麦卡锡主义下的政治审问之中，奥本海默作为一名为美国付出心血和心力的科学家，却在此时要费尽心力应对这个国家对自己的审问，这是荒唐又讽刺的。

三、科学灾难：进步的代价

剧本中的第三层灾难便是科学灾难。《奥本海默案件》主题十分鲜明，是要展现科学家在对社会的责任和对科学的责任之间的冲突和矛盾，研究原子弹和氢弹对于科学家而言，都是对科学的责任。带领科学进步，研究自然界的奥秘对于科学家而言是充满魅力的，但同时，科学家们作为人类的高知阶层，他们的责任应该是守护人类，为人民带来福祉，但是原子弹和氢弹的研究在贪婪的国家领导人前，变成了迫害人民的武器，对于科学家而言，无疑将他们从科学家的宝座推向了杀人犯的位置。

在《奥本海默案件》的结尾，奥本海默进行了一段听证会的自我总结，在这段总结之中他提道："我们在寻找日臻完善的破坏性武器中度过了我们生命中最美好的时光，我们做了军人的工作，我发自肺腑地感觉到，这是错误的。虽然我将对这个委员会多数派作出的裁定进行辩驳，但是不管我谋求上诉结果会怎么样，今后我反正是不想再参加任何国防工程的了。"他并提出，他和自己的科学家伙伴们将会回归最基础的理论研究，因为那才是科学家真正应该做的事情。

无疑，《奥本海默案件》为科学家们带去了恐慌，奥本海默为代表的科学家们认为，如果每一个科学家们都听任军人们去处置自己的科研成果而不考虑后果，那将是对科学精神的背叛。在奥本海默身上，科学家们感受到了无力和矛盾，如果科学的进步只能为人类带来灾难，那他们会选择不再为国家而效力，这于国家的科学而言，无疑也是一场灾难。

在《奥本海默案件》之中，虽然只有听证会委员们与奥本海默及其证人们的一些简单对话，但是在这些对话之中仍然彰显着不同派别的心机、谨慎及小心翼翼，他们在对话之中不停下套又不停反击，这是一场听证会，也是一场战争，更是一场灾难。这场灾难源于战争，源于科学，更源于政治，其背后的黑暗和深渊，令人沉思。

《一个无政府主义者的意外死亡》
——"虚伪"的掘墓人

冯雪君　19 戏剧影视编剧 MFA

　　《一个无政府主义者的意外死亡》是意大利剧作家达里奥·福的代表作之一，根据 1969 年米兰一次银行炸弹爆炸事件改编。故事讲述的是一个无政府主义者被警察严刑逼供致死，又被从窗子推下去，却被伪造成意外死亡的假象。身患演员狂症的"疯子"在警察局偶然接触到无政府主义者案件相关的卷宗，随即他乔装成最高法院的顾问复审这个案子，抽丝剥茧地还原了事实的真相。故事在真实的叙事背景下以一种戏谑的方式展现出资本主义统治阶级的虚伪、残酷和暴力执法，饱含政治机智和辛辣讽刺。

　　真实的事件背景是意大利 60 年代末 70 年代初的"紧张战略"时期，彼时军方和情报部门的右翼极端分子假借意大利共产党之名，发动了一系列恐怖袭击。这是一场有组织、有预谋的人为的政治灾难，平民百姓在恐慌中惶惶不可终日，达里奥·福正是在此种情况下完成了这部轰动一时的巨作。政治灾难不同于自然灾难、事故灾难的偶发性，人为的政治灾难是人类的居住特性所特有的属性，是有阶级性质的、有针对性的，而这种灾难所特有的性质，正是构成戏剧冲突最好的元素。

　　整个剧作都是围绕着人为的政治灾难构建起来的，以真实的社会背景为依托，推动着剧中人物的行动路线。剧作中由于"疯子"和"局长"等人阶级上的不平等与认知上的差异，人物站在了天然的对立面。"扳道工"是一个无政府主义者，所以"理所应当"地被当作了罪犯，被严刑拷打。"疯子"游走于各个阶层之间，扮演各种角色，打破了固有阶级的平衡，站在了风暴中心，成为反讽的一股势不可挡的力量。"疯子"在被询问的时候就表示，他认为法官是他最想扮演的角色了，但是他一直没有一个合适的机会来扮演，到后面他去翻卷宗，他找到了极好的扮演法官的机会，戏剧性场面就此拉开。"疯子"是罪犯，在阶级属性当中属于弱者，但他丝毫没有感觉到弱势，甚至还反客为主，再到他扮演法官，斡旋于局长和警长之间，一步步引导，抽丝剥茧还原了事件的真相，还抖搂出一帮颠倒黑白、愚蠢而无所知觉的官僚主义。"疯子"这个人物的设置增加了剧作的荒诞感，但是在荒诞中又不乏逻辑理性，一群官僚竟然被一个疯子耍得团团转，甚至还揭开了警察局屈打成招、草菅人命的秘密，这为剧作平添了不少趣味。

　　"疯子"的横冲直撞是刺破统治阶级极力掩盖真相的一剂良方，也吐露出民众对真相的热望。"疯子"先后作为罪犯、警官、法官、探员、大主教，这几个角色分别处于不同阶级层面上，通过在不同角色中跳进跳出，构成了多条行动线，同时，每一条行动线又指向同一个目标——破案。他的多重身份，成了破案的最佳途径。在这场人为的政治灾难真相步步揭示过程中，人物真实也逐渐暴露出来，以局长和警长为代表的统治阶层，傲慢、自大、自私、愚蠢。他们最常说的就是："我们既没有过错，也没有任何责任！"随着"疯子"所扮演角色的变化，每一次新的人物关系出现，都会使官僚们真实心理状态暴露得更加充分彻底。在第二幕中，从女记者上场后，"疯子"肆无忌惮地从法官切换为了上尉，此时局长和警长觉得"疯子"是扮演上尉的法官，而女记者则认为他是上尉，同时，贝佐托又知道他的真实身份。警长和局长从最开始傲慢、自大也变得小心谨慎，生怕"法官"演露了馅。但是当"疯子"再次扮演大主教的时候，似乎真相也呼之欲出了，此时贝佐托终于也忍无可忍了，局长和警长也开始唯唯诺诺了起来。

社会背景是人为灾难形成其中一个重要的因素，在特定的社会背景下，阶级分化，形成了为了共同利益而自发聚集的小团体。而该剧在创作时，正值意大利司法当局治理混乱，无端抓捕平民顶罪的时期。剧作家正是因为对当局不吐不快的政治见解，写下了该篇。在一场政治浩劫之中，小人物也可以凭借机敏的判断掌握一定的生存之道，"疯子"在被审问之时，分明是使用了假身份进行了诈骗，却通过咬文嚼字的语言陷阱为自己开脱了。而后，"疯子"扮演了法官，通过自己精湛的演技和绝伦的口才，几乎让警长和局长跳楼了，这一段几乎就是对无政府主义者自杀的重现，而施暴者此时却变为了受害者，这一戏剧性的转变，也将观剧情绪推到了高潮。足见强权之下，小人物也应掌握生存之道，凭借自身优势化被动为主动。

大多数人为灾难的戏剧中，往往会通过小人物体现强权对于普通民众的迫害，体现人民的疾苦。但是达里奥·福却一反常态，他通过扳道工的悲惨经历体现出强权对于人民的迫害，一个无辜之人，莫名其妙就被冠上了莫须有的罪名，并因此丧命。而"疯子"的出现给了底层希望。他无畏强权，斡旋于各大人物之间，甚至最后还还原了事件的真相，这也足见剧作家对于光明美好的信仰。

作者达里奥·福可以称得上是平民剧作家，从群众中来，到群众中去，走的是群众喜闻乐见的路数。他的许多作品都存在着强烈的政治倾向，针砭时弊，辛辣讽刺，绝不在沉默中默默承受。从达里奥·福的创作经验上来看，灾难题材戏剧的创作不应只是着力展现灾难的毁灭性和不可抗拒，要给人民以希望，或现实、或荒诞，都不能缺少为自由开路之人。

布尔加科夫《逃亡》：灾后的"家园"在何方？

边明婕　20 编剧学理论 MA

大多时候，人祸比天灾更为骇人，比如，政治斗争和军事战争。当战争打响，信号传达至此，有人选择留下，有人选择离开。留下的人们投入战争为政治立场牺牲；离开的人们想尽办法寻找新的家园。当硝烟弥漫了每一寸土地的上空，人们还在为何而战？人们能否找到真正的栖身之所？

《逃亡》中的人们正在经历一场大型的人祸——军事战争，他们从北塔夫里亚逃到克里米亚，在君士坦丁堡和巴黎流浪，还憧憬着马德里的生活会不会比以往待过的地方更像"家园"。全剧共四幕八场"梦"，在布尔加科夫笔下，这不是"戏"，而是"梦"。这八场梦是苏联内战中白卫军方几位将领和相关神职、平民流亡史中的横截面，按照时间线排列下来，从 1920 年 10 月截取到 1921 年秋。几位主角戈卢布科夫、谢拉菲玛、恰尔诺塔最后的人生方向各不相同，落幕时，场面基调如残梦一般，灰暗、破败而寥落。

自古，成者为王，败者为寇。败落的白卫军在内战中下场惨淡，如同阴沟中的蟑螂，永世不得翻身。布尔加科夫在一战中，为红军、白军都做过军医，战后生前，即使他与斯大林有过信件来往，他的作品也被多次禁演、限演、出版。无独有偶，1928 年，《逃亡》于公演前夕被叫停。斯大林批示此剧"企图为白卫分子辩护或半辩护"，"是一种反苏维埃的现象"，不过，"我一点也不反对上演《逃亡》，如果他在八个梦上再加上一两个梦，描写一下苏联国内战争的内在社会动因……"可是，文艺作品并非政论、社论。《逃亡》守住了八场梦，故事在白卫军将军赫卢多夫自毙时结束。

难以说，《逃亡》的梦境独属于哪位人物，尽管在场面铺开人物关系，形成群像，叙事却不显得宏大繁琐，人物的进退也秩序井然。截断式的群像场面，成双的梦境数量，让人想起契诃夫，也难怪作家巴乌斯托夫斯基在回忆录写道"莫斯科模范艺术剧院有两位自己的作者——契诃夫和布尔加科夫"。

布尔加科夫不多作解释和论证，《逃亡》的焦点在梦境和心绪。剧中，人物的肉身漂泊无依，只好将灵魂寄托于残梦，有时还主动变换角色、幻想角色、假装遗忘。在此过程中，一些喜剧技巧的运用和细节设计使得全剧是"泪中带笑"的。赫卢多夫死前还在与克拉比林魂牵梦绕，阿夫里坎假扮化学家马赫罗夫，恰尔诺塔想象并扮演了一位太太巴拉班奇科娃，科尔祖欣从来不在人前承认与谢拉菲玛的夫妻关系……人们正在背叛他人和遭遇背叛，他们对自身处境清醒，但对他者封闭。就是否产生战争创伤来说，没有一个战争参与者会是胜利的。

其中，军官赫卢多夫的噩梦来源于《逃亡》的第二场梦。在火车站里，颠沛流离的谢拉菲玛当面咒骂赫卢多夫是野兽、豺狼，"坐在高脚凳上，周围挂着装死人的口袋"。赫卢多夫与谢拉菲玛素未谋面却遭这样的辱骂，周围有人说谢拉菲玛是布尔什维克的人，并与商业部科尔祖欣有染，他便传讯科尔祖欣，科尔祖欣对此矢口否认，于是赫卢多夫下令带走谢拉菲玛、戈卢布科夫进行审问。临走前，谢拉菲玛拷问恰尔诺塔的传令兵克拉比林"为什么您不为我辩护？"，克拉比林莽撞而激动地站出来指责赫卢多夫，赫卢多夫听到他说"在彼列科普屠杀士兵"，似乎是"关于战争的正确看法"，示意克拉比林接着说下去。克拉比林诅咒赫卢多夫会有栽跟头的一天，并且预言他会逃到君士坦丁堡，嘲笑他只有在吊死女人和钳工的时候才会表现出勇气。一番阔论未完，克拉比林话锋一转，向赫卢多夫求饶，赫卢多夫当即下令把克拉比林绞死。这一场梦以克拉比林被吊死告终，炸毁这座城的赫卢多夫看见了月台上克拉比林的尸体，自言已经生病。赫卢多夫此后不再向人提起克拉比林，但克拉比林一事一直在他心中。

在第四场梦后半程里，赫卢多夫"发病"了，在总司令离开前的档口，他吟诵诗歌《瓦西里·希巴诺夫》，用诗中马夫对主人的忠诚作比善良的克拉比林。随后，即使房间里只有他一个人，赫卢多夫还是像对着一个隐身的人说话，空气里游荡着克拉比林的魂魄，赫卢多夫对空气赞美、忏悔、祝福、祈求着。现实时空中，戈卢布科夫悄然进入房间，转过身的赫卢多夫刚开始以为是显身的克拉比林。赫卢多夫一边与面前显身而活着的人对话，一边与隐身而沉默的克拉比林说话，他第一次答应了戈卢布科夫的请求，舒了一口气，对克拉比林的魂魄所在的那片空气说，"我让一个人如愿以偿了，现在我可以和你自由地说话了"。但紧接着，这个"活人"打断了赫卢多夫和克拉比林的交流——乘"圣者"号去君士坦丁堡。

一半梦是现实，一半梦是赫卢多夫完成自我救赎，克拉比林总是会出现在《逃亡》双数的梦里。

在第六场梦中，赫卢多夫第二次答应了戈卢布科夫的请求，他这样回应戈对他照看谢拉菲玛的需求，"为了那个火车站，真是代价昂贵"，转身又说，"不，没有"。克拉比林是恰尔诺塔的传令兵，在赫卢多夫手中丧命，火车站一事，是赫卢多夫心中过不去的坎儿。作为一名军人，他因为他的勇气被讨伐而愤怒，也因他人一番言论就动手杀戮而愧疚不已，他的心里始终有着这份愧疚，以至于当火车站相关人士尚未提到火车站时，主动暴露心迹提到一年前的火车站。但他不肯承认愧疚之心伴随的痛苦，于是他说"不，没有"。

对于此，布尔加科夫没有抓着一个情绪点大肆渲染，而是让当事人恰尔诺塔和戈卢布科夫打了两个"哈哈"，暂时跳脱出当下的情境，充当叙事者的角色，对此加以低声评论"真是个出色的保护人！""别看他，他在拼命挣扎"。尔后赫卢多夫答应恰、戈的请求，并且再引用克拉比林的话自证"想从我眼皮底下逃过去是不可能的"，并且还给自己打圆场，"过去的事情就不提啦……安息吧，上帝"。

第八场梦，恰、戈回到君士坦丁堡，谢拉菲玛邀赫卢多夫回到圣彼得堡，那时赫卢多夫已经"病入膏肓"，他身后站着一个叫克拉比林的幽灵，指引他与众人朝相反的路走去，赫卢多夫决心上哥萨克的轮船去往布尔什维克那里，与众人告别后，他又"摆脱了""活人"们，迎着克拉比林的召唤，自毙而亡。赫卢多夫终止了克拉比林之死对他的折磨，他的灵魂也有了归宿。

《逃亡》对人物命运的人道关怀及其所呈现的诗意氛围，建构出布尔加科夫的乌托邦想象。在这场灾难中，被贬为"蟑螂"的战争失败者用肉身生命的终止换来了灵魂的安宁。赫卢多夫也许认为，蟑螂注定要流亡到龌龊肮脏的地方，他自比蟑螂，也这么做了。这是一种寻找家园的方式。目光放至恰尔诺塔、戈卢布科夫等一行人，他们选择了在战争胜利方所看不见的地方，继续漂泊地活着，这是另一种寻找家园的方式。

私以为，"家园"本身就存在于路途中，人们对灾后创伤的疗愈是没有终点的，也许只有在生命终止的那一刻，才抵达了归宿。这样一来，布尔加科夫所描绘的理想家园愿景仅仅是身后乌托邦，可是，现世的我们又多么希望美好家园在现世实现呐！

《永远活着的人》鉴读

李晓婷　20 编剧学理论 MA

《永远活着的人》是苏联剧作家维克托·罗佐夫于 1956 年写作的一部二幕六场正剧，讲述了因参军而被迫分离的恋人，因战争而颠沛流离、而受伤、而失去生命的芸芸普通人的一段生命旅程。后被改编成电影《雁南飞》，凭借出色的镜头语言与故事内涵，获得了 1958 年第 11届法国戛纳电影节金棕榈奖。

剧作者维克托·罗佐夫 1913 年生于雅罗斯拉夫尔城的一个知识分子家庭，1938 年从莫斯科革命剧院附属学校毕业后，做了戏剧演员，后参加卫国战争，在莫斯科外围的一次战斗中身负重伤，又回到了戏剧舞台上来，代表作有《祝你成功！》(1954)、《追求快乐》(1956)、《力量悬殊的战斗》(1960)、《四滴水》(1974) 等。

《永远活着的人》全剧围绕苏联卫国战争展开，但未有对战争场面的直接描绘，而是将战争与戏中所有人物的命运联系在一起，戏中每一个人的人生都因战争而发生了变化，通过表现人们在战争中的遭遇，深入挖掘战争为普通人带来的灾难，同时赞扬了那些具有家国情怀、不畏死亡，勇敢保卫国家、保卫人民的英雄。保利斯与维罗尼卡本是一对幸福的情侣，但因战争的爆发，保利斯志愿报名参军，致使两人被迫分开。其后，维罗尼卡父母在战争中不幸身亡。在硝烟弥漫的战争年代，作为一名独身女性，迫于生存，她只能委身于马尔克，这使她难以获得伊琳娜的谅解，而且她热爱雕塑，战争的爆发使她无法以此为生，她没有工作，虽已与马尔克结婚，却忧伤难抑，难以忘记保利斯，亦无法真正爱上马尔克，这使得她与马尔克二人的婚姻也充满了不幸。此时，让她生活继续的，是毫无音信的保利斯可能还活着的一丝希望，当保利斯死亡的信息得到证实时，她彻底绝望了。作为家中长男，保利斯的参军也牵动着老父亲费道尔·伊万诺维契的心。保利斯志愿参军的报名是偷偷进行的，上战场的结果大家都心知肚明，而当费道尔知晓的时候，他微微斥责他，但生气的是他私自决定参军，不告知家人。当谈到"不是所有的人都能回来时"，他说"回不来的人——就给他们修个纪念碑，把它们每个人的名字——刻上金字！为你干杯，保利斯！"老年丧子，是多么痛的惨剧。知晓保利斯战死之后，他一病多日。他也不愿意送儿子去打仗，他憎恨死亡，但他更憎恨那些贪生怕死、不顾国家存亡之人。当他知道马尔克利用他的名义偷偷交易"免役证"后，他狠狠地斥责他"为了你过得舒舒服服，别人就应当缺胳膊断腿，给弄瞎眼睛，给敲碎脑壳，以至于丢掉性命吗？可你对谁也不关心，对什么都不负责任！"虽然为儿子的逝去而悲伤，但为了保护人民与国家，费道尔·伊万诺维契赞赏这年轻而宝贵的生命的献出！

罗佐夫在《永远活着的人》中写了两类人。在谈到《永远活着的人》的创作意图时，他说"我想努力强调两种人的不同"。保利斯与剧中多人具有直接或间接联系，他影响了他们的选择、他们的价值观。但只有在参军前有一段对保利斯的直接描写，其余的他只是活在其他人的口中，但他的形象却得到了深刻而完整的刻画。他正直，具有高尚的道德情操，认为人民与国家的利益高于个人生命。与保利斯人物形象相对应的是贪生怕死的马尔克，他在戏一开始便直言"管它战争不战争，我们要工作，我学我的小夜曲"。在保利斯杳无音信，维罗尼卡父母双亡之后，他还趁机占有了她，其后又试图与他人发展婚外情。他是一个自私自利之人，只为他自己的利益而行动、只顾自身安危，国家与人民的生死存亡丝毫不在他的考虑范围之内。其他诸如费道尔·伊万诺维契与切尔诺夫等人的对比刻画，罗佐夫通过这种对比展现了战争下的伦理道德主题，赞扬了那些具有高尚情操、为国家与人民而奋斗的人。

"战争有打完的一天，不过那战争的创伤和它的影响……战后要多少年月才能在这片土地上消失"，有的人像保利斯一样去了战场永远没有再回来，有的人像伏洛加，与唯一的亲人长久分居，不能在身旁照料父母，最后负伤退役落下一辈子病根。《永远活着的人》中登场的人——保利斯、维罗尼卡、费道尔·伊万诺维契、伏洛加、马尔克、安东尼娜·尼古拉耶芙娜……所有人物，他们的道德高度不一，有的人不论艰难自力更生，有的人做长在别人身上的蛀虫，有的人勇敢保护他人，有的人贪生怕死……但所有人的生活都笼罩在战争的阴影下，"战争不只是在肉体方面残害所有的人，它还破坏了人的内心世界。也许这是战争最可怕的一种后果"。战争是残酷的，《永远活着的人》通过表现生活中的小人物在战争中的遭遇警醒世人，珍惜和平生活，同时也赞扬那些具有高度道德感与家国情怀、不怕牺牲勇敢保护人民的人们。保利斯在写给维罗尼卡的信中说："当我们的土地上到处是死亡的时候，我不能照旧过着从前那种无忧无虑、快快乐乐的生活……往往有这样的时候，当我们个人的生活就算它是非常幸福的，可是在一切人的面前，在全体人民和整个国家的面前，都可能显得十分渺小。"有的人为了他人的幸福抛头颅、洒热血，他们虽然逝去了，他们的肉体消失了，但他们是名副其实的"永远活着的人"，"只要骨头还完整，肉就会长出来"！

《煤的代价》鉴读

吴宙时　21编剧学理论MA

　　《煤的代价》是由英国剧作家哈罗德·布列好斯作于1909年的独幕剧，是作者著名的"三个兰开郡剧本"之一。该剧以工人生活为题材，讲述了兰开郡一户煤矿工人家庭的故事，反映出现代工业化发展下煤矿家庭的普遍命运。

　　在该剧中，"矿难"贯穿剧情始终。开场编剧便以矿难为伏笔，交代出杰克的家庭背景。他在早晨要去矿下上班前一直想得到玛丽的回音，因为他不知能否平安归来。然而冷静的玛丽没有当即回复，杰克只得怀憾去上班。这样巧妙的剧情处理给读者设下了悬念，勾起读者兴趣，也促发玛丽对后面坑道发生的事故感到不安、担忧、急切和紧张。等杰克离开后，杰克母亲起来，无精打采地坐在摇椅上，向玛丽讲起自己做的梦，玛丽面露难色。泼莉前来报信，第一班罐笼掉了下去，两人面对这种情况并未心急，而是十分的自然和淡定，甚至早已麻木。玛丽却与之相反，她从小不在坑道边长大，也没有经历过在灾难中失去自己心爱的人的痛苦，因而在得知坑道传来的噩耗时又焦急又悲伤。她想去坑道看看情况，杰克母亲却阻止，玛丽感到懊悔与痛苦。但在最后，杰克幸运地逃过一劫，安全回到了家，母亲见状感到惊讶，而玛丽悲喜交织，最终答应杰克昨晚的求婚。本剧将矿难融入家庭日常，结构完整，事件紧凑，着重描写了亲人的担忧与思念，带出了一个时代的煤矿工人和亲人的真实情感，折射出灾难给人的身心和生活留下的深刻影响。剧情看似平顺，但又有着精巧的构思和突转，人物前后心理的变化，随着矿难发生的前后而变化，大大地拓展了人物的情感空间。

该剧在人物塑造上，善于用对比的手法表现出人物的内心情感，凸显出在典型环境中的典型人物形象。玛丽是个20岁的少女，她勤劳、单纯、善良，当她从舅妈埃伦口中得知她做的梦，便对表哥杰克的命运产生担忧，心烦意乱。得知坑道又一次发生矿难，她第一时间想的是要去现场确认。这和杰克母亲完全不同，杰克母亲反而看得更开，因为类似的经历过于普遍，她已经变得习以为常或有些麻木，也知道光担忧也无济于事，与其给自己徒增烦恼，不如去做其他有用的事情，从中也看出她带有一种简单而又朴素的生活理念。当然，她的那种麻木并不是单指精神上的麻木，更是传递出一种淡然的处世观，引导人们去找到一种对待死亡的直接方式，那就是顺其自然。亲人的死亡，成为杰克母亲生活里需要接受的一部分。不抱怨、也不隐瞒，更不是以泪洗面，而用一种自然而然的状态去接受着。杰克母亲不是没有情感，也不是没有痛苦，只是对于这种灾难，她已经完全不像善良、天真的玛丽第一次经历和体验这种痛苦。在漫长的年月里，她承受了太多，残酷的现实命运让她懂得了要坚强地活着，要继续去面对生活，因此她只能压制住内心的疼痛，去劝慰处于精神紧张状态下的玛丽。杰克母亲这种清醒的觉悟，正是根植于她身边的社会环境和人生经历。杰克是个年轻的矿工，矮小又坚实，这也是普通的矿工的真实样貌。杰克常年在坑道下工作，环境压垮了他，也锻炼了他。他是能干的，也是粗野的，然而他又有着单纯的灵魂、率直、下意识的英雄主义和自我牺牲的精神。为了家庭，杰克带着一种"只有撑下去，这个家才不会垮掉"的信念，自觉承担起一个男人该尽的责任，哪怕遭遇到什么不测，也心甘情愿，他的这种情感认知，恰恰是在延续着他父亲的使命和责任中逐渐形成的。

梦和警铃成了本剧里灾难的隐喻和象征。"梦"这一意象也在为矿难而服务，化身成人物命运的"预言"。杰克母亲讲起过去发生同样的梦是杰克父亲在坑道丧生，这使得她联想到没来得及阻止已经去坑道工作的孩子，梦的出现让杰克母亲预感到过去的悲剧可能会重演，但她却早已习惯接受亲人死亡的事实。"警铃"的声音，也预示着灾难的发生，编剧巧妙运用这一音响，暗示着灾难的降临。在杰克母亲的讲述里，她曾听到警铃响起，这一带有过大约有 20 个人死亡，40 多个人受伤。"如果只是一个人在塌顶的时候给卡住了，那可不响警铃的，大事故才响警铃。"杰克母亲的这句台词，与泼莉的到访形成呼应。她向泼莉谈起丈夫因矿难而死的往事，那次她听到铃声大响，丈夫被人抬进家门，心情悲恸。而在闻知儿子所在的第一班罐笼出事，警铃声虽然没有拉响，但却也成了她条件反射中的一个声音，这是灾难给人留下的长久阴影，因此警铃也象征着灾难给人带来的警醒和创伤。该剧充分将"梦"和"警铃"结合起来，渲染了灾难的紧张氛围，也为后续的突转做了充分的铺垫。

　　编剧将故事发生的社会背景聚焦在现代化工业下，探讨了人的生存境遇。杰克的家庭是普通矿工群体的真实写照，为了能维持生计，他们只能去矿下冒险，在坑道工作时做好了随时牺牲的心理准备。剧名为"煤的代价"，实质上也就是生命的代价。挖煤是工作，也是支撑家庭的经济基础来源，而为了不使家庭出现危机，煤矿工人便不顾生命危险投身于这一艰辛的行业。杰克一家是众多普普通通的煤矿家庭的一个缩影，更是群体性矿工们的生存样本。哈罗德深切地关注了煤矿工人的现实生活与生存命运，也借由剧中不同的人物表明了对于生命的态度。面对突如其来的灾难，杰克母亲并未露出多余的忧伤，只是顺其自然地看待着生与死。而玛丽在定论还未完全出来前，她更多的是怀有对活着的念想。因此，编剧则倾向于后者，并未以悲观的情绪进行渲染，而是为结局赋予了一种理想色彩，从中也洞见出编剧本人的社会理想和对生命的敬重。人类在灾难面前是如此的渺小，如此的无能为力，可背后顽强的生命意志、爱的伟大力量却支撑着人在困境中活下去。

《煤的代价》篇幅虽短，但站在了普通人的视角体察了人的命运，观照了人的现实处境。作者并没有直接描绘灾难的场面，而是以另一个视角去展示人物心理潜隐的矛盾，探访了人的心灵世界。在紧张的氛围和悲伤的情感基调下，哈罗德不仅流露出对于美好生活的诗意想象，也蕴含着对人物未来命运的隐忧，更带有对生命的深切关怀和生活的深刻思考。

战争之后，灾难继续

——浅析独幕剧《白杨路》

龙施宇　　22 戏剧影视编剧 MFA

　　独幕剧《白杨路》由英国著名剧作家凡尔农·薛尔汶所作，讲述了一件第一次世界大战之后的遗事：第一次世界大战时期，因为一名指挥军官的失误，英国一支军队中 48 人遭难牺牲，唯有两位幸存者得以生还，幸存士兵查利在大战附近的梅因路上开了一家咖啡馆。有一天，另一名幸存者作为游客来到了咖啡馆，在交谈之间他们认出了彼此，而另一位幸存者则是当年指挥失误的指挥官。剧本讲述了两人在多年后相遇重逢的故事，显然，战争虽离去多年，但是战争带来的灾难却从未离开过他们。剧目虽篇幅不长，但是情节跌宕起伏，两人之间的交锋十分精彩，剧本巧妙的剧作构思血淋淋地呈现了在战争之后，停留在两位士兵身上的灾难。

　　该剧短小精悍，最特别之处在于全剧神秘又紧张的戏剧氛围之中，描绘了战争灾难之后，还活在战争余震中那些可怜的人们又引发的一场新的灾难。

一、灾难与冲突：战争之后，遗留的矛盾

　　剧作之中的戏剧冲突在于幸存士兵查利和幸存指挥官游客两人之中，但是两人的冲突并不是在重逢之后才建立的，而是来源于战争中遗

留的矛盾。在剧中并没有花过多的篇幅来描绘两人在大战之时的故事，而是通过两人重逢后的交谈推测出大战时的故事线索。因为指挥官的失误，全连 48 人牺牲，他们大多还年轻，却因此葬送了生命。

幸存的查利和指挥官虽然没有失去性命，却都未曾从这场残酷的战争中完整地走出来。因为头部受过伤，查利常常会头疼，且时常精神不稳定，他在战友们牺牲的地方开了一家咖啡馆，他常常看到那些牺牲的战友们从咖啡馆前走过，甚至与他们交谈，这是他的战争创伤后遗症；而指挥官则心存内疚，在战后漫长的岁月中，他也试图遗忘和麻痹，他不再谈论战争，但是他却从未走出过战争的阴影。所以，在两人相遇之时，他们不约而同地说：我也想要死过，和他们一同离去。

时隔多年，两人相遇之后却依旧不自禁地将故事重新翻出来梳理，指挥官看错了撤退的地点，而查利曾一再提醒过他，但一切太晚了，只有他们两人知道撤退失败的原因，而其他的人都因此牺牲。在战争之后，查利常常看到战友们的鬼魂，这些鬼魂不断折磨他，似乎在提醒他，要为他们复仇，查利也理所当然地认为，指挥官不该活着，而应和他们一起死去，所以故事的最后，查利对指挥官开了枪。

指挥官的失误是导致牺牲的直接原因，但其根本原因在于这场无情的战争，这场战争是一场无穷无尽的灾难，带给所有的参战者无尽的折磨和痛苦。剧中的冲突看似是查利对指挥官的指责，但实际上，是剧作者借查利的身份在控诉战争的无情与冷酷，借查利的身份替所有深受战争苦难的人呐喊和反抗。

二、灾难与恐惧：现实和幻觉的不断交替

全剧弥漫着一种紧张和恐惧的氛围，除了查利接近疯狂的精神状态之外，剧本中现实和幻觉交替表现的艺术手法得以营造出紧张、神秘、恐惧

战争之后，灾难继续

的戏剧氛围，而这些恐惧氛围的来源，也是与战争中那场灾难息息相关。

查利告诉指挥官，那48个人并没有死去，他总是能完整地看着那支军队从自己的咖啡馆前经过，不仅有自己连队牺牲的英国兵，还有德国兵，他们似乎忘记了前嫌，手挽着手臂走过，并对查利说：我们在弄清这一切……一开始，指挥官并不能看见也不能听见，但是在查利近乎疯狂的状态引导下，他开始融入查利所描绘的世界，听见和看见那些死去的士兵，并和其中一个士兵理查森进行了对话，至此，指挥官彻底融入了这个幻觉世界。

在这场幻觉和现实交替的重场戏中，有许多次行军的声音，这些声音的出现带领指挥官和观众一同沉浸到查利的幻觉世界之中；而在剧本中，有许多次哑场的提示，在查利说到一些重要细节时，他往往突然不说话，安静的氛围下却张扬着悬疑和恐惧的气氛，因为他们在讨论的是战争，是死亡，是牺牲，有关复仇也有关救赎。

为什么恐惧的氛围会一直萦绕在指挥官看到模糊的鬼魂身影和听到行军的声音之时呢？因为他是这场灾难的"始作俑者"，他害怕遇见那些因他而牺牲的士兵，所以当行军的声音再次响起，便仿佛是审判的声音终于降临；同时，他又渴望见到这些士兵，他渴望了解他们死后的世界和生活，以抚慰自己内疚的心灵，他也想同他们一同离去，因为人间已不是窝，而是愧疚的炼狱，死亡反而是一种洒脱。

所以，在战争之后，灾难继续延续在存活的人们之中，而这种恐惧亦是灾难为我们留下的无声的炸弹。

三、灾难与悬念：那颗是否击中的子弹

故事的最后，作者为我们留下了一个疑问：查利那颗子弹，究竟有没有击中指挥官？

不同的观众，会为这个疑问书写不同的答案，这是一个悬念的设置，也是一个希望的洞口。

其实，悬念在开始就有铺垫，查利不仅一次说道指挥官应和牺牲的队友们一同死去，并且查利还向指挥官展示了自己捡到的德国人的枪。契诃夫曾经提出：如果一支上了膛的枪不会开火，就不能将它放在台上。而前期查利展示的这把捡到的德国人的枪，作用不仅是要引发后面的战争谈论，更多的是对后面的开枪进行铺垫，这一枪的发射，早有铺垫。

开枪没有悬念，但是作家却将悬念设置在了是否击中之上。

对于指挥官而言，子弹应是击中了，他被查利写上了死亡的名单，跟随理查森和牺牲的士兵们一同到了另一个世界。对于指挥官而言，死亡是一种解脱，他长久地生活在愧疚之中，尽管他试图麻痹和遗忘，但是他从未成功，正如人们所言，他像一个游魂一般存在与世界之上，他无法走出那场灾难的阴影，而只有死亡，能让他进行真正的解脱。

但对于查利而言，子弹或许没有击中，是的，如果击中，他便为48个队友报了仇，但是结果却依旧无法改变，48个人无法复生，而战争的影响依旧会伴随他的余生。可一旦子弹真的击中，那他就成了和指挥官一样夺取了别人性命的人，他将生活在新的灾难之中。在他的精神世界之中，他已经对指挥官开了一枪，门上的枪眼就是证据，指挥官是否真的死亡或许已不重要，在他的精神世界中，他已经对死去的队友们有了交代，这一枪，也是他的解脱与重生。

这个悬念的设置奥妙之处在于，不同的答案背后书写着他们后来不同的人生故事，但同时也能带给观众思考和想象的余地。

作为一部独幕剧，《白杨路》以极短的篇幅为我们呈现了一场惊心动魄的斗争，并深刻地呈现了战争的残酷与无情，战争虽已结束，但是对人类的灾害却一直在持续着，这才是对战争最严厉的控诉。

《禁闭》鉴读

邹信禹　20 编剧学理论 MA

当人身处地狱时，除了肉体的折磨，何种刑罚会让人倍感痛苦？法国哲学家萨特于 1945 年创作的独幕剧《禁闭》提供了一种可能：在地狱里，加尔森、埃斯特尔、伊内兹这三个毫不相识的陌生鬼魂被关在一个禁闭的房间，在对谈间，他们不可遏制地相互拷问、攻击，不断揭露对方的伤口，最后将彼此推入精神崩溃的深渊。《禁闭》昭示着人与人交际的侵凌性会使人类陷入精神危机，即"他人就是地狱"。作为存在主义哲学的代表人物，萨特的戏剧作品是其哲学思想的戏剧化表达。有别于荒诞派戏剧对传统戏剧在形式和语言上的解构，存在主义戏剧保留了传统戏剧中严密的三一律结构和线性叙事，以一种理性的形式探讨着世界的非理性，深切关注人类的精神困境。由此，在《禁闭》中，基于"他人就是地狱"这一命题，萨特通过构筑封闭压抑的地狱情境，设置互为镜像的三角式人物关系，形成情境与人物的对峙，从而完成了他的哲学阐释。

一、灾难情境的构生

萨特将自己的戏剧又称为"境遇剧"，他在《为了一种情景剧》中谈到，"戏剧中就应该表现人类普遍的情境以及在这种情境下自我选择的自由。……情境是一个召唤，它包围着我们，给我们提供几种出路，但应该由我们自己抉择。"在萨特的戏剧中，人物往往被放置在一种严峻、极限的境遇中，以此迫使人物激发自我意志，作出自由选择。作为一部剖析人与人关系的作品，《禁闭》的灾难情境来自人与人交互中对"自我"的剥夺，因此，三个人物的设置是该情境构成的关键。

首先，有别于大多数戏剧中人物错综复杂的纠葛关系，《禁闭》中的三个人物加尔森、伊内兹、埃斯特尔是偶然被关在同一个地狱房间的亡灵，作为陌生人的他们对彼此生前事迹毫不了解。这意味着人物的前史皆独立成线，它只能催生该人物的当下行动，无法由人物共同的前史铺设突转与发现。如女同性恋伊内兹，她与同为女性的埃斯特尔在生前没有情感关系，但同性恋身份使成为鬼魂的伊内兹对埃斯特尔在当下产生好感，并对身为男性的加尔森产生恶感，人物心理的转变为冲突埋下伏笔。许多戏剧冲突隐含在人物的前史中，当《禁闭》中的人物缺少这一推动力后，产生自该情境的原生冲突以其存在进一步阐明了"他人"对地狱的构成，即哪怕没有浓墨重彩的前史，毫不相干的陌生人仍会在审视打量的目光中形成彼此依赖又彼此攻击的关系，这使"他人就是地狱"更具有了普遍意味。

其次，三个人物的鬼魂身份将人物境遇推向了更极致的深渊。萨特将人物置于地狱这一抽象空间中，这里的地狱没有阴森恐怖的景象，没有刑具和行刑官，只有一个摆放着第二帝国时代物件的房间。在这间没有窗户和镜子的空间里，有一盏总是亮着的灯。永不熄灭的灯消弭了时间的存在，禁闭的大门限制了人物的行动，在时间与空间的双重挤压下，房间内的三个人物不得不直面彼此，他们用自己的目光审视他人，同时被目光审视着。在情感上，伊内兹追求埃斯特尔，埃斯特尔表示拒绝并向加尔森投出橄榄枝，加尔森对伊内兹表示好感，伊内兹不屑一顾。三个人的三角式关系在相互追逐中不得安宁。而在精神上，他们在谈话间刻意拷问彼此在道德上的不堪，步步紧逼，并又同时被迫地袒露自己的恶。但当埃斯特尔无法忍受这些拷问，将刀刺向伊内兹时，由于他们已经是鬼魂，死亡和睡眠都如同加尔森嘲讽的"萎缩的眼皮"一样被搁置在了一旁，所以审问无法在刺刀下终止，他们只能陷入无休止的互相折磨中，犹如西西弗斯推动石头，没有尽头。

二、《禁闭》的主题表达

萨特在《存在主义是一种人道主义》中谈到，如果上帝不存在，也就没有人能够提供价值或者命令使我们的行为合法化。当信仰不再高居在舞台之上，人被推至中央成为自己生命的中心时，我们只能通过他人确定自己的客观存在，换言之，我们是通过他人完成自我实现的。剧中的埃斯特尔，在人间时，她时刻需要一面镜子映照自己，镜子中的样貌是她存在的证明。到地狱后，没有镜子的埃斯特尔只能通过其他人的瞳孔"看见"自己，从物到人，从自在的审视到自为的审视，当伊内兹接过埃斯特尔手里的口红，将她的嘴唇画出小丑般的滑稽模样时，她眼中的埃斯特尔开始诞生，属于埃斯特尔的主体性开始消解，"自我"与"主体"开始分崩离析。他人正如镜像中的自我般，是一种异己性的在场，当个人在他人的眼光中被审视、打磨，存在也会被扭曲、异化，逐渐丧失自觉的主体性，由此，属于个人的地狱就造成了，他人的地狱实际上是自我建造的地狱。

"他人即地狱"并非一种判决或一句预言，它更像一个警示。与《禁闭》中所显现的绝境不同，萨特并非以消极的态度看待人与他人的关系，而是借这出近乎荒诞的戏剧表明，他人的目光犹如枷锁，如果我们依赖他人，在他者上确认自我存在，那么他人就可以轻易地攻击我们，禁锢我们的意志，就如同剧中的三个人物，陷入无止境的折磨中，

《禁闭》揭示了人与他人之间紧张的人际关系，同时也鼓励人们从他人的目光中走出来，相比死去的亡灵，人类尚有余地自我选择，这即是存在主义所强调的，人只有拥有自我意志才有其存在，只有通过自我选择才能获取自由。

一次奇妙的想象

——评灾难戏剧《沉船》

史欣冉　21 编剧学理论 MA

　　《沉船》是法国剧作家埃里克·韦斯特法尔于 1977 年创作的独幕剧，属于现代派戏剧，该剧讲述了身患重病的杰米和苹果二人在医院的花园里玩沉船游戏，两人分别扮演被炸伤眼睛的男青年和不会游泳的女青年，舞台上首先出现的是大海的景象，左右两侧各有一个小岛，男青年与女青年隔岛对话，两人原本在同一艘船上，男青年因为锅炉爆炸而眼睛失明，女青年不会游泳被海浪吹到岛上，两人各自在一个小岛上，两个小岛中间隔着海且岛四周都是无边无际的海，故事由此展开，男女青年隔空对话，二人从陌生到熟悉，一起谈论船上的遭遇、一起探讨书籍，当苹果看到园丁天使在大海上行走时，她被鼓舞，于是勇敢地尝试在水面上行走，来到杰米面前，在园丁天使的帮助下，杰米也重见光明。杰米与苹果在"沉船"游戏中从绝望到充满希望，面对困难时，勇敢地克服困难，人生才会充满希望。在护士姐姐的声音中，回到现实，游戏里的那一份希望与信念延续到游戏外，二人相信一切困难都会找到解决办法的，苹果拉着杰米的手，一只手臂搭在他的肩膀上，微笑着走向前去。

　　该剧设置了双重情境。外部情境是"沉船"的灾难情境，内部情境是"生病"的自身情境。外部情境是故事外壳，它引导两个主人公在茫茫的大海上找到人生的意义与生存的希望，内部情境是主人公真实发生的生活困境，展现主人公内心悲观与忐忑的心境。内外双重情境设定，让梦幻与现实交织，形成独特的审美体验。该剧通过外部沉船灾难，营造想象的空间，在这个空间里一切都有可能，充满神奇的想象。两个主人公可以在这里谈论人生哲理和宗教信仰，也能够出现会在水面上行走的天使，园丁天使修复了杰米受伤的眼睛，让在孤岛生存的两人又重燃起对生活的希望。"沉船"属于海上灾难，沉船这一灾难的发生使海上的人漂泊无助，而杰米与苹果是仅有的幸存者，他们隔海对话，这一情境的设置不仅营造二人身处绝望的生活氛围，而且增加了神秘色彩。"沉船"游戏是二人内心的真实表达，是现实生活的延续。沉船的状态与他们生病的状态极为相似，都是孤立无援并且感到恐慌。他们在想象的世界里可以尽情地抒发内心的焦虑与不安，园丁天使的出现及二人的相互扶持，让他们不仅在游戏中得到释放，而且在现实生活中也得到一定程度上的缓解。现实与想象情境彼此关联，在想象的情境里抒发情感，在现实的情境中重燃希望。

剧中人物较少，一共四个人物，分别是苹果、杰米、园丁和护士小姐，都是符号化、功能性的人物。杰米是23岁的男青年，对生活持比较消极的态度，苹果是18岁的女青年，具有积极的态度。二人都身患不治之症，存活时间有限，二人在医院公园展开一场沉船的游戏。杰米在海上绝望的时候说，"从沉船到现在已经有十七八个钟头了，当我们到了生命的尽头，到了我们力量的尽头，我就帮助你死"，而苹果却充满斗志："不，我还没有放弃希望，我。我要斗争，斗争到底。"当杰米认为"人是不能在水面上行走的"，苹果却言"可以，只要有信心"。二人不同的性格相互影响，彼此扶持获得生存的希望。园丁是医院花园的园丁，在沉船游戏中扮演天使，在现实生活中他是意外闯入二人的游戏中，于是园丁成了天使，拯救了苹果和杰米，帮助杰米的眼睛重见光明，让他们又重新充满了希望。园丁在扮演天使时，有笨拙可爱的表演"请求天使恢复杰米的视力，园丁在他的篮子里取出一个大贝壳，忽然面露微笑，他把贝壳贴在耳朵上，喂喂喂，与上帝通话"，园丁在现实生活中善良地为孩子们编织了一个天使的梦，足见其善良与可爱。护士小姐的出现将故事拉回现实，护士的喊叫声传来，由想象转为现实，面对杰米和苹果二人的担忧，护士小姐安慰道"会找到解决办法的，一定能找到一些办法的""我的孩子，我多么的爱你们……"，在不多的对话中能够看出护士小姐是一个悲悯、善良的人，在护士小姐的安慰下，苹果和杰米获得了一定的激励。

　　该剧是现代主义戏剧，具有怪诞色彩，寓言具有哲理性，传达了积极的主题——在困境中要对生活充满希望。该剧运用精巧的结构，将现实与游戏串联，从游戏的想象情节展开故事，又被护士小姐的声音拉回现实，游戏的情节是一次奇妙的想象，让人感受到童话般的美好。身患重病的杰米和苹果的心情在游戏中获得了宣泄，在现实生活中又充满了希望。在这一次奇妙的游戏想象中，杰米和苹果两个人获得了重生与希望。

《普拉多画院的黑夜和战争》鉴读

刘才华　18 戏剧与影视学博士

　　《普拉多画院的黑夜和战争》是一个典型的灾难题材戏剧，该剧以1936 年开始的马德里保卫战为故事背景，讲述的是弗朗哥发动武装叛变期间，在普拉多画院，民众英勇抗敌的故事。全剧以超现实主义的手法，将现实人物、虚构人物、神话人物、历史人物、画作中的人杂糅在一起，以荒诞又沉重的笔调，刻画了一批在马德里保卫战期间"保卫者"的群像，以此展现争取自由斗争的主题。

　　作者拉斐尔·阿尔贝蒂是西班牙著名诗人，也是争取自由的战士，因为反抗弗朗哥的法西斯政权，自 1936 年开始一直流亡国外。该剧写于 1956 年作者流亡阿根廷期间，于 1973 年在罗马的贝利剧院首演，然而直至 1978 年才回到西班牙演出。作者将剧情的发展置于一个典型的西班牙地标环境——普拉多画院。普拉多画院是西班牙著名的博物馆，也是世界四大博物馆之一，馆内珍藏了西班牙历代著名画家的名作。在剧中，为了保卫画院的艺术作品，无数的民众与觉醒者"带着同样的神情、同样的信念、同样的激情……"将画院作品转移置地下，于是呈现出了一个破败、悲凉的"只有墙上留下正方形画框痕迹，木头地板上铺着沙子，到处堆着沙袋"的画院，与画院往昔的辉煌对比，更加凸显战争的残酷和灾难的无情。

　　作为一出短小精悍的独幕剧，《普拉度画院的黑夜和战争》的主题表现非常鲜明，即普拉多画院的保卫战，全剧围绕着"保卫画院"这一主题，以超现实主义的笔法，刻画了一批在保卫战中英勇的"保卫者"形象。

大幕开启，作者直奔主题，将"作者"这一人物融入剧中，通过作者之口交代剧本的来历，与其他灾难题材作品不同的是，剧中没有对侵略者的侵略活动进行正面描述，也没有以某一反抗侵略的英雄人物作为主人公，而是聚焦战争中的小市民、小人物，将他们的命运与战争捆绑在一起，从而与侵略者一起，构成了剧中人物的两大类型：善与恶、压迫者与被压迫者。

作为善与恶的强烈对比，我们可以清晰地看到作者的意图，剧中的压迫者是以一种极其夸张的人物形象出现的，如国王与矮子。国王在剧中，在战争焦灼的时刻，却失踪了，矮子四处寻找，却发现一个全身裹着"黑色大袍，从地板门里面出现的国王"，没人相信他是国王，并且这昏庸的人也闹不清战争到底是怎么回事。于是他受到了矮子的嘲笑"您和女演员通奸……在无价值的奢侈品上滥用税款"。作者用讽刺的笔法，将国王的百般逃避与民众的无所畏惧形成了强烈的对比，当群众面对强大的叛军而没有武器时，大家都表现出以死相拼的精神，妇女将匕首藏在吊带袜里，神父将猎刀藏进长袍里，老妇人坚信用扫帚也如同"十门大炮"一样厉害，盲人手无寸铁愿用吉他狠狠地敲打侵略者的头颅，他们展现了决一死战的心：

"我们是普通的人，也用普通的武器打仗。我们要的武器足够了，而且到处都有我们的人，要是还不够的话，我们就用指甲，用牙齿！不管怎样，他们的头上一定会留下伤痕的！"

作者展现的就是被压迫者对于战争的无畏精神，这其中最具代表意义的是被斩首者，他是以一个提着鲜血淋漓的头颅的无头之人的形象出现在观众面前的，"这头仍在说话，而且将继续说话，直到世界的末日来临"。他期许寻找正义，所以走入了画院，与一众人一起抱团取暖，在战争最为焦灼的时候，他将那个被砍掉的头颅作为武器，扔到叛军之中，随即又将身体滚出去抵抗，这一幕如此的惨烈悲壮，群情激奋，也成了剧中最为高潮的部分。

看到这里，读者或许以为这些被斩首者、被枪杀者、磨刀人、独臂人等被压迫者的群像展现了现实主义的某些特征，然而这恰恰是剧作中最为巧妙的部分，这些人物悉数来自普拉多画院中的著名画作，是画中走出的人物。这些被压迫者的群像，如磨刀人出自《身上有把刀》一画，被斩首者出自戈雅《战争组画》，老妇人出自《老妇人》，盲人、跛子、多病者出自《女巫的集会》，被枪杀者出自《蒙克洛瓦五月三日的枪杀》。作者运用了超现实主义的笔法，光怪陆离的想象力，将这些画作中走出的虚拟人物与现实人物糅杂在一起，展现了群像式的反战者，它们不满战争，因而出现在了画院保卫战的这个黑夜之中。正如剧中所写道："这是一个被剥夺了一切的、饥寒交迫的人所发出的叫喊声。这些令人惊悚战栗的名字已经全然刻画出了侵略和战争这一主题。"

超现实主义超于现实之上，现实即在其中，而不是否定现实。正如超现实主义的代表人物阿波里奈尔所认为的，"观众在日常生活中，见到的生活现实已经够多的了，如果舞台上仍然表演他们的生活现实，他们不会感到任何乐趣，也不会引起他们的思考和希望"。《普拉多画院的黑夜和战争》将超现实主义的笔法融于对于现实战争的反抗之中，这种极具象征与讽刺的形式，给灾难戏剧的表现带来了一种与众不同的戏剧感受：自由的时空转换让画中人物与现实人物组合成了一个个有血有肉的反侵略形象，极度夸张的人物设计让"反战"的母题更为深刻，就连象征着爱与美的女神维纳斯在剧中都呐喊着："世界的青春死了；花园里甜美的香味，草地的春季……全都死了，全都枯槁了！战争！战争开始了！鲜血！死亡！没法逃避！"可见作者对于战争的憎恨与责难。

《群盲》：能看见的人才哭

王嘉馨　20戏剧影视编剧MFA

十二名寻找出路的盲人在古老漆黑的森林里迷失了去向，他们等待的教士已经死亡，不可能再为他们引领方向。北风，海浪，冰块一样的土地，枯叶伴着落雪，这些环境的严酷并不是构成灾难的主要因素，他们困顿于此，是因为他们眼中失去了光。

其中三名盲人生来便看不见这个世界，三名盲妇终日在祈祷，而其他的盲人，有过看见这世界的时候，有着想要再度睁开眼睛的念头，甚至有个疯盲妇，人们说她有时还看得见东西，一直在哭，因为能看见的人才哭，她怀中的婴孩是这些人中唯一能够真正看到光的。从未见过这个世界的三名盲人却是最安心待在收容所的人，关心的是食物、温度、高墙带来的安全感，比起年轻女孩和第六个盲人，他们更不愿意冒险，不想为摘一朵花而操心，只想赶快回到除了教士的塔楼哪里都没有光的收容所，因为"眼睛看不到的人是不需要光的"，他们宁愿选择让服从自己的狗带路而不是跟着教士往有光的地方走。盲老妇说教士因此失去了勇气，是他们将他送上了死路，他们拒绝承认。就这样，盲人们聚在一起，却彼此疏离，互不可见，于层层黑暗中陷入灾难深渊。

《群盲》创作于1890年，在一百多年后的今天，依然能够在这部作品中看见人类自身的困境以及令人们长久困顿于此的悲剧源头。剧中这座古老的森林，今天的人如果不试图打开自己的眼睛和心灵，仍旧无法从中走出。"我从来没有看到过自己",这是人们迷失的原因所在,伴随着现代社会资本经济的发展,这"盲症"越来越频繁地发生。在庞大的景观中,我们拥挤在一起却永久地疏离,成为一个个孤独的个体,困于各自境地。"我们大家谁也没见过谁。我们互相问话,互相答话,我们在一起生活,一直在一起生活,但是我们不知道我们自己是怎么样的人。我们白白地互相触摸双手,可眼睛要比手管用得多啊。"

梅特林克笔下的这片黑森林,是失去了神明指引的人的流放地,他们有些认为不看见便不悲伤,因此,睁开眼睛哭泣的一定是个疯子;而有些感到了手上的月光,听到星星的闪光,却不知前路何往。当年轻盲女抱过疯女人的孩子,让这唯一能看见世界的新生命给予他们指示,好知道前来的人是谁,这听起来就在他们之间的脚步声的所有者究竟能带他们去向何方,而那婴孩在盲老妇乞求可怜的呼喊后,只在寂静中留给他们悲伤的哭声。他们仍然不晓得,神就在他们之间——人自身的神性之光,却被他们长久地遗弃了。

《摧毁》鉴读

李逸涵　20 戏剧影视编剧 MFA

一、萨拉·凯恩——直面世界的黑暗

无人能够否定萨拉·凯恩在戏剧史上的重要地位，这个仅在人世间存活了 28 年的剧作家被誉为阿尔托残酷戏剧理念的开拓者和践行者，被誉为是"莎士比亚之后英国最伟大的剧作家"。她在 28 年的生命中，用五部作品开创了"直面戏剧"这一先锋戏剧浪潮，成为当之无愧的直面戏剧的代表者，更成为麦丁·麦克唐纳、菲利普·雷德利等从事直面戏剧创作的剧作家的"精神领袖"。

萨拉·凯于 1971 年出生于英国艾塞克斯郡的凯尔维登哈奇。她的父母都是基督徒，幼年的她就已经能够熟读《圣经》。萨拉·凯恩在年少时就开始喜欢戏剧并积极参与戏剧实践之中，做过导演、演员，直到最后她成为一名剧作家。1995 年她的处女作《摧毁》于英国皇家剧院上演，一经演出就引起了戏剧界的轰动。之后她又创作了《菲德尔的爱》《清洗》《渴求》，1999 年在创作完成《4:48 分精神崩溃后》，她用鞋带勒死了自己，年仅 28 岁。

就如同她略显荒诞的人生一样，她的戏剧给人的第一印象即是一种强烈的现实荒诞感。这种荒诞感区别于我们通常认知的贝克特式的"荒诞"，而是一种将现实中所有的黑暗面剖开来放在观众面前的"荒诞感"。这种"荒诞感"并不是剧作本事传达出来的,而是当观众直面现实的残酷和黑暗时所形成的一种所谓的自我保护意识。而萨拉·凯恩想要做的就是逼迫观众直面现实中的黑暗。为了使观众认清现实的恐怖真相,她将人性深处最直接的刺激搬上了舞台,性、血腥、暴力、生存的渴望,这些都是根植于人性深处的最直接刺激,也是最强烈的刺激。曾有人认为萨拉·凯恩将酒神精神带回了英国,因为她的作品充满了情欲、放纵,以及打破禁忌的行动。而这恰好符合戏剧的本质精神。

二、《摧毁》——战争的灾难

1. 灾难与剧情

在英国利兹一家豪华酒店,一位年纪 20 岁出头、心智不太健全的女孩凯特与其前男友伊恩在此碰面。此时的伊恩已患严重的肺病,所剩时日不多。他抛弃了同性恋的妻子,儿子为此憎恨他。除却记者的工作,伊恩还加入了一个秘密组织,身陷险境又孤独的他叫来昔日女友凯特为伴。尽管凯特心智不全,但她内心善良,关爱自己的家人和朋友,包括病入膏肓的伊恩。然而,面对凯特的善意,伊恩却嘲笑她的黑人朋友,侮辱她的智商和低能,并在她晕厥后将其强暴了。

由于凯特对被强奸感到愤怒,她用手枪威胁伊恩。伊恩听到大街上有辆车回火的声音,他感到非常恐惧,凯特打算平息他的恐惧。凯特为伊恩口交,在到高潮的一刻,伊恩告诉凯特,他之前结束与凯特的关系是为了凯特的安全,因为他是个为政府反恐行动工作的杀手。而凯特这时的反应是猛咬他的阴茎并让他发出痛楚的惨嚎。

不久之后,一个饥饿的士兵到来,他似乎参加了夺取利兹的某种军事行动。而凯特则从浴室的窗户跑了出去。士兵在床上撒尿并且宣称他们占领了城市。然后一个炸弹在房间里爆炸了,将两个人都炸晕了过去。当他们苏醒的时候，士兵带着奇怪的冷静和友好开始质问伊恩。他向伊恩说着自己在战场上所遇到的恐怖景象和他受到的非人虐待。当他得知伊恩是一个记者后，他请求伊恩将自己的故事报道出去。但是伊恩拒绝了，得到这个答案的士兵，用枪顶着伊恩的头，然后强奸了他，并吃掉了他的眼珠。不久之后，士兵开枪杀死了自己。

不知过了多久，凯特从外面回来，她用自己卖身赚的钱给伊恩买了很多吃的。并且，她从战场上抱回来了一个婴儿，可惜婴儿没能活下来，凯特便将婴儿埋在了房间的地板底下。又不知过了多久，饥饿的伊恩挖开了地板吃掉了婴儿的尸体，并将自己埋在了里面，只露出一个头来。全剧到此结束。

《摧毁》是萨拉·凯恩的处女作，也是萨拉·凯恩最具代表性的作品。在大量血腥、色情描写的背后，萨拉·凯恩讲述了一个因为战争而引起的悲剧性故事。在这个故事之中，三个主角伊恩、凯特、士兵都是战争的受害者。战争，伴随着人类社会的诞生和发展；战争也将成为最有可能终结人类社会的灾难。从古至今，描绘战争的戏剧作品数不胜数。人们多愿意探讨战争所带来的影响，更愿意看到战争中美好的一面，渴望通过这种自我麻醉的方式带给自己内心的安抚。而萨拉·凯恩则选择了将战争灾难的血淋淋真相解剖开来，放在观众的眼前。在《摧毁》中，她从不诱导观众某种价值取向或思考方式，而是让观众直面真相，在可怖的、看似陌生实则熟悉的剧情中认清现实的残酷性。

2. 灾难与冲突

萨拉·凯恩并没有直接将战争对于人类造成的伤害和影响在剧情中展现，而是将它融入两组人物的冲突之中，尤其是在伊恩和士兵的冲突中，进行了集中展现。在士兵进入房间后，萨拉·凯恩先是用一段枪械的抢夺展现了士兵和伊恩二者之间完全不平衡的力量关系。"门外站着一个士兵端着自动步枪，伊恩一边关门一边拔出手枪，士兵轻而易举地推开门缴了伊恩的枪，两人都吃惊地站在那儿，看着对方。"二人"吃惊地看着对方"展现了两人不同的心理动作和二人之间紧张的关系。但是伊恩心里清楚，自己是不可能与这个轻松缴了自己枪的男人相抗衡的。他一下子从一个施暴者变成了被施暴者。

士兵首先吃尽了伊恩藏在床底下的食物，跳到床上小便。然后开始和伊恩叙述他在战争中所做出的恐怖行径。"我亲眼见到那逃难的成千上万的人群像猪一样地挤上卡车逃出城去，女人们把她们的婴儿扔上车去，盼着有人会照顾她们的孩子。人们相互拼命践踏挤压直至死亡。他们的眼珠从脑壳中突了出来。一个孩子的大半边脸被炸飞了。我操过的女孩拼命地挖着自己的下半身想把我的精液抠出来。一个饿昏的男人在吞吃他死去妻子的大腿。"这段独白，直白、可怖、血腥、暴力、淫秽，令人听到后就如同身临其境一般汗毛耸立，可这便是战争中最真实的景象，这是这场灾难最写实的记录。

随后士兵开始讲述自己的女友蔻儿被人割掉耳朵、残忍杀害的过程。然后他吸食了伊恩的眼睛，并将伊恩强奸了。而在这过程中伊恩根本没有任何反抗。

在二人的冲突之中，士兵便象征着战争的灾难，而伊恩便象征着在这场灾难之中被迫害的人。伊恩从一开始的冷静到后面失去抵抗，到最后惨状象征着这场灾难对人的肉体和身体的双重迫害。

士兵是疯癫的吗？谁都不能给出准确的答案。他的行为、语言看似疯癫，但实则确是字字珠玑，他是一个施暴者，一个报复者。他将自己受到过的苦难报复在伊恩身上，但伊恩什么都没有做错吗？并不是。他也曾对凯特施加暴力，而现在他却遭受暴力。

这难道不就是人类所发动的战争吗？出于某种目的，甚至是某个虚假的理由而发动战争，在战争中人类互相之间施加暴力，又遭受暴力的后果。最后两败俱伤，生灵涂炭，这便是战争带来的灾难。

三、伊恩——存活的肉体，死亡的精神

1. 活着的行尸走肉

在《摧毁》的结尾有一个形象令人印象深刻，它也被作为2001年皇家剧院复演的宣传照片。这是伊恩的一个奇怪形象：他两眼流血，已经眼瞎，躺在本来埋葬那个婴儿的坟墓里，头从地板中直直地挺了出来，似乎是一个被斩首了的象征。这个形象可以从两个方面解释。一方面，伊恩的形象象征了当代人的整体存在状态：在施加暴力后，在身体遭受了突如其来的残酷暴力的侵袭后，在眼瞎后，在所谓"安全"的世界突然被摧毁后，人如同躺在坟墓中的行尸走肉，肉体还存活，但是精神已死亡。另一方面，也可以认为，伊恩可能已经以这个姿势死掉了，但同时他也没死，这似乎是一个不可能的时刻。他死了，但是他发现他还继续活着，这是一个非常怪诞的转折，无法用理性来分析。考虑到他头部的舞台形象，可以说他既没有生也没有死，或者说他既生又死。

《摧毁》结尾中萨拉·凯恩给予了伊恩一个既生又死的活死人形象，就如同行尸走肉一般"生存"于世间。而这种象征性的形象特征直接表现出了伊恩这个人物的最重要特点——精神与肉体的矛盾。自伊恩上场，他就不断试图与凯特发生关系，发表种族歧视的言论，辱骂凯特的家人。但，当他让凯特为他手淫到达高潮时，他又痛苦不堪。他只剩下一个肺，并且命不久矣，但他仍然喝酒、抽烟，毫不关心自己的身体状况。伊恩这种矛盾的行动正象征着20世纪末期人们强烈的精神危机。

这种精神危机并不只是因为战争所造成的，战争所做的是放大了这种精神危机。人们逐渐将物质生活看作是自己的主要生活。空洞的精神让人们只能在物质之上寻求快感，寻求感官的刺激，满足自身的欲望。对于物质欲望的增加，让人们对于精神更为冷漠，甚至到了不屑一顾的

贫瘠的程度，成为一种精神的贫者。在萨拉·凯恩的观念中，这种精神的贫瘠发展到最后甚至会导致人的退化，人会因为物质和精神的过度失衡退化到失去物质欲望的程度，但此时人已经没有办法弥补这种过度失衡，最后人将以一种活死人的状态存在——只需满足最基本需求就可以存活。伊恩的贫者状态既在于他垂死的身体，也在于他主体的冷漠。永恒漂浮的欲望成为自由的核心，这使现代人精疲力竭。伊恩的冷漠既是一种暴力，也是主体的懈怠和欲望的消解。而他最后的结局便是活死人状态的存在，已经失去一切为"人"的特征，如活死人一般存活。

2. 矛盾的悲剧情感

死亡与邪恶以及《摧毁》破碎的叙事结构构成了一种矛盾辩证的悲剧情感。在戏剧的前半部分，《摧毁》更像是一部斯特林堡式的悲剧，死亡驱力体现在凯特与伊恩的两性关系上，这就是弗洛伊德所说的人类存在的"恶魔"——自我毁灭与施虐受虐的形式。

在《摧毁》的前两幕，伊恩对他者的施暴显得为所欲为，而第二幕末尾的那次轰炸以及第三幕中士兵的武力威胁，似乎将伊恩专断的自我幻想击碎了。伊恩对凯特的歧视与暴力施虐，在第二幕的结尾以士兵对伊恩的暴力重新上演，并显得愈加残忍和血腥。这便是体现在伊恩和士兵这对人物身上的施虐受虐的情感关系。同样，这种关系也体现在伊恩和凯特身上。由于凯特对被强奸感到愤怒，她用手枪威胁伊恩。伊恩听到大街上有辆车回火的声音，他感到非常恐惧，凯特打算平息他的恐惧。自开场至此，伊恩和凯特的情感关系就不停地在摇摆，凯特一会被伊恩所吸引，一会被伊恩拒绝；伊恩一会儿喜欢凯特，一会儿又侮辱凯特。

在伊恩的身上集中体现了自我毁灭的情感形式。在肉体上，他只剩一个肺，且罹患肺癌。在第二场开始，"他疼得好像要死过去。他的心、肺、肝和肾都被剧痛攫住以至于他忍不住哀号着"，但即使如此，他还要抽烟喝酒，这是肉体上的自我毁灭。

同时，他是冷漠虚无的怀疑论者，一个彻头彻尾的悲观主义者，在他的眼里，这个世界似乎充斥着肮脏和不堪。并且面对凯特对生活的盼望和对照顾家庭的希望，他只是进行一味地否定和辱骂，这是肉体上的自我毁灭。

四、战争的灾难——生与死的矛盾

1. 创作背景——动荡的 20 世纪 80—90 年代

20 世纪 80—90 年代，冷战的风波还在全球蔓延，人们似乎已经忘记了那场旷日持久的恐怖战争——第二次世界大战，又投入到新一轮的军备竞赛和武力威胁之中。东西方的矛盾日益增加，除却英国国内撒切尔的铁腕政治以及"政治正确"运动，发生在 90 年代的"罗马尼亚革命""海湾战争""波黑战争""卢旺达内战"等多起骇人听闻的大屠杀事件及世界其他各国不干预、视若无睹的政策和态度更是引人深思。

出生于 20 世纪 70 年代的凯恩，在其成长过程中耳闻目睹了发生在英国国内和全世界的各种政治动荡。1979 年至 1990 年间，在撒切尔夫人的强硬统治下，凯恩成为"叛逆的孩子们"中的一员。

海伦·伊博（Helen·Iball）从政治、经济以及社会等方面将《摧毁》的创作原因分为四点：（1）20 世纪 90 年代的巴尔干内战。（2）从 20 世纪 80 年代到 1995 年的英国国内暴力。（3）戏剧界的新浪潮：直面戏剧、灾难戏剧、"个人即政治"口号。（4）作为"叛逆的孩子们"的一员。这四点很好地概括并且总结了萨拉·凯恩创作《摧毁》的重要原因。

波黑战争的爆发，对萨拉·凯恩在《摧毁》中的叙事结构调整有着重要影响。她在一次采访中说道："一天晚上，我在写作中休息了一下，打开电视看新闻。有一个波斯尼亚的老女人在哭泣并且对着摄像机说：'拜托，拜托有人来帮助我们，我们需要联合国来这儿帮助我们。'我想这绝对是太可怕了，而我在写这么一个荒谬的关于两个人在房间里的戏。写这些又有什么意义？所以这就是我想要写的，然而不知什么原因，这个关于男人和女人的故事仍然吸引着我。"

因此，萨拉·凯恩转变了自己在《摧毁》中的叙事结构，她虽然没有更改第一部分的情节，但是她将一个新的角色——士兵放进了这个本就不稳定的情境之中。就如萨拉·凯恩所言："我认为戏剧的前半部分似乎令人不可置信地真实，而后半部分甚至更加真实。可能，到结尾时，我们会想，前半部分是不是一个梦。"在萨拉·凯恩的眼里，这种战争的灾难是荒诞的，因为它本身发生的原因，存在的目的就是荒诞的，甚至现实世界中的灾难要比舞台时空上的灾难来得更为荒诞。

因此，《摧毁》是一个破碎的戏剧，既非现实主义，也非表现主义，更非反乌托邦。观众知道自己不再处于"真实的世界"，但是即使不在其中也不会觉得舒服安全。相反，现在所处的刻意为之的虚幻世界反而是真实的，反而能给予他们在现实世界中无法得到的"慰藉"。

2. 生与死的矛盾

《摧毁》结尾处，伊恩那露在地面上的头极富宗教的象征意味和哲学含义，他存在于一种介乎死亡与存活的状态之间。伊恩变成了一个人类的献祭品，一个悲剧的替罪羊。也就是在这里，此剧与贝克特的荒诞剧最为相似。在死的同时，雨水滴在伊恩的头上，这个形象同样既是一个嘲笑又是一种拯救：事情越来越糟糕了，但他也在受着清洗。萨拉·凯恩在回复对于该剧结尾的评论中说道"他是死了。他是在地狱中了——而这也是他以前所在的相同的地方，除了现在在下雨……在我第一次看这个戏的演出时，我才真正意识到，伊恩在某种方式上可以说被神性化了。当我看着雨水将血冲刷下来，我看到了这个形象有多么像耶稣基督。但这不是说伊恩没有被惩罚。他当然受到了惩罚，而他也发现，曾经被他嘲笑的死后的生活的确真实存在。而那生活比他以前的世界更糟糕。那的确是地狱。"

他死了，进了地狱，但是同时他又继续活在世上。这是死中之生，既生又死。它既是深刻的悲观主义，又是深刻的乐观主义；这是介于肯定和否定的一种特性。

五、萨拉·凯恩式直面戏剧

亚利克斯·西尔兹在自己书中《对峙剧场：英国戏剧的今天》第一次系统地定义了"直面戏剧"：台词粗俗肮脏，动作暴烈卑下，赤裸裸的色情与暴力；人物乖张，情节平淡且荒谬；观众被置于残暴、血腥、恐惧、恶心、焦虑相混杂的压抑情境之中，忍受力达到了极限；等等。从理论上讲，"对峙"一词传达出自然主义和存在主义的艺术主张。它不反映时代的精神，不采用分离的艺术手法来使观众产生联想。只是展示生活中自然的存在，对暴行、犯罪、纵欲、妄想的直接揭示，带给观众惊愕与恐惧，从而让演员与观众共同来体验激情，体验梦魔般的狂妄。在"对峙剧场"里，生活与戏剧的界限没有了，生活中的一切隐私在舞台上暴露无遗，文明与宗教最深的禁忌被打破，生命中最基本的欲望—食欲和性欲—被公然揭示，人伦道德受到公然冒犯，观众的感官神经受到挑衅，而观众的接受与否变得无关紧要。

西尔兹对于直面戏剧的概括几乎在萨拉·凯恩的戏剧作品中都可以得到印证。但光是如此，还不足以使萨拉·凯恩成为直面戏剧的开拓者和代表者。

首先，我们要清楚，直面戏剧和暴力美学有着截然不同的区别。以著名导演昆汀·塔伦蒂诺为代表的暴力美学艺术家更多只是从表层让观众直面生活中的暴力、恐怖和野蛮，不可以隐藏暴力，而是将暴力通过一种美的、诗化的形式展现。而直面戏剧不仅让人们直面现实生活中暴力、恐怖和野蛮，而且想通过舞台的暴力呈现让人们发现那些被隐藏的真实。就如在《摧毁》的后半部分，语言已经失去了交谈的形式，被削减到对于暴力长而枯燥的紧张描述，最后甚至变成了动物般的呻吟和暴怒。对于伊恩的悲剧遭遇却不断地进行恐怖的叠加，没有节制。几乎没有戏剧家敢将邪恶的陈腐平庸进行得这么彻底。

除此之外，萨拉·凯恩在叙事结构上也打破了直面戏剧的桎梏。萨拉·凯恩的同辈们都在坚持或稍微改变固有的戏剧形式，但没有人想去挑战。雷文希尔戏剧的舞台冲击符号有烧死婴孩、舔肛门及挖内脏，这与萨拉·凯恩戏剧中比比皆是的挖眼、断肢和肢体移植似乎也不具有互换性。在很多所谓的"直面戏剧"中，暴力是叙述性的，并且给人提供一种含糊的愉悦，构成戏剧道德体系的一部分。但在《摧毁》之中，萨拉·凯恩故意毁坏戏剧结构来创造一种张力。这种张力就是当代悲剧的节奏，自我的不连贯。作为一个整体，《摧毁》的特征是完整性的缺失。在现实主义和突破现实主义之间，以及在悲剧与荒诞剧之间有一个流派风格的破裂。

六、灾难戏剧创作启示——酒神精神的回归

以《摧毁》为代表的现代灾难题材悲剧，代表着从个人的痛苦和毁灭中获得与宇宙生命本体相融合的悲剧性陶醉的酒神精神在现代悲剧中的回归。酒神精神的回归，代表着悲剧不再束缚于"悲剧精神"的桎梏中，它将以最本质的"悲"来展现。就如尼采所言："酒神精神喻示着情绪的发泄，是抛弃传统束缚回归原始状态的生存体验，人类在消失个体与世界合一的绝望痛苦的哀号中获得生的极大快意。"

现代的悲剧情感已非传统悲剧形式可以承载，现代的悲剧人物也已非亚里士多德所定义的悲剧人物可以概括。就如萨拉·凯恩在《摧毁》中所展现战争的灾难举例，这种灾难是因为某个人或者某些人引起的吗？或者在这场灾难之中会出现某个哈姆雷特式或者俄狄浦斯式的悲剧人物吗？

答案都是否定的。现代的"灾难"它已非是人类本身能够掌控或者通过某些"英雄"可以拯救的。现代"灾难"的恐怖之处在于它来源于人类最本质的意识和欲望，这种意识和欲望是全人类所共通的，因此当这种灾难爆发之时，它不再是悲剧人物通过某种行动就能够制止的。就如凯特无法阻止伊恩自取灭亡、伊恩无法阻止士兵对他施加暴力一样。那么，当传统悲剧的形式在现代戏剧中不再适用之时，该如何创造新的悲剧形式呢？

引用我们对于现代戏剧的传统认知——它的目标和指向是探讨人的内心世界和精神领域。如此，在现代悲剧之中，我们所探讨的也应该是人的精神世界的变动。就如在《摧毁》之中，萨拉·凯恩通过描绘伊恩、凯特、士兵精神世界的矛盾和动荡展现出了战争的灾难对人类的影响。

现代悲剧的悲剧人物也不再是某一典型人物，而是人类群体的象征，他们身上甚至不再具备独特的个性，而是一种共性的集合体。就如伊恩代表着战争中的悲观主义者和愤世嫉俗者，凯特代表着战争中的乐观主义者和盲目者，而士兵则代表着战争中的施暴者和受虐者一般。

在悲剧情感上，现代悲剧已不再渴望通过悲剧使观众获得悲剧快感，而是通过直击观众精神世界的方式，使观众从意识最底层直面真相。就如《摧毁》，它并没有预测未来，它只是迫使人们承认所处的和即将到来的可怕僵局。

这些特点无疑成为直面戏剧催生的重要原因，这些特点也在预示着最原始的酒神精神的回归。

参考文献

［1］易杰:《真实、暴力与仿真——论萨拉·凯恩戏剧中的客体》,《戏剧（中央戏剧学院学报）》2021年第5期。

［2］易杰:《〈摧毁〉的悲剧情感结构》,《戏剧艺术》2020年第2期。

［3］雷瑜:《直面他者"面容":凯恩剧作的后现代伦理观》,《戏剧（中央戏剧学院学报）》2021年第5期。

［4］萨拉·凯恩:《萨拉·凯恩戏剧集》,胡开奇译,新星出版社2006年版。

［5］Graham Saunders，*Love Me or Kill Me*：Sarah Kane and the Theatre of Extremes（Manchester：Manchester UP，2002）.

《4:48 精神崩溃》：
"精神病"是灾难还是解脱？

边明婕　20 编剧学理论 MA

　　能选到萨拉·凯恩《4:48 精神崩溃》来鉴赏，我感到很开心，也很难过。凯恩的遗作诞生于她自杀的两天前。剧作家的作品呈现与其精神状态难以分割，根据凯恩身边人的回忆录，她本就短暂的生命历程的后期，被抑郁症黑狗所纠缠，了解抑郁症的人都知道，这是一段难挨的时光，凯恩还是选择了离世。为这样一位才华横溢的年轻创作者的离世，我感到难过。

　　感到开心是因为，在 2017 年华沙多样剧团于天津的演出之后的 2022 年，我以剧作鉴赏的形式再次与这部作品相见，而我通过作品与凯恩有着天然的共情，因此感到亲近。

　　凯恩一生中不多的剧作，部分地记录了她在世时的"受灾史"。《4:48 精神崩溃》被学者归类为"直面戏剧"，整部作品围绕一名抑郁症患者的精神崩溃这一动作展开。凯恩从一名抑郁症患者的视角出发，呈现了剧中精神崩溃者内心关于生命的思索和挣扎。

　　她既是剧作家，也是抑郁症患者，《4:48 精神崩溃》是她去世前两天完成的作品，当时写完后，她吞下了 150 粒抗抑郁药片和 50 粒安眠药片。两天后，在看护人员离开她的九十分钟里，她用鞋带将自己吊死在卫生间内。因此不少人将《4:48 精神崩溃》视为她的"自杀宣言"。

然而，这样的看法有一定的局限性。对于生死的理解一直是哲学领域的追问，但戏剧也关心着人类的生存状况，特别是在人的精神上。《4:48精神崩溃》的特点是非常专注于抑郁症，抑郁症受到当下越来越多人的关注，被称作"现代病"，就好像这个名称出现以前没人患过一样；而在不少作品中，常被视为主人公的属性，从而展开的人物行动都是可以用抑郁症来解释的，就像避开承担法律责任就用精神疾病作为脱责的常见理由一样。抑郁症不仅在现实真实中被污名化，在艺术真实里也被污名化。

有人不理解抑郁症和抑郁症患者，也有人不理解这部戏，也许这种不理解是灾难，某种程度上却是一种解脱。

在《4:48精神崩溃》中，抑郁症是人类共通的问题。剧中，4点48分的自杀，只是一瞬间的动作，却被拉成了一个小时的时长，在自杀前，主人公都在矛盾的心理和痛苦的状态中挣扎。从剧本到舞台，《4:48精神崩溃》看上去只是一个"精神病"杂乱的狂言，毫无逻辑和体面可言。剧本也没有把主人公的背景交代得很清楚，主人公的姓名性别年龄、原生家庭、所处社会等被模糊化地处理，观众所见的舞台呈现也经过了导演的二度创作。主人公不只是主人公，他/她因为外部特征被模糊处理而具备普遍性，可见，凯恩不想通过这样的方式塑造形象，进而呈现其内心世界，而是围绕意识活动呈现内心。

从结构上看，这部戏是有情节的起和落的，只是由"情绪抒发"作为贯穿的情节，戏剧矛盾是崩溃者的内心矛盾，矛盾两面的相互作用则共同推进了情节，走向剧名所述的"崩溃"结局，主人公注定以死亡告终。

事和人都如此"简单"的一个戏，结局从看到剧名起就知道了，那还看什么呢？

看过程，在过程中感受人的力量。

那么，为何通过看抑郁症来感受？

问题还是回到了为何我认为"自杀宣言"论调是有局限性的，因为这个剧作的目的，不是为了展现凯恩"个人乏味的生活故事"[①]（凯恩语），实际上凯恩的自杀是私密的而非在公开场合，凯恩想"让人们看到的仅仅是作品本身"[②]（凯恩语），这意味着她相信有人能在她的作品中获得共鸣，即人文精神的彰显。

人们现在走进剧院，面对琳琅满目的宣传册，有太多的选择来观看离奇故事和人物，甚至不走进剧院也能在银幕上看到来自戏剧现场的精心制作过的演出视频。而在当下，对于因为现实内耗严重的我们来说，向内看的力量似乎才是我们稀缺又急需的养分。

《4:48 精神崩溃》是这样一部内观的戏剧，我们甚至可以认为，这部戏只有主人公一个人，其他人物存在于他／她的梦境与幻觉之中，而主人公在她的梦境和幻觉内外穿梭，难辨虚实。主人公经常有着前后矛盾的话，比如 *"I don't want to die""I don't want to live"*，两句出现在同一段落，为了回应 *"At 4.48/when depression visits ..."*。4:48 作为一个时间节点，好似在这个时刻必须做某种决定。在结尾的崩溃时分（第四次：*At 4.48/I shall sleep*）来临之前，三次 *At 4.48* 的出现就像三道钟声（第一次：*At 4.48/when depression visits*；第二次：*After 4.48/I shall not speak again*；第三次：*At 4.48/when sanity visits*）。每敲一声，都是未知来自何方的压迫给崩溃者下最后的通牒：生存还是死亡？

这犹如抑郁症患者经常被问到的："你什么时候能痊愈？"对痊愈的期待越重则越有心理负担。然而，抑郁症患者面临的抉择往往不是生死，而是还要不要将活力赋予自己的躯体和心灵，但他们就像在沼泽中挣扎，越求生、越挣扎就陷落得越快。

---

①② Hattenstone，Simon. "A Sad Hurrah." [J] Guardian.1 July 2000.2.

或许，凯恩早已做好了自杀的打算，而剧中主人公也清楚将到点自杀（*I have become so depressed by the fact of my mortality that I have decided to commit suicide*）。"挣扎"是人们应对灾难时的求生本能，生死抉择是挣扎的表，是否有力量面对生死则是挣扎的里。回到结构上，除了对话与自白，主人公的内部动作几乎填充了全剧，我们看到他／她用多种方式表达挣扎和痛苦，再以相应的节奏编织情节。

在场景建构上，主人公直接向读者／观众展示他／她的所见，读者越见则越能设身处地地感受，并理解他／她。如处方药剂的配比和用量；医护人员测试其注意力、记忆力的"减七法"等方法构建独立的戏剧场景，他／她的内心动作可以在场景之间自由跳动，正如灾难的临场感和临时感。在节奏方面，邮件短信用语"*RSVP ASAP*"（请您回复 越快越好），言语中表现动作的紧迫感；以及前文所述 4.48 在时间维度的压迫，衔接了主人公在各个场景的内心动作。

动作则围绕核心矛盾展开。主人公矛盾的心理境况是全剧核心矛盾，他／她渴望爱又拒绝善意，他／她求生想得到解脱（*I do not want to die*，*I have been dead for a long time*，etc.），但又抗拒治疗中的话术，在"拒绝"的动作中，内心的冲突得以进行。

终于，他／她完成了自己在世的最后一个任务：给予读者／观众力量，从灾难中获得解脱，而对于活着的人们来说，"精神病"不是灾难的唯一解，死亡也不是"精神病"的唯一解，愿人人都有直面灾难的勇气。

《清洗》鉴读

冯雪君　19 戏剧影视编剧 MFA

    《清洗》是英国戏剧家萨拉·凯恩的代表作之一，萨拉·凯恩是 20 世纪 90 年代英国"直面戏剧"浪潮的最重要的代表人物，被誉为"英国继莎士比亚与品特之后最伟大的剧作家"。在她短暂的一生当中只留下五部作品，却部部经典。其生前因作品中充斥着极致赤裸的黑暗、血腥、暴力、情爱、疯狂而备受争议，但其身后人们却渐渐为其作品所蕴含的诗意和幻想所震撼和折服。隐藏在黑暗、暴虐、生猛的背后，是萨拉凯恩的脉脉温情、敏感细腻，以及关于人性、情爱和存在的哲思。

    无疑，《清洗》是属于舞台的，那些赤裸和疯狂在引起观感不适的同时，又不得不让人承认它确有独特迷人之处。故事发生在校园当中，主要围绕四段极端的情感关系展开，每一段感情都是为世俗所不容的畸恋：兄妹乱伦、同性恋、母子恋、性虐诱奸。故事讲述的是格雷厄姆毒瘾发作，在廷克的默许下海洛因注射过量死亡，既是恋人也是妹妹的格雷斯前来寻找，想要通过变性手术成为格雷厄姆，践行对爱情的忠贞。罗德为同性恋人卡尔而死，而卡尔虽然在廷克的胁迫下违背了与罗德共同立下的誓言，却仍旧用自己的方式表达对恋人的拳拳爱意。格雷斯教罗宾识字，罗宾却爱上了格雷斯，最终因不堪忍受囚禁的痛苦，选择自杀。廷克将舞女当成是格雷斯的替身，与之发生关系。

    不难看出，在这里人为的灾难起着揭示剧作主题的作用。校园作为故事的发生地似乎更像是一所监狱，禁锢着人们的身体和灵魂。而廷克就是这所监狱的掌权者和执法者，手中掌握着所有人的生杀大权。整个监狱被一场人为灾祸的阴影笼罩着，散发着令人毛骨悚然又绝望的气息，格雷厄姆和罗德相继被廷克杀死，罗宾不堪折磨被逼得上吊，卡尔被廷克割掉手脚和舌头，苟延残喘，而格雷斯的肉体也被分割得血肉模糊，所有的人都面临着肉体和精神的双重荼毒与折磨。而这所监狱也即是现实社会的缩影，象征着掌权者对不遵守主流规则的异类进行审判、惩戒。

毒瘾、性暴力、杀戮充斥了整个剧作，廷克作为暴力的实施者，是这场身体和灵魂灾难的始作俑者。但正如凯恩所说：“《清洗》比我之前的任何一个作品都要充满爱，暴力仅仅是一种隐喻……如果在经历了这些遭遇之后，我们生存下来，并依然能够相爱，那么爱就毫无疑问是这个世上最强大的事物了。”所以暴力并不是本剧探讨的重点，剧中书写的是关于人类的坚强意志和灵魂在灾难极致拉扯下的极端状态。那些在绝望中仍然不放弃对“爱”的执着追求，关于人性中爱与残酷的关系才是本剧想要探讨的东西。无论是格雷斯与格雷厄姆、卡尔和罗德的双向奔赴，还是罗宾和廷克的单恋，都在痛苦中绝望着，却又挣扎着不放弃，都是在努力践行着要大胆去爱这一主题。正像是萨拉·凯恩曾说：“他们只是相爱了，他们只想通过某种方式传达给对方这种无以复加的爱，这份需要，以及执着地追求它的实现。当然戏中我设置了许多障碍，这些障碍如此强大不可抗拒，可是这不是我所说的，引导着我的人物在行动的不是这些困难，而是这种对爱的需要。”所以剧中所传递的信息是只有对爱情坚守与执着，才能迎来希望和光明。

另外，灾难背景为人物形象塑造提供了环境和土壤。剧中卡尔对罗德的爱需要海誓山盟宣诸于口，而罗德却连承诺和情话也不愿意多说。卡尔想要的是天长地久的浪漫，罗德要的是真实地活在当下。可当廷克以酷刑威胁卡尔时，卡尔因承受不住折磨违背了誓言，背叛了罗德，但从不肯做出承诺的罗德却最终为卡尔而死。廷克作为一种象征着灾难和磨难的意象，为卡尔和罗德这两个人物的深层次塑造以及内心真实的揭露提供了条件。

此外，灾难也能够推动人物的行动，例如卡尔被廷克割掉舌头，他就用手写字，表达对罗德的爱意。手被砍掉，他便通过舞蹈来示爱，脚被砍掉之后，他与罗德做爱，用肉体的碰撞传递穿透灵魂的爱意。这与《毛诗序》中所说的"情动于中而形于言，言之不足故嗟叹之，嗟叹之不足故永歌之，永歌之不足，手之舞之，足之蹈之"有异曲同工之妙。灾难最终没有让卡尔退缩，而是不断推动他勇敢地用自己的方式向罗德表达着爱意。卡尔也最终通过这一连串的行动一扫先前的懦弱形象，成为一个勇敢求爱有血有肉的人物。故事中的廷克碍于现实因素，在矛盾和纠结中将舞女当作格雷斯，诱骗舞女爱上自己，也意味着哪怕是面目可憎的暴力执法者也有对爱和被爱的渴望和需求，在爱人面前怯懦和普通人没两样，至此这一人物形象也更加丰满而富有人味。

无论是人为还是自然灾害，灾难几乎伴随着人类历史发展的整个过程，灾难话题的巨大讨论度，使得无数文艺工作者将目光纷纷投向这一重大创作题材。灾难题材的戏剧作品，往往在极端戏剧情境中塑造人物，利用灾难构建戏剧冲突，将主人公置身于巨大的考验当中，去观察人物突破重重困境的所有行动。而在该剧当中，情节被淡化了，时空被模糊了，语言是诗意的，人物没有了连贯的行动和清晰的目标。灾难成了爱情的试金石，成了坚贞爱情的抽象见证。没有了精心雕琢的技巧，没有了功利的抓人眼球的曲折情节。剧作始终关注的是人类共通的情感。在灾难题材话剧中，应该更加关注对极端环境下人性复杂的剖析，对人类的关怀，对灾难的反思。

创世记与末日之谕

——表现主义戏剧《万能机器人》品鉴

程杨昊　20 戏剧影视编剧 MFA

人工智能萌发自我意识并与人类产生冲突，这是近代科幻电影中经常出现的桥段，也被称为"机器末世论"。提到"机器末世论"，人们往往会想到阿西莫夫的"机器人三定律"。然而在百年之前，早有一部戏剧预言了"机器末世论"，它便是《万能机器人》。该剧由捷克剧作家卡雷尔·恰佩克创作于 1920 年，在本剧中，人类创造了大量无自我意识的机器人以充当劳动力，部分意外萌生了思想的机器人想摆脱被奴役的命运，因此发起暴动消灭了人类，随之却陷入了无法复制本体与繁衍后代的困境。最后，一对被视为残次品的机器人之间萌发了爱情，有了繁衍后代的可能，末日困境中照入了一缕曙光。该剧以超前的视角探讨了机器人与人类之间的关系，在演出时轰动了欧洲，而剧中首创的"Robot"一词也被沿用至今。

一、灾难与剧作构思

含序幕在内，《万能机器人》是一部四幕结构的舞台剧，按时间顺序依次讲述了三场灾难的发生过程，第一次是人类创造机器人苦力后不再需要亲自劳作，由于太过安逸逐渐失去了生育能力；第二次是机器人反抗并消灭了所有人类，一个种族的消亡无疑是灭顶之灾；第三次是由于机器人工程师的去世及配方的消失，机器人陷入了无法复制本体与繁衍后代的困境。

本剧创作于 20 世纪 20 年代，时值第二次工业革命兴起，科学开始大大地影响工业，大量先进的机器进入生产线后改善了生产技术。恰佩克意图通过本剧探讨人工智能与人类之间的关系，剧中的三次灾难描述了机器人从被创造到走向独立的全过程。草蛇灰线，伏脉千里，剧中人类的灭亡看似是"天谴"，其实早有伏笔。序幕中，工程师提到机器人有时会失去常态，扔掉手里的工作，站在那儿咬牙切齿。工程师认为这是机器人的机体发生了故障，属于生产上的弊病，同情机器人遭遇的海伦娜则认为这是灵魂的彰显。第一幕中娜娜预警说，人类最终会因发明机器人而遭受天谴，世界也将迎来末日；多明让海伦娜从自己的口袋中找礼物，海伦娜意外发现了把手枪；多伦购买了军舰"乌尔底姆斯"号……这些细节昭示着机器人与人类之间矛盾逐步激化。当机器人攻入罗素姆工厂时，海伦娜销毁了罗素姆制造机器人的手稿，使得人类失去了和机器人谈判的最后砝码，从序幕到第二幕，伏笔的设置使得全剧的戏剧冲突层层递进，危机感不断升级，节奏更加鲜明。

起义成功后，机器人获得了地球的统治权，却因无法制造同类而即将走向灭亡。此处突转的运用达成了峰回路转、出人意料的结果。而结尾处两个本被视为残次品的机器人之间萌发了爱情，机器人也有了繁衍后代的可能，末日过后，曙光再现。作为表现主义戏剧的代表，《万能机器人》深入探讨了人性的根本：会思考、有情感、能繁衍后代的机器人究竟算是人类还是机器人？这一结尾虽简短，却能引人深省。

二、灾难与现实隐喻

《万能机器人》创作于20世纪20年代。此时正值一战结束，在民族分裂势力的汹涌推动下，奥匈帝国四分五裂，捷克与斯洛伐克联合成立了捷克斯洛伐克共和国。与此同时，第二次工业革命的进行进一步增强了人们的生产能力，改变了人们的生活方式。不同于瘟疫、洪水、海啸等天灾，本剧中的灾难属于人祸。剧中人物可分为四类，一是代表人道同盟想要解救机器人的海伦娜；二是以多明为代表制造并压迫机器人的人类；三是象征保守派反对生产机器人的娜娜；四是以拉迪乌斯为代表的被压迫的机器人。

在剧中，机器人自"出生"伊始就开始为人类劳动，为了避免影响工作效率，工程师消除了机器人的情感与思想。在19世纪中叶，欧美的工人们也遭受着同样的待遇，不少工人每日劳动长达15个小时以上，且工作环境极为恶劣，收入却十分微薄。剧中代表人道同盟的海伦娜同情机器人的遭遇，本打算解救机器人，后来却也加入了以多明为代表的机器人生产者团体，成了既得利益者，"让机器人获得自由"的口号已然成了笑话。

剧中机器人最终通过起义获得了"人身自由"，拉迪乌斯借着《机器人宣言》高呼："全世界的机器人！我们推翻了人的政权。我们占领了工厂，掌握了一切。人类阶级已被征服。新世界开始了！机器人政权开始了！"结合当时的社会背景，可以说机器人起义象征着无产阶级的觉醒。砸圣像、破坏劳动……机器人萌生自我意识时的异常行为很快被人发现了，但没有人愿意率先站出来阻止这件事，因为机器人在代替人类劳动，阻止机器人的生产势必会破坏人类的利益、得罪很多人。在剧中机器人消灭了所有人类却唯独留下了建筑师阿尔奎斯特，只因阿尔奎斯特和机器人一样用双手劳动，因此被机器人划分为同类，这一处讽刺意味十足。

三、宗教与救赎

亲友分离、家园遭毁、身体伤残……无论是天灾或人祸，灾难对人们造成的心理伤害是巨大的。面对灾难时，人们最需要的是获得心灵支撑，这种支撑来自人的信仰。宗教产生的根源便是人类应对灾难的心理需求。在基督教的教义中，人人都皆有原罪，罪恶积累到一定程度后就将迎来灾祸，灾祸是天谴，也是审批。在末世审判时，好人将得到救赎，升至天堂，灵魂获永生。在剧中，反对制造机器人的娜娜相信人类终将迎来天谴，而阿尔奎斯特虔诚地祈祷，希望万事重回正轨，机器人能够停止攻击人类，可当海伦娜问他"真的相信吗"时，阿尔奎斯特回答说自己其实并没有那么坚定，祈祷只是为了让心灵得以安宁。面对灾难，他无能为力，能做的只有日复一日地祈祷，以等候奇迹出现。在灾难面前，我们都是盲者，不甘心屈从，又无力抗拒。畏惧灾难来临的人们只能寄望于宗教的救赎。

除了救赎这一概念外，《万能机器人》中还有多处与基督教相关的隐喻：剧中拉迪乌斯反叛的初始行为是砸圣像，而历史上由尼兰德发动的第一次成功的资产阶级革命就是从"破坏神像运动"开始的，砸圣像意味着破除宗教压迫，打碎信仰束缚；罗素姆机器人工厂厂长多明称要发明肤色不同、语言不同的机器人，并引导不同种族的机器人互相仇恨并发生内乱，这里隐喻的是《圣经·旧约·创世记》中巴别塔的故事。在圣经中，巴别塔的建立失败意味着人类乌托邦理想的破碎，而剧中罗素姆设想的未来世界同样是机器人生产一切、人类乐享其成的理想乌托邦，结局却与他设想的完全相反，这也是人类乌托邦理想的破碎。

在《旧约·创世记》中，大洪水淹没世界之时，诺亚一家带着动物登上诺亚方舟，逃过一劫，最终活了下来。诺亚方舟象征着人类最后的希望，剧中军舰"乌尔底姆斯"号同样也象征着人类最后的希望，希望之舟就在工厂外的河岸边，人类却始终无法登上船，希望注定破灭，末日无法逃避，可能这就是娜娜口中的"上帝的惩罚"。

四、末日曙光

末日降临时，看着攻入工厂的机器人，多明感慨人类或许早在百年前就已经灭亡了，眼前的场景不过是过去的循环。多明此时说的话仿佛是预言——拥有了情感和生育能力的仿生人与人类并无差别，百年之后这批"新人类"可能也会重演"制造劳动机器、对抗劳动机器"的故事。但当机器进化出爱与希望这些原本属于人类的情感后，他们会萌生自我意识，竭尽全力延续生命之火。灾难会重复上演，但只要有情感，人类便拥有希望。在人工智能快速发展的今天，如何和人工智能和平共处，是值得我们思考的问题。

《爆玉米花》鉴读

张芮宁　20 戏剧影视编剧 MFA

　　《爆玉米花》是由英国当代剧作家本·艾尔敦所作，该剧的故事以奥斯卡颁奖典礼为开场，著名好莱坞导演布鲁斯同他的好友卡尔谈论该选取他作品中的哪一片段在颁奖仪式上放映以角逐奥斯卡奖项。布鲁斯毫不在意他人或社会的价值观念，执意通过播放那段自己认为很高超的，但充满了暴力和色情的地窖戏；卡尔却惴惴不安，认为布鲁斯这部名叫《普通美国人》的影片会备受争议，因为最近有一对年轻人四处疯狂杀人，这和布鲁斯电影中的故事片段极其相似，人们自然而然地认为这两个杀手是学习并模仿了布鲁斯电影中的桥段。布鲁斯如愿获得奥斯卡金像奖，并邂逅女模特布鲁克，将她带回自己的豪华寓所内。布鲁斯沉浸在获奖后的喜悦和同知名裸体模特的幽会中时，韦恩和斯考特潜入了他的寓所，他们正是臭名昭著的连续杀人案的犯罪者。韦恩和斯考特将布鲁斯押为人质，又控制了陆续来到寓所的卡尔、商谈离婚事宜的布鲁斯的妻子法拉和他们的女儿。韦恩打电话叫来的媒体记者赶到布鲁斯家中，这时他才说出自己的计划：他要求布鲁斯发布一个全国性的谈话，告知全美国他们一系列的犯罪行为，完全是受了布鲁斯充斥暴力和色情的电影的影响和腐蚀。韦恩和考斯特的精心策划，原来是为了给自己洗脱罪名，找到为他们承担罪责的辩护人和责任人，不过，精明老到的布鲁斯为了个人声誉，也不顾他人安危，坚决不从，与韦恩展开激烈地辩论，否认自己电影对社会不良影响的一面，将自己的责任推得一干二净。收视率不断下跌，韦恩杀死法拉再次提高收视率，同时他意识到，没有人在乎他是否能逃脱法律责任，只有人在乎他是不是又杀了人，于是韦恩决定认罪伏法，前提是正在收看电视直播的人们关掉电视，不然他就杀死屋内的所有人……最后，人们还是没有关掉电视，屋内的七人死伤惨重……

从戏剧内容来看，显而易见，《爆玉米花》选取的是一个几乎所有人都能够产生共鸣的题材——人为灾难：暴力。在当代社会中，暴力血腥行为无处不在，愈演愈烈，它使得人们在身体和精神上变得缺乏安全感，产生了某些负面情绪和价值。剧作者正是发现了这一人为灾难对于人类和社会的影响，以暴力行动打开局面，借剧中人物的所经所历揭开社会存在的矛盾，表达对暴力灾难下人类意识和责任承担的思考。

灾难与剧作构思

在《爆玉米花》中，枪击暴力等人为形成的灾难作为贯穿行动贯穿全剧，由它逐渐引发人物之间的冲突、揭露社会矛盾，并持续推动情节发展，促成故事脉络。

大导演布鲁斯虽然斩获奥斯卡金像奖，但他的电影作品因充斥过多暴力和色情因素备受争议，因为人们将近来疯狂连续杀人，杀人手法同布鲁斯电影中的桥段极为相似的两个杀手自然而然地联系了起来，人们认为他们两个也许是布鲁斯的"学生"，开场就为观众设置了悬念，设置了一个隐秘的矛盾——两个模仿他电影情节的杀手是否与布鲁斯有关、布鲁斯是否应该对两名罪犯的暴力行动负责？

接着，两个杀手韦恩和斯考特全副武装来到布鲁斯的寓所，扣押了布鲁斯和正在跟他幽会的布鲁克。布鲁斯手无寸铁，他们却手握枪支武器，掌握着事件发展的主动权，他们对连环杀人的恐怖事件不仅毫无悔意，反而越觉惊险刺激。现在，他们找到布鲁斯，以他身边人的性命作要挟，要布鲁斯以自己电影误导为由向全美国的观众发表声明，为他们的暴力行动作辩护，以逃脱法律的惩罚。这里，两个杀手的真实目的得以显现，彻底改变了主人公的命运，隐秘的矛盾已经转化为主要矛盾。

布鲁斯不想将他们牵扯进来，但也不忍舍弃个人声誉和艺术荣誉，韦恩和斯考特只得步步紧逼，并以枪杀布鲁克、前来商议电影事业的卡尔、商讨离婚事宜的法拉和无辜被牵连的布鲁斯的女儿的暴力行动做要挟，在危险的戏剧情境中，矛盾冲突强烈加剧，情节紧张发展，戏剧进程走向高潮。不过，在戏接近尾声时，韦恩做出一个出人意料的决定——"枪杀寓所内所有人"的暴力行动做赌注，将寓所内的人的命运移交给看似毫无牵扯，但又无法避免道德责任的所有正在观看电视直播的观众身上。只是人性经不起考验，人们不会管这些人的死活，他们爱看的正是不需要负任何法律责任下的热闹，韦恩最终展开了疯狂的枪杀……该剧将暴力行动和悬念巧妙地结合起来，矛盾冲突从每一次枪杀灾难中生发并延宕发展至最终爆发，情节一环扣一环，把整个戏推向了高潮，充满了戏剧张力。

灾难与人物塑造

该剧的剧中人物性格塑造鲜明，尤其是随着灾难的到来，人物的性格不断发展，人物的情感反复变化，人性中利己自私的一面暴露无遗，具有深刻的代表性和典型性。

主人公布鲁斯恃才傲物，口是心非，他讽刺"学院奖只是用来奖励那些平庸之辈的"，但是内心却极度渴望能够得到奥斯卡的奖项。他可以享受荣誉带来的满足感和自豪感，却避免讨论两名杀手是否模仿他电影情节进行犯罪的争议；他一味地认为自己所喜欢的暴力元素就是与众不同的艺术，与其他任何负面现实没有任何联系和影响。所以，当两个罪犯正在模仿他电影中的杀人情节犯罪时，他并不认为与自己有任何关系，直到杀手韦恩和斯考特要求他为他们二人辩护，他依然强辩道："我不知道！我不知道应该怎么来回答这个问题！难道《哈姆雷特》会纵容鼓励人们去做一个杀害君王的叛逆者？难道《俄狄浦斯》会教唆人们去跟自己的母亲睡觉？"布鲁斯坚决不从，韦恩以他妻子和女儿的性命做赌注，但即使自己和家人的生命面临威胁，他依然视个人名誉要大过一切，重点考虑的依然是自己的利益，正如他自己说的："韦恩，这样做不行。这样一来，会把我的一生给毁了，永远毁了……"灾难之下，暴露布鲁斯偏执的追求和利己的态度，而这些，远远比灾难更为灾难。

法拉，在丈夫艺术声誉遭到挑战，自己生命受到严重威胁、生死未卜之时，不是安慰丈夫，更不是指控罪犯，此刻她仍念念不忘的是要把丈夫的财产转到自己的名下……

除了布鲁斯和法拉，还有时时刻刻想要摆脱裸体模特之名、冠上"演员"头衔的布鲁克，还有为获取刺激的新闻直播而不顾道德伦理的媒体人，还有守在电视机前迫不及待观看"杀人秀"的众人……这些看似荒谬可笑的行为，却是灾难之下人性极其真实的体现，是对人性缺点的无尽揶揄和嘲讽。

灾难与主题表达

《爆玉米花》又称为《谁来负责》，剧名便直观代表着一定的含义，作者在剧中用暴力元素为手段，将个人名誉、职业责任、法律弊端、社会担当等问题融为一体，逐一揭示，具有丰富且深刻的社会意义。韦恩和斯考特潜入布鲁斯寓所绑架威胁布鲁斯及他身边人，二人周折行动的原因，既不是为了谋取钱财，也不是为了进行报复，而是为了让布鲁斯通过电视直播帮助他们二人逃脱道德谴责和法律惩罚。布鲁斯对个人名誉惜之如命，连忙甩脱责任，激烈辩论，韦恩一时哑口无言，人们更不爱看这无意义的辩论，收视率不断下跌，韦恩许诺杀死法拉来提高收视率，果然收视率再次飙升。此时韦恩也突然意识到，自己想通过电视让全美国对他们二人产生谅解和洗脱责任完全是痴人说梦，因为人们关心和讨论的从来不是前因后果，只是看一场不受道德谴责和法律责任的热闹大戏罢了。警察不久后冲了进来，韦恩只好承认自己会投降，条件是正在收看电视的人们把电视关上，他就认罪伏法，不然他就杀死这屋子里所有的人。结果可想而知，人们并没有关上电视机，他们期待着这场与自己毫无责任关系的游戏……

布鲁斯的电影因被两名罪犯模仿从而进行杀人备受争议，但布鲁斯坚决认为自己所坚持的暴力艺术只是完美的艺术，矢口否认自己作品会对社会有任何负面作用，他没有将自己作品的影响和社会责任联系起来。布鲁斯的强词夺理，实际上是他本身从未意识到一个艺术家的责任，正如作者借斯考特反向质问："……你真的那么肯定，当你把那些充满性、暴力、杀人抢劫的东西拍在你的胶片上的时候，你就那么肯定，他们不会被塞进人们的脑子里？"这是剧中人物所问，实则是剧作者在深刻思考并进行发问，艺术家作为人类灵魂的关注者，在进行艺术创作的时候，我们应该时刻注意什么？谨记什么？我们是追名逐利，将职业责任抛掷脑后，还是在艺术创作的同时，关心注意自己作品将对社会带来何种影响，不使个人荣誉饱受社会责任和道德的非议？事实上，个人荣誉和职业责任从来不冲突，使之冲突的，是我们每个人的觉悟。

另外，尽管这一事件的直接导致者是韦恩和斯考特这两个杀人犯，但是他们的出现，他们的犯罪，甚至这场流血事件的发生并不是一个孤立的事件，社会上的方方面面都与这一事件有着这样或那样的联系，都有一定的牵扯和责任，就像故事尾声揭示的那样——"……她的外祖父和外祖母指控所有看电视的人们没有及时关上他们的电视机。""他们的家庭起诉了电视公司，因为他们没有很好地保护自己的员工。""他们同时还起诉了警方，声称如果他们早一些介入的话，就不会有这场悲剧。""电视媒体公司声称在最终的分析中，是政府误导人们崇尚性和暴力的，政府应当对此负责。"直到剧本最后的一句台词——迄今为止，没有任何人声称对此事负责，意味深长，揭示了当今社会责任和担当意识的缺乏的问题。

除了精神文化的匮乏，剧本的讲述也涉及围绕这个事件所发生的一系列的法律诉讼问题，社会机制的漏洞也在剧中得到了体现和鞭笞。一个罪犯疯狂杀人，还能大言不惭："法律这个东西，人们想让它是什么样子，它就是什么样子，它从来就不是一成不变的……法律只是人们手里捏着的一块他妈的橡皮泥，你想把它捏成什么样，就可以把它捏成什么样！"这就充分体现了美国这个自称法制最健全的社会是多么虚伪，简直是对这个似是而非的社会制度极其辛辣的嘲讽和讥笑。

本·艾尔敦的高明之处正在于他把视线越过犯罪现象本身，将暴力犯罪原因的追索思考至社会的各个方面，把眼光投向所有人隐秘但真实的内心世界。作者不单单把目光放在对个体偶然性的描写上，而是把对个体问题的揭示上升至对整个社会中的"人"与"物"的思考。剧本通过讲述一个夸张且十分离奇的故事，却表达了人类社会中最真实存在的问题与弊端，戏谑至极，发人深思。

灾难在人物塑造中的运用

——浅析独幕剧《阿杜安的手》

龙施宇　　22 戏剧影视编剧 MFA

独幕剧《阿杜安的手》虽篇幅短、人物少，却呈现了一场极具紧张气氛和戏剧悬念的好戏，讲述了阿杜安的儿媳因为不贞和过失使得其儿子伊波利特失足从腐败的地窖楼梯中摔死，残废的阿杜安竟因此克服肉体障碍而掐死了儿媳的故事。在该剧中，整场悲剧的直接原因，是那个被虫蚀而腐败了的地窖楼梯，而其根本原因，却是一家人情感中本就存在的巨大裂痕。该剧充分利用自然灾难，讲述了一场惊心动魄的家庭故事，其中对人物塑造的运用十分巧妙，主要表现于以下方面：

一、性格塑造：灾难揭开了人物面具

在戏剧开始时，阿杜安一家人各有心思：儿媳罗瑟对这个家庭生厌、恐惧，背着伊波利特有一个情人；而公公阿杜安则一直对儿媳罗瑟非常不信任，即使已经瘫痪说不了话，却时刻监视着儿媳；只有伊波利特还努力维持着这个家庭的平衡，不过是以一种霸道和蛮横的方式，但至少生活的平衡还没被打破。

在灾难降临之前，罗瑟的人物形象更多的是一种被压迫的无助与可怜，直到罗瑟知晓了家中地窖的楼梯被虫蚀空之后，她的心里开始犹豫

是否要将这个事情告诉伊波利特，如果不说，伊波利特就会踩空而亡，她也可以逃脱这个让她厌恶的家庭，但同时，这也是一个善与恶的抉择，最后，她选择隐瞒了真相，从而死于公公的手下。

在灾难出现之后，罗瑟展现了其性格深处的一面，她从一个被压迫的"受害者"变成了撒花的"施害者"，她甚至提前问了伊波利特是否遇见了差点在地窖身亡的伙计，只为了确认伊波利特是否得知了地窖的消息，而后她有无数次机会提醒伊波利特别进入地窖，但是她选择了隐瞒，这些小心思都是她深层性格的侧面衬托，而这些性格的塑造都是通过一场小小的自然灾难来进行呈现的；同样，公公阿杜安一开始仅仅是一个瘫痪在轮椅上连话都说不出的老头，却在灾难之后，凭借超强的意志和对儿子的爱，克服了身体障碍为自己的儿子成功报仇，可见，阿杜安的勇猛，一瞬间，其高大的人物形象则树立在了观众眼前。

二、情感呈现：灾难是袒露情绪的拉链

在整个剧情的发展之中，公公阿杜安的情绪是变化最明显的。在剧情开始之时，他虽然对儿媳不满，但是只能支支吾吾引起儿子的注意，甚至无法说出完整的话；在儿媳和情人偷情时，他也只是在一旁昏昏欲睡。直到家中的伙计从地窖死里逃生之后，他听到了地窖楼梯坏了的消息，他意识到儿媳可能并不会告诉儿子真相，所以他的情绪开始变得激动，他想要告诉儿子真相，以挽救儿子的性命，激动之余，本来说不清话的他，竟然口齿清晰的喊出了一声伊波利特！这一声呐喊仿佛用光了他所有的力气，这一声呐喊也成功引起了伊波利特的注意，但可惜的是，他以为是妻子虐待了自己的父亲，而没有意识到真正危险的人其实是自己。而当伊波利特走下地窖发出尖叫之后，阿杜安的情绪终于引来了高潮，他不再说话，而是用自己有力的双手撑起自己的身体，然后在

够得着罗瑟的地方，用阿杜安的手掐死了她。

而在这场灾难之中，罗瑟也展现了其丰富的情感历程的变化。在一开始，她仅仅是小心翼翼地试探伊利波特是否知晓地窖楼梯坏死的秘密，她的心里忐忑不安，也还在犹豫是否要说出真相，而在伊利波特真的走下地窖之时，她也变得惊恐和害怕，仿佛不能接受这个事实，哪怕这一切实际上是自己亲手造成的。通过一场小型灾难，上演了一场真实的人性考验，罗瑟和阿杜安站在不同的立场，却有着同样丰富的情感演变历程，这也正是该剧最精彩之处。

三、行动推进：灾难是点燃炮弹的明火

除此之外，灾难还是本剧中推动人物行动的第一元素。本来平淡的生活之中，因为知晓了地窖楼梯被虫蛀空的真相之后，阿杜安和罗瑟开启了不同的行动。阿杜安要拯救自己的儿子伊波利特，所以他从伊波利特回家之后，便一直紧盯着他，在伊波利特第一次想进入地窖的时候，阿杜安竟然呐喊出了伊波利特的名字，这一举动暂时延缓了伊波利特进入地窖的时间，而当伊波利特安慰完他准备走进地窖时，他竟然抓住了伊波利特的上衣；同时，他像小孩一样叫，并不断地用眼神示意伊波利特关注罗瑟，想通过这样的方式逼迫罗瑟说出真相，可惜失败了；而当伊波利特最终走向地窖之时，阿杜安发出了窒息般的呐喊，随后掐死了罗瑟。可见，阿杜安的一切行动都是围绕着阻止这场灾难发生而展开的。

而罗瑟则完全相反，她的行动则是围绕着隐瞒伊波利特展开的，一开始她就通过言语了解伊波利特是否在回家的路上遇见了家里的伙计，实际上是想知晓其是否知道地窖的秘密；当伊波利特以为她虐待阿杜安时，她明知道阿杜安想要她说什么，却一直在撒谎和隐瞒；而当伊波利

特终于走进了地窖之时，她开始惊恐和慌张，并大叫着"不是我干的！"以此来掩饰自己心中的慌张。可见罗瑟的行动推进也是源自这场小小的灾难。

《阿杜安的手》虽然是一个短小的独幕剧，但是设计精巧，结构饱满，剧中一共只出现过 5 个人物，却都十分丰满和立体，特别是阿杜安和罗瑟两个主要角色，两人的情感历程发展、行动推进，包括人物的塑造都是离不开这一场小小的灾难的。这场灾难虽然是自然灾难，却成为一场人性的考验，剧作者将其价值发挥得淋漓尽致，可谓是灾难独幕剧中的一个典范。

用剧作传递救赎信仰危机的答案

——浅析保罗·克洛岱尔的剧作《城市》

陶倩妮　16 戏剧与影视学博士

保罗·克洛岱尔（Paul Claudel，1868—1955 年），是法国著名的诗人、剧作家和外交官。他于 16 岁的那一年，在圣诞节聆听巴黎圣母院的大弥撒时，被大风琴演奏与圣歌的合唱所震撼，于是决定皈依天主教——这是克洛岱尔人生的重要节点，因为他从此以后所创作的大部分诗剧、诗歌和宗教与文学的评论等，皆带有浓厚的宗教色彩，都是在为歌颂天主教、传播天主教信仰所努力，成为法国天主教文艺复兴时期的重要人物。

克洛岱尔的文学创作起源于诗歌的创作，他的剧作也都是诗剧，且主要风格并非反映现实生活的现实主义。他以诗剧作为歌颂天主教、传播布道的有利"武器"，他的诗剧采用近似于分行散文的自由诗体，节奏明快，且没有韵律韵脚的约束，这样的写作风格极大地释放了作者在表达他的一腔宗教热情时的表现力，也营造出了朦胧绮丽的美学格调。克洛岱尔的戏剧代表作有：《城市》（1890）、《给圣母报信》（1891）、《少女维奥兰》（1892）、《金头》（1893）、《交换》（1901）、《正午的分界》（1906）、《给圣母报信》（1912）、三部曲《人质》《硬面包》《受辱的神父》（1909，1914，1916）和《缎子鞋》（1929）。其中，以《城市》《少女维奥兰》《给圣母报信》和《缎子鞋》最具影响力。著名翻译家柳鸣九先生对克洛岱尔曾经做出这样的评价："基督教把自己的理想、诗情与趣味的烙印打在建筑艺术之中，它的思想家、作家夏多布里昂也曾力求按近代生活的需要来发掘与证明基督教在文学艺术中的美，是谁把基督教的美学趣味推上戏剧舞台并赋予现代的色彩？克洛岱尔显然要算是一个。"①

　　克洛岱尔的剧作《城市》具有强烈的象征主义色彩，和作者的大多数剧作一样，主要表达了"因信称义"②的信念。该剧所反映的内容是城市化的社会秩序与以不同人物为代表所隐喻的反抗力量之间的矛盾，最终在剧作的结尾，作者借人物之口传递出作者心中的答案，即人类社会最终应靠向天主以获救赎。作者巧妙地借写一座城市所面临的灾难作为当时社会信仰的崩塌的隐喻，"剧本先描绘了一个不信天主的城市的厄运：受资本主义政治、经济的毒害，人们成了劳动的奴隶，成了厌烦的牺牲品，结果导致社会暴动，城市毁于灰烬"。③《城市》一剧的创作背景，是工业化大为兴起，并通过城市化的进程强硬地侵占农业文化，强迫人们生活在工业化的环境中就必须服从城市化的条规。剧中所表现的灾难，是 19 世纪后期人们因周遭生活的大环境产生改变而陷入了"信仰危机"，遭遇了信仰坍塌之后的"精神空虚"。剧作中城市里的"人"，实际上正是全人类的象征，表现了人们对拯救城市无能为力的被动与毫无反抗的"精神真空"状态，甚至被屠杀时也毫无反抗的能力。克洛岱尔想借该剧人物的行动与表达，以传达唯有重新恢复上帝的荣光，才能洗刷全人类的原罪，得到救赎。作者希望通过他所宣教的"救世之道"，告诉人们以坚定的信仰来抵制诱惑，才能渡过信仰危机，获得新生。

---

① 柳鸣九：《〈缎子鞋〉：基督教—象征主义戏剧的代表作》，《外国文学研究》1991年第 4 期。
② 基督教神学救赎论学说之一。
③ 汪毅群：《西方现代戏剧流派作品选（第 2 卷）》，中国戏剧出版社 2005 年版，第 79 页。

《城市》一剧中的核心问题在于"如何重建一座陷入重重危机的城市"。城市的重建隐喻的是人类得到救赎、获得新生。剧中的三个主要人物贝姆、阿瓦尔、科弗尔所代表的是三类持有不同信念的人。他们"都将城市重建视为走上一条通向新城市的道路,而城市重建则隐喻着众人得救获得新生,所以道路就成为追寻各自真理的隐喻。"① 作者通过剧情的发展与不同人物间境遇的对比,以彰显科弗尔所代表的基督教精神是人类获得拯救的真理之道。

在剧中,贝姆是"资本家、企业家的象征,体现了功利主义和创造发明精神,但他将一切物质化,无视心灵生活,便由成功走向挫折,最后落入彻底的悲观主义"。② 贝姆作为资本家,兴建了这座城市,为这座城市制定了规则,便认为自己是"城市之父"。于是贝姆的信仰被消解,甚至傲慢地将自己视作同神祇一般的存在,认为"再也没有神祇了……人们亲自登上祭祀的坛座……摄食时,每人坐在各自的祭坛上"。③ 然而,虽然贝姆拥有了财富与权利,但对死亡的恐惧始终笼罩着贝姆。于是在贝姆身上,形成了物质丰厚但精神贫瘠的矛盾——"然而我,因为富有,我就自由;因为自由,我就孤寂;因为孤寂,我就独自一个人承担一切死亡的重任,承担所有人所有生命物的全部厄运"。④ 他将自己比作一位"迷途者",不理解自己为何在拥有了巨额的财富后,心灵却时刻被巨大的恐惧所裹挟。

阿瓦尔是"煽动家、革命家的象征,一心致力于摧毁这个窒息人的

---

① 马慧:《克洛岱尔〈城市〉中的路径隐喻运用》,《青海师范大学学报(哲学社会科学版)》2019 年第 1 期。

② 汪毅群:《西方现代戏剧流派作品选(第 2 卷)》,中国戏剧出版社 2005 年版,第 79 页。

③ [法]保罗·克洛岱尔:《正午的分界》余中先译,吉林出版集团有限公司 2010 年版,第 16—17 页。

④ 同上,第 19 页。

社会，以求看到更广阔的空间和呼吸更纯洁的空气"。[1] 剧中的阿瓦尔认为解救城市的唯一路径就是将现有的城市完全地破坏，才能将其进行重建。唯有将城市的房子彻底摧毁，将房子里的主人彻底颠覆，才能将城市解救。因为"旧有的城市格局就像一座充满了罪恶和危险，必须清除掉的障碍物——房子……所以在看到房子焚毁之后异常兴奋"。[2] 在阿瓦尔的坚持之下，城市被大火焚烧了十天十夜，化为灰烬，而阿瓦尔将这场大火视作黑暗中的光明——"我将撞击着腐朽的住宅，……我将把人类从这地方驱逐干净。时机已到！因此，看到这烈火，我高兴得心花怒放。我就像在黑夜中睁大着眼睛的人，看到了一线光明"。[3] 然而，他却在之后选择离开，撇下人们不管，去了未知的地方。作者通过他对阿瓦尔这个人物结局的设计，表达了阿瓦尔"破坏即自由"的理论并非寻找真理之途。

科弗尔是"诗人和受凌辱者的象征，他充满了基督教思想，最后是他把城市引向了天主的世界"。[4] 科弗尔是该剧中唯一完成了人物弧光、在情节发展的前半段与后半段有所变化的人物。科弗尔刚出场时带着虔诚的信仰，虽然提出了现实存在是因上帝所创造，但并不能十分确定信仰是否可以拯救全人类。于是他孤独地追寻真理而苦行。在剧中的第三幕，当他的儿子伊沃尔准备承担起引领人们的任务却对方向有所迷惘时，科弗尔再次出场时的形象较之前有了较大的变化，他坚定且虔诚地向人们宣传天主教的教义，他坚信皈依天主教是人们获得救赎的唯一方

① 汪毅群：《西方现代戏剧流派作品选（第 2 卷）》，中国戏剧出版社 2005 年版，第 79 页。
② 马慧：《克洛岱尔〈城市〉中的路径隐喻运用》，《青海师范大学学报（哲学社会科学版）》2019 年第 1 期。
③ [法] 保罗·克洛岱尔：《正午的分界》余中先译，吉林出版集团有限公司 2010 年版，第 9 页。
④ 汪毅群：《西方现代戏剧流派作品选（第 2 卷）》，中国戏剧出版社 2005 年版，第 80 页。

法——"在深奥的学问中我获得了另一次诞生。我重新出现在这迟疑的时刻，要在这梦幻之城的碎屑上建造起确确实实的大厦。"①

作者通过对剧中城市所面临的灾难来影射当时社会的信仰危机，并通过对科弗尔这一人物的塑造，借他之口来传递作者所认为解救全人类的唯一答案，即对上帝的笃信。剧中的其他人物或是逃离、或是破坏、或是陷入无尽的迷惘，他们都无法对城市与自己的生活进行成功的重建与掌控。而科弗尔作为剧中鲜明的传道者形象，正面向剧中人阐述教义，承载的是作者极力想向观众传达的、救赎当时的观众于信仰崩坏"灾难"的方向。

---

① ［法］保罗·克洛岱尔：《正午的分界》余中先译，吉林出版集团有限公司2010年版，第75页。

《马斯格雷夫中士的舞蹈》鉴读

李晓婷　20 编剧学理论 MA

　　《马斯格雷夫中士的舞蹈》是英国剧作家约翰·阿登于 1959 年写作的一部战争题材戏剧作品，主要讲述了马斯格雷夫中士与三个士兵到一个煤矿小镇上借招兵名义试图展示战争残酷以引起民众对于战争的恐惧而达到反战目的，最终却因逃兵身份的败露而遭到逮捕的故事。

　　剧作者约翰·阿登 1930 年生于英国约克郡的一个小镇，先后就读于剑桥大学与爱丁堡艺术学院，是英国 20 世纪中期的一个重要剧作家。他的戏剧创作具有鲜明的政治性、社会性与现实性特征，剧作风格接近布莱希特所提出的叙述体戏剧，运用民谣、歌剧等手法实现间离效果。他的戏剧创作大体可以分为两个阶段：一是早年的个人独立创作，如《活得像猪》(1958)、《马斯格雷夫中士的舞蹈》(1959)、《乔纳森老爷和他的不幸的宝贝正传》(1968) 等；二是和他的妻子玛格丽特·路·达西一起创作，如《遥远的路程，短暂的生命》(1964)、《渴望白发苍苍的加兰》(1982) 等。

　　《马斯格雷夫中士的舞蹈》被认为是阿登的最佳剧作，他早年曾在英国军事情报部队当过兵，有亲身体验战争的经历，所以在他的剧作中充斥着反战的影子。在戏的开场，马斯格雷夫中士带着三个士兵租了一艘驳船，准备前往一个煤矿城镇，这里通过斯帕基的歌谣向观众揭示了他们是"开小差"的士兵。随着剧情的进行，我们知道马斯格雷夫中士要在这个小镇招募新兵。而此时煤矿小镇的工人们正处于罢工状态，因而此地的镇长、牧师也很乐意配合马斯格雷夫的征兵工作，希望"让一半人口外流，也就是转移方向，让他关心别的事情"。剧中多次出现其他人给士兵起的外号，如"血红的玫瑰花""血红的血腥味儿的玫瑰花""红的死乌鸦""该死的红乌鸦"等，沃尔什直截了当地说他们士兵"你们一直在打人，谋杀"。马斯格雷夫给三个下属分配了各自的任务，征兵工作有条不紊地进行着。但因他们士兵的身份，矿工们对他们带有极强的仇恨。剧中对于士兵的侧面描写——对士兵的称呼、对士兵职责的描述、对待他们的态度（憎恨）等，都渲染了士兵在该剧中扮演的负面形象，将观众对士兵的情感导向反感。马斯格雷夫一行人的到来与当地人发生了交集，斯帕基、赫斯特与安妮三人之间的关系似乎走向了一个岌岌可危的爆发点。就在征兵集会前不久，意外发生了——在安妮与斯帕基、赫斯特等人的纠缠中，斯帕基不小心被杀死了。到这里，戏的发展到了高潮，此时，观众也可以明确地知道，马斯格雷夫、斯帕基、赫斯特、阿特克利夫四人是逃兵，而他们此行的目的是"我们大家都为一件特殊的血腥行为感到有罪。我们到这个城镇来是为了把罪过归还到它开始的地方"。他们的另一个战友比利死了，这是比利的家乡，为了比利的死，他们来到了这里——"我们带着一个劝告来到这里……让这个劝告跳起舞来。这就是关键的关键，今天，还有明天。此后发生什么，上帝自会安排。上帝说，我与你们同在。我尽力支持你们。在人民面前点燃火柱。我们在此显示的东西将永远引导人民去反对耻辱，贪婪，以及为贪婪进行的屠杀！这是我们的职责，新的、开小差的人的职责：这是上帝在这个地球上跳的舞蹈，我们4个人是他跳舞的4条强壮的腿……没错。舞蹈就要开始，天黑了。"马斯格雷夫想借征兵的名义将人们聚集起来，向人们控诉"所有战争都是罪恶的"，将比利吊起来，"在一面旗帜下跳舞"，向人们叙述"他们的比利"的死亡，企图借此让人们一起站起来反对战争。但造化弄人，河道上的冰开始融化，沼泽尽头那断掉的电线接上了，接到镇长拍的电报而赶来的龙骑兵抓住了马斯格雷夫。他被逮捕了，因为抢劫和开小差——马斯格雷夫中士的舞蹈结束了。

随着剧情的展开，战争给马斯格雷夫带来的创伤被展示在观众的面前。他说"士兵的职责是士兵的生命……一个士兵的生命在于誓死反对女王的敌人。反对国家的入侵者。反对苦役，残酷，专制，暴君"，但"越来越多的士兵应被送去让他们来杀死，而反过来士兵们应当杀死那座城里的人民，越杀越多，习以为常"，而帝国只是给了他们"一枚奖章，银质的，来证明我不害怕"。没有一种战争是光彩的，罪恶的战争应该结束，女王号召她的臣民参军，而战场上存在的只是无意义的杀戮，不要让"比利的死"再一次发生。

阿登在剧中时常让角色唱起歌谣，在第二幕第一场直接使用了歌队……这些布莱希特式的元素使观众在戏的行进中得以冷静地思考对战争的态度。"马斯格雷夫中士的舞蹈"是一个象征，是对马斯格雷夫试图向群众传达战争之残酷、号召人们反战这一行动的诗意描述。故事发生在一个寒冷的冬天，亲眼所见的血腥与杀戮一直笼罩着这几个逃跑的士兵，萧瑟、与压抑的氛围贯穿全剧，马斯格雷夫的舞蹈是跳跃燃烧的、富于生命力的有力一击，打破了这种死寂的沉闷，但他最后也走向了死寂。不过，通过《马斯格雷夫中士的舞蹈》一剧，现实世界的人们也将看到这个舞蹈，会使它"成为一座苹果园的开端"。

精神困境之战

——灾难戏剧经典作品鉴赏之《皇家太阳猎队》

何心怡　19戏剧与影视学博士

彼得·谢弗是英国 20 世纪 50 年代崛起的一位著名剧作家，而更难得的是，彼得·谢弗的作品在商业价值与艺术成功上获得了较好的平衡，成为难得的商业性与艺术性兼备的剧作家。

他的代表作之一《皇家太阳猎队》于 1964 年写作完成。彼得·谢弗融合了布莱希特的史诗剧与阿尔托的残酷戏剧手法，取材自 16 世纪西班牙殖民的真实历史，讲述了 16 世纪时，皮萨罗带领着 100 多人征服了 600 万人口的印加帝国。而借由这个掠夺殖民的表面故事，彼得·谢弗还在此中探讨了人类探寻着信仰与上帝的意义，描绘人类找不到自身存在的意义、无法进行身份确认的困惑。剧中主人公皮萨罗寻找信仰而破灭的失望情绪深深地感染了每一个人。因此，本剧也与《上帝的宠儿》《伊库斯》并称为"信仰三部曲"。

一、灾难与矛盾冲突

纵观本剧，最大的矛盾冲突与戏剧性都毫无疑问地直指殖民掠夺。无论是被掠夺者的死亡，抑或是黄金、财产的被抢，都是由发动者挑起与带来的，而他们，却为自己所带来的这场灾难找到冠冕堂皇的借口：

"仔细瞧瞧他吧。这是个异教徒。你要是不帮他的忙，他就会被永恒的烈焰烧死。不要以为我们只是去摧毁他的人民，抢走他们的财富。我们是要拿走他们认为毫无价值的东西，而给他们珍贵的天国的恩赐。有谁能把这个愚昧的人引向光明，我将免除他所犯下的一切罪恶。"

而他们所干的真实事情是什么呢？囚杀君主，屠杀人民，掠夺黄金，给人民带来了无尽的伤痛。

若再细细品味一番，彼得·谢弗所描述的灾难仅止于此吗？为此，我们可以对比真正的历史材料，以及《西印度毁灭述略》《印卡王室述评》《秘鲁征服史》这三个重要历史文本。通过参照后我们可以发现，剧作家使剧作脱离了宏大的历史背景，更有一种个人诗意的表达。

在彼得·谢弗的笔下，皮萨罗这个侵略者不再是惯有印象中强悍有力的形象，而是以又老又衰弱的姿态出现。更有意思的是，这位皮萨罗并没有对战争对侵略表现出好战之心，相反，他处处流露出了怀疑、负面的看法，他甚至说出了"到了我这样的年纪，事情也就那么回事儿了。黄金不过是一堆烂铁"。从他后面的所作所为——将金子送给战友，为部下谋得福利，我们都可以看出，他对于战争的疲软并不是虚假的。而在来到了秘鲁之后，见到了一个桃花源般的伟大王国，他感叹道："这里没有什么东西让人垂涎三尺，贪婪一出现就消失了。"我们终于渐渐窥见了皮萨罗的真实内心，原来，他作为一个掠夺者，是想要征服内心对人间圣洁和奇迹的渴望。在去侵略他人、伤害他人的同时，失序、混乱的世界也让所有人都失去了心灵的寄托。

在西方世界中迷失自己的皮萨罗见到印加帝国的国王阿塔瓦尔帕后，仿佛找到了新的上帝，找到了自己新的心灵寄托。阿塔瓦尔帕与他的人民都坚信着自己是"永远活着的上帝"，是只有自己的父神才能带走的存在。印加帝国几乎从精神上瓦解了西班牙征服者，可最终却依然遭到了种族屠杀和领袖处死的结局。剧作家在此处做了一个大胆的改编处理，皮萨罗依然处死了阿塔瓦尔帕，可原因并不是他"背信弃义"，而是因为他太过于相信阿塔瓦尔帕真的会在太阳再次升起的时候重生。一向颓废、萎靡的皮萨罗在此找到了内心的依靠，找到了信仰的所在。可直到剧终，阿塔瓦尔帕当然没有醒来，那好不容易找到的人间永恒——彻底破灭了。皮萨罗没有寻找到自己的上帝。而同样破灭的，还有那每一个在向太阳神祈求祷告，以求得到精神上慰藉的秘鲁人民，他们的希望也跟着幻灭了。

二、叙事者的选择，让灾难发生的过程与之后不断凝视

从戏剧结构上来说，彼得·谢弗所创作的这部《皇家太阳猎队》设置了一个第一人称的叙事者。而且，这个叙事者的人物选择非常有意思，他并非是本剧的主角皮萨罗，抑或是阿塔瓦尔帕，而是一个配角马丁。这个角色，更是由两位演员共同扮演，一位是老年马丁，一位则是少年马丁，而承担着叙事功能的则是老年马丁。

全剧是以老年马丁作为第一人称叙事者展开的，借由着他的回忆娓娓道来，故事拉开了序幕。值得一提的是，老年马丁与少年马丁在本剧中有着不同的上场任务。老年马丁在剧中并不参与剧情的发展，他在剧中的功能仅仅局限于叙事，即补充剧情与进行评论。而少年马丁上场，便将我们引入了 16 世纪那场惊心动魄的战争之中。剧作家利用了鼓等乐器展现了战争的残酷与血腥，那种窒息感、紧迫感扑面而来。老年马丁上场，则更多地带着对于战争、对于殖民的反思。这样的叙事设置，增添了浓重的历史感。也因为剧作家的这层设置，使得整个《皇家太阳猎队》有着几层时空设置，呈现出立体符合、多层次的特征。老年马丁与观众的互动构成发生于现在的叙事时空，老年马丁回忆的内容（即少年马丁或其他演员所扮演的内容）构成过去时空。从类别上来说，现在

的时空基本是以叙事为主，过去时空则是由少年马丁等人的表演展示构成。也正是这个叙事者的讲述，让观众不断凝视着、反思着灾难的过程与后果。教会和军队在秘鲁的大屠杀和贪婪让对骑士制度充满幻想的马丁彻底失望，而他的幻灭感其实对应了皮萨罗年轻时的感受。

科技的狂飙发展下，世界渐渐脱序。精神的困境成了所有现代人需要面临的一道难题，生命真正的意义究竟是什么？我们在追寻着的，到底是人们原始的本能，还是心灵上的一丝抚慰。在剧中，上帝依然没有给我们一句答案。

品特《一个像阿拉斯加的地方》：
灾难后的"新世界"

蓝景曦　20 编剧学理论 MA

20 世纪初，人类文明经历了几次巨大的灾难。第一次世界大战将欧洲各国卷入战火，一战结束后，西班牙大流感夺走了五千万人的性命。同时期还有一种古怪的疾病感染了数百万人，约有一百万名患者最终丧命，还有些患者则变成了"活雕像"——既不说话，也不动弹，在这种状态中度过了余生。

品特的独幕剧《一个像阿拉斯加的地方》，就是围绕着嗜睡症这一灾难性的病症。女主角德博拉 16 岁时，突然陷入昏睡。由于无药可治，这一状态竟持续了将近 30 年。

在戏剧一开始，德博拉从漫长的沉睡中醒来了。但是她即将面临残酷的事实：她在沉睡中失去了自己的青春时光，她的记忆面临着巨大的断裂，她必须用十多岁的心智，活在这具年近 50 岁的肉体中，而她熟悉的父母、姐妹、男朋友，都已经饱经沧桑，甚至告别人世。

当灾难的余波退却，人们除了劫后余生的庆幸，必然还会思考，应该如何去面对在灾难中失去的一切？我们准备好去迎接一个一无所有的"新世界"了吗？

开头是德博拉刚醒来，跟医生霍恩比的对话。品特运用了许多支离破碎的台词，来塑造德博拉刚从沉眠中醒来时混乱的精神状态。她和医生的对话总是答非所问，两人的对话仿佛发生在平行时空。医生一直在询问"你听得到我说话吗"，"你知道我是谁吗"？但德博拉的精神还停留在几十年前，她断断续续地提到家里的狗、父亲、母亲、姐妹，而她认为自己仍是十多岁的少女。

医生提醒她，"你一直在睡觉，现在你醒了"，德博拉依然停留在孩子气的幻想中，说起大海、海鸥、海边的旅馆……

而医生试图让她回到现实，他反复说"你一直在睡觉"，直到她问"我睡了多久"？医生说"29 年"。

德博拉开始感到不安，她追问"你是说我死了"，在得到否定回答之后又说"显然我是犯了罪，现在被关在监狱里"。她难以理解这 29 年的空白，她反复提到她对姐妹和男朋友的看法。随后她问医生："发生什么了？"医生说："有一天你突然停住了。你睡着了，没有人能叫醒你。"至此，德博拉的过去被缓慢地揭开。

曾经她拥有美满的家庭，有吵吵闹闹的姐妹，和家人们每天一起，过着普通而幸福的生活。但在 16 岁那年，在那个看似寻常的日子，德博拉和家人们吃完晚餐，她将花瓶拿到窗边，然后就突然停住了，仿佛变成了一座大理石像。德博拉的昏睡，将她本人和她的家庭的轨迹彻底改变了。在这段灾难岁月中，她的父亲失明，她的母亲去世，她的二妹跟她的主治医生结婚，而她的小妹为了照顾父亲未曾组建家庭。而这灾难中唯一的希望则是，家人们都未曾放弃德博拉，他们在漫长的等待中，期盼着德博拉的转醒。

如果说德博拉的昏睡是一场客观意义的灾难，那么当她醒来，不得不面对已经物是人非的生活和人际关系，就是一场精神意义的灾难。

该剧虽然是一个独幕剧，人物也只有三个，分别是女主角德博拉、医生霍恩比，以及德博拉的妹妹波林，但他们之间的关系却具有某种微妙的复杂性。医生霍恩比和波林作为夫妻，关系显得有些疏远。相比于医生日复一日地照料德博拉，在她醒过来之后一直耐心地跟她对话，而当波林出现在病房时，霍恩比只是平淡地说："我没有叫你。"

波林对德博拉讲了很多往事，说："我是个活寡妇"。对此，霍恩比并未否认。他解释道："当你被当作死人抛弃时，你妹妹波林12岁。她20岁时我娶了她。她是个活寡妇。我和你生活。"

这里看来，霍恩比忠实地履行了医生的职责，对于德博拉的治疗尽心尽力，以至于不能陪伴自己的妻子，但作者又在台词里，隐约暗示了另一种可能性。

在德博拉醒来不久，他们有一段看似奇特的对话。德博拉："你偷走了我……在晚上。你对我做那个了吗？"霍恩比："我在这里照顾你。"德博拉却一口认定"你已经对我做那个了"。这段台词初看是德博拉精神混乱状态下的幻想，可是结合这三人的关系，又似乎另有所指。

德博拉问霍恩比他是怎么叫醒自己的，霍恩比说，打了一针她就醒了，德博拉："打针真好。哦，我真喜欢。我漂亮吗？"霍恩比说："当然。"德博拉说："你是我的白马王子……我想我爱你。"霍恩比马上否认："不，你不爱。"

这些情节究竟是为了体现德博拉混乱的精神状态，还是有更多的含义，作者对此是模糊处理的。无论如何，在巨大的灾难面前，社会角色的边界被打破了，人们的欲望变得赤裸而不可控，就如同德博拉说，自己不是故意睡那么久的，"我只是遵循身体法则罢了"。

无论如何，德博拉醒来之后面临的，是一个一切都已经改变的世界。

妹妹波林第一次向她描述现状时，使用了非常梦幻化的方式：她说家里人在周游世界，他们在曼谷歇脚，她通过无线电向家人们转达了德博拉醒来的消息，大家都很开心，并且转达了对她的深爱。波林还说，等她回家了，要给她办生日晚会，到时候家人和好朋友们都会来，大家都会给她准备包装得很漂亮的礼物。然后，大家会为她唱生日快乐歌。

波林想要给她创造迎接新世界的希望。每一个亲身经历过灾难的人，想要从废墟中走出时，必然保留着对未来的憧憬。即便有许多东西已经永远失去，但在未来等待我们的，还有那些爱着我们的人。

当然，这并不是一个容易的过程。德博拉的精神还没有彻底恢复清醒，她依然被那些昏睡中产生的幻觉所困扰，被那些旧日的灾难所压倒，但即便如此，她也已经准备好迈出第一步。

"我想我搞清楚了。谢谢你。"她对自己的妹妹和医生如是说。

《黄与黑》鉴读

王俪洁　20 编剧学理论 MA

雷莫·基蒂（Remo Chiti, 1891—1971），意大利剧作家、小说家、诗人、画家，未来主义戏剧代表人物。早期，他在佛罗伦萨与友人一同创办了《捍卫艺术》(La difesa dell'arte)、《半人马座》(Il Centauro) 等艺术批评期刊。后来，他又投身于意大利未来主义运动中。1914 年，组织"未来主义晚会"演出未来主义戏剧。在此期间，他创作了一些简短的戏剧作品，包括《话语》(Parole)、《阵痛》(Parossismo)、《建筑》(Costruzioni))。1915 年，他同马内蒂斯等人共同发表了《未来主义戏剧宣言》，他还在小册子《未来派合成戏剧创作者们》中总结了未来主义戏剧的创作经验，并认为布鲁诺·科拉（Bruno Corra）与埃米利奥·塞蒂梅利（Emilio Settimelli）在 1913 年的创作是"新戏剧的第一次尝试，确立了合成戏剧的具体创作目标"。同年，他创作了名为"心灵感应噩梦剧"的《黄与黑》，展现了战争对个人心灵的摧残。1916 年，他又同科拉、塞蒂梅利、阿纳尔多·吉纳、玛丽亚·吉南尼等人共同创办了《意大利未来主义》双周刊，该刊被称为"第二代佛罗伦萨未来主义"；同年九月，又同马里内蒂、科拉、塞蒂梅利等人在米兰共同签署了《未来主义电影宣言》。1971 年，基蒂在罗马去世，他的作品后被马里奥·韦尔东（Mario Verdone）收录于《构筑人生》(La vita si fa da sé, 1974) 中。

《黄与黑》作为基蒂在未来主义戏剧运动中的实践作品，极具"未来主义式"风格，篇幅短小、非情节化、混乱的语言、随意流动的内心意识是它最明显的特征。基蒂借助凌乱的舞台形象，在整部剧中笼罩起一种神秘、恐怖的氛围。日常事物运转规律被打乱，只留下人物梦魇般的喃喃自语。时间流动模糊不清，且跳跃；空间与空间被拼接在一起，随意切换；人物形象模糊，且象征化；人物行动失去常理，如同梦游。基蒂创作的这部只有两幕的短剧，在完成他的艺术实践的同时，也表现出了战争对人的残害，以及传达出他反战的思想。

一、未来主义风格

未来主义运动最早发轫于绘画、诗歌领域，其被评价为"全面狂飙似地"席卷整个文艺领域的革新运动。1909年，马里内蒂在巴黎《费加罗报》上发表《未来第一次宣言》，拉开了未来主义运动的序幕。而后1915年，《未来主义戏剧宣言》的发表，使得未来主义运动正式在戏剧领域展开实践。

未来主义戏剧反对一切戏剧传统，要求在形式、内容上进行全面的革新。他们宣告"过去艺术（过去派）的终结和未来艺术（未来派）的诞生"，马里内蒂也在《未来主义戏剧宣言》中写下，"以往的戏剧都是冗长、静止的心理分析剧，已远远落后于现代生活的节奏，毫无生命力可言"，因此要"彻底摧毁导致传统戏剧至死的手法"，并且，"未来主义舞台不应该害怕违背真实，离奇古怪和反戏剧"。所以说，从一开始，未来主义戏剧便是以反叛的姿态登上戏剧舞台的。

未来主义戏剧作品大多篇幅极短，相应地，戏剧作品的时间和空间也比传统作品体量小很多。这是它的第一个特点。在《黄与黑》中，总共只有两幕。第一幕发生在一个战壕中，几名士兵在对话；第二幕发生在约瑟夫中士的家中，约瑟夫在和他的家人在进行简短的对话后，戏剧落幕。从时间来看，整个故事的发生时间不到一晚，地点也仅仅为两地，而故事情节则更为简单。正如《未来主义戏剧宣言》（后称《宣言》）中提出的，20世纪是科学技术飞速发展的世代，机械、力量、速度、竞争已成为现代生活的主要特征，而这必定会引起人们生活方式和客观世界面貌的根本性变化；昔日诸如幸福，和谐等传统生活内容和精神要求已不复存在，它们已让位给"永恒的无处不在的速度"。而舞台就应该表现人们"对速度的感受"。

未来主义戏剧强调速度，以及瞬时的内心感受，反对传统戏剧那种"冗长、静止的心理分析戏剧"。因此，他们也要求戏剧作品要反映非理性状态下，人们的下意识和内心世界，这是它第二个特点。《黄与黑》的第一幕，充斥着各种角色的喃喃自语，他们似乎在对话，但又似乎在自说自话。

哨兵 （后台，大声地）谁！

约瑟夫 （立即压低声音，急促地）别说话！……（倾听片刻；远处射来一道白光，隐约地照亮了战壕，然后消失）

约瑟夫 （好似接前面谈话，郑重地）害怕……应该弄清楚它指的是什么。

从一开始，约瑟夫就不知在向谁答话，再到全剧，约瑟夫无时无刻不在诉说着自己内心的害怕，但这种害怕究竟指什么，他并没有明确说出来。再有，剧中另一个角色：睡梦中的列兵，更是将这种来自内心的、下意识的想法直接展露出来。他不断地呢喃自语，如同进入了梦魇，不断地在说着没有头绪的话语。

表现、强调人的内心意识，这一点乍一看与表现主义颇为相似，但不同的是，表现主义强调揭示人们内心最深层的东西，甚至可以去歪曲外部细节。并且，表现主义强调将内心的东西外化出来，通过具体的表现方式，如音响效果、灯光照明等，让观众可以把握此时此刻人物的内心世界。而未来主义所展现的是一种非理性的、捉摸不定的、虚无缥缈的意识流动，没有头绪，也似乎没有意义。它的重点在于，通过这种捉摸不定、虚无缥缈，营造出一种特殊的氛围和情绪，又或是表现人们对"无生命之物"定然获得"幻觉般的生命时"，所流露出来的某种神秘的感觉，而不是将其外化（具象化）出来。

从它的情节与语言来看，同样也有一种"捉摸不定"之感，这是它的第三个特点。《黄与黑》的情节呈现出一种非情节化的特点。它不强调情节结构的逻辑性和严谨性，更不去在意所谓的三一律规则，"我们不得不做一场或两场就完，或两三分钟就完的剧，以代千篇一律的喜剧，或非演两三个钟头不完的悲剧……我们要把历来的演剧的根本的时间、场所、行为的三一律法打破，欲矫正那种从心理之经过直到未来的长剧的缓慢，而仅把剧的事实暴晒到观客跟前。"这是马里内蒂在《未来主义宣言》中的发言。

而语言则是破碎的、断断续续的。像是剧中的"睡梦中的列兵"一角，从始至终他都在不断说着一些如同梦呓般的、前言不搭后语的语句："……我走了多少路啊……一百里……二百里……三百里！……""妈妈呀，妈妈！""不干！您听清楚了吗？我不干！……"这种碎片化的语言，在剧情的进行中不断穿插进来。

值得注意的是，未来派也注重象征手法的使用，如赫伯特·里德所言，"未来派基本上是一种象征的艺术，是企图以某种形式去说明概念的尝试"，这是它的第四个特点。《黄与黑》中，约瑟夫一直在诉说着自己的害怕，"那些死死缠着我们的、近在咫尺的东西真令人可怕……它比死亡还厉害！……"。他一直都觉得有双眼睛在盯着自己，而"那双眼睛""魔鬼的翅膀""恶魔"正是哈布斯堡王朝的黄黑旗。这面黄黑旗象征着约瑟夫从头至尾的"内心的恐怖"。

可以发现，类似这种象征手法的运用，也同样出现在象征主义中。而两者却有着细微的不同。如果说，象征派使用强有力的象征性事物去象征"深层的真实"，从而追求"彼岸的美"，而这种"深层""彼岸"则是不可知或不易知的神秘抽象的事物；而未来派则借用这种象征的事物，去营造一种神秘的氛围，强调内心感受的无序性，这种象征事物的具体所指，并不是全剧的重点所在。我们可以说，正是由于未来主义者们想要与过去一切决裂的决心，致使他们想要打破传统旧的东西，重新缔造新的当下的东西。

二、反传统的结构与冲突

《黄与黑》的剧情很简单，甚至可以说根本没有剧情。这是因为，未来派反对传统现实主义那种三一律式的创作规则，拒绝解释戏剧的意义，并提出戏剧不是为了迎合观众对传统风格的喜好而创作的。他们所专注的是表现飞速发展的当下真实世界。在作品中，这体现为非情节化及大篇幅的人物内心感受。同时，他们还提出了"合成戏剧"的概念。"合成性"即简洁。合成剧就是将无数的情形、情感、思想、感触、事实与标志，浓缩到几分钟、几句话和几个手势中。因此，未来派作品通常篇幅极短。除此之外，他们还提到了"同时性"这个词。"同时性"即是即兴发挥，闪电般地直觉和基于具有暗示性和启示意义的现实。对于未来主义者来说，零碎片段的呈现要胜于现实主义戏剧的尝试。

当诸多理念体现在作品中，表现为在极短的篇幅中尽是些令人难以理解的、晦涩的、呓语般的片段。《黄与黑》总共有两幕。大致情节讲述了约瑟夫中士由于恐惧导致的精神错乱，在战壕里发了疯，并不小心开枪打死了自己的队友，随后当他跑到家中，害怕罪祸降至自身时，却得知国王已死，自己不用再承担罪责了。作为未来派戏剧，本作并不意在展现结构的精巧、故事的传奇曲折，其将重点全然放至展现外部灾难对人心灵的摧残与戕害。从这个角度来看，剧情结构则是紧密地与人物内心的冲突交织在一起。同样，与传统戏剧冲突不同，本作所展现的是一种强烈的内心冲突。

正如陆军教授在《编剧理论与技法》中提到的，"由于疾病、风暴、沉船、旱灾、地震等自然原因而引起的冲突……这种自然的危害可以发展出心灵性的分裂，作为它的结果"。《黄与黑》中的灾难，也可认为是一种非人为（非个人原因）的外部的自然灾难。在《黄与黑》中，我们无从得知战争已经持续了多久，但我们可以看到的是从一开场，约瑟夫已然陷入了精神的崩溃之中，

哨兵 （后台，大声地）谁！

约瑟夫 （立即压低声音，急促地）别说话！……（倾听片刻；远处射来一道白光，隐约地照亮了战壕，然后消失）

约瑟夫 （好似接前面谈话，郑重地）害怕……应该弄清楚它指的是什么。

从一开始，约瑟夫便喃喃自语般，诉说着内心的恐惧与害怕。但他究竟害怕的是什么，我们却无从得知。对于约瑟夫来说，外部世界（战争本身）或他所害怕的具体的事物与他自身产生了冲突，而他对于这种冲突的处理是恐惧害怕，不敢面对。

约瑟夫 让我自己待会儿……（面色阴沉；稍停，接前面的话）那些死死缠着我们的、近在咫尺的东西真令人可怕……它比死亡还厉害！

下士甲　（不耐烦地）那么说，您害怕了！……

约瑟夫　不，你们才害怕呢！

下士甲　我怕什么？

下士乙　我的枪开起火来可不留情面的……

当约瑟夫内心的害怕被揭露出来时，他却胆怯地依旧无法面对。之后，他一直在强调着"害怕"这种情绪。

约瑟夫　（固执地）可怕的不是枪弹，别看它能杀死人，可怕的倒是那枪眼，无情的、狡诈的枪眼，盯着您，瞄着您。有些东西在不知不觉中主宰着我们；就在这里，在我们周围……

这是害怕的对象被第一次揭示出来，此时的害怕是"无情的、狡诈的枪眼"。再到一直处于睡梦中的列兵醒了过来，讲述自己所做的黄色与黑色的梦。而约瑟夫此时笃定地指出，这种黄黑色正是哈布斯堡的黄黑旗。从此开始，所害怕的对象被逐渐揭露出来。而约瑟夫却愈发地精神错乱，

约瑟夫　（声音缓慢而紧张地）你们不觉得周围有……

列兵　（恐慌地）有什么？快说，快说！

约瑟夫　（更加紧张地）哎呀，恶魔！……

下士甲　（力求镇静）别讲话！……

下士乙　（担忧地）别动弹！……

约瑟夫　（异常紧张地）看！……那两只吓人的眼睛盯着我们，黎明呀，您快些来吧！

此时的约瑟夫已彻底精神错乱，他开始出现恐惧的幻觉。而紧接着冲突达到高潮，那名从睡梦中醒过来的士兵裹着黄黑旗直挺挺地伫立在战壕边缘，而精神错乱的约瑟夫则将旗帜视为恶魔，

约瑟夫 （立刻呼喊着端起步枪）啊！……在那儿，在那儿！那双乌贼鱼的眼睛！……快开枪！（朝列兵射击，列兵应声倒向战壕那边）开枪！

下士甲 （几乎同时）别开枪！

下士乙 救人呀！

哨兵 立正！

[舞台灯光熄灭，探照灯亦消失。

约瑟夫 （发狂似的呼喊着奔向舞台一边）魔鬼的翅膀就在我们头上……快跑啊！……黄黑两色旗帜就是刽子手奥地利皇帝的两只眼睛，正盯着我们呢！

[一片忙乱和喊声。远处炮弹爆炸声隆隆。

发狂的约瑟夫因极度的惊恐将披着"恶魔的眼睛"黄黑旗的士兵打死了，此时约瑟夫所一直害怕的东西"消失"，第一场的冲突消解，第二场的冲突开始。

第二场，约瑟夫因打死了队友而万分恐惧地跑回到家中。此时的冲突转变为因打死队友而担心承担罪责。他一回到家中，便询问是否有人来找过他，结果得知皇家卫队来找过，他向家人坦白"打死了一个战友"，"侮辱了奥地利皇帝"，"撕毁了国旗"，紧接着他揭示出了第一场一直缠绕着自己的恐惧：

约瑟夫 （坐着）妈妈，那是一场噩梦，是对恐怖的报复……您想

想看，我们内心充满了恐怖，我们沉浸在恐怖之中。

老妇　孩子，你说些什么呀？……

约瑟夫　……妈妈，那面旗子，那面压抑着我们心灵的旗子，贴上双头鹰，着上黄黑色，决定着我们的命运……我们哪有自己的旗帜呢，我们的生命是用一块毫无特色的布裹着的，就是那些杀人不眨眼的刽子手的盖尸布，上面印着他们那狡诈而可怕的眼睛！……它吓得我们睡不着觉！……暗中监视着我们！真叫人受不了！……因为这个，就是因为这个我把它扯破了，撕碎了！……现在，这个吃人的恶魔要报复了……我是逃脱不了的……因此我回来和您最后告别……好，我现在准备去死了……

约瑟夫决定直面自己内心的恐惧，他决定以死来结束一切。冲突逐渐减弱、下降，此时他的父亲突然出现，并带来一个消息，"奥地利皇帝死了！……"冲突彻底结束。

《黄与黑》的结构与冲突是特殊的。如未来派的主张所言，它是反传统的，它的结构走向主要集中于与冲突相结合的推进中，它不侧重展示结构的起承转合，而主要意在展现人物内心那种捉摸不定的意识。而内心冲突也随着这种只言片语般的梦呓，不断地加强、上升，以及逐渐下降、消解。由于其晦涩的表达方式，因此要对其进行分析，可追随人物内心不断流动的意识来获取一二。

三、人物与主题

不同于其他未来派作品，《黄与黑》较为清晰地为我们展现了几种具体的形象——因长期内心的压抑与恐惧而发了疯的约瑟夫中士，一面恐惧战争一面只能坚守阵地的下士甲、乙，因长期征途陷入无尽梦魇的睡梦中的列兵。《黄与黑》虽一承未来派反传统的特点，但我们也可从这些人物喃喃自语般的话语中捕捉到他们具体的形象特点，以及他们面对灾难时的种种行动反应。

《黄与黑》共分两幕，如果说第一幕完全是未来式风格的、非理性的世界，那么第二幕则更接近于传统的、现实主义的。第一幕发生在夜晚的某个战壕，一群奥地利士兵在躲避意大利哨兵的追捕，面对这种压抑、恐惧的环境，各个人物出现了不同的反应。如果说，约瑟夫与睡梦中的列兵已陷入非理性的精神状态，那么其他两名士兵甲、乙还是可以看到基于现实的残存的理智，他们之间形成对照，使得整部剧在非理性与理性之间游走。

面对外部世界的灾难（战争），约瑟夫与睡梦中的列兵明显是厌恶的、恐惧的，而其他两名士兵则依旧坚守自己的岗位，暂且没有被这种恐惧冲破理性。约瑟夫从一开始就表现出了恐惧、害怕的心理，他已饱受战争摧残，内心即将崩溃。从一开始他就提到"害怕……应该弄清楚它指的是什么……"，他提及害怕，但自己也不清楚究竟在害怕什么。睡梦中的列兵此时也陷入无尽的梦魇，开始呓语，"啊！……我走了多少路啊！……一百里……二百里……三百里！……"他俩一个被恐惧与害怕席卷，一个被疲惫、筋疲力尽包裹，面对无穷无尽的战争，他们已展现出厌倦的情绪。而两名下士则：

下士甲 （勇敢地）我们德国人不知道害怕！

下士乙 （勇敢地）我们德国人从来不知道害怕！

面对战争，众人表现出不一样的态度，恐惧害怕对照着勇敢坚持。面对约瑟夫的害怕、睡梦中的列兵的呻吟，两名下士依旧希望坚持战斗，履行自己的职责。紧接着，约瑟夫与两名下士争论"害怕"，睡梦中的列兵诉说着烦躁，两名下士逐渐烦躁不安起来。他们叫醒了睡梦中的列兵，而约瑟夫逐渐开始前言不搭后语般，愈发疯癫。醒后的列兵，提及自己的梦境，"我梦见了黄色和黑色，就是说我的梦又惊险又悲痛……"。此时的约瑟夫似乎被提及的话语击中，他点出"你不是睡在哈布斯堡王朝的黄黑旗上吗？……"，此时约瑟夫内心恐惧的对象被自己揭示出来。而列兵也突然喊出了，"我真想现在待在中国……我发誓……做个中国人，留个长辫子……"面对自己国家目前陷入的战争，他希望能够逃离这个环境。

此时，哨兵的再次发现使得两名下士的内心也产生了动摇：

下士甲　中士，怎么办呢？……（不知所措）

下士乙　把其他人叫醒……（不知所措）

由于战事的再次收紧，两名下士从最早的勇敢昂扬，变得逐渐害怕起来。面对恐被敌军哨兵发现的状况，两名下士变得越来越恐慌，他们也如同精神错乱一般，开始乱叫起来。而约瑟夫也进入了精神极度紧张，开始恍惚大叫起来，此时的氛围进入高潮，恐惧弥漫在舞台上。

列兵　（急促地）呼唤黎明！呼唤黎明吧！

约瑟夫　（急促地）黎明已经降临了！……我们头顶上是什么？！

下士甲　（恐惧地）不知道啊……

下士乙　（恐惧地）不知道啊……

约瑟夫　（向列兵急促地）你身上是什么？你怎么了？！

列兵　（哭泣）我怎么了？快说！我害怕！……

约瑟夫　（大声地、果断地）别动！别过这边来！……我觉得你身上……（突然大声地）快跑！快跑！……

神志恍惚间列兵将哈布斯堡的黄黑旗披在身上，而众人却因此物陷入了极度的焦虑恐慌之中，列兵发了疯般的开始奔跑。而约瑟夫也在彻底陷入精神错乱时，瞄准披着黄黑旗的列兵，打死了他。此时第一幕落入尾声，而约瑟夫也在最后点出，一直困扰着自己的恐怖之物，

约瑟夫 （发狂似的呼喊着奔向舞台一边）魔鬼的翅膀就在我们头上……快跑啊！……黄黑两色旗帜就是刽子手奥地利皇帝的两只眼睛，正盯着我们呢！

第一幕以众人的精神错乱及列兵被误杀落下悲剧之幕。面对高压的战事背景，约瑟夫与列兵从一开始便表现出了害怕，但他们并不清楚所害怕之物究竟为何。直至黄黑旗的出现，象征哈布斯王朝、奥地利皇帝、权威、权力、管制……他们彻底陷入了恐慌以致精神错乱，致使悲剧不可避免地降临身边。而两名下士则从最早的斗志昂扬，到战事逐渐收紧，在周围人恐慌、烦躁不安的影响下，变得恐慌、焦虑，以至也落入精神恍惚之中。第一幕通过众人内心恐惧的不断放大，营造了压抑的氛围。

而至第二幕，似乎又回到了现实世界。约瑟夫因误杀了队友，在极度恐慌下逃回了家中。此时的他逐渐清醒了过来，开始梳理自己的意识，以及控诉战争贩子，并想要去承担自己所做的一切。而所幸的是，直至最后，结局彻底反转，约瑟夫父亲的到来，奥地利皇帝已死的消息使整部剧紧张压抑的气氛彻底得到了缓解。

《黄与黑》的主题思想相当明确。在除了承袭未来派的艺术实践，表现一种"速度之美""同步性"之外，基蒂明确地将背景置于一战，展现了几名士兵在战事中的内心精神状况。本剧的标题"黄与黑"意指哈布斯王朝的黄黑旗帜。哈布斯王朝是欧洲历史上最强大、统治领域最广的王室，而剧中所涉及的奥地利士兵们，正是处于其统治之下。在1918

年第一次世界大战结束后，哈布斯帝国解体。

基蒂在剧中塑造了多个饱受战争摧残的形象，从恐惧到精神错乱的约瑟夫中士和列兵，从勇敢到恐慌害怕的下士，再有饱受战争摧残的约瑟夫一家。剧中人物的恐惧被战争的高压不断激化以致演变为一种精神错乱，甚至误杀队友。而主人公约瑟夫更是从胆怯直至厉声控诉奥地利皇帝。虽如此，他还是畏惧着那种高压的权力与控制，以致在误杀了队友、撕毁了国旗、侮辱了奥地利皇帝之后，还畏惧自己即将大祸临头。这种高压的氛围，以奥地利皇帝的死彻底释放。基蒂通过放大各个人物在战争灾难下的各种压抑挣扎的内心冲突，又借约瑟夫之口表达出了自己反战的情绪与思想。

参考文献：

［1］顾仲彝：《编剧理论与技巧》，中国戏剧出版社 1981 年版。

［2］陆军：《编剧理论与技法》上海人民出版社 2015 年版。

［3］汪义群编：《西方现代戏剧流派作品选（五）》，中国戏剧出版社 2005 年版。

［4］路海波：《未来主义戏剧》，《戏剧创作》1982 年第 10 期。

神谕灾难母题的打破与重塑

——浅析《地狱里的机器》

龙施宇　　22 戏剧影视编剧 MFA

《地狱里的机器》是超现实主义剧作家让·科克托的代表作品，取材于古希腊悲剧诗人索福克勒斯的经典作品《俄狄浦斯王》，虽然两剧故事情节与架构大致相似，但是《地狱里的机器》中人物性格都有了颠覆性的改变，重要情节有了反转性的变化，在让·科克托的笔下，没有英雄的存在，只有人性的野心和贪婪，在《俄狄浦斯王》神谕灾难的母题之下，《地狱里的机器》将母题进行了打破和重塑。

一、原剧《俄狄浦斯王》的神话原型及其灾难母题意义

《俄狄浦斯王》讲述了俄狄浦斯出生之后，因其父母忒拜国国王和王后从神谕中得知其长大后会弑父娶母，所以被铁丝刺穿双脚并被丢弃在荒郊野外，却被好心的仆人送养而被科林斯国王收养；俄狄浦斯成年之后，得知弑父娶母的预言神谕，于是他离开自己的国家，在路上不小心杀害了忒拜王，并来到忒拜国除掉了人面狮身的女妖斯芬克斯，成为忒拜国新一任国王并娶了前国王的王后为妻；多年以后，忒拜国惨遭瘟疫，俄狄浦斯在神的指示下寻找杀害前国王的凶手之时，终于知晓了自己的真实身世，也意识到了弑父娶母的命运最终还是降临在自己身上，

于是他戳瞎双眼自我放逐，由此赎罪。

在《俄狄浦斯王》之中，神的预言对于俄狄浦斯而言是一场灾难性的预言，俄狄浦斯的一生都在与这个预言抵抗，却终究无法逃脱命运，这是一场命运悲剧。在神谕灾难的母题之下，虽然俄狄浦斯王最后并没有逃脱弑父娶母的命运，但是他在反抗过程中积极抗争、永不言弃的决心，依旧闪耀着人性的光辉。

二、《地狱里的机器》的情节构成

于情节之上，《地狱里的机器》并没有如原剧一样按照"三一律"的原则从最紧张的时刻开始讲述，而是从国王拉伊俄斯死后开始讲起。这个时候，俄狄浦斯还没有打败斯芬克斯，也还没有成为国王，还未真正应验弑父娶母的神谕预言。主要情节包含了国王拉伊俄斯死后鬼魂于城墙中重现、俄狄浦斯遇见斯芬克斯并收获了谜底、俄狄浦斯与伊俄卡斯忒的婚礼之夜，以及 17 年后真相揭开的时刻四个部分。

在《俄狄浦斯王》中，从前的故事都是以言传言，没有人证实过其真实性，但是在《地狱里的机器》之中，科克托将故事的过程与真相直接呈现于观众眼前，从而打破观众在《俄狄浦斯王》中对各个人物的印象，将俄狄浦斯王原本故事中的前史进行了完善和重新的诠释，在重构一个俄狄浦斯故事的同时，也打破原本的神话母题，重塑自己的母题意义。

三、《地狱里的机器》的母题打破与重塑

在《地狱里的机器》之中，没有一个人物是伟大的，也没有一个人物是英雄。在科克托的笔下，人物都体现着人性之中的欲望和贪婪：俄

狄浦斯胆小，在斯芬克斯展示自己的能力之时他害怕得直喊"妈妈"，他也并没有聪明才智，他打败斯芬克斯是依靠斯芬克斯对他一瞬间的爱慕，因此将谜底告诉了他，而他却自欺欺人，将一切视为自己的胜利果实，并带着满嘴的谎言去接受忒拜国人民的尊重和崇敬，从而娶了王后，成了新一任的国王；斯芬克斯并不是残酷无情的女妖，在遇见俄狄浦斯之前，她开始厌倦了杀人，开始燃起了少女之情，她爱上了路过的俄狄浦斯，心软地告诉了他谜底，却受到了他无情的抛弃，之后她从斯芬克斯蜕变成了复仇女神涅墨西斯；王后伊俄卡斯忒是一个贪恋年轻肉体的女人，当年轻的士兵告诉她遇见了国王的灵魂之际，她却关注于年轻士兵健壮的胳膊和腿，在和俄狄浦斯的新婚之夜，她也提到了这位年轻士兵，回忆她抚摸士兵的时刻，并告诉俄狄浦斯，那个士兵和他相像，她也无法直视自己的年龄，她对俄狄浦斯的每一句话都异常敏感，甚至会委屈得流泪。在科克托的笔下，角色人物都展现着人性最本身的欲望。

由此，在《地狱里的机器》一剧中，虽然俄狄浦斯王依旧没有逃脱弑父娶母的命运，但是由于其颠覆性的人物性格刻画，其神谕灾难的母题意义已不再是赞誉人类与命运的坚持抗争，而是剖析神谕灾难之所以可以成真预言的秘密，就是来源于人性本身的欲望和贪婪。在《地狱里的机器》中，俄狄浦斯是带着目的和欲望来到忒拜国的。在遇见斯芬克斯时，斯芬克斯询问他寻找斯芬克斯是因为爱慕荣誉吗，他毫不遮掩地回答道："我不知道我是不是喜欢荣誉，我喜欢踏步走的人群，喜欢号声，喜欢哗哗作响的皇家旗帜，喜欢人们挥动的棕榈枝，喜欢太阳，喜欢金子，喜欢王位，喜欢幸福，喜欢幸运，喜欢生活！"他的迎娶王后并不是因为爱情，而是因为那是权利和王位的象征。对于俄狄浦斯而言，他渴望地位、金钱和权利，他并不是什么想要拯救人民的英雄，而只是一个贪慕虚荣的小丑。所以，他未能逃脱弑父娶母的命运的根本原因，在于其本性之中的贪婪和欲望，而《地狱里的机器》的神谕灾难母题实际是对人性中贪婪和欲望的讽刺和批判。

作为超现实主义的代表剧作家，让科克托的《地狱里的机器》同样让大家感到荒谬和讽刺，其大胆地取材自经典作品及神话原型，并跳出原作品的思维框架，构建了自己的神话故事及神话世界观，将对人性细致的观察和剖析理解放入作品之中，从而延伸出新的主题表达和意义，从而对神谕灾难母题有了颠覆性和个性化的诠释，带领观众从新的角度和世界观看同一个故事，却能得出不同的思考和答案，而这也正是让·科克托作品独特的魅力之处。

《兵变》鉴读

季　銮　20 戏剧影视编剧 MFA

1923 年冬季，余上沅创作了独幕剧《兵变》。作品受到当时"易卜生热"和五四运动精神的影响，将视角放在现实问题上，是一部立足现实生活，取材现实事件的应景之作，全剧围绕"兵变"这一战乱人祸，聚焦一对想要自由恋爱的情侣，对军阀混乱带来的人间疾苦和旧社会封建礼教的迂腐给予了深刻的揭露。

一、兵变与剧作构思

1. 兵变与剧情

兵变，意为军队不听指挥、不守军纪而发生的叛变或哗变，语出《新五代史》："明宗兵变，自邺而南，遣人招晏球。"在中国古代历史上，著名的兵变事件之一当属陈桥兵变，后周大将赵匡胤谎称敌国来袭，率军出征，趁机在陈桥驿发动兵变，黄袍加身，夺取皇位，建立北宋。这一历史事件格外出名的原因之一，正因为自五代十国频频改朝换代的乱世，每逢兵变都是烧杀抢掠、民不聊生的混乱局面，可见，兵变之常态自古就是殃及百姓的人为造成的灾难。而余上沅在《兵变》中通过钱玉兰父亲钱守之等人对此的惶恐心理，展现出兵变对人们的破坏性，富绅亦是如此难以自保，倘若当兵的落草为寇，沦为无恶不作的山匪，苦的最终还是最普通的老百姓。

《兵变》的故事讲述：穷书生方俊和大家小姐钱玉兰自由恋爱，决心逃出钱玉兰父亲、姑妈等人的封建礼教的约束。然而，当时常传言"第九十九师又在闹饷了"，可能要发生兵变，于是这对恋人将计就计，骗得父亲钱守之采纳"空城计"，最后顺利私奔。

2. 兵变与冲突

茅盾曾指出："原来《兵变》写的不是兵变，而是恋爱的喜剧。"

不难发现，《兵变》的核心冲突是方俊和钱玉兰这对恋人同玉兰家族的冲突，一方想要获得自由的爱情，而另一方却想要逼迫玉兰嫁给家族指派的男人。

而第九十九师的兵变是笼罩在故事世界之外的外部冲突，针对的是包括玉兰在内的钱氏家族，并且，兵变的危害性当地百姓早有耳闻，玉兰姑妈曾说"逢年过节当然闹得更厉害"，像钱守之这样的富绅也只有乖乖听商会话缴纳钱财。

但对于方俊来说，兵变有两层冲突：一方面，他痛恨兵变，因为兵变，方俊父亲的积蓄全被抢去，导致了父亲气血攻心，急急亡故，自己沦为穷书生，被钱氏家族瞧不起，和玉兰的爱情自然也是重重阻碍；另一方面，兵变也让他成为剧中为数不多的掌握更多信息的人，从他和玉兰的对话中可以得知，兵变只是用来吓唬富翁的谣言，好让有钱人乖乖捐款。

钱氏家族忌惮兵变，方俊了解兵变，而钱玉兰最后利用了谣言中的兵变，将封建家庭永远禁闭的大门打开，和深爱的恋人获得了自由。"兵变"虽然并非戏核中的主要冲突，却千丝万缕地贯穿在人物之间，充分调动了几个人物对兵变的恐惧、猜想，让不可能的私奔成了可能，是推进人物关系和剧情的重要纽带。

3. 兵变与结构

本剧的结构较为传统，遵循了三一律，贯穿了起因、冲突、高潮和结尾。但在方俊和钱玉兰的才智下，由谣传渐渐变成了钱守之深信不疑的真相。

在全剧一开始，兵变的消息由玉兰和姑妈的对话中传递出来。玉兰的姑妈想要把玉兰许配给自己的侄子，于是安排玉兰的嫂嫂监视并企图破坏这对恋人。

玉兰的父亲钱守之是个官运亨通而又爱钱如命的富绅，正遇到一个大难题：军队以兵变为要挟来向商会勒索军饷，商会摊派钱守之捐款两千银元，他当然舍不得。但如果不捐款，又怕真的闹出兵变来，至此，在这个时代的夹缝中，钱玉兰自私自利的一家人——父亲、兄长和姑姑——丑陋嘴脸尽显。

于是，方俊和玉兰将计就计，哄骗钱守之，谎称迟早兵变，犯不着捐款，倒不如来个"空城计"。

方俊说，前年兵变曾有一户富人家躲过一劫。原来，那户人家见变兵将至，急中生智，把厅堂上的家具物件儿一股脑儿地打得东倒西歪，装出一副已经被打劫过的样子，大门不仅不关，还要大大敞开，家人全部躲起来，鸦雀无声。变兵一到，以为真是其他弟兄已搜刮过，于是去了对门继续打劫。

钱玉兰大获灵感，于是将这个"空城计"告知了父亲，没想到正好戳到了钱守之的心眼窝里，很是中意。此时刚巧军队的马棚失火，钱守之以为是兵变的信号，于是立马按女儿的话照做，风头过去，众人出来还在窃喜虚惊一场，才惊觉玉兰和方俊已经趁机私奔。

二、兵变与主题表达

1. 兵变与社会背景

《兵变》在一定程度上反映了当时的真实情况。

当时余上沅正在美国，他从北京寄来的《晨报》上获悉故乡湖北沙市发生兵变，便联想到"兵变的危险"，眼前呈现出"杀人、放火、奸淫、掳掠等种种可怕可恨的景象"，由此而产生了创作的冲动，并打算把这些景象，用文字记载下来。但结果却写出了一部既有悖于作者的初衷也叫人感到"文不对题"的剧本来。

　　于是，全剧并非描写兵变可怕之原况，反而是对封建压迫中的世俗偏见给予了最真实的反映，旨在不让观众过多建立对兵变之祸的深恶痛恨，某种程度上，兵变造就了一段姻缘，是从灾难的另一面看问题，因此才让书生小姐的撮合巧妙利用"兵变"这一故事得以成立。

　　宏观来看，心甘情愿想要兵变的只有钱玉兰，因为对她来说，真正的灾难不是兵变，而是压得人透不过气的家族。这位大家小姐看起来活泼乐观，其实内心有很多的烦恼。父亲的自私、吝啬，姑姑的专横、酸腐，哥哥的放荡、堕落，嫂嫂的软弱、怯懦，特别是她受制于专制家族，无法自由恋爱，令钱玉兰身心俱伤，就此而言，封建礼教带来的摧残并不亚于兵变，自己生活在如此可恶的家族里，简直不见天日。所以她说："我真情愿兵变，让变兵打破这座黑牢，放我逃出去！"

　　《兵变》反映了不愿再忍受封建礼教残酷摧残的五四青年对个性解放、人格独立、恋爱自由的渴望，赞颂了他们为实现新的人生理想而出走的勇敢机智。

　　2. 灾难与价值导向

　　余上沅没有用正面描写来刻画兵变，甚至没有展现某种意义上真实的兵变——当时现实生活中屡屡发生的灾难。

　　据说，《兵变》有一次公演之时，为了避免误会，曾被人易名为《玉兰妹妹》，可见当时人们对兵变的恐惧。有趣的是，故事里的人，被兵变吓倒，而故事外的观众，也被"兵变"二字的标题吓倒，这部作品的搬演在特定时代所产生的影响与剧本本身形成了一种颇可玩味的互文关系。

回到剧本本身，在作者笔下似乎只是市面上的谣言，军阀制造的种种可怕可恨的景象，仿佛也只是无聊的姑太太"胡编"出来吓唬小辈的"故事"，存在人内心的兵变，更趋近去对战争的恐惧和臆想。这样的兵变成了贯穿戏剧情境中的重要构成因素，从客观来看，谣传的兵变反倒成了追求自由幸福的青年男女逃离封建专制牢笼的契机。借此，从另一个角度看，全剧更大的灾难正是封建专制传统的桎梏，历史的局限是更可怕的灾难。

三、灾难戏剧创作启示

事实上，描绘战争灾难的戏剧并非罕见，不论是萨拉凯恩的《摧毁》，还是《哥本哈根》，都尽可能展现灾难的悲剧性。《兵变》给了我们，特别是戏剧创作者，一种新的思路，辩证看待灾难的悲剧性，挖掘出发展成喜剧的可能性。

那么，问题在于，喜剧性的开掘会不会影响或者干扰我们对灾难的正确认识？我想，是有可能的。因此，在涉及相关创作的时候，必须找到两点。其一，在规定情境中，灾难对核心人物的影响是实际产生的，还是非实际意义上的？这决定了观众对主人公命运的同情心是否产生作用。如果对遭受灾难苦痛的主人公借以喜剧手法表达，难免会令人不适。在《兵变》中，第九十九师的兵变对钱氏家族——官僚资本主义阶级——存在侵害，某种意义上，也算"两害之争"，也并非主人公的主要矛盾。其二，要取决于灾难是否是全剧唯一的对抗力量或者反行动势力，如果灾难之外，又有更严重的、更悲剧性的外部力量，那么，就是将灾难戏剧变为喜剧，也存在一定可能性。

例如，对钱守之来说，兵变是叛变，是不惜扎纸人讨不吉利也要逃避的灾祸，而女儿和穷书生私奔，也是叛变，是脸面何存，明天无法见人的事情。可见，对主人公来说，幸得来了一场谣言的兵变——封建礼教，或者说旧社会的时代局限性是对钱玉兰、方俊更悲剧性的灾难。

余上沅最后让有情人终成眷属的一笔，也让观众从灾难情境和时代之中透出一口气，善良勇敢的人们，反倒利用了兵变、戏弄了灾难，反而看出一种乐观的心态，或许也为未来的戏剧创作者在创作相关灾难题材的时候提供了一种全新的思路。

另一场悲剧

——评夏衍剧作《法西斯细菌》

黄锐烁　17 戏剧与影视学博士

　　由法西斯挑起的第二次世界大战横跨欧亚大陆，涉及 60 多个国家、20 多亿人口，伤亡人数达 9000 多万，无疑，这是人类历史上最大的战争，也是 20 世纪人类最大的灾难。剧作《法西斯细菌》问世于 1942 年世界反法西斯战争尚未胜利之时，既可见夏公的前瞻性，更可见其勇气。

　　故事时间横跨 11 年，辗转东京、上海、香港、桂林四地，主要讲述了细菌学科学家俞实夫从不问政治、潜心学问到走上战场、加入反法西斯队伍行列的转变。作品撷取了茫茫人海中的数人经历，在绵长的生活长河中巧妙地揭示了法西斯的种种罪行，明确地指出了法西斯就是致使故事主人公们颠沛流离的罪魁祸首，呼吁大家起来反抗、消灭法西斯。

　　剧中，俞实夫的科学之殇固然是剧作的主体，但值得注意的是，夏公的目光绝不仅仅聚焦于俞实夫一人，剧中其他人物同样遭受着战争的蹂躏与践踏，其中最为触及心灵、处境最为尴尬而不堪的，我认为是俞实夫的日本太太静子。

　　在舞台提示中，剧作者对静子的总评价是"温文静婉"，这一评价是十分适合的：作为妻子，虽偶有小抱怨，但静子无怨无悔地支持甚至崇拜着丈夫的事业，随其颠沛流离；作为母亲，她极尽温柔地疼爱、爱惜着自己的女儿；作为一家之主，她又将客人照顾得非常周到，尽显体贴。更为难得的是，静子还是一个颇有才气的、精通音乐的女子，负责教导他人学习音乐。我们甚至可以说，在剧中，静子的形象几乎是完美的。

假如说俞实夫的"科学之殇"是战争摧毁了创造条件、知识分子无法实现理想的宏观上的悲剧，那么静子在身份上的尴尬与苦痛，就是一场发生在内心的巨大波澜，是另一场微观的、切肤的悲剧。

静子的悲剧主要体现在张妈辞职、女儿受辱及同胞作恶三件事情上，且这三个事件的烈度及对静子的影响，明显呈现出递进的态势——

首先是"张妈辞职"。彼时是1937年，日本军队侵略上海。作为中国人的日本妻子，静子随丈夫住在上海，雇用了一个女仆叫作张妈。张妈出于一种朴素的爱国热情，不愿在日本人的家里做工，决意要辞职，甚至不惜在家中仍有客人的情况，哪怕不合时宜，也仍用坚决的沉默示意着自己希望离去的愿望。面对张妈的决绝，静子心中难过，但也只有"差不多要哭的神情"，送走了张妈，"依旧回到里面去了，没有出来"，此刻的内心悲伤是隐忍的、几乎不形于色的。

第二就是"女儿受辱"。邻居的小孩将女儿寿美子辱骂为"小东洋"，静子前去阻拦归来，"似乎流了泪"。最令静子受伤的，并不是邻家小孩的不懂事，而是当静子想要看看女儿身上有没有伤的时候，女儿竟"余怒未息，推开她"——这是一种寿美子无法察觉的伤害，她的这一举动，约等于向母亲的特殊身份发出了一个责怪的信号，这极大地伤害了静子，"一种异常激动的情绪冲击了她……禁不住流下泪来"，隐忍已然不可能。可即便如此，就在寿美子欲向俞实夫转述邻家小孩对父亲的辱骂内容时，静子还未来得及处理好自己的情绪，就已"怕她伤害了父亲的尊严，回身拦住她"，这真是静子极为可贵又难得的地方。

第三处，同时也是最为强烈的一处，发生在香港。彼时是1941年冬天，日军侵略了香港。几个日寇带着步枪闯进俞实夫的家中，开始了他们的劫掠。就在他们动手打了欲保护实验品和仪器的俞实夫时，原本已躲藏起来的静子"发狂似地推门出来，扶住了俞实夫"，随即就遭到了日寇的羞辱——"日兵乙回头来，望着静子，面上露出卑猥的表情，用手抚她的颊"，静子的学生钱裕挺身而出遮住静子，却惨遭杀害。这是静子第一次亲眼看见自己的同胞惨无人道的恶行。她凄厉地说着："他们侮辱了你，打死了他，那已经够惨了，可是……更使我苦痛的是，我亲自看见了我的同胞，日本人，公然地抢劫、奸淫、屠杀，做一切非人的事情……我听得够多了，可是，我总希望那不是事实，现在，我看见了……"如果说女仆辞职、女儿受辱这两个事件中，静子仍只是感到强烈的不安以及委屈，那么，在这时，她是如此赤裸裸地感受到一种同为日本人的羞愧与悲愤，以至于猝倒！

及至最后一幕，众人逃难至桂林，静子对自己及国家的关系已然有了一个结论："我是一个日本人啊，日本人做的好事情我有一份光荣，日本人做的坏事情我有一份耻辱"——我们的常识是，中日之间的巨大悲剧应由日本军国主义、日本法西斯及日本军阀负主要责任，但静子的这一份认识是清醒的，也是可敬的，她拥有着一种难得的自省及忏悔精神，这样的灵魂是高贵的。

这就是《法西斯细菌》中的另一场悲剧，是一场发生在内心中的、没有硝烟的猛烈战争。它起源于现实中的战争灾难，作用于爱好和平的无辜、善良的老百姓的内心，尤其使那些立于两国战争之间的人左右为难，天人交战。同俞实夫及剧中其他人物一样，它揭示着生命个体在大时代中的渺小与无奈，但同时，它也促使着人们做出自己的抉择——这抉择体现于静子，即从不安、委屈到情感的大爆发，直至最后，达成一种清醒的自知。它或许未能如俞实夫那样去做出一番现实的行动，但这场战争的灾难，在某种意义上，使得一个人得以有机会审视自己的灵魂，并最终做出了令人可敬的升华。

以"战争"破题高难度改编创作

——浅析《生死场》从小说至话剧的改编

陶倩妮　16 戏剧与影视学博士

著名女作家萧红的小说作品风格独特，以抒情作为主导功能，有意削弱了作品的叙事功能。萧红为其代表作《生死场》赋予了一个较为松散的结构，每一章节分别描写东北农村原始而朴素的生活场面，用宛如电影艺术的"蒙太奇"画面组接方式，将十七个场景根据时间顺序连缀而成一幅生活画卷的横截面。

60 年后，著名女性导演、剧作家田沁鑫将这部作品改编为话剧，搬上了舞台。原作散文化的风格为改编带来了较大的难度，但也为田沁鑫带来了可大刀阔斧提炼、梳理、整合与创新的空间。舞台剧独特的定格、插叙、倒叙、歌队叙事等表现手段为该剧的艺术表现力增色不少。然而，对于编剧创作——尤其是改编创作而言最为重要的情节、人物与戏剧结构问题，田沁鑫破解萧红原著难题的方法，笔者认为，是巧妙地提升原作中抗日战争的灾难背景之于故事情节、人物命运与剧作主题的影响，"战争"在话剧中不再是原作主旨"生与死的命题"的背景元素之一，而是主导人物成长、群像觉醒与推动故事情节"起承转合"发展的原力。

一个故事的戏剧性张力，很大程度上取决于主人公产生戏剧行动的主观能动性。塑造（至少一位）面对环境与命运的困境有极大意愿抗争且能施展有力行动的主人公，这是构建出一个精彩的戏剧性故事的土壤。然而，萧红的原作《生死场》所塑造的小说人物群像，却并不具备这样的基础，不仅通篇小说中并没有所谓"主人公"与一组贯穿始终的核心人物关系，且人物形象无一具备强有力的"主观能动性"。这同原作小说想要表达的主题息息相关，有学者指出，小说《生死场》是"以抗日斗争为背景的'农民对命运挣扎'的文学，其主题是'贯彻始终的农民生死线上的挣扎'"，还有论者提出"全书最有力的主题就是'生'与'死'相生相克的哲学，'生死场'便意味着一个封闭的空间（场）里，完成由生至死的生命轮回"。① 原作小说中，"日军入侵东北"的战争背景在后七章内容中出现，但萧红皆是以极为冷峻的笔触，描绘"生死场"上的农民们面对外敌入侵的"被动接受"，他们的"抗日斗争"是盲目、混乱且麻木的。"当'主体'的精神状态尚未成熟到自觉地追求真正的'人'的生存时，这种觉醒在很大程度上是盲目的、被迫的，很难成为普遍的生存样式。只要中国人的保守性还在，那么，即使异族的侵略搅动了他们沉寂的生活，他们也未必能因此而凝聚起民族的精神和力量，彻底地将旧的生活完全改变"。② 由此可见，外来侵略的战争背景在原作小说中，是用来体现作者萧红对民族劣根性的反思。

值得一提的是，田沁鑫在改编萧红原作小说的过程中，正是通过加强"战争"这一灾难背景对剧中人物与情节的影响，来刻画性格鲜明、行动强有力的人物，以及从原著烦冗的叙事中提炼出戏剧情节与升华剧作主题的。

原著中，多户人家群像描写的生活画卷，被田沁鑫在改变过程中提

---

① 潘超青：《有意识误读的背后——从〈生死场〉改编看田沁鑫话剧的主题倾向》，《东方论坛》2007 年第 3 期。
② 黄晓娟：《对着人类的愚昧——论〈生死场〉的主题意蕴》，《广西师院学报》2002 年第 10 期。

炼、重组成"赵三、王婆、金枝"与"二里半、麻婆、成业"两户人家来表现,戏剧冲突随着人物关系纠葛的推进与外敌入侵的灾难到来而产生激变。原作小说中的人物形象也在话剧改编的过程中被重新塑造,其中,改动最大的当属"成业"这一在话剧版本中最为正面的男性人物形象。小说中的"成业"是粗鲁的、原始的,其行为是受肉欲与本性之恶驱使的。成业与金枝未婚先孕,面对周围人的闲话与冷眼,成业从始至终不仅不曾施展有效的反抗、没能对自己的女人加以保护,还在同金枝成婚之后,暴露出同周遭所有成年男子一样冷酷、暴戾的本性,对金枝动辄打骂,造成了她痛苦的早产。萧红对于这一人物刻画中最残酷的一笔,是他竟然灭绝人性地亲手摔死了自己的亲生儿子。成业从同金枝"恋爱"时近乎强暴的性追求,和婚后同周遭男性一样对丧失人伦行径的麻木又惯常地实施,所体现的皆是男性对女性的压迫。而在话剧版《生死场》中,田沁鑫在改编过程中剔除了萧红使"成业"这一人物身上承载的对性别压迫的控诉,不仅将"摔死骨肉"这一行动改为安放在金枝的父亲"赵三"身上,还将原著中成业与金枝屈辱的成婚改成了不顾一切的私奔,强化了两人情投意合的感情因素与人物对家庭环境与社会环境抗争的主观能动性。除此之外,田沁鑫改写了成业的命运,让他的命运受到战争背景充分影响,从而完成人物的成长的弧光。为了使成业在剧作结尾变身为唤醒村民民族意识的"正面形象",加强其人物形象成长变化的可信度,田沁鑫设置了剧作中第三场所描绘的最后一个事件——成业被两名自发军士兵不由分说连绑带按手印地抓入了"人民革命军",为其留出了成长的空间。而当他在全剧最后一场(即第六场)因自发军抗日不够英勇而当了逃兵,回村传播抗日理念,在一番努力、周折与抗争中,终于唤醒了村民朴素的民族意识,推动了"全村抗日"、慷慨赴死这一情感高潮作为剧作结尾,剧作的主题也由此得到了极大的升华。

除却成业之外，金枝、王婆、二里半、麻婆、赵三等角色的命运，在话剧版《生死场》中，都被日本侵略战争这一灾难背景所裹挟。面对战争，王婆与金枝作为剧中性格刚强凌厉的一组女性角色，会主动揽下埋葬日本兵尸体的危险；麻婆在剧中所安排的结局，是被日本军欺辱后残忍地杀死；而二里半、赵三等角色会在最后时刻冲破愚昧、麻木的躯壳，唤醒了民族尊严意识，而悲壮从容地赴死。

　　由此可见，田沁鑫在改编的过程中，放大了侵略战争这一灾难背景，将小说中鲜活的人物从浑浑噩噩又麻木不仁的生活中唤醒，深度参与了对战争与命运不公的抵抗。当村民们在结尾处投身抗日热潮，为"生死场"内所表现的"生、老、病、死"的意蕴赋予了一抹鲜明、浓烈的戏剧性色彩。

无悲剧的悲剧

——梵语诗剧《惊梦记》鉴读

高　媛　21 戏剧与影视学博士

　　跋娑的《惊梦记》写于近千年前，也或许是两千余年前——这要看考据学究竟如何定论。假使按照中国学者普遍认知，以迦梨陀娑的生年为界限，这也是 1500 年前的作品了。然而时间并未风化磨蚀《惊梦记》的光彩神韵，某种意义上而言，与后世同类题材作品相比，《惊梦记》的节奏与气质流丽温和，在涉及战争导致的多重情感纠葛时，仍具有极强的控制力，戏剧人物关系与情节设定中几乎必然导致的惨烈纷争被印度人的世俗乐观主义所中和，令整部《惊梦记》在战争灾难与多角情感的阴影笼罩下，仍保持着悲悯、典雅的情味，甚至在细节上时而透露出一丝喜剧色彩。

　　两场从未正面展示的战争赋予了《惊梦记》最初与最终的悬念，也正是这作为人类最复杂灾难之一的战争，成就了《惊梦记》所有的纠结。与自然灾难不同，战争不具意外性，且在一定程度上是可控的，情势会因部分参与者——甚至是主宰者的意志与态度发生改变。这就意味着，人类和人性本身，将与战争灾难深深绞合在一处，《惊梦记》恰是一部被这种复杂绞合深深笼罩着的作品。几位角色均为决定战争走向的人物，他们的情感被当作筹码，继而兑换成武力，直至博得战争的胜利。而战争成为另一种筹码，天平之上，戏剧的主角们迫不得已一定要赌上情感。当胜利与胜利所代表的一切成为注定的选择，主角从身到心的一切都需为此服务，战争灾难所奠定的一系列悲剧性后果（背叛、分离、死亡等）就成了剧情的唯一前提。

然而《惊梦记》实则又非悲剧，而是一部建立在灾难题材之上的爱情正剧，是在废墟中建起仙境般唯美城邦的奇缘故事。类似的故事，中国古代戏曲中亦有许多，如《西厢记》的白马解围、《拜月亭》中的兄妹夫妻遇合、《琵琶记》中一夫二妻的断弦再续等，种种般般，形容相类，《惊梦记》中不难寻着与这些元杂剧与南戏相似的要素，夫妻因灾难而离散，互思互念，又因奇缘而会合。但《惊梦记》的特殊之处，在于将灾难始终隐于幕后，化入男女之情。一方面来说，战争的戏剧成分被最大限度地淡却，成了情感纠纷的导火索和制造"艳情味"的背景，另一方面，因这种淡却重大戏剧冲突而导致的另一种隐含的悲剧意味被生发出来，着落在《惊梦记》中重要女性角色莲花公主身上。

《惊梦记》中一男两女的感情纠葛与南戏《琵琶记》极为相似，以为自己业已丧妻的男主角，忍辱负重藏于幕后的女主角，和一个天真、美丽、占有巨大资源优势得以为男主角所用、却对真相一无所知的女配角。唯一区别是，女配角莲花公主的命运实则有着女主角仙赐王后自觉（虽然不甚情愿）的推动。《惊梦记》中，一开头便是宰相负轭氏和王后仙赐化名逃入邻国摩揭陀国，兄妹相称，且将仙赐王后托付给未来的"情敌"莲花公主为女伴，二人投缘，但犊子国优填王误以为妻子已被烧死，悲痛欲绝之后，不得不向莲花公主求婚，以联姻博得摩揭陀国相助，收复业已被攻占的国土。且这一切，仙赐王后悉数知情，她之所以留在莲花公主身边，也只因有人预言过莲花公主会成为自己丈夫优填王的王后这一单薄的理由——当然，这在古老的戏剧中已经足够了。

通常品鉴《惊梦记》时，都会将女主角仙赐作为歌颂与赞美的对象，认为其行为系国家利益为重，勇于自我牺牲。仙赐王后的品德自然是高尚的，戏剧中的温柔情状和偶尔流露的不甘苦闷之感也生动如见。《惊梦记》借由女性为主导的情感描述，将奇异的"艳情味"建立在战争的悲壮背景之上。"在仙赐与优填王相会的过程中，仙赐担心计划失败而放弃与优填王相见，并为莲花制作花环，仙赐对于焦灼的压抑和对于妒忌的隐忍让人肃然起敬。仙赐的自我牺牲使她与优填王相认时产生强烈的常情爱，而莲花与仙赐的惺惺相惜也使人们消除了对于她们可能产生矛盾的疑虑。最终，仙赐被奶娘认出，促成了她与优填王的重聚。仙赐与优填王的分离与会合完美地展现了混合着英勇味、悲悯味、奇异味的艳情味。"① 作为戏剧，气韵乐观祥和，搬演时可达到优美生动的审美效果。

然而正是这种女性为主导的情感描述背后，隐藏着更为生动且不易发觉的"不得已"。攻城略地的战争本已是人间悲剧，战争压迫之下，即便看上去顺理成章的爱情也千疮百孔。即便《惊梦记》用流畅的笔墨、生动的画面将之掩饰得很好，依旧在些微细处流露出对人性的考验与个人选择的无可奈何。于仙赐王后而言，作为第一女主角和丈夫再婚计划的推动者之一，还有三分"求仁得仁"的成分。有战争这一大前提压在头顶，观众多半会对其试图尽一己之力替丈夫优填王求一条复国捷径的行为有所理解。且仙赐形象的塑造并不苦涩哀戚，哀而不伤，怨而不怒，点题的"惊梦"一场中甚至还带几分醋意（对一桩旧情事）与娇嗔，这率真天然的性格描写有效地冲淡了怨气与俗套。面对国破家亡的双重灾难，仙赐王后以"真诚"这一无论面对他人还是自己都坦然流露的优秀品质去应对，悲就是悲，喜就是喜，让就是让，退就是退，在应约为曾经的丈夫和眼下的情敌编织婚礼的花环时，听到"防止守寡草"的名字便决定多编入一些，细腻的心思温柔良善，不失可爱，而在面对

---

① 王津京：《从〈惊梦记〉到〈璎珞传〉——印度戏剧中艳情味的嬗变》，《戏剧之家》2021 年第 8 期。

"防止情敌草"时则坦然认为"不必编了"，轻柔的一句便将自己的让步与放弃呈现给全世界。从始至终，仙赐王后固然有意地拨弄了局势，但若非机缘巧合，她已然接受了自己主动成为弃妇的命运，并对此毫无怨言。当然，她并不会因此而心如止水，在偷听丈夫和丑角的对话时，她依旧渴望知道自己在丈夫心中与莲花公主相比地位如何。而在得到肯定答案后，那惊喜释然的反应真实可信，令仙赐王后的形象饱满如斯。

但同样的真诚和忐忑放诸莲花公主身上，便是一个悲剧性的喜剧画面。与《琵琶记》不同，男主角优填王直截了当地面对了考验，却不是《琵琶记》中"新弦不如那旧弦惯"的试探，丑角的质问坦率得惊人："以前的仙赐夫人，如今的莲花夫人，你喜欢谁？一个已经死去，一个不在身边"，当此关头，优填王正视了自己的内心，比起《琵琶记》中蔡邕一系列"俺只弹得旧弦惯。这是新弦。俺弹不惯……旧弦撇下多时了……只为有了这新弦，便撇了那旧弦……我心里岂不想那旧弦，只是新弦又撇不下"的左右为难、暧昧敷衍，一句"我的心还是系在仙赐身上"，其实更足以打动观众，完整这一角色的人格构建。

作为旁听者，仙赐王后的悲喜交加自不待言，莲花公主的反应比起《琵琶记》中的牛夫人实则也多了一层惨烈的真实感，当侍女愤然替主人抱不平，抱怨"王上无情无义"时，莲花公主的回答是轻巧的："夫君至今记着王后仙赐的品德，这才是有情义哩"——然而，优填王何时曾提过仙赐王后的品德呢？他只是直截了当地表示了新妻子千好万好，"还是不能夺走我的心"，是心，不是敬重。预言和男性主宰下的世俗安排，将莲花公主放诸一个如此尴尬的地位。而她在明了自己这一尴尬处境之后，仍不得不自圆其说。

敬重与爱情，这年轻的公主难道分不清吗？她的优势在何处，她自己一清二楚，年轻美貌，性格沉静，温柔周全，以及她的国家能为优填王实现复国心愿，因此她得到一个英俊且孚有盛名的丈夫。纵然这一切是不完美的，实则也是不公平的。一个"夫君一离开我，我就心神不定"的美丽少女，却许身于一个"她还是不能夺走我的心"的丈夫，其中悲剧意味自不待言。从此以后，她是自我说服呢，还是努力忘却？无论如何，乔装不知已经是不可能的了。在此之前，琵琶事件便已在莲花公主心中种下过阴影，只因仙赐王后擅长"妙音"琵琶，当莲花公主提出也想学琵琶时，优填王的反应是"长叹一声，沉默不语"，二人的婚姻本就是女方家长一力促成，莲花公主对此心知肚明，而此时此刻，御花园中，凉亭之下，她得到了一个关于未来、关于爱情最肯定也最绝望的回答。她爱他，而他并不会（至少此刻不能）专一地回报她。

《惊梦记》的故事以一夫二妻的大团圆式样告结，但优填王和两位妻子的人生自会继续。战争一度撕裂了曾经那对夫妻的幸福，但用另外一场战争平息了动乱，续上曾经的幸福之后，这样的幸福中，是否会诞生另一场意难平的情感之战呢？曾经义无反顾投下筹码的人，赢回了所有，且锦上添花。但另外一方被推上赌桌的人，已经把自己的人生输成了一场意难平。大团圆在完成的那一瞬，无疑是美好的，但团圆之后会发生什么，我们谁都不甚清楚，那悲哀如此潦草。

灾难下的"自由"

——话剧《女人的一生》评介

李晓青　21 戏剧影视编剧 MFA

　　森本薰是日本著名剧作家，他的作品非常注重人物的心理描写，以纤细的文笔勾勒细腻的情感。他的话剧《女人的一生》创作于日本即将崩溃的 1945 年 2 月，在半个多世纪的公演中渐渐成为具有代表性的日本反思文学作品之一。本剧讲述的是一个叫布引圭的日本女性，因甲午战争失去双亲，流落到了堤家，成为女佣，由于她表现出了极强的经营能力，女主人堤文子临死前将商行交给她，她也嫁给长子伸太郎成为堤家新的女主人，但随着日本扩张意图的逐渐显露、中日关系渐趋紧张，堤家商行受到影响，同时，家庭内部关系也不甚乐观，夫妻分居、女儿出走、亲人反目……堤家再也不复往日的繁华，直到被一把火烧成灰烬，而布引圭就在这片灰烬上，守着堤家的保险箱，等待"真正的主人"回来。

　　该剧首演本创作于日本投降前，最初的序幕和尾声并非安排在 1945年，而是珍珠港事件后日本正连战连捷、不可一世的 1942 年新年 [①]，当时在日本军国主义的干涉下，日本国内文学领域受到控制，森本薰无法表达出自己内心对战争与人民的真实想法，因此当时的内容并没有涉及

---

① 郑国和：《话剧〈女人的一生〉在中国的上演与中日戏剧交流问题探讨》，《日本学研究》2007 年第 10 期。

战争惨状。但在日本投降后，有感于当时的社会思潮和政治氛围，森本薰改动了序幕和尾声，将它们放置在 1945 年 10 月，场景设置在大火过后颓败的堤家老宅，人物的对话透露出对于军国主义的反思。毫无疑问，本剧最大的灾难是战争，但它并没有展示战争场景，或是直接讨论战局，而是用堤家商行和堤家人的命运委婉地透露出"兴，百姓苦；亡，百姓苦"的悲剧。

军国主义的暴虐决定了以此为题材的作品无法写得波澜壮阔、激动人心，于是森本薰在本剧中以家族荣衰作为主要着墨点，把战争带来的影响化为生动的故事情节、鲜活的人物、发人深省的细节，以个人和群体的命运折射国家和社会的历史，剧中矛盾看似产生在家庭成员之间，实则通往更广阔的社会矛盾。伸太郎是堤家商行的第一继承人，但他却对中国文化、绘画感兴趣，虽然母亲为他安排的妻子把商行打理得井井有条，可是他发现布引圭对自己并无爱意，同时，布引圭为了扩大商业规模所做的那些举止，触及他的道德雷区，因为不愿卷入"商行鼓吹战争，战争摧毁商行"之间的恶性循环，他于 1916 年出走，直到 1942 年，战争扩张需要征兵时，他才无奈求助于布引圭，也正是那天，他在老宅死去。如果说伸太郎是 20 世纪被日本军国主义思想浪潮挟制而无力反抗的代表，那么荣二则是在漩涡中心翻滚的叛逆者。荣二是堤家的二儿子，他向往着远方，无意于家庭产业，同时，他也反对剥削和压迫的存在。作为全剧最正直的人，他却一直在经历着失意：年少被夺走所爱之人、成年后在战火里颠沛流离、被初恋送进监狱……他的事业和他的努力在战争中无法得到施展，他本人也成了日本军国主义和资本主义的眼中钉。在全剧所有的关系中，荣二和布引圭的关系是最令人深刻的，也是贯穿全剧的，二人少时互相喜欢，在母亲的干预下分离，而后，他们成了最为对立的两个阶级——荣二代表的是工人阶级，布引圭则是资产阶级，荣二要推翻的就是以布引圭为首的资本家们，在战争背景下，商行本就经营不善，这时以荣二为首的工人们前来罢工，更加激化了二人的矛盾。此后二人关系走向冰点，布引圭甚至亲自把荣二送进监狱，待到年老二人再次相遇时，心结才得以解开。

但是，森本薰笔下的布引圭并不是一个反面人物，剧作家是以一种怜惜的态度看待这个女人的，通过截取她人生的几个重要节点展现了她的悲剧性——"自由"，但无路可走。第一幕中的布引圭初次来到堤家，她的父母在甲午中日战争中身亡，姑姑又虐待她，于是她渴望留在这个热闹的大家庭中，看似她是在自由地进行选择，但其实那时的她无路可走，唯有留在这个意外闯入的堤家。第二幕是1909年，布引圭已经来到这个家中4年，荣二对她表示了喜欢，女主人倭文子也对她表达了信任，这个时候的她是最自由的，因为她干的所有事都是自己愿意去做的，而不是他人强加的，但倭文子打破了这份自由，她看似尊重布引圭的想法，实则是在利用布引圭的知恩图报，把布引圭推上了一条不归路：用自己的全部守住堤家的商行，决不允许任何人破坏商行。之后的几幕中，布引圭很好地完成了倭文子的任务，一直兢兢业业地经营着家族产业，无论是家人的排斥还是战争之下市场的不利都不能阻止她的开拓，连她自己也没发现，自己已经被所谓的家族使命捆绑，再无自由可言，等到她发现自己难逃成为他人和国家的棋子的命运时，已经没有反悔的余地了。最后，大火烧尽了堤家老宅，只留下那个象征根基的保险箱，她的一生也像保险箱一样被锁在了这里，无处可逃。

无法否认的是，为了保护商行，布引圭放了一把兽性的火——借助枪口镇压工人罢工，鼓吹侵华战争，最后，她自己也被这火所焚毁，事业和精神都化作了一片废墟。直到尾声，在观众看完了布引圭前半生的起伏后，才从她的言语"战争不是好玩的东西"中感受到她的成长。然而，本剧并没有真正的胜利者，哪怕是站对阵营的荣二，也实实在在地坐了20年牢，出狱后面对一片凋零、百废待兴的堤家老宅，百感交集。

这里的老宅隐喻着当时的日本社会，对于每一个日本市民来说，不管他曾经的立场如何，在失落的祖国面前，绝无胜利感和满足感可言。灾难之下，人类都是受苦受难者，没有绝对的胜利者可言。

　　剧末，荣二和布引圭坐在废墟之上，说出了那句意味深长的台词："我们确实应该回忆回忆过去的生活，以便知道将来应该怎样生活。"来自那个时代的心灵反馈理应让现代人警醒，牢记过去不是为了记住仇恨，而是为了更好地活下去，毕竟天灾不由人类操纵，是难以抵御的灾难，但战争可以避免。

《火人》鉴读

季　鋆　20 戏剧影视编剧 MFA

　　三好十郎，日本剧作家，出生于佐贺市八互町。幼年由祖母抚养，12 岁时祖母去世，被当木材商的伯父收养。自小参加劳动，对于生活在底层的劳动人民有较深的理解。

　　思想上，一度倾向无政府主义，不久便又转向马克思主义。曾加入日本无产阶级戏剧同盟，后因故脱离。其作品《火人》（又译作《性如烈火的人》）发表于 1951 年，是一部关于梵高的传记剧。由民意剧团首演，该剧直到今天仍旧是民意剧团的保留剧目。

一、灾难与时代背景

　　众所周知，第二次世界大战不仅在政治、军事格局上对日本这个国家造成了极其严重的改变，在文化领域更是有着更为直接的影响。

　　二战时期，日本强权暴政采用高压手段对文化实行严厉的控制，李德纯在《丧失与复苏——论战后日本戏剧》中提道："……一种极端的野蛮文化思潮席卷日本列岛，艺术规律横遭践踏，艺术功能被歪曲，戏剧亦未能幸免。"可见，戏剧艺术在极大的摧残和压制下，呈现出一种灾难性的断裂，而对于战争和灾难的反思，便在剧作家笔下借由对战后问题的发表或隐喻所反映出来。三好十郎的《废墟》和《火人》正是具有一定代表性的两部作品。

《火人》讲述具有绝世绘画天赋的梵高，亦有一颗纯洁的心灵，然而，他的贫寒苦难的生活与他慈悲的心肠时常让他陷入痛苦之中，残破不堪的现实与高高在上的理想总陷入巨大的不可调和的矛盾困境之中，而梵高性如烈火一般，在灾难磨难的淬炼中，成了一个真正的、真实的人。

二、灾难与戏剧结构

话剧《火人》共五幕一尾声，每场戏都被设计成了相对对立的重场戏，并恪守三一律规则。在结构上对灾难的描摹，主要围绕矿难事件、再到战争轻描淡写的一笔，再到展开叙述灾难对生活造成的磨难，最终演变成灾难后所引发的一连串连锁反应，所导致的对人的精神世界的影响。

全剧一开始，梵高并未登场，剧作家用矿工代表等人的对话引出矿上发生的悲剧，天灾人祸随时都在发生：在经济上，存在剥削、饥饿、罢工；在实际上，还发生了爆炸事故、工人健康受损、伤残、病痛，甚至死亡。

耳聋的老妪是矿难的受害人，是全家唯一活着的可怜人。她的儿子西蒙死于矿上的爆炸事故。在这场戏中，老妪以笑代哭，剧作者通过该人物对灾难所反映出的一种麻木，体现出灾难之殇。具体表现为，她为东跑西颠才借到了蜡烛而高兴，因为今天是死了的西蒙的命名纪念日，她想给他祝愿一下，然而公司对因公殉职的平民的抚恤几乎可以说是没有，尸体也不挖，把煤矿给封锁了，还想把活着的人折磨死。但如果不祈祷，西蒙就永远埋在坑道里，永远无法升入天堂。这清晰地点出了，穷人必须借助虚无缥缈的想象才能释放困苦，获得片刻虚假的解脱。

此时，人们开始谈论一个神秘的传教士，他直性子，是个善良的好人，哪怕自己也是困苦的，也在为矿工争取着权利，是活着的耶稣，并在此点题——一个性如烈火的好人。

场上人物悉数表达完对梵高的看法后，吊足了观众期待，梵高终于上场，以一个失败者的身份，和煤矿公司的谈判破裂了，公司哭穷，善良的梵高也无计可施，既然矿工、公司和煤矿皆有苦衷，不可责怪，梵高的悲悯和洞见使他开始质疑上帝，他从一个天主教徒变成了一个无神论者。由于信仰冲突导致对立，激发了杨格的反行动，梵高被指控"煽动矿工罢工，自己带头闹事"。

不再相信上帝的梵高，没有拒绝老妪的苦求，点燃蜡烛，念着圣经，为西蒙祈祷，而他的祷告词充满了无奈，他希望上帝能原谅穷人们的罪恶，就像穷人们总能原谅侵犯自己的那些罪人一般，又辛酸又讽刺。梵高画下了因耳聋而听不到祷告词的老妪，她虔诚又无知，寄希望于绝望，这一景的刺激，触发了梵高天才般创作力。

从结构上说，灾难是开启一连串事件的第一张多米诺骨牌，它激发事件，引出人物，同时，它的内涵和外延不停发展，直达剧作家深邃的主旨表达。

三、灾难与人物设计

本剧在人物设计方面颇具研究意义，三好十郎塑造了一个个生动的人物，并用一种蜻蜓点水，却又引发徐徐水波的手法，四两拨千斤地刻画出了诸多语境之下的灾难对众生的影响和改变，并以此对照，体现出主人公梵高的追求与理念。

牧师杨格是一个表面的修道者、传道者，他的上场由维尔涅的女儿翰纳引入，正巧目睹维尔涅和戴尼斯因对梵高的不同看法而大打出手，但他却并未有修道之人的悲悯，目睹争执，他无动于衷，这一隐喻直接体现出他道貌岸然的冷漠，和梵高形成了一组反差关系。这无不是从侧面表达出灾难之下，人性的多面，有的人看似肮脏，却无比光明；有的人外表光鲜，却阴暗丑陋。

戴尼斯是老矿工，满口出言不逊，倚老卖老，沉醉在自己的世界观中，或许这也来自他亲历过的一切不幸。他不觉得传教士是一个真正的好人，他不信，他用某种乐趣、癖好和一切带有虚伪性的、利己性的、欺骗性的词汇来解释，为什么有人可以不计回报地施以毫不相干的弱者以恩惠和发自内心的仁慈。

此时，主人公梵高登场，然而，不同于一个纯粹正义、光明、正确的形象，他的行动或多或少带有一些争议性——这也是他最终走向疯癫宿命的一种隐喻——他建议工人们结束罢工，自称是基督的复活，对上帝的质疑，引起了杨格牧师的不满和训斥。

西奴对钱和生计的焦虑感，吃梵高用来擦炭笔的面包，从小没吃过饱饭，洗盘子洗衣服，终日疲劳，最后不得不出卖肉体换口饭吃，前后生了五个没有父亲的孩子。她的悲剧性在于无法抵抗命运，对于爱情，她也清楚梵高对自己并非爱情，梵高爱的是他的表妹凯姑娘，她无法理解梵高口中那种"超越男女关系的、更具深远意义的爱"，她认为这只是两个苦命之人无奈的惺惺相惜和可怜。梵高的爱，具有两面性，是超脱的，摆脱了西奴的过去，旁人的冷眼和世俗偏见，同时又非常世俗，他对西奴有着一种男女之间常见的占有欲，对于西奴来说，无法平衡理解这种悖论，连拥抱都是互相不理解的。

堂兄摩弗对西奴的轻浮和侮辱，哪怕西奴不以为意，但梵高捍卫西奴的尊严，比起西奴的卖身女身份，他更在意西奴之所以这么做的原因，在摩弗世俗而冷漠的语调中，梵高展现出非凡的同情和善良，剧作家更高明的是，在这一世界观上，再次递进升华出梵高对美的看法：

"没有虚伪、没有隐瞒，才是美的人生。"

维森布鲁是这场戏中和摩弗一起上场的人物，他也是一位极有天赋的画家，和摩弗不同，他几次试图中止梵高和堂兄摩弗的争论，他更在意梵高的画作，他认为这些画作里潜伏着可怕的力量，他鼓励梵高去画"自己认为真正美的东西，这就足够了"，并对梵高自知自己不足时说，"相信自己的眼睛"，不要听摩弗的劝告，要孜孜不倦，坚持画下去。但其实梵高和家族的冲突并不在画画与否上，从摩弗带来的书信中可知，他的父亲和弟弟都不反对梵高画画和学画，但前提是离开西奴。可是，梵高已经决定和西奴结婚，他想要救赎西奴。

维森布鲁的理想主义气质激出了梵高作出和西奴结婚这一决定的冲动，但随之上场的女老板雷诺，将再次以现实的视角和利弊对梵高的理想作出冲击。在此，从剧作法角度不难看出，剧作家控笔精准简练，单一人物的出场必带有态度和行动，随之再出场的人物必带来观念、身份或行动上的冲突，而且往往非常极端对立的矛盾，再上场的第三人往往又能另辟一条路径（第一幕的翰纳，第二幕的维森布鲁），此人的态度在前二人的对立关系中，往往被设置得并不极端，甚至暧昧温吞，以防止观众对强冲突关系上的审美疲劳，但第三人往往能诱发其他视角，能快速打开一场戏叙事的空间感，并引入更多冰山之下的故事，就在三人场面走向某种可预见的结论或结果时，可能再引入第四位人物，作为新的变数，叫角力的天平重新拉回对峙的事态，并以此往复，由此，达成了场面无废笔，冲突不断拉扯升级的效果。

雷诺女老板登场，她是一个风韵犹存的中年妇女、开门见山的催债者，梵高和西奴欠了雷诺不少钱。雷诺的上场替换了摩弗的离场，维森布鲁离场前还充满性暗示意味地同女老板问话，并捏了一下雷诺女老板的屁股，这位充满理想的画家的世俗气质也暴露了出来。雷诺告诉梵高，如果再不偿还赊欠，西奴将重操旧业（卖淫），这触碰到了梵高的底线。可若放弃绘画，这也是梵高无法接受的，不仅无法接受，梵高还因为自觉落后其他画家，想更抓紧时间作画。这在雷诺眼中可谓"不可理喻"，画画对她来说，不就是个"解闷儿的事情，用不着那么拼命"。

四、灾难与剧作表达

在全剧的最后两幕中，三好十郎已不再加入新的人物，而是围绕高更和梵高作主要展开，值得一提的是，梵高的内心独白也开始占据大量篇幅，可见，剧作家叙述视角之变化。而但凡叙述视角改变，则必然意味着剧作表达的显现。

在坦吉的油画颜料商店里，梵高遇到了内心仰慕的伟大画家高更，但却因为梵高对内在真实美近乎偏执的追求，惹烦了高更，觉得他"讨厌"。

与其说梵高是对真实的偏执，更不如从另一个角度来看，这是梵高对平民生活的观察和自己的认识早已融为一体的一种不自觉的反映。他在煤矿住所住过，听闻过矿难，更认识了很多工人，他自然一眼能分辨出油画上对矿工神态、动作乃至每个细节上失真的表达，这近乎本能，因而梵高才会进一步坚信，虚伪的东西，即便画得再美，也不是美。

无比失落，坦吉安慰他，二人的话题从穷困的画家，谈到了把穷画家集中起来过集体生活的一种理想，然后便聊到了普法战争。梵高说，"普法战争后，在巴黎成立公社新政府，主张一切人生下来就有自由平等的权力和生活权力。自由、平等、博爱……"想到这里，他想起来坦吉曾参加过战争，这是 20 年前的事了，于是问坦吉是否打过巷战。而坦吉说自己胆小，其实从未杀过人，并也因此在被俘房后得到了释放。而战争也让坦吉格外同情劳动的穷人，所以多年后，坦吉的画材店经常好心肠地救济穷画家。这时，梵高在历经磨难后的蜕变，也在此展现出来，他本是穷人，某种意义上他照顾好自己就好，并没有关怀的责任，而就在这个个人利益至上风气愈演愈烈的世道中，梵高仍怀揣利他主义的情怀，想为其他穷人做些什么——他要画穷人——于是这段"当在这个世界上还有一个穷人为没东西吃而哭泣的时候，我怎么能忍心去画天使，把自己打扮成一个幸福者？"的发自肺腑的宣言和质问，也格外真诚和勇敢，在这一刻，梵高反而成了一个心地善良的、真正的"天使"。

在第五幕中，一如前几幕，三好十郎通过他人之口转述对梵高的看法，他已从一个"活着的耶稣"，变成了妓女口中的"红毛疯子"。妓女拉舒尔索要梵高的耳朵，而梵高答应了她，这沦为了她和高更的谈资，就在她和高更进行亲密行为之时，愤怒的梵高冲进了房间，因为拉舒尔在梵高的生活里不仅是发泄性欲的对象，还像是个"从阳光里蹦出来的好姑娘"，更是为数不多关心自己的"朋友"，即便还算不上什么真正的朋友，他不想这位难得的朋友被高更抢走，可梵高又无法愤怒，他是来找高更道歉求和的，他试图让自己冷静，在一番坦白后，二人开始了更深度的讨论。面对高更享乐主义倾向的处世哲学，梵高悲观至极，他觉得眼下的生活，仅是在腐败和堕落中挣扎，找不到救赎之路，在比利时矿区经历的坑道爆炸事件一直是梵高的心结，他再次回溯，当时死了很多人，有个工人重伤濒死，公司放弃了他，但梵高将受伤工人背回自己屋里，擦拭身体，治疗伤口，一个月后，工人被救活性命，但梵高却累病了。如今，那工人已经完全恢复健康，并宣誓每天都为梵高向上帝祈祷，直至死亡。虽然梵高已不再信仰上帝，但仍旧能从这个故事里获得慰藉和希冀。然而，这份平静并未持续太久，高更带来梵高弟弟泰奥对哥哥的一些真实看法，加之"梵高模仿高更，或至少受到了影响"的观点让梵高深陷强大的自我怀疑和否定之中，精神也进入了失控的状态，他割破了自己的《向日葵》，拿着剃刀，不得不自我洗脑"自己的灵魂是神圣的，精神是健全"的来让自己平静下来。但这副癫狂的样子最终让高更离开，西奴的离开、拉舒尔的离开、高更的离开让梵高再次陷入孤独处境……他嘶吼着、苦求着、愤怒着走向了疯狂，也许在这个无人可知的内心世界里，梵高才是宁静的。

总结来看，不难发现，灾难为梵高带来了自我悲悯善良人性的清晰的认识和发现，带来了人们对他的看法（社会存在），带来了他对艺术真实美的追求，带来了对自我的怀疑，也带来了对共产部落的某种理想；带来了朋友，带来了孤独；带来了绝世的灵感，也带来了疯狂，带来了内心的宁静，也带来了在艺术史上永远不可遗漏的铭记。

在剧中，三好十郎层借由梵高的独白之口，念出了《安格洛阿吊桥》诗意和哲思并存的真言，亦可作为人们在面对灾难时，特别是幸存者，应该共勉的一句话，在此作为这篇赏析的结尾："不要把死者当作死去的人，只要人类还生存，死者就活在人类中。"

铃木忠志《厄勒克特拉》

——血腥复仇与人伦灾难

蓝景曦　20 编剧学理论 MA

在古希腊神话中，阿伽门农的悲剧起源于他得罪了狩猎女神阿尔忒弥斯，当阿伽门农率领希腊联军出征特洛伊之时，女神令海上不断刮起逆风。阿伽门农将女儿伊菲革涅娅献祭给女神，从而改变了风向。此举让其妻克吕泰墨涅斯特拉怀恨在心。十年后，阿伽门农凯旋回国，其妻伙同情夫埃奎斯托斯杀害了他。这便是《厄勒克特拉》的故事背景。

在古希腊戏剧的版本中，厄勒克特拉和奥瑞斯特斯的复仇理由是为了"正义"，他们的行为顺应民心，是名正言顺的。作为城邦的统治者，深受敬爱的阿伽门农被如此"伤天害理"地杀害，作为女儿和公主，厄勒克特拉的复仇动机就具备了合理性。当奥瑞斯特斯成功地杀死了埃奎斯托斯，厄勒克特拉又指示他继续去杀死母亲。奥瑞斯特斯陷入犹豫："我怎么杀她，生我养我的母亲？"厄勒克特拉冷酷地说："就像她当初杀你和我的父亲那样。"奥瑞斯特斯说神谕荒唐，厄勒克特拉却说："不维护父亲，你就是不敬神"。在父权和神权的双重压力下，奥瑞斯特斯陷入了不得不手刃生母的道德困境之中。

当厄勒克特拉和母亲的第一次正面对话，克吕泰墨涅斯特拉为自己的行为辩解：阿伽门农杀了自己的女儿，只是为了从战争中抢回自己的弟媳海伦；战争结束后，他又将特洛伊的祭司卡珊德拉带回王宫，"让她抢占我的婚床"。克吕泰墨涅斯特拉认为自己杀害阿伽门农是有正当理由的。厄勒克特拉听完这一切,她反驳的理由显得苍白无力:"你的公道中夹杂着无耻;因为,头脑健全的女人应该诸事顺从丈夫。"显然,厄勒克特拉完全站在了父权的立场,她认为母亲就算受到再多不公待遇,也不应该杀死父亲。至此,两人已经失去了和解的可能。厄勒克特拉又说:"我和我的兄弟有什么得罪了你?你杀了丈夫之后为何不把祖先的家业还给我们,却把她作为妆奁,买进了一个情夫?"可见,厄勒克特拉的仇恨既来源于杀父之仇,也是来源于自己和弟弟失去地位,"活着被处死"。她坚称要杀死母亲为父报仇,因为如果母亲的要求是正义的,那么他们的要求就也是正义的。对此,克吕泰墨涅斯特拉却说:"我原谅你。我对自己所做的事情,女儿啊,也不完全高兴。"厄勒克特拉:"你悲叹得太迟了。"她以让母亲为她做产后第十天的献祭为由,让她进了自己的家,为弟弟奥瑞斯特斯创造动手的机会。直到母亲已死,厄勒克特拉才感到后悔:"兄弟啊,这是我的过错。我是女儿,她是我的生身母亲……我对她的怒火燃烧得太过旺盛了。"

在铃木忠志版本的《厄勒克特拉》中,厄勒克特拉对于母亲的仇恨被无限放大,甚至她的言语都已经染上疯狂,除了复仇以外,她已经没有任何的感情。而母亲克吕泰墨涅斯特拉对她的态度也是冷酷无情的。在前几场中,母女间几乎没有正面的交流,只有对彼此的厌恶。在第四场的最后,歌队齐声说出了厄勒克特拉的心声:"现在真想和妈妈说几句话……胡扯!从来没想和妈妈说什么话!"

克吕泰墨涅斯特拉很清楚女儿对自己的看法。在第五场中,她说女儿"像毒蛇似的瞪着我……看她那眼睛,射出了要杀死我的目光。"吕泰墨涅斯特拉对厄勒克特拉说,自己最近总说梦话,问她有没有不做梦的办法。厄勒克特拉说,要想不再做梦的话,应该供奉生灵。面对母亲的追问,厄勒克特拉一步步地说出了真心话:"是你的头!奥列斯特会把你的头砍下来的！"

而在第七场中，奥列斯特回来之后，姐弟俩迅速达成了杀死母亲的共识。当奥列斯特砍倒母亲时，面对母亲的惨叫，厄勒克特拉在旁边反复说："再给她一下！爸爸阿伽门农在看着你……"在如此疯狂的仇恨之下，可以说，厄勒克特拉已经完全失去了人伦感情。

不同于古希腊版本对于血腥场面的回避，铃木忠志版本通过厄勒克特拉的心声（由歌队演绎），讲述着阿伽门农被杀害的惨状："父亲的鲜血从脸上留了下来，染红了洗澡水！……头上的伤口张开了，鲜血流出来了，但是紫色王冠把鲜血堵住了……"厄勒克特拉坚信，胜利的日子很快就会到来，她不断想象着复仇的情景："从那些恶棍的喉咙里涌出来的鲜血也会流进坟墓里的！……这些事情做完了之后，周围就会升起血色的烟雾……到那时，我和弟弟奥列斯特一起围着爸爸的坟墓跳舞。"她甚至认为，这是伟大的国王的儿孙们献给他的伟大的宴席。

如果说古希腊版本的正义动机掩盖了血亲复仇的残忍，那么铃木忠志则将这些高尚言辞背后的血腥本质赤裸裸地展现在了观众的面前。

在这一版本中，人物之间的交流是无效的。母女之间没有对孰是孰非进行争论，姐弟之间对于杀母行为也没有任何分歧，人物的动机被拉到了极致，但性格却也变得扁平。而原先版本中，当奥瑞斯特斯完成复仇之后，宙斯的儿子、吕泰墨涅斯特拉的兄弟卡斯托尔出现，为这血腥的家族惨剧作结：他要求厄勒克特拉嫁给异邦国王之子皮拉得斯，又让奥瑞斯特斯去往雅典，让众神判决他的杀人罪行。以法律的审判来终结"血债血偿"，代表着文明的进步。而在铃木忠志版本中，并不存在这种光明的希望。

戏剧情境被设置在精神病院中，歌队实际上是五个男病人，剧中角色几乎都坐在轮椅上面，由护士或者医生推上场。厄勒克特拉大多数时候都静止不动，而她的心声则由男病人去演绎。在戏剧的最后，克吕泰墨涅斯特拉死去了，舞台提示："护士们走上，把轮椅上的众男推走。医生从远处缓缓走来。"铃木忠志以一种冷峻、压抑的手法，将人类的深层次意识中潜藏的残忍心态，淋漓尽致地展现在了舞台之上。那么，戏剧中发生的一切，到底是真实的行动，还是精神病人的疯狂幻想呢？也许正如他所说："世界就是一家病院，人类不就是居住在这样一家病院空间之中吗？"

人性扭曲之下，人类一败涂地
——评捷克剧作家恰佩克的《白色病》

黄锐烁　17戏剧与影视学博士

虽然剧作名为《白色病》，但由于这种生理上的疾病已经找到了治疗的方法，因此并不被读者视为剧中最为迫在眉睫的危机。捷克剧作家恰佩克的这部剧作问世于1937年，剧作者以及那个时代的人们，更为迫切需要面对的是动荡的世界局势，与已经爆发或行将爆发的战争，因此，"白色病"在剧中被处理为一种已然降临及笼罩所有人的背景，而战争被推至台前。

剧中的主人公加伦医生，正是在这样的背景下，出于其医者的仁心及在战场上的残酷见闻，向掌握着世界局势的大人物们提出了他的"要挟"——停止战争，否则就不公开唯他所掌握的治疗白色病的方法——这也是全剧的戏核所在。

《白色病》各幕正是以大人物命名的：第一幕名为"皇家顾问"，第二幕名为"克吕格男爵"，第三幕名为"元帅"。在加伦医生的"要挟"下，李利恩塔尔学院的皇家顾问教授西格柳思博士、服务于国家的军火制造商克吕格男爵、热衷于制造战争狂热的军队元帅，或沉迷于沽名钓誉、罔顾疫病的研究与治疗，或左右为难于个人生命与政治任务之间，自大狂热于民族尊严与发动战争之中，剧作者以大人物们对加伦医生要求的态度与行动，揭示出疫病之所以无法停止的种种原因——专业人士的失职、权力高压下的无能为力、最高意志的狂热与自大。

值得注意的是，在大人物之外，剧作者还分出笔墨，描绘了疫病之下一个普通家庭的境况：子女们对年轻人缺乏机会的社会感到不满，因而对针对中老年人的白色疫病并不强烈反感；母亲有着朴素的同理心，同情着患病的邻居甚至于想送去些汤汤水水；父亲则狂喜于自己的升职，并归功于夺去其上司生命的白色疫病。这一闲笔看似无意，但既补充说明了战争狂热的根源之一（社会矛盾），也写出了部分民众的某种短视与自私习性，更点出了一种上下同源的思想：即拥护战争、民族狂热、将患病者从社会集体中剔除出去。直至白色病不分贵贱、平等地降临在他们身上。

首先患病的是那个善良的母亲，在上一场喊着要"把他的手指放在老虎钳里夹紧，直到他说出药方"的父亲，为了患病的妻子，下一场就有求于"他"了；接下来患病的是克吕格男爵，出于对死亡的恐惧，克吕格求助于只医治穷人的加伦医生，却只能一次次地喊出惊人的治疗费，而无法满足加伦医生停止生产军火的要求，在向元帅请求无果后，他提前结束了自己的生命；最后患病的是不可一世的元帅，这个被视为影射希特勒（法西斯）的人物，在生命岌岌可危之际，也终于承诺选择和平。可惜一切都已经太迟，那个唯一能挽救他的性命的、正赶来医治的加伦医生，被他所煽动起来的、陷入战争狂热的民众打死了。"战争万岁！元帅万岁！"的呼声淹没了一切。

至此，恰佩克通过作品向我们展示了这么一幅残酷的社会图景——在可怕的白色病瘟疫肆虐世界之际，即便已有医生研制出了治疗的方法，这方法，仍有可能在人类的愚蠢、自大、自私与彼此仇视之中被消灭……

作为一出以灾难为背景及题材的作品，《白色病》所展示的显在灾难有两种：一是白色病，二是战争。而借由剧中主人公加伦医生的要求，瘟疫与战争在戏剧层面被联系在了一起。众所周知，瘟疫与战争是人类历史上的一对孪生儿，瘟疫催生战争，战争传播瘟疫，同时瘟疫又反过来改变战争或文明的进程和走向。有意思的是，恰佩克并未对剧作故事的发生地进行明确的限定，这显然是一种有意为之，剧作者所要提示观众的，就是这样的故事有可能发生在任何一个国家。因此，其用意也不仅仅在展示一种显现的灾难，而在于揭示一种更具普遍性、也更值得警惕的潜在灾难：人性之恶。

剧作独特之处也正在于此，他并未设置一个无药可治的疾病作为人性展露的修罗场，相反，剧中的白色病是一个早已有了治疗方法的瘟疫，且剧中所有人都是明确知道这件事情的。即便如此，男人无法为患病的妻子割舍职位以求医治；医学专家沉溺于沽名钓誉并开始谋划将病人通通送进集中营；患病的军火制造商无法在权力的高压下停止生产甚至开始计划生产集中营所需的铁丝网；而元帅为树立自己的领袖形象，盲目又自大地接触感染者，且在明知患病的情况下，仍一度要推动战争——这就是剧作者所设置的独特情境下人们的选择，他悲观地昭示着在被战争裹挟的世界里，人性的扭曲与自取灭亡的疯狂。

加伦医生的要求固然像是个永无法实现的幻梦，是一种乌托邦式的狂想，但那毕竟代表一种理想，一种方向和一种了不起的愿望。由加伦医生所发起的这场人性的考验，指向无比明确：人类是会选择生存，还是自取灭亡？在剧中，我们已经知道了答案：加伦医生被愤怒的民众杀死在街头的时刻，就是人类判处集体自我死刑的瞬间。加伦医生的死，如一记振聋发聩的钟鸣，向人性的种种罪恶进行了深刻的报复。

值得玩味的是，在剧作问世后不久，捷克斯洛伐克作为一个独立主权国家，被欧洲各国瓜分了，而始作俑者，正是剧中元帅这一人物所影射的希特勒。剧作问世两年后，第二次世界大战全面爆发，人类现实的行动，不仅无视了恰佩克无比沉痛的警示，更进一步证实了恰佩克在《白色病》中所流露出的对人性的悲观——人性扭曲之下，人类一败涂地。

《饥饿海峡》鉴读

周弼莹　21 戏剧影视编剧 MFA

　　水上勉是一位戏剧家，同时也是社会派推理作家。他的作品多聚焦于战后的社会状况，通过描写底层人物的境遇，表达战争带给人们的灾难。在《饥饿海峡》中，杀人纵火嫌疑犯樽见京一郎在逃离罪案现场后，结识了妓女杉户八重，并给予她一大笔钱。多年后，八重在报纸上见到已经改名换姓的樽见成了慈善富翁，随即踏上探访樽见之路，以表多年来的感激。她善意的拜访对樽见而言却是可怕的威胁，樽见没有想到，这个女人竟如此清楚地记得自己当年受过的伤、说过的话、用过的名字。最终樽见决定杀人灭口，无情地扼住了杉户八重的喉咙。

　　该剧由两场灾难事件贯穿构成：其一是岩幌镇的大火，剧中人通过台词描绘着这样的景象："岩幌镇上到处摆满烧焦的尸体"；其二是函馆市的"层云丸"沉船事件——"四百八十个淹死鬼，他们像肚皮朝天的蝗虫一样漂浮在水面上"，市民不禁发出感慨："是一座地狱啊。这个世界简直是一座地狱啊。"一场灾难发生在水上，另一场灾难发生在火里；一场是天灾，一场是人祸。该剧的巧妙之处在于将两个灾难事件进行串联：警方在调查过程中怀疑，三名凶手首先进入岩幌镇的当铺抢劫，而后同伙间产生内讧，一名罪犯利用了"层云丸"的沉船事件杀死另外两位，将同伙尸体混杂在沉船受难者当中。由此一来，灾难与死亡的气息遍布全篇，恰如其分地营造出战后特有的毁灭感与残破的氛围。

在人物塑造方面，《饥饿海峡》中最重要的角色是妓女杉户八重，她有情有义，在处理情感时十分单纯，甘愿为对自己有恩的罪犯长久地隐瞒秘密，在面对警察时，她又非常老道成熟，善于利用自己单纯的表象，成功蒙骗富有经验的警察。八重的悲剧性命运与其说是人物悲剧，不如说是情感悲剧。这样一个漂泊无依的女子，唯一的梦想便是在这不可靠、不确切的境遇里抓住一点坚固的事物，这份坚固就是她对樽见的感激与怀念，在她死后，人们在八重随身的木箱里发现了旧报纸和樽见使用过的剃须刀，这是对这场单向感情的佐证，也是对这份眷恋的讽刺。樽见这一人物形象同样具有复杂性，这体现在他面对同乡大石求助的时候，客观地分析了当下的经济形势，给出了确切的建议和帮助，并言辞恳切地关心着家乡的亲人。可就在大石离开之后，面对上场的八重，他那虚伪、狡猾的一面便暴露无遗。该剧还着力塑造了弓坂警官这一形象，岩幌镇案件留在他心中十年之久，他执着地追寻着当年的真相。

八重工作的花之家妓院在剧中是重要的场景，伴随着警方的多次调查走访，观众也得以窥见妓院中各色女子的生存境况，并由此展开一幅当时的社会图景。在第九场戏里，娼妓们得到了通知，这个"行当"不能再合法地办下去，需要她们自寻出路，有的说要回老家，年轻些的打算做美容院的学徒，而当时主角八重已经30岁了，她打算用自己的全部积蓄开一家香烟铺，在新生活开始之前，她决定先去见樽见一面。在花之家这一戏剧空间中，我们看到了以底层妓女群体为主的众生百态，涉及对当时税收的怨言、战后生存的迷茫、对新政策的不适应……水上勉在这里向我们展示出了社会派推理作家的技法，在情节发展的同时描绘社会背景，并塑造一系列典型人物，从而引发人们对故事的社会性思考。

在结构方面，《饥饿海峡》也表现出了推理作品环环相扣的特点。全剧结构紧凑，节奏张弛有度，围绕弓坂不懈地追踪纵火杀人犯这一主线展开，八重露出马脚是在第八场，弓坂注意到，胜见警官的案子中也出现了八重这个证人，引发他对这个外表单纯的女人的重新考量。

该剧共 13 场戏，另有序幕和尾声。第一场戏发生在恐山地藏菩萨庙，巫神正在进行"通灵"的仪式，死亡的气息由此开始弥散，樽见和八重正是在这阴森的氛围中第一次相遇；第二场是在"花之家"妓院两人重逢的场景，樽见留下 58000 元给八重，成为引发八重情感的核心事件；第三场戏转换为警察视角，借由调查重回案发的七重海滨，此处的氛围依然是阴森可怖的，随着调查的进展，灾难的场面也被愈加细致的勾画出来；在接下来的几场戏中，办案的场次穿插于八重的生活场次中，剧作家既紧密地铺展着案情发展，又有条不紊地通过朋友与家人来侧面刻画主角；直到第十场戏，八重来到樽见的家中，樽见为八重的到来感到震惊，并在短时间之内谋划并施行杀人灭口，这场戏的结尾，再次响起开头巫婆的诅咒声，一场新的死亡发生了，使全剧在剧情和情感上达到了高潮，可怖的氛围也无以复加；在第 11 场又复回到办案的场次，只是这一次受害者不再是多年前岩幌镇的居民，而成了杉户八重。第十二场戏是多年来追踪此案的弓坂警官的一段独白；第 13 场戏由樽见的视角揭开八重死亡的具体情景，樽见从弓坂之口得知了八重这些年对自己的感情和保护，发出了哀叹："杀死八重姐的……是我，……这是我在这个世界上第一次杀人"。在尾声处，水上勉设计了和序幕里巫神做法完全不同的氛围：远方的地平线映照出一轮夕阳，樽见戴着手铐走着。也许只有在这一刻，八重的灵魂才能得到告慰。

《饥饿海峡》成功探索了以"社会派推理"来处理灾难题材的方法，推理的写作方式天然为事件本身增添悬疑感，使结构环环相扣。而社会派对于社会背景的关照进一步探索"灾难"发生的深层原因。对于《饥饿海峡》来说，沉船事件是自然灾难，而岩幌镇的大火则是人为的罪恶，可一切尚未停止，八重的死又为"饥饿海峡"增添了一份悲痛。只有和平与正义的光辉，才能重新照耀出这片海峡的光彩。

《前线》鉴读

李梦婉　19 戏剧影视编剧 MFA

　　《前线》是苏联优秀剧作家考涅楚克的作品，因为受过专业的教育，具有相对成熟和专业的写作技巧，考涅楚克毕业后就接触了编辑和电影厂编剧的工作，为他后续进行创作和体验更多视角下的人物生活创造了一定条件。经过了多年的埋头苦学和细致钻研，考涅楚克终于在1933年创作出了《战舰的毁灭》这一优秀的作品，并一战成名，成为苏联剧作界举足轻重的艺术家。也正是因为成名，他后续的作品才会备受关注，让他的发声变得更有价值和意义。《前线》就是他在卫国战争期间发表的剧作，在苏联反法西斯战争中起到了重要的精神鼓舞作用。

　　《前线》讲述了卫国战争时期，苏联红军经受重重打击，处于一种危险、濒临崩溃的状态。为了让队伍重新振奋起来，能够为国家打下胜利的一片天，上级开始为已经溃败的部队选择最合适的统帅。而当前作为备选的有两个人，一个是久经沙场、极富经验，在内战中取得了良好成绩的老将军戈尔洛夫，另一个则是年轻勇敢，懂得与时俱进的新时代领导者奥格涅夫。面对血淋淋的战争，两位将军的态度与观念完全不同，让人一时间无法取舍。其中，作为老将军的戈尔洛夫认为，自己经历了无数场胜仗，深谙取胜之法，明白作战的策略与布防的手段，自己是当之无愧的无冕之王，只有自己才能带领苏联走向胜利。面对奥格涅夫这个新出炉的年轻人，他的态度十分轻蔑，认为自己大杀四方的时

433

候，奥格涅夫还只是一个不懂事的、穿着开裆裤在桌子下面玩耍的小屁孩，完全不相信将国家的命运交到这样一个没有经验、年轻气盛的小伙子手里会有好结果。而奥格涅夫也不是空有年轻一个特点，他的头脑聪明，思路清晰，紧跟时事，强调无线电在战争中的关键作用，极力地扭转传统战事思维下的人们转变想法，要接受新鲜事物的涌入，明白时代的发展是无法驳回与叫停的规则。作为现代人，我们站在时代的新前端回望过去的发展，无疑知道奥格涅夫的思路是正确的，但在迂腐封闭，人们思维拓展还不够深远的年代，这样的言论无疑是前卫的毒药，若不被接受便沦为"妖言惑众"，所以支持二位将军的声音总是无法达成共识，年龄的对立代表了观念的对立，阐述了时代亘古不变的道理——尊重事物发展的规则，接受新旧更替才会生生不息。

其中，还有一个人物塑造得让人十分印象深刻，那就是油嘴滑舌的战地记者客里空。客里空能在战乱中游刃有余并非靠的是够硬的专业，而是精准拿捏住了人性的特点。他报道新闻的重点并非时效性或真实性，而是——领导喜欢听什么，领导想看见什么。老将军戈尔洛夫因为德高望重，备受赞誉，于是养成了爱听漂亮话的习惯，无论对方什么身份，只要说的话对得上戈尔洛夫的胃口，在他心中便是知音与可以扶持的有识之士（我个人认为，戈尔洛夫也是通过这种方式传播自己的权威，通过一些人对自己的"盲目崇拜"来对更多的人进行精神洗脑，进行意识输出，巩固自己的地位）。为了取得利益，客里空阿谀奉承，恨不得抱着戈尔洛夫的大腿闭着眼睛为他歌功颂德，将不实的传闻和不准确的消息到处散播，虽然被一些人看作笑柄，但他乐在其中。很多人认为客里空是被隐形鞭子控制的蠕虫，但我反而觉得他是一个知道如何在当下存活，有着自己明确生存法则，发挥主观能动性，用不在意的部分换取渴望利益的人。如果不论正确与否，客里空在自己的价值观里无疑是最成功的人（但并不可取）。

"权利往往是一个人最无法抗拒的春药。"

战争时代让一些人站在了食物链的顶端，他们原本抱着美好的初心获得了超出应得范围的权利，于是便开始迷失，他们在得到尊重之后希望被更尊重，在得到利益的同时希望利益更大化，在只手遮天的时候希望整个世界都被踩在脚下……为此他们付出了青春，付出了尊严，付出了分辨是非的标注，甚至如戈尔洛夫，付出了失去儿子的代价。

后来，《前线》这部话剧被毛泽东主席推荐并引入了中国，曾在一段时间内成为共产党内领导干部们的形象教材，鞭策他们知是非，懂辨别，促进发扬奋发进取、实事求是的时代风尚，同时也巩固了与时俱进、尊重跟随时代发展的优良传统，为我国领导班子内部发展的先进性起到了重要的作用。

荒诞的关闭，共同的命题
——论加缪《鼠疫》的灾难细节表达

赖星宇　20 编剧学理论 MA

阿尔贝·加缪是 20 世纪法国著名的哲学家和文学家之一。作为存在主义作家，在他的小说《鼠疫》中，我们所呈现的是一个更为复杂和深刻的世界。它似曾相识又充满荒诞色彩。他冷峻而细腻的笔法，将整个城市陷入疫情之后的恐惧和阴冷，描写了出来。

这篇小说它以里厄大夫的视角，详细地记录了鼠疫在奥兰小城里从出现到结束的整个过程。当死老鼠忽然大量且密集地出现在人们的生活中的时候，人们大多不以为意，但里厄大夫却敏锐地察觉到这是灾难的征兆。他开始深入调查，四处游说，希望能够引起当局的注意。在他的不懈努力之下，政府终于发布公告，宣布"鼠疫"确立。门房先生因为鼠疫感染而死拉响了警钟，人们终于意识到了死亡的恐惧，政府也开始重视起来——宣布"封城"。人们不得不待在家里，患者被送往医院治疗，亲友则被迫分离，医生夜以继日地诊治病人和研发血清，政府焦头烂额地处理葬礼、维持公共秩序等事务……奥兰城成了一座人间炼狱。在这炼狱中，有人性的光芒，如志愿者们自发组建志愿队、前仆后继地奉献自我；也有人性的泯灭，一些人破坏禁令群体聚集，令鼠疫的传播更为便利。在小说的结尾，鼠疫忽然消失了，人们欣喜若狂，里厄却清楚地明白，鼠疫没有灭绝，还会在未来卷土重来，再次给人类带来灾难。

当我们再度深挖鼠疫的细节之时，会发现其中包含着的隐喻及对于现实的折射，都是很为契合的。当鼠疫突如其来地暴发时，我们先是看到了这人间百态，更从这人间百态中深切地体会到了书中鼠疫肆虐横行时的至极恐怖和人类面对鼠疫时的真实感受。而在加缪的《鼠疫》最为鲜明的就是其对于灾难细节的书写和表达。对于人类所面对的流感，无论是哪个时代和哪个国度所展现出来的慌乱、无序、痛苦和难以言喻的创伤，都是共通的。灾难并不随着时间的流逝而变淡，反而流淌出了沉重以及耐人寻味的痛感。亦然是打破国界和种族，超越时代的。

作为在北非法属殖民地的阿尔及利亚出生并成长起来的无产者，加缪始终将创作深植于民众受压迫的体验，感同身受地表现受压迫者精神的痛苦、身体的抗争、平凡的诉求与荒诞的命运。在充满象征手法的《鼠疫》中，鼠疫荒诞无情地拿走人类最宝贵的生命，向世人展示了求生与不能的对立，渲染了毫无理性的荒诞图景。鼠疫肆虐期间，"个人命运已不复存在，唯有一段集体的历史，即鼠疫和所有人的共同感受。感受最深的莫过于骨肉分离和放逐感，以及其中包含的恐惧和反抗"①。我们不妨看看加缪是如何体现灾难细节。

奥兰本是一座风光旖旎的海边小城，在毫无知觉中陷入鼠疫魔咒。所有老鼠离奇死亡，这样的危机蔓延到了整个城市。对于已被宣称绝迹的鼠疫，里厄和所有医生都不敢轻易断言。然而，相似病例持续暴增，鼠疫的名字最终在反复论证后，在最高行政会议上确定下来，奥兰城迎来史无前例的"封城"。"封城"这个我们非常熟悉的词语，它作为人类有组织的集体行为无疑是一强烈暗示，封城所意味着的是一种变形的紧闭。"封城"之举，是人类历史上为对抗族群灭绝采取的最高级隔离措施。封闭后的奥兰城内，根据疫情严重程度，实施不同程度的隔离和宵

---

① 阿尔贝·加缪：《鼠疫》，李玉民译，湖南文艺出版社 2018 年版。

禁。鼠疫，在当下所指的染上鼠疫的人，要强制隔离治疗。因恐惧与亲人分离，有人拒绝医生造访，拒绝亲人被送进医院或隔离营，防疫警察被迫采用暴力迫使民众就范。"封城"造成奥兰城内居民与外界彻底隔绝。奥兰城内所有人的生活突然画上休止符，被同时推入一种恐怖的等待和漫长的坚持。鼠疫和"封城"，让人们不得不改变生活轨迹（职员格朗、活动家塔鲁），改变与亲人的相处方式（医生里厄、法官奥通），改变与爱人承诺的誓言（记者朗贝尔），怀疑长期以来的精神的皈依（神父帕纳卢）。鼠疫成为压迫在所有人心头的魔咒。鼠疫带来各种极端的磨砺，除了情感的恐惧、生存的侥幸，还有精神的委顿：对报纸上死亡数字的攀升，人们的反应从高度关注、震惊，慢慢转为逃避、冷淡和麻木。

救护车的声音、冰冷的数字、惊悚的枪声、众多无法体面处理的遗体。这些已经充斥着在奥兰人生命中的事情，已经令人感到麻木和愤然。鼠疫让奥兰人不停被收割，荒诞命运不断降临民众。里厄医生和同事们面对人类医学的极限，拼命地实验与救治，寄希望于每次新研制的血清和疗法。医务人员和志愿者日复一日繁重地工作，每天都筋疲力尽。医院不得不接收不断送来的病人。医院虽人满为患，却根本无药可医。荒诞的图景所展现出的是在困境中的"人"的绝望和痛苦，在细节中被展现得淋漓尽致。令人痛苦的并非来自突然的撞击，而是处于纤毫之间的失落和日复一日身处于生与死之间的恐惧。

描写灾难细节的部分，重述着对于生命荒诞本质的痛苦。琐碎的、清楚地存在于荒诞生命本身中的恐惧比恐惧本身更令人绝望。然而我们所发现的这种痛苦，与环境紧密相关。这是在特殊情境中，人对于灾难力量的反抗和对于自我命运的审问。荒诞的关闭，看似荒诞，却是我们人类所要面对的共同命题。这个共同的命题萦绕着"灾难"和"禁闭"一同展开，我们在其中所展现出来的反抗力量以及对于自然不知名力量的不屈服，是我们作为人类的自我尊严的表现。

戏　曲

《窦娥冤》：一部超现实的传记

张　弛　19 编剧学理论 MA

中国古典名剧《窦娥冤》是由元代剧作家关汉卿在《列女传》《汉书·于定国传》中所记"东海孝妇"故事的基础上创作而成，全剧四折一楔子，讲述了一个女子充满苦难的人生经历，为戏曲四大悲剧之一。几百年来，窦娥的形象始终活跃在人们的心里，并以各种角度、各种方式被诠释和演绎着。单作为一部灾难题材的戏剧作品来说，《窦娥冤》有着特殊的艺术价值，它对灾难的描写根植于现实，却又最终达到了超现实的境界，剧作家将悲悯的情怀寄托于天地鬼神，使受难的灵魂得到抚慰，从而引发了观众的情感共鸣。

在现实层面上，主人公窦娥经受的苦难足有三重：其一，幼年被弃。窦娥原名端云，三岁时母亲偶亡，其父窦天章是个穷困潦倒的书生，因还不起 40 两银子，将年仅七岁的女儿送给债主蔡婆婆作童养媳。离别时，窦天章恳求蔡婆婆善待女儿，并一再向女儿诉说着自己的无奈："我也只为无计营生四壁贫，因此上割舍得亲儿在两处分。"尽管窦天章表现得十分痛心，但不可否认，他的行为在本质上是一种抛弃，窦娥从那时起就失去了原本的名字，被改叫窦娥。其二，青年丧偶。窦娥与蔡婆婆之子成亲后，刚过了两年，丈夫便害疾而死，致使窦娥才二十岁出头便开始守寡，独自承担起赡养蔡婆婆的责任，此为生活之重。其三，死罪加身。张氏父子的出现使婆媳二人的生活彻底失衡，张驴儿欲强占窦娥为妻，将毒药投于窦娥为蔡婆婆所做的羊肚汤中，却意外害死其父，窦娥以"十恶大罪"被收入狱中，而父母官昏庸无能、不明事理，酷刑逼供，为保蔡婆婆免遭棍棒之灾，窦娥只好认下死罪，莫大的冤屈就此酿成。而这一难，彻底摧毁了窦娥的人生。

可以说，在化身鬼魂之前，窦娥一直都是精神上的孤儿。生父虽尚在，却像处置钱财物品一般将她交予他人；丈夫或许可以成为她的依靠，但不出两年就撒手人寰；在张氏父子一案上，没有人相信她的说辞，她被迫顶着杀人的罪名含冤而死。除了窦娥外，每一个出现在故事中的人都是自私的，窦天章为考取功名而置亲情于不顾，张氏父子为贪图享乐而侵入他人家庭，楚州太守梼杌甫一登场便自白"我做官人胜别人，告状来的要金银"，看似对窦娥疼爱有加的蔡婆婆却是放高利贷而导致窦天章卖女的罪魁祸首，在种种私欲的交织中，窦娥不过是一件牺牲品罢了。但窦娥之所以是窦娥，不仅在于她身上所具备的那些美好的品性，更在于她面对灾难的态度与反应——摆在她面前的并不完全是死路，但她不肯委身于张驴儿之流，也不忍见年迈的婆婆受刑，虽感慨于命运的不公，却没有过分的哀怨，反而在罪名已成、即将问斩的时刻毅然向神灵许愿，要求天理为她正名。这种超凡的气魄，使她从浩如烟海的戏曲文学艺术中脱颖而出。

血溅白练、六月飞雪、亢旱三年，窦娥许下的三桩誓愿在影响程度上逐级增强。一开始，血溅白练也许只算得上天地异象，但到了最后一桩，三年亢旱对一个农耕社会来说完全是灾难性的。在一系列动荡背后，窦娥从受难者变成了施难者，而灾难的性质也悄然发生了几点转变：首先是从个人到集体的转变。被父亲遗弃也好、担下死罪也罢，都只是窦娥的个人遭遇，但三年亢旱所引发的诸多问题需要成千上万的家庭一同承担，无数人的命运将受此波及。回想刑场上举目无亲的窦娥，人们的沉默最终换来了集体式的惩罚。其次是从社会到自然的转变。窦娥的不幸遭遇是由复杂的社会关系造成的，所以她的灾难可以被认为是社会性的灾难，而窦娥的誓愿是以自然灾害的形式实现的，是为自然性灾难。再次是从现实到超现实的转变。虽然三桩誓愿都是自然性的，但它们全部违反了自然规律——且不说前两桩，即便是历史上常见的干旱，也应以气候异动为前提。剧作家将这些现实的规则一一无视，设计出如此匪夷所思的情节，并不是为了博眼球，而是有着其他的目的。

《窦娥冤》全名《感天动地窦娥冤》，即，窦娥的冤屈使天地都为之动容，种种超现实异象的发生实际上从侧面强调了窦娥命运的不幸，使其形象特征进一步凸显。除此之外，剧作家也需要借助这种超现实的情节才能完成特定的艺术表达。

在关汉卿所生活的元代，民族冲突强烈，等级制度森严，对处于社会底层的穷苦人民来说，遭遇不公的待遇就像是家常便饭。窦娥实际上正是这些底层人民的缩影——作为一个命如草芥的弱女子，她根本无法主宰自己的人生，每一次暗潮涌动都可能倾覆其命运之舟。悲哀的是，多数人和窦娥一样缺乏反抗不公的能力，黑暗的社会现实使官府闭塞、冤情滋生，社会秩序荡然无存。既然在现实世界中找不到解决问题的途径，关汉卿只好把希望寄托于天地鬼神，恳请它们完成在自然环境中不可能实现的誓愿，以此来满足现实世界中严重缺失的正义感。

在第三折窦娥即将问斩时，她唱道："有日月朝暮悬，有鬼神掌着生死权，天地也，只合把清浊分辨，可怎生糊突了盗跖、颜渊？为善的受贫穷更命短，造恶的享富贵又寿延。天地也，做得个怕硬欺软，却原来也这般顺水推船。地也，你不分好歹何为地？天也，你错勘贤愚枉做天！"其中，窦娥用"天地"指代一众人间判官，向他们发出质问的同时，也替无数苦命人抒发了他们心中难以言表的辛酸，这使窦娥的"冤"不止成为一个人的苦难，而上升到整个群体的高度上。所以尽管《窦娥冤》是关汉卿作为一个剧作家最无力的反抗，在元朝覆灭的近七百年后，我们却仍然为其深深折服。

论《赵氏孤儿》中灾难主题的呈现和意义

张家宁　20 编剧学理论 MA

　　纪君祥，大都人，生卒年代不详，曾写过杂剧六种，但现仅存《赵氏孤儿》一种。钟嗣成《录鬼簿》记他是"前辈才人"。元刊本之末有"正名"四句，曰："韩厥救舍命烈士，陈英说妒贤送子。义逢义公孙杵臼，冤报冤赵氏孤儿。"① 后"赵氏孤儿大报仇"为明刊正名。

　　《赵氏孤儿》故事源于《左传》《国语》《史记》《新序》《说苑》等史籍。《左传》"宣公二年"记述"晋灵公不君"，先遣刺客后纵獒犬谋害重臣赵盾，赵盾出亡，赵盾之弟赵穿诛杀晋灵公后，赵盾复官。《左传》"成公八年"又记赵庄姬向晋侯进谗，引出赵氏家族之祸，但因韩厥进言，赵氏之后赵武得存。此外，《史记》中《晋世家》《赵世家》《韩世家》都有关于赵氏故事的记载。而纪君祥创作的元杂剧《赵氏孤儿》是第一次将这个故事以戏曲的形式演绎出来，他把《左传》和《史记》记载的晋灵公欲杀赵盾和晋景公诛赵族这两个相隔多年的事件捏合在一起，故事围绕"存赵与灭赵""搜孤"与"救孤"展开，后者是全剧的中心事件。全本围绕这一事件，通过对剧中人物所遭受的不同程度的"灾难"和"毁灭"的书写，结合当时创作的时代背景，笔者试图将挖掘该剧中暗含的三重灾难主题，对其呈现及意义作逐一分析。

---

　　① 《古今杂剧三十种》，日本京都帝国大学影〔元〕刻本影印，第 66 页下。

自《赵氏孤儿》问世以来，传世百年，经久不衰，被誉为"雪里梅花"。探究其历久弥新的原因，吕效平教授总结了两点："一是有一个极富戏剧性的核心故事；二是这个核心故事关系到人类的基本价值观念。"[①] 富有戏剧性的故事不必多言，而这第二点便是本文的切入点——为捍卫正义，为枉死的忠义之辈复仇正名，赵氏孤儿认贼作父，程婴忍辱负重二十余载。于他们而言，从做出选择那刻起，灾难就伴随着他们，抑或是，并非是他们的选择导致了灾难，而是在那个时代，"灾难"早已无处不在。

一、认贼作父的一生——屠成（程勃）的灾难

　　朱光潜先生曾言，没有对灾难的反抗，也就没有悲剧。前有赵盾全家三百口无辜惨遭杀害，后有韩厥为救赵孤选择自刎，再有公孙杵臼英勇撞阶、程婴亲子被屠岸贾当面剑剁而死，谋杀，被杀，自杀……《赵氏孤儿》一剧看似是以赵氏孤儿成功复仇，赵氏一族沉冤得雪结束，但仍被广泛认为是一部悲剧。因为无论是对复仇路上牺牲的几百条无辜生命来说，还是对赵氏孤儿本人而言，这次复仇无疑都是一场灾难。

　　赵孤在成长的过程中，拥有两位截然不同的父亲，"这壁厢爹爹是程婴，那壁厢爹爹可是屠岸贾"。赵孤也拥有两个名字，两个身份，程勃是医生程婴之子，满腹诗书，屠成则是武将屠岸贾之义子，一身武艺。但二人却给他灌输着不同的思想观念，屠岸贾栽培他，是要他做一个像自己一样的枭雄，一人之下，万人之上，而程婴心心念念的都是捍卫正义，为赵氏满门正名。

　　事实上，赵孤是真正的孤儿，他并不属于这两者中的任何一种身

---

　　① 吕效平：《明洞的〈赵氏孤儿〉》，《戏剧与影视评论》2016 年第 1 期。

份，从他诞生之际，他便背负上了复仇的目标，却无人问过他的意愿，他明明与屠岸贾相处二十余年，实则有情，程婴却要他为正义弑父，这是屠成的灾难；程婴为了家国大义，甘愿献子以保全赵孤，以待来日复仇，但这一抉择亦是让赵孤背负上了比复仇成功更加沉重的道德枷锁，这是程勃的灾难，亦是程婴亲子的灾难。

二、"不忠不义"的一生——程婴的灾难

在《赵氏孤儿》之前，也有许多控诉黑暗社会题材的作品，但它们表达对灾难的反抗，多是通过鬼魂和神明的力量完成的，并没有凸显出人自由意志的力量，直到纪君祥所作的《赵氏孤儿》，才第一次将人性的深处挖掘得如此透彻。

元杂剧中先是将程婴的身份由《史记》中的门客改为草泽医生，又因戏剧需要激烈的矛盾冲突，纪君祥又将《史记》中"程婴谋取别人婴儿"这一故事情节改为"程婴弃子"，这样一来，的确增加了故事的悲剧意蕴，但也放大了程婴身上的灾难。他以亲子换赵孤，甘愿背负"不忠不义"的骂名二十余年只为完成复仇，这样舍生取义的精神，虽然叫人敬佩，但亦令人唏嘘，以此沉重代价换来对正义的捍卫，但对程婴本身父子情感的缺失而言，何尝不是毁灭的打击？

杂剧里这一始终忧惧的"义士"程婴与话本小说中一贯标榜的英雄角色形象亦是大相径庭，但他却于忧惧之中完成了救孤、换孤、存孤的不朽功业，且最开始程婴救孤存孤想的只是对赵家报恩，但是后来却逐步转变为了"要救晋国小儿之命"，为小我变成了为大我，虽然他始终满心恐惧，却完成了不可能的义行，这亦是他令人佩服之处。

面对杀戮与战争，人们被迫激发出一种源自心底的对生存与正义的渴望，换言之，恰恰是因为"灾难"的到来，才使人们更加清楚何为内

心真正追寻的道义，尽管付出的努力在巨大灾难面前等同于螳臂当车，但人们对自由意志的向往及对正义精神的追求，是再大的灾难也无法湮灭的，这样的一种源自心底的力量，灾难不仅无法将其摧毁，反而会使它更加强大，亦如程婴之所为。

三、被迫缺席的正义——时代的灾难

本剧中君主的形象始终是被模糊化的，看似重在描写"复仇"，但无论是除去赵盾还是清算屠岸贾，实则坐享其成的都是这位被大家所忽视的当权者。纪君祥将赵氏孤儿案这一古老的故事搬上戏曲舞台，借古喻今，故事里所写的狡兔死、走狗烹的时代，何尝不是纪君祥所生存的元朝呢？

据史书记载，元代是中国历史上第一个被异族入侵中原后所建立的封建王朝，元代的统治亦是建立在残暴的阶级压迫与民族压迫基础上的，所以在纪君祥改编的杂剧《赵氏孤儿》里，看似展现的是家族复仇故事，实则蕴含着人们对正义终要战胜邪恶这一美好信念的追求，所以相对于《史记》中客观表达的家族复仇而言，杂剧的主题更具有社会意义，更能激起人们对正义感的追求和对灾难的反抗。

《赵氏孤儿》通过讲述一个报仇雪恨的故事，塑造了诸多即使在灾难和毁灭面前，亦能做到"泰山崩于前而色不变"的忠义之士的光辉形象，展现了他们的人格深处的魅力。他们虽然深陷杀戮、战争等灾难之中，却都用不同的方式反抗着降临到自己身上的灾难，但迎接他们的，却是一个殊途同归的答案——生命的毁灭。赵孤认贼作父二十余年，与这个所谓的父亲情深义重，朝夕相处，但最终恍悟，自己全家都是被他所杀，这样心态上的转变，无疑是对赵孤的毁灭，更是倾覆一般的灾难；而对程婴来说，他为了保全赵氏孤儿，为了心中大义，只能忍痛舍

弃自己的亲生儿子，与屠岸贾献媚，最终虽然完成了复仇大计，但程婴这一生，失去至亲，"背叛"挚友，世人骂他"不忠不义"，他活着的每一天都浸泡在灾难与痛苦中，这难道不是一种比死亡还要痛苦的毁灭吗？对当时这个时代而言，昏君掌权，奸佞当道，忠义之士满门被杀，无人主持公道，于人民百姓而言，又何尝不是一种无法摆脱的灾难呢？而作者正是通过对这些不同程度的灾难的描述，给我们再现了当时社会的冲突与矛盾，表达了对人间正义的企盼和追求，以及对灾难的反抗精神。

在灾难面前，个体的伤痛与无助、人性的善恶与复杂表现得更为集中而鲜明。优秀的灾难文学作品在带来巨大伤害的同时，更致力于揭示灾难下人性的复杂多元，引起反思。纵使天灾人祸、战争死亡会让我们失去许多，但我们对待灾难的态度，除了感慨和悲痛，还可以辩证地去思考，或许它在倾覆一切的时候，也在重塑一切。

论《琵琶记》的饥荒叙事

梁金华　20 编剧学理论 MA

南戏《琵琶记》是元末高明根据南曲戏文《赵贞女与蔡二郎》改编的作品，被推为"南戏之祖"，亦有"元代戏曲之殿军，明代戏曲之先声"的美誉。饥荒是该剧中重要的叙事元素，不仅构成剧作的故事背景、关键情节，还对主题的揭示、人物形象的塑造有着重要作用。

一、饥荒中的情节结构

饥荒作为《琵琶记》的故事背景，在情节上起到使人物从顺境转到逆境的作用。蔡伯喈在蔡公的逼迫下进京取试后，陈留郡却连年饥荒，致使剧情急转直下，蔡家陷入困境，赵五娘不得不请粮、食糠、祝发、葬亲、赴京，蔡伯喈不得不辞官、辞婚。在结构上，饥荒使得赵五娘在家的凄惨生活与蔡伯喈在丞相府的富贵生活形成鲜明对比，从而在生、旦各领一线的双线交叉结构中造成一悲一喜、一冷一热的效果，增强了悲剧性。一边是蔡伯喈高中状元、出席春宴，一边是赵五娘侍奉公婆、请粮被抢；一边是蔡伯喈入赘相府洞房花烛夜，一边是赵五娘糟糠自餍、蔡婆饿死；一边是蔡伯喈与新婚夫人中秋赏月，一边是赵五娘遭遇蔡公饿死；一边是蔡伯喈寄钱落空，一边是赵五娘祝发买葬。一甘一苦，两相映照，凸显蔡家之悲剧。不仅如此，饥荒情节还具有加强戏剧冲突的作用。该剧围绕着"辞试不从""辞官不从""辞婚不从"展开冲突。蔡伯喈始终面临着遵循君臣伦理还是家庭伦理的矛盾。在辞婚不从与辞官不从的冲突中，家中灾荒无疑增强了他辞官辞婚以尽人子之孝与夫妻之情的迫切性。第十二出《官婚议婚》与第十六出《丹陛陈情》中，蔡伯喈虽辞官辞婚，却被皇帝以"孝道虽大，终于事君"为由驳回。如果说辞试冲突仅仅是悲剧的开始，那么辞官、辞婚的冲突则是酿成悲剧的关键。从此，君命难违的朝廷与饥荒不断的家乡撕扯着蔡伯喈，使其精神压抑、心境悲怆。后来，蔡伯喈虽书寄乡关，却又遭拐儿赊误，直至与赵五娘重逢，归乡祭拜双亲，方才结束了这层冲突。

二、饥荒中的女性形象

饥荒情节将赵五娘推入极端的情境之中，以表现其舍己侍亲的精神，从而塑造出一个贤妻孝妇的形象。蔡伯喈离家后，陈留郡大旱三年，赵五娘为侍奉公婆，"把些钗梳首饰之类，典些粮米"。后逢官府放粮济贫，顾不得妇人家不出闺门的忌讳，赵五娘苦揸揸独自外出请粮，好不容易请得粮食，半路却遭里正抢夺，气得欲投井自杀，幸得张太公接济些粮食才勉强熬过去。为了把米省给公婆吃，赵五娘偷偷吃糠，却遭公婆误会，责怪她独食好茶饭。赵五娘忍下委屈，不料公婆意外得知真相，蔡婆竟羞愧而死，一番苦心付诸东流，还得勉力安葬蔡婆。屋漏偏逢连夜雨，蔡公又病危，赵五娘困苦难当。蔡公死后，赵五娘为了购买棺材，将受之父母的头发剪下来，沿街叫卖；为了垒筑坟茔，抓破十指，鲜血淋漓。赵五娘在坟头为公婆描像后，为了公婆不绝后，背画像、抱琵琶，沿途卖唱乞讨，进京寻夫。从这一连串的动作可以看出苦难中的赵五娘尽孝至自戕的程度。

剧中对赵五娘经历苦难时的心理进行细腻的描写，也对赵五娘形象的塑造起到作用。《糟糠自餍》描写了赵五娘吃糠的情感历程，她从糠的难咽想到自己同样被"筛簸"的命运，从糠和米的贵贱想到自己和丈夫的不同境遇。《祝发买葬》则描写赵五娘以头发喻己，和头发一样被白白耽误了青春，还要被"剪"掉以埋葬双亲——牺牲身体发肤。《乞丐寻夫》写赵五娘为公婆描容的悲痛之情，她描不出双亲"庞儿带厚""庞儿展舒""欢容笑口"，只描出了他们形衰貌朽的真容；她描的是双亲像，更是心中苦。这种细腻的情感描写十分动人，在观众心中引发共鸣，如《李卓吾先生批评琵琶记》的卷末总评提道："《琵琶》妙处，只在描容、祝发、食姑、尝汤药、厌糟糠数出，到此则不复语言文字矣！"赵五娘吃苦耐劳、勇于牺牲的形象跃然纸上。

三、饥荒中的伦理主题

《琵琶记》真实地描绘了饥荒岁月中农村生活的惨象。而高则诚生活的元末正好是饥荒不断、到处饿殍的年代。武宗至大元年，河南出现父食子的事件；顺帝至正十九年，京师近100万的人被饿死，11个城门外皆有掩埋死尸的万人坑。顺帝元统二年，高则诚的家乡浙江一带发生水灾，饥民达57.2万户。剧中对饥荒的描绘源于作者的亲身经历及其对时代的真实感受，写实地反映了当时人民的困苦生活。更为凄惨的是，普通百姓不仅要遭受天灾的饥饿，还要被下层官吏鱼肉，这集中体现在《义仓赈济》一出。该出通过里正抢夺赵五娘靠怜悯所得的赈济粮，有力地揭露了下层官员的腐败。而且，剧本还将普通百姓贫苦的生活与牛府骄奢的生活形成对照，从而从上到下立体式地批判了当时的统治阶级，将普通民众遭受天灾与人祸的双重压迫展露无遗。

汉族统治者千百年来建立的伦理秩序在元代遭到破坏，当时的文人知识分子多认为政治的黑暗是因为礼教的废弛，如朱元璋就曾指责元朝统治者"其于父子、君臣、夫妇、长幼之序，污乱甚矣"，而以"恢复中华，立纪陈纲"为号召。此外，高则诚亦自幼受封建礼教熏陶。在此基础上，便可以理解高则诚在"副末开场"中提及"不关风化体，纵好也枉然"的意图。他认为伦理道德是医治社会问题的良方，因而塑造了孝子蔡伯喈、"两贤"赵五娘和牛氏，以及义士张广才这一系列符合道德规范的典型人物。

四、饥荒与语言风格

《琵琶记》的语言因独特的双线结构而表现出文采与本色相兼的特色。其中，生角一线的语言皆是文采语言，旦角一线的语言则皆是本色语言。这与二人所处的生活环境相吻合，蔡伯喈生活在显贵的牛府，用词讲究，富于文采；赵五娘生活在穷苦的百姓家，语言贴近平常，但字字动人。而饥荒的设计有助于赵五娘的平常语言流露出打动人心的苦情。例如，第28出《中秋望月》通过优美的唱词表现牛小姐新婚赏月的欢悦心情与蔡伯喈思乡的凄凉心境，如牛氏之"长空万里，见婵娟可爱"，蔡伯喈之"孤影，南枝乍冷"。而第29出《乞丐寻夫》则以自然的语言刻画赵五娘描容过程的感情波澜，如"描不出他苦心头，描不出他饥症候，描不出他望孩儿的睁睁两眸"。

五、《琵琶记》饥荒叙事的启示

饥荒作为《琵琶记》重要的创作元素，一方面，提供了赵五娘这条故事线以极端的情境，有助于塑造出孝顺贤惠的中国传统女性形象，另一方面，激化了全剧的主要冲突，对于蔡伯喈之辞官、辞婚起到推波助澜的作用，并且，还对全剧主题的揭示起到独特的作用，更为直接地反映出民众的社会生活。这种叙事方式与戏曲文学中的饥荒叙事大抵一脉相承，特殊之处在于其独特的双线结构，使得饥荒之惨状与达官显贵之骄奢形成对比，从而抨击政治的黑暗，增强悲剧性效果。饥荒与双线结构的结合丰富了戏曲文学饥荒叙事的表现方式，具有借鉴意义。

我们永远难以确定的一切

——戏曲《浣纱记》鉴读

高　媛　21戏剧与影视学博士

没有人能忽略《浣纱记》在昆曲史乃至戏曲史上的地位。四十五出的漫长剧本，将一个并没有复杂情节、却具备极度复杂情感的故事从头到尾描摹开来，作者以其丰富的想象力和直截了当的情感指向，引领后世的我们走遍一段春秋史稿遗痕的每一个角落——然而这辉煌却是源自毁灭，这深情却是源自分别，这戏剧性源自无可争议的灾难。

一、被灾难成就的传奇

抛开曲韵上的开时代先河不论，如今我们定义《浣纱记》的文本艺术价值，或注目于其中爱情与家国情怀对撞出的悲剧，"以生旦爱情寄兴亡之叹"，或就其本名《吴越春秋》入手，认为旨在"展示吴越兴亡的历史教训"，这也是第一出《家门》中提及过的。

全剧四十五出戏，仅十出左右涉及生旦爱情，其余均在铺陈吴越争霸的种种细节。但无论《浣纱记》中对战争与计谋进行何等宏大叙事描述，都难以避免这一切辉煌戏剧性的基础是一场灾难性的毁灭。吴越春秋，无论是吴是越，争霸的结果只有一种，或赢或输，都是古人那一句：兴亡皆百姓苦。

在《浣纱记》中，这种苦楚被具象而微地放诸一个无知且无辜的美少女身上，更放大了生命的疼痛。《浣纱记》以"浣纱"这一场爱情的引子事件为名，听上去浪漫而轻妙，但其全剧频繁在决策者的大视野与经历者的小视角间进行切换，并替所有人的悲剧命运寻找到合理性与情感支点。哪怕塑造得标签化十分明显的"奸臣"和反派，对其欲望的描述也清晰可辨，增加其奸之所以为奸的可信度；哪怕作为导致吴越大战的导火索人物之一伍子胥，在第三十三出《死忠》含冤自尽时，其忠勇担当姿态也尤为感人。

然而这些精彩的人性与真切的细节，在作者本人亲手奠定的收梢《泛湖》中，终将呈现出被岁月载浮载沉地漂洗后趋于淡漠的无奈与虚无。吴越争霸，何其惨烈——只不过，"大明今日归一统，安问当年越与吴"？历史终将成为历史，而我们铭记的道理和教训，与牺牲相比，孰重孰轻？战争带来的灾难，成为崭新传奇的虚渺背景，一抹血殷殷的底色。

二、被灾难褫夺的选择

"时代的一粒灰，落在每个人头上，就是一座山。"大概可算近年流行语之一，这句话的真实与悲切，放诸两千五百年前亦然。加在《浣纱记》女主角西施身上的灾难，是一场国之灾难引发的个体牺牲，且这种牺牲并非普遍性的，而是由于某种幸运与不幸同时爆发所导致的后果。对她初萌的爱情而言，遭受到打击是毁灭性的。《浣纱记》中西施的被举荐，来自范蠡本人。自己即将踏上的去国之路，生死未卜，遑论屈辱——竟然是由爱人亲自开辟，甚至并非来自王权驱使下的举国征集。某种意义上来说，西施在这个故事中，从始至终都不曾拥有过命运的公平。何况起初她与范蠡的爱情，开始于一种（被选择之下的）一见钟情，被征求过意见，虽然也许并没有拒绝的权利和理由，无心中获得的幸福，至少拥有一点狭窄的意愿自由。

在《浣纱记》的人物行动中，西施始终被动。命运的被改变被拨弄，始于被爱人选择下的一见钟情，和同一个人一念之下决意为国为民的忠贞。而最令人悲伤的或许在于，她所做出的伟大牺牲本身，其实也只是一种尝试。面对倾国倾城的灾难，她只是默默接受，默默承担。

显然，为这一条怂恿对方君主"酒色误国"的计策，一定会有无辜的年轻美女被牺牲，即使不是西施。这是勾践、范蠡、文种及如他们一样的决策者根据当时形势做出的判断。但假使我们抛开正义性不谈，这一牺牲的必要性和合理性又依附于何处呢？我们无法想象，在歌舞之外，西施还学习着做了什么，以及真正做了什么。但当越国为"献美"这件事赋予了郑重形式与内涵，无形中就将吴国（必然）倾覆的艰难宏大责任归于了这名美女。这也许是比个人肉身与灵魂牺牲更为深重的灾难。

这也是《浣纱记》一剧的奇妙之处，红颜祸水和忠臣义士的故事千百年来被反复书写，但在《浣纱记》中，所有人物的行动都因此被决定，并因此反衬出隐藏在表面行动下的真正性格与情感，值得被一读再读。对范蠡而言，送出自己的未婚妻是大义之举，即使他或许心知肚明，这有可能只是一场有去无回的尝试。但牺牲的是"自己的女人"这一前提，足以压下感情的惊涛骇浪，更足以慰藉被道义训导调教出的严肃心灵。

《浣纱记》末出《泛湖》中一对情人泛舟五湖的结局，显得那样"自然且民主"，而"谢君王将前姻再提，谢伊家把初心不移"也仿佛是一种圆满的救赎和解释。但"人生聚散皆如此，莫论兴和废"的惘然与失意，终究为这种圆满蒙上了一层黯淡轻纱。

即便这纱，是曾经浣过的。

三、被灾难成就的英雄

自然，放诸梁辰鱼的立场下，我们无法要求作者脱出当时所处的社会背景和自身格局，对剧目中的人物予以数百年后我们经过了千锤百炼、与时代重重周旋才获得的人文主义的关怀。但梁辰鱼的伟大之处，在于他持笔重书的吴越春秋中，对绝望与痛苦的描述，并不输于对忠诚与决绝的渲染。

的确，结合当时社会背景而论，无论西施的牺牲抑或范蠡的付出，乃至勾践的选择，都难以用一声对错黑白来界定。但在梁辰鱼的笔下，所有的逻辑自洽，所有的正义追求，成全的都不过是两难之下的毁灭。吴越之间，无论胜利的是哪一方，在明代的梁辰鱼和今日的我们眼中看来，又有何区别呢？后世人无论为当事人所经历的一切赋予何种赞颂，都无法掩盖与抹杀灾难的真实存在。而灾难本身，无疑是最不值得颂扬的背景。

永不能否定英雄，永不可褒扬灾难，人性的光辉不可更不值得以灾难来试炼。多么圆满的结局也弥补不了曾经的付出与撕裂，《泛湖》一出中，"唯愿普天下做夫妻都是咱共你"是范蠡的许诺，但在那之前，他们经历了人生聚散，经历了故国兴废，经历了"富贵似浮云，世事如儿戏"，一路行来，何等凄怆。

时至今日，我们依旧无法替西施、替范蠡、替越国、替吴国去判定这一切值不值得，但有一点可以确定：无论人类是如何被情感、被权势、被命运左右，是如何毅然决然或踌躇悲痛地选择和被选择去成为"英雄"——其实，她或者他，都拥有不成为"英雄"的权利。

《桃花扇》鉴读

童琳然　21 编剧学理论 MA

清代传奇作家孔尚任"借离合之情，写兴亡之感"，用一柄桃花扇引出复社文人侯方域与秦淮名妓李香君的爱情故事，在明末动荡的世象图景中掘出统治阶级的内部矛盾，展现了南明王朝自衰退至灭亡的过程。全剧形象地刻画了朝代更迭之时权奸当道、民不聊生的乱象，生旦爱情湮没于社稷覆灭，典雅曲词难掩作者深沉的家国情怀。《桃花扇》中的灾难，不论表现为战乱不断，或是离愁别恨，实际上都指向江山覆亡。祸由人起，亦由整个社会承担。正如《修札》一出中柳敬亭所言，"那热闹局就是冷淡的根芽，爽快事就是牵缠的枝叶"，点明了这场灾祸无可逃避的实质。

一、史戏浑一的精巧构思

《桃花扇》以侯方域和李香君的爱情为线索，将个体命运同家国命运紧密相连，书写南明覆亡的历史。剧中大厦将倾的社稷情状是基于史实之上的灾难实情，但作为艺术作品又不乏作者的虚构点染，如《骂筵》《沉江》《入道》等关目，皆是剧作家根据戏剧情境的需要所创作。现实主义笔法与戏剧性的结合，使思想性与文学性融于一体。

全剧以一柄桃花扇贯穿始终。"桃花扇"作为戏胆，是侯方域与李香君的定情之物，一方面，将扇子主人聚散离合的主线，与朝堂、战争等关乎南明王朝兴亡的内容，有机、缜密地编织在一起，在借情言政的同时巧妙地结构全剧；另一方面，桃花扇从定情题诗，溅血描花，到撕毁掷地，展现了李香君心怀大义、坚贞不屈的气节，也预示了二人坎坷的爱情命运，因而被侯、李爱情赋予为独特意象，具有哀婉的悲剧美感。

剧中灾难在赠扇定情之前便已有根芽，侯方域与李香君的爱情开始更是同当时的重大政治事件难以分割，即复社文人与阮大铖的斗争与纠葛。杨龙友的说和、阮大铖的妆奁，直接促成侯方域与李香君的姻缘，但二人因"却奁"被阮大铖记恨，便有了侯方域受到构陷后逃奔史可法，造成了有情人分离的局面。由此，爱情主线各分两支：一线从李香君《拒媒》《守楼》《骂筵》《选优》等遭遇，揭露了弘光皇帝、马士英、阮大铖等统治阶级苟且偷安、舞权害民。一线从侯方域生发，看藩镇将领飞扬跋扈，内讧误国，而史可法、左良玉等忠臣空有一片丹心，难敌王朝颓势。当弘光政权崩塌，二人再度汇合时，"兴亡之感"已与"离合之情"难以分割。

《桃花扇》以家国不再、主人公双双入道为结局，跳脱才子佳人大团圆的窠臼，凸显了"离合兴亡"的主旨。国破家亡的灾难之下，爱情悲剧成为必然，而"琉璃易散彩云碎"的遗憾又加强了"兴亡之感"，向观者挑明了全剧重心。

二、白描勾勒的人物形象

孔尚任善用曲词、科白刻画人物，"设科之嬉笑怒骂，如白描人物，须眉毕现"。他以白描笔法，在南明覆灭前的特殊情境中勾勒出主人公的独特性格。李香君是处于社会底层的妓女，但在国仇家恨的政治背景下，她展现出巾帼不让须眉的真儿女情态。《却奁》一出，李香君表现出鲜明的政治立场；《辞院》关头，她通宵大义，不做矫饰；《守楼》之时，她不惜血溅当场也要坚守爱情；《骂筵》一出，她不屈淫威，敢于同权贵斗争。李香君的高洁情操不仅从她对爱情的坚贞不渝中显现，更凸显于她面对个人命运的搓磨和王朝动荡的局势都未曾移转的政治立场。侯方域同样对爱情矢志不渝，但身为复社文人，他心怀政治抱负却难以施展，自诩大义凛然也难免动摇。无论是起初收下妆奁，还是面对刚愎将领选择辞归，都表现了他身为知识分子阶层的软弱性。

《桃花扇》既以"写兴亡之感"为重，在人物塑造上就不止着笔于两位主人公。剧中众多人物都具备鲜明的性格与政治倾向：具有民族意识的将领与底层人民，如史可法、左良玉、柳敬亭、苏昆生等；以马士英、阮大铖、弘光帝为代表的南明上层统治集团和江北四镇将领，他们舞权弄势、贪图享乐、弃国家安危于脑后；左右逢源的官僚杨龙友，八面玲珑却无政治原则，在剧中起到穿针引线的作用。这些人物共同构成了明末的社会横断面。

三、宏大悲凉的社会悲剧

《桃花扇》书写的是南明王朝的灭亡史。这场政治灾难似乎难以揪出一个明确的罪魁祸首，祸国殃民的奸佞、嚣张跋扈的藩镇将领是灾难的直接促成者，军心溃散的兵士，甚至妥协无为的清流文人也间接导致了家国覆灭，而灾难的承受者是这社会中的每一个人。故而李香君和侯方域的爱情从未离开过明末动荡的时局，始终同家国命运、政治风云紧密联系，在宏大的社会悲剧中反映出一个朝代的问题所在。

在历史兴亡的洪流里，个人的力量难以与之抗衡，王朝覆灭的必然注定了个体的悲剧命运。李香君与侯方域的真情在家国覆灭中破碎，超脱一般才子佳人剧的意境，注入了作者的哲思。孔尚任将道教视为儒家理想破灭后的"桃花源"，让侯、李二人在久别重逢时双双入道，过往的坚守、相思与抗争终成一场空。二人超脱红尘的选择，是对家国覆灭的顺应，也是看淡人生的释然，带有全剧一以贯之的悲凉底色，表现出作者对人生的痛苦与幻灭的体悟。

"眼看他起朱楼，眼看他宴宾客，眼看他楼塌了"，全剧结尾时，【哀江南】中的三句感慨道尽沧海桑田，将孔尚任对于历史兴亡与人生空幻的喟叹烙于观者心间，为《桃花扇》增添一抹悲观主义的色彩。

《千忠戮》鉴读

　　《千忠戮》是清代传奇剧目，一般认为其作者是苏州派剧作家李玉。该剧收录于《古本戏曲丛刊》，现存传抄本二十五出，其中前三出剧本缺失。剧中敷衍了历史上有名的政治事件，燕王朱棣起兵靖难之后，建文帝剃度出逃，在以方孝孺、程济亡为首的忠臣义士的庇护之下，一路逃亡、隐遁，辗转二十余年，最后重返宫廷的故事。昆曲界向来将《千忠戮·惨睹》与《长生殿·填词》并称为"家家收拾起""户户不提防"，"收拾起"即该剧中第十一出【倾杯玉芙蓉】"收拾起大地山河一旦装"一曲，足以见得该剧影响之深远。时至今日，剧中《奏朝》《草诏》《惨睹》《搜山》《打车》等几折作为折子一直在昆曲的舞台上常演不衰。

灾难对于剧作构思的影响

　　作为一出政治题材的悲剧，政治灾难是导致剧中主要人物悲剧的主要原因。全剧围绕着"寻找""逃亡"两个戏剧动作与反动作展开。"寻找"一条主线是以燕王朱棣所领导的群臣对出逃的建文帝的找寻。作为起兵靖难的皇帝，燕王朱棣虽然拥有赫赫战功，但他的继位名不正言不顺，而名正言顺的建文帝是他最大的威胁所在，所以建文帝一天未有消息，寻找的群臣必须步履不停，"寻找"这个动作最后停止在朱棣死去、建文帝入宫自首。而"逃亡"一条线索主要是建文帝所带领的忠臣义士，他们从焚宫伊始剃度出逃、辗转隐遁，其中的凄惶、不安、飘零与动荡都构成该剧浓烈的悲剧色彩。

此外，该剧的政治灾难在戏剧冲突的构建上也起着至关重要的作用。两个政治阵营间的冲突，其核心是"义"与"不义"之间的对垒。明成祖朱棣带领的永乐朝臣大肆屠杀、残害建文朝忠臣及其家人的情节是为"不义"，与忠臣义士们保护建文帝，忠心护主的"义"行，二者之间形成了强烈的对比。在朴素的"一臣不事二主"与"忠臣死节"的传统民族品格和价值观念的影响之下，方孝孺、程济、史仲彬等"义士"前仆后继，护卫着建文帝的安全。并且这种保护是朴素的，并不掺杂任何目的，他们并不为了建文帝能重整旗鼓，并不为了自己未来能加官晋爵，只是为了建文朝的一脉星火，即便辗转流亡的20年间，建文朝复辟与东山再起的希望已经越来越渺茫，他们还是坚持着自己的忠诚义行，矢志不渝，这种情感与《赵氏孤儿》的公孙杵臼与程婴等忠诚义士的行为也是一脉相承的。

更难能可贵的是正义的选择与忠臣义士的情感作为一种民族文化的认同，它是能相互传染的。当敌对阵营中的严震直终于找到了建文帝，士兵们将其押解上了进京的囚车，程济返回却不见建文帝，一路穷追猛赶，追到了建文帝的囚车。程济以遗臭万年作为威胁，以读书人的大义劝说严震直："你不见那唐室睢阳、宋室天祥？怎不学绯衣行刺？怎不学赤足方黄？"但沉浸在请功行赏幻想中的严震直并不吃这一套，程济回想起20年来与建文帝化为一僧一道，四海流浪，悲从中来，他唱

【雁儿落】：

痛煞恁奉高皇仁孝扬，
痛煞恁君天下臣民仰。

痛煞恁睹妻儿尽被伤，
痛煞恁抛母弟身俱丧。
痛煞恁受万苦千辛仍丧亡，
恨煞那吠尧厖。
我恨、恨不得生啖你那奸宄肉，
管、管教你千秋丑恶彰。
苍苍，忍坐视含冤丧？
双双，傍君魂入冥乡，傍君魂入冥乡！

　　"傍君魂入冥乡"一句宣告着他于二十余年的奔走、二十余年的坚
持，在今天已经失败、已经完结，即便活着也再无意义，他要追随着
建文帝走向死亡，但恰恰是这痛彻心扉的临终之唱，感动了押解建文的
一干军士。这些社会底层的小兵小卒们虽然没有文化，不通晓什么大道
理，但是对于忠义这样最质朴的价值观有着天然的认同，这种对民族气
节的尊重，使得他们统统患上了斯德哥尔摩症候群，他们被程济所感
动、感化，最后弃囚车而走。正是这些兵士们的认同使得程济觉得多年
的付出、坚持是值得的，这使得他感慨万千，也使他痛骂严震直：

【收江南】
呀！见多少弃甲抛戈蠢儿郎，全不晓礼义共纲常。
一霎时良心炯炯弃戎行，绝胜却沐猴群冠带狠豺狼。
怪伊行不良，怪伊行不良，
倒不如无知军卒姓名香！

　　严震直在士兵慷慨、忠臣大义的环境下被深深震撼，他心中的良知
与正义感逐渐苏醒，与此同时，他也倍感惭愧，他惭愧的是自己身为建

464

文旧臣却助纣为虐，身为尚书对忠与义的理解竟不如贩夫走卒来得深刻，于是他跪倒在建文帝身前，挥刀自刎，以完成自我的救赎并践行他对忠义的誓言。

灾难对于剧中环境氛围的营造

灾难戏剧作为一种题材类型，其剧作方式也多种多样，有的剧中对于灾难并不进行正面的描写，灾难作为背景，作为悬于剧作中的达摩克利斯之剑，深刻地影响整个故事的走向与发展。而《千忠戮》对于灾难的描写属于另一种类型，即直面灾难，书写灾难。建文帝焚宫出逃，与程济二人化作一僧一道，辗转流亡各地，这对自小养尊处优的建文帝来说本身就是一种灾难，他心中的大好江山，在流亡的途中却看到忠臣惨死、家眷流放、尸骨遍地的惊心动魄场面，从流亡的他眼中所看到了江山已经是人间炼狱。《惨睹》就是将建文帝眼中看到的人间炼狱与他凄惶的内心加以结合，创作出了明清传奇史上最为悲情的篇章之一。全出由八支曲子组成，每曲都以"阳"字结束，故又名"八阳"。第一曲【倾杯玉芙蓉】他从一个君临天下的皇帝变为一个逃命的普通人，心情异常郁闷，所以眼中的景物充满了忧愁，无论是树林、高山还是江河，都惹起他无限的兴亡之感和物是人非的感慨，在旷野中他唱"但见那寒云惨雾和愁织，受不尽苦雨凄风带怨长"，这种强烈的身份变化所带来的伤感，是无以名状的。第二曲【刷子芙蓉】起头唱"颈头血溅干将，尸骸零落，暴露堪伤"将政治灾难中，忠臣义士惨死之状描写得淋漓尽致，他们魂飘天际，尸骸却无人安葬，对比第一曲，惨烈的程度又深了一层。第三曲【锦芙蓉】程济劝建文帝不要淹留，不要再看这人间惨剧，赶路逃命要紧，可是建文如何能移开他的脚步，这些人都是为他而死。第四、五、六曲【雁芙蓉】【桃红芙蓉】【普天芙蓉】讲的是忠臣家眷被流放、发配，那些建文臣子誓死都不肯转投他主，路上的每一处惨景都深深地印刻在了建文的心中。他无法平静、无法呼吸，所以他心思怏怏，在【尾声】处听到了野寺晚钟，却误以为是景阳钟声。这也意味着建文帝的这一生都无法忘记这些惨烈的景象，永远生活在凄惶、不安、动荡之中。

总之，《千忠戮》作为一出由政治灾难而引发的悲剧，展示了明清传奇中忠君事国的永恒话题，其刻画的忠臣义士的形象永远闪烁着人性的光辉。即便身处于多元价值观的现在，《千忠戮》所展现的悲凉与忠义仍然值得今天所铭记。

却不为风世歌传

——戏曲《清忠谱》鉴读

梁思锶　14戏剧与影视学博士

　　"一忠风世，五义歌传。"是《清忠谱》最后一出中的唱词，从精神高度上为本剧几位主角——亦是牺牲者做出了总结定位。这部清代著名剧作家李玉创作的传奇，刊行于1660年，即清顺治十七年。作为有史以来第一部将市民斗争搬上舞台的戏曲，《清忠谱》前所未有地展现了一股"清官""忠臣"之外的壮阔波澜。群众与"忠臣"一道，两分舞台，成为势均力敌的主角。正如历史上发生的真实事件堪称壮举一样，李玉在《清忠谱》中赋予寻常民众和其代表"五义士"的笔墨，同样是戏曲史上开天辟地的一笔。纵然前有《鸣凤记》，后有《桃花扇》，但《清忠谱》将视线投向的并非当朝大员，也并非才子佳人，而是普普通通的市井升斗小民，且将戏剧冲突架构得惊心动魄，人物刻画鲜活真切，群像色彩浓重而不模糊。

　　《清忠谱》虽不属于李玉著名的"一人永占"四部，仍被视为李玉代表作之一。且被列入中国十大古典悲剧。悲其悲处，更可感其壮烈。

　　《清忠谱》的悲剧故事，源自明朝末年东林党人与魏忠贤为代表的阉党的殊死斗争。魏忠贤把持朝政，独断朝纲，统治极为残暴，是明代历史上一段极黑暗时期。其滥权专行将名义上的统治者皇帝亦不放在眼中。第三折《述档》中以白描手法对魏忠贤及其党羽的嚣张气焰做了生动描述："【品令】〔外〕内庭血染，屠戮遍嫔妃；堂堂天子不得庇王姬。凶谋假月，蔽日思狂噬。……〔外〕内庭弄兵，祖训所禁。那魏贼私设内操，挑选心腹宫标万人，裹甲出入，日夜操练。金鼓之声，彻于殿陛。皇子方生，炮声震死。近御铳炸，圣躬几危。魏贼走马上前，飞矢险中龙体。"阉党所行，对名义上当权者皇帝的尊严和人身安全都造成了最高威胁，何其嚣张。

这种针对皇权的危机同样给社会造成了巨大的不安与实质性损害。魏忠贤当权时期，官僚政客纷纷认其作父，为其到处建立生祠和神像，借以立威，谄媚之处，甚至以沉香雕刻为头颅祭拜。阉党党徒借其权势，贪赃枉法，压迫百姓，整个社会乌烟瘴气，弥漫恐怖气息。时局混乱如此，清廉好官的代表东林党人魏廓园、周顺昌奋勇直言，被捕入狱，酷刑而亡。普通苏州市民、不平之士颜佩韦等五人仗义执言，聚众请愿，却遭到当街处死的命运。从开端至全篇大半，皆被深浓的灾祸阴影所笼罩，主人公周顺昌在乱世之中的畸零洁白气质在弥漫社会的恐怖焦躁中，显得格外清冷而又突兀。他清高、朴素、忠直、真率，具备了一个幽暗社会里，忠贞孤臣所能具备的全部特征，也正因此，所有观众都可预知他必将是悲剧主角。另一方以颜佩韦这个戆直汉子为首的五义士则书写着另一种浓油大火的正义气质，在这沉溺窒息的人间，在一个邪必压正的社会背景下，这直率坦荡的意难平显得那样生动而又悲哀。

在《清忠谱》中，没有奇迹，或者说，丝毫没有奇迹发生的余地。然而在这不见天日的昏恶覆盖下，却愈见出中国古代文人的凛冽风骨。泰山崩，麋鹿兴，无毁其淡然姿态。而这姿态是一种开山裂石的端然，平日隐藏在柴米油盐的纠结窘迫与壮志难酬的落寞之中，但疾风知劲草，泰山压顶之时，这一股不低头不折腰的耿耿才显现出来。就如同周顺昌被捕入狱之前，提笔挥毫，妻子以为他要留下什么重要遗言以做交代，然而他一支曲子——"【五供养】展开素纸，骂贼真卿，书法宗伊。题着什么？好嘎，有了！〔写介〕补完未了事，题作小云栖。〔众〕'小云栖'这三个字什么意思？〔生〕前日龙树庵僧西崖，嘱我题一匾额，连日不曾写得，今夜也完了一桩心事。春秋绝笔，除此项无萦系。"

生死须臾，提笔落字，完一桩风雅洒脱心事，或许在周顺昌看来，死亡已在他决意秉公理直言的一瞬间注定，与他决定为正义殉葬的一生一起已经终结。毁家而不能纾难的大灾祸面前，他拥有一个清爽简洁的收梢，毫不在意，心无挂碍，无有恐怖，身清如水，心清如镜，唯有欠下僧友的一点笔墨，是磊落生命中不可承受之轻。从这个角度上来说，灾难的分量越重越残忍，主人公人格的光芒越锐利耀眼。

但与此同时，我们也必须意识到，灾难固然足以反衬出光辉，但这光辉背后却仍有另外一层阴霾。周顺昌也好，五义士也好，令他们殒身的灾难看似来自阉党，直指首领魏忠贤，主人公们唾骂的也只是阉党特务政治，那些虐杀残害人民的酷刑，那些奢乱贪赃谄媚的劣迹，矛头指向的都是魏忠贤一人。在这个故事和类似的故事中，君王永远是被蒙蔽的——甚至在《清忠谱》中是受冤屈和压迫的，直到崇祯皇帝当朝，东林党重被起用，魏忠贤一系陡然便树倒猢狲散，灰溜溜沦落到人人喊打。但这"报应"式的报复性戏剧收梢背后，实则掩藏也放大着造成《清忠谱》灾难苦楚的深层原因，即对皇权的盲目信仰和膜拜。有学者在论及本剧时认为："作者创作意旨表明，之所以出现阉党盖源于圣上受了奸臣的蛊惑和蒙蔽，一切都是这些权奸所为，与圣上无关，与皇权制度无涉。这种观念几乎贯穿了中国戏剧创作几千年的历程，只要除掉这些奸臣贼子社会就太平了。因之，中国戏剧缺乏完整意义上的悲剧。悲剧在于忠奸之分，在于善恶之别，在于奸臣蟊贼作祟。拿住奸臣，除掉坏人，悲剧就完成了。殊不知这样的悲剧不仅表现了悲剧魅力的暂时性和肤浅性，而且表现了悲剧题材的潜在转化，往往是半悲剧化，或者正剧化，甚至于喜剧化。"①

　　《清忠谱》无疑是真诚的，书写蓬勃滚烫的热血，直面人生陡折的灾难，每一个字、每一支曲都饱藏勇气。灾难压不垮的，是对正义的呼召与守望，而正义的确认坚守，既需要一诺既定万山难阻的执念与热血，也需要清醒慎重的思辨。毕竟，那些牺牲的人，为的并不是一个"风世歌传"，他们想要的只是公平与正义，以及公平与正义守护下的，一种踏实、平稳、健康的人生。

---

① 连超锋：《中国戏剧创作的两大病灶——以〈清忠谱〉〈关汉卿〉为例》，《文艺评论》2016 年第 6 期。

当谶语成真

——戏曲《铁冠图》鉴读

梁思愳　14戏剧与影视学博士

　　严格来说，《铁冠图》应该都不能算作一部完整的戏，但其地位与价值之高贵微妙，却胜过许多完本。且不提《别母乱箭》《撞钟分宫》《守门杀监》《刺虎》这些至今仍盛演于舞台的著名折子，即便传说中出自顺治年间戏曲《铁冠图》的几折冷门戏《询图》《撞钟》《观图》，也被著名剧作家挖掘改写，再由名家演绎，赋予其精雅面貌，再现于氍毹之上。

　　《铁冠图》之凄恻悲哀，在于开场便授以预言，与莎翁的《麦克白》有异曲同工之妙。三女巫的谶语含糊恐怖，《铁冠图》给出的却是真真切切的画面。"从《昆曲粹存初编》中的《观图》一出来看，'铁冠图'为一轴古画，共有三层，第一层是君臣朝见的光景，上有'垂裳而治'四字；第二层为一片焦山，一株枯树，一人披发覆面，一足无履；第三层有许多兵将，手执大旗，'尽都是纠桓形状'。乾隆年间，遗民外史《虎口余生》中所载'铁冠图'内容与此相同。"[1]但在戏台之上，并不需要如此惨烈的展示，剧作家有着更生动的演绎。江苏省昆剧院著名剧作家张弘老师整理改编的《观图》，以崇祯皇帝与通积库太监安平两个

---

[1]　柏英杰：《历史记忆的连续与变迁：明末清初"铁冠图"传说考论》，《戏曲艺术》2019年第4期。

角色，将"汉王朝的最后一夜"展示在后人面前。"一个年轻而悲哀的皇帝，一个无奈且苍老的太监。那一幅自洪武十三年锁封的《铁冠图》，历大明十三朝，终于在这汉王朝的最后一夜解封，没捱过帝王的好奇、恐惧、逃避、面对、无奈。"

对《铁冠图》感兴趣的人，关心的永远不是故事的结局、主角的人生，谁会不知道大明十三朝最后的去向？谁又不知道甲申之变最后的尾声？崇祯皇帝的悲剧早渗透进无尽人间岁月，在各种艺术作品中反复演绎，从《碧血剑》到《帝女花》，跨越体裁与风格，真实与浪漫，悲哀也绮烈得近于永恒。

而《铁冠图》是永远的经典，和许多经典戏曲一样，开头就将层层叠叠的悲剧撕开来看到底，令观众们挟着残忍而不自知、悲悯也不自知的快乐与期待，欣赏那些原本高高在上的人物是如何一步又一步踏着满路荆棘，从一个阴暗的悲剧极致磕磕绊绊走向另一个热烈的悲剧极致。《铁冠图》戏剧结构的全部美感，都来自灾难与毁灭的提纲挈领。

而就人物塑造层面而言，谶言的预先提出，成全了崇祯皇帝形象的完整与悲情。后人看《铁冠图》，看的再不是"气数"与王朝的命运，尤其在当代人眼中，王朝气象、一家一姓之天下已是个只适合放诸娱乐作品中的形容，早被各种想象力爆棚的故事冲淡。但当崇祯皇帝这一帝王形象被无可挽回的灾难剥去了所有伪象、所有虚无的等级之论，戏台上存在的实则只剩下一个竭尽全力试图挽救自己"事业"和尊严的中年男子，然而大厦将倾，权柄消散，人心已失，所有想要拯救他的人都孱弱无力，所有有能力配合他的人都自私。一些重要的、本应忠诚于他或同情于他的人，在倾城倾国的灾难面前纷纷袖手，而这袖手又加速了国破家亡的悲剧结局，于是台下的观众自然而然共情于此，心底生发出"不应"二字。在这一点上，"灾难先行"的戏剧结构，最大限度地催化了舞台效果。谶语的预先提出和崇祯皇帝"有多努力，就有多悲剧"的舞台呈现，无不触动到观众心中最本质柔软的部分，长存国人心底朴素的善恶观、报应观被激发出来，人物的塑造也得以完成。

正如龚和德先生所言："对明代遗民来说，这《撞钟》《分宫》《煤山》，是戏曲舞台上从未见过的前朝君主的大悲剧，如此与社稷共存亡，不能不让人同情、悲悯，甚至让人感到崇祯帝不但死得悲惨，而且死得壮烈。"①事实上，为角色惋惜的何止"明代遗民"呢？《铁冠图》之所以在当代仍有动人之处，在于其主题即便抛开"帝王悲剧"，剧作本身仍然坚守着挥之不去的家国情怀，以及一种"忠诚与信仰"的力量。

剔除一切阶级、迷信、贞洁、愚忠之类不合时宜修饰，落实到人性层面，《铁冠图》书写的仍然是人类关于毁灭性灾难的面对与承担。"人要如何面对灾难"是永恒的命题，自带丰沛戏剧性。无论其底色是帝王还是平民，当身为个体的脆弱撞击上时代的残酷性时，都必然折射出异样鲜艳的血色光辉，悲剧的戏剧性和动人因而得以完成。更何况《铁冠图》的主角的确是历史上存在过的末代帝王，其身份自带的悲剧感和戏剧性已经足够吸引力，而当代整理改编者在进行再创作时，又赋予其当代人的历史视角与情感观照，"既有人之将死的悲切伤痛，更有对于大厦将倾的追问和反思。这种反思和追问，既是帝王的，也是作者的，是改编者带给我们的沉重思考。这样，就把原本'教忠'的主题延伸到了'家国情怀'的层面，同时，也表现出作品的文人情趣和文人色彩。"②

《铁冠图》以图为名，以图为谜，以图为谶，实则谁会关心神秘的《铁冠图》上究竟画了什么呢？所有人都知道，故事的结局，是大明鼎祚今夜将绝，以《询图》《观图》开始的悲剧，是悬疑也是注定，观众所

---

① 龚和德：《从〈铁冠图〉到〈景阳钟〉——戏曲流传与时代变迁的个案探讨》，《戏曲研究》2019 年第 1 期。
② 王宁：《守昆曲之雅正　谱传奇之新篇——评蔡正仁导演的新版〈铁冠图〉》，《上海艺术评论》2022 年第 3 期。

要代入并同情的，无外乎是"悬在空中疑在暗处的崇祯之心"。但大家被这颗帝王之心所打动，非为"教忠"，而是共鸣。人要如何在灾难面前仍然保持一种起码的尊严？又或者，在万事倾颓、众叛亲离的灾难面前，人还要不要保持一种尊严？《铁冠图》中，崇祯皇帝用众所周知的结局做出了他自己的选择，披发掩面，自缢煤山，是他所理解的，也是他认为唯一能为三百载大明王朝所选择的最后的体面。世事更变，帝座倾塌，腐朽的建构早已抵不过历史洪流，但人生在世，总归难免面对一次又一次尊严与绝望的选择——冥冥中，或许也有所谓命运替我们写下谶语，有人选择信，有人选择不信。

然而，假如，当谶语成真，我们又该如何守护自己的尊严？这或许是《铁冠图》在四百年后的今天留给我们的另一种启示。

图永不穷，而生命的匕首，在每个人的命纹中猖狯而现。

除却生死，尚有大事

——戏曲《生死恨》鉴读

梁思锶　14戏剧与影视学博士

梅兰芳先生晚期代表作之一的《生死恨》实则是改编作品，原型是明朝传奇《易鞋记》，编演时间为"九·一八"事变以后、抗战前夕——异族入侵，山河破碎，正是沈祖棻那一句"有斜阳处有春愁"。

世人常说"除却生死无大事"，但生与死不过是一霎时的开端与终结，"顷刻生死两离分"。《生死恨》一剧最为动人之处，是前半部女主角的真诚却被新婚丈夫当作一个试探时那下意识的凄痛，与后半部结尾时分重病颠倒中陡然爆发的哀绝，两者相叠加，激发出人类心底关于不平与憾念的本质共情。

究其根本，故事结构中对于女主角结局的安排实则显得粗糙，一个好端端的女子，在乱世之中能历劫、能奔逃、能机变、能躲闪、能存身，何以在美满团圆的幸福抵达前一秒一恸而终，呕血而亡？这种泣血的娇柔虽也可解释为积劳成疾，积怨成伤，但未免不合常理，有强行制造悲剧的嫌疑——在普遍热爱夫妻团圆的中国戏曲中，《生死恨》也算是个特例。

但本是全剧背景的金人南犯侵略战争，结合戏剧编演的时代背景，令这生死之恨显得格外悲壮、痛苦而又合理。女主角韩玉娘身上背负的，岂止是一场北宋末年的颠沛之灾？那是被出卖、被蹂躏、被欺辱的国仇家恨呵。可以说，全剧的冲突全部起源于男女主角的"因战为奴"。

这种自尊与人身俱被侮辱、被损害的屈辱和恐惧，在制造了本剧最大冲突的同时，也决定了全剧的结构与剧情。

在《生死恨》开端，首先便交代了女主角韩玉娘中箭被俘，黄河对岸便是家国，自己却不幸沦为金人张万户的奴隶。成王败寇或许是历史发展的必然规律，也是给予野心家的教训——但自古兴亡皆百姓苦，这是历代侵略战争必然造成的灾难，毁灭了天赋的平等人权，更摧残了人性。一个温柔坚强的女子，从此犹如物事般被安排、被支配、被送赠。在金人张万户眼中，她是酬劳，也是筹码，一个用以奖励笼络同为奴隶的程鹏举的工具，仅此而已。而韩玉娘的"恨"，在此已现苗头——"暂忍心头恨，权作阶下人"。这种坚韧的抵抗心时时在她心中锋芒毕露，支撑着她越过一个又一个生死关头。

也正是战争灾难所导致的、这种畸形的人格摧残和生命威胁，赋予男女主角这段生死悲情故事以真正的悲剧开头，从一开始，他们就既平等也不平等。同样的国籍、种族、同样的奴隶身份，令他们本有理由相濡以沫，互相舔舐伤口，互相安慰。但也正是因为同为奴隶，这段夫妻缘分本非两相情愿，只是侵略者的强行指派，拒绝便是死路一条。

正因这种死亡摆在缘分之先的恐怖背景，决定了至少在程鹏举这一方的价值立场上，一定要把自己的生死摆在首位。毕竟他是为了活命才答允婚事，并在"身份平等"立场上，衷心相信对方一定也是如此。故此当韩玉娘对其付出信任，将这婚姻视为真正的许诺与一生之誓，拿出契约精神对他讲出自己真心话、劝他逃走时，动摇的却是本就怀揣报国之心的程鹏举。这是一种被戳穿的恐怖，也是一种本能的质疑，而恐怖和质疑的立足点都是战争导致的人格被侮辱与被损害，由此制造了第一个也是主宰全剧的重要冲突——夫疑妻意，也因此导致了韩玉娘后来的悲剧。

但在人物塑造层面上，主宰全剧的灾难并没有展现出足够的推动力，女主角韩玉娘的一切行动都是最初奠定的本能坚韧性格所决定，并未因战争灾难而减弱和增强，其与新婚丈夫程鹏举的情感铺陈也不够饱满，恩义和契约精神远远多过细腻的夫妻情分。但在足够的冲突前提下，这种恩义纠结也已经具有足够的情感张力，充满满足传统审美与道德认知，足以合情合理地令二人间的牵绊延续到戏剧终结。

放诸主题表达层面，本剧表层上以战争作为灾难性背景，直接契合编演时的社会大环境，其对反人类侵略战争的批判十分昭然，戏剧表现力与时代感契合得天衣无缝。但在表象之下，《生死恨》中所反映出的心理灾难，是更值得后世人品度审视的哲理性思考。

固然《生死恨》采用的仍然是传统编剧手段，十几场戏以线性结构将前因后果交代得一清二楚，从头至尾讲述了韩玉娘从落难、遭疑到两度继续落难又脱险的坎坷经历，最后在即将脱离困境时病发身亡，将悲剧坐实。抛开人物设定和情节推进上的疑问不谈，单就结尾一场的创作手法而言，其实也在中华民族遭受侵略的大型灾难背景下，体现了关于人性反省的现代哲思。假使我们贸然说一句：韩玉娘的灾难有相当一部分是由程鹏举导致的，其实也并不为过。固然程鹏举的"向张万户举报韩玉娘"这一利己主义行为有其可恕之因，不必全然被责难，但其造成的心理创伤显然跟随了韩玉娘一生，以致她在病重濒死时依旧对张万户心存恐惧，这恐惧是多少许诺的团圆美满也无从抵消的、不被尊重更不被同类信任所彻底导致的孤家寡人之感。战争固然恐怖，灾难固然折磨，但若能齐心协力，相互扶携，灾难中亦有一线生机毫光。但本就身处地狱之中，好不容易遇着同伴，却又被其因自私自利而辜负、而遗弃的孤独感，是比战争与灾难更磨人的困境——且这困境在人类历史上，比之战争更加频繁，更加永无止息，渗透在人类根性之中，蔓延在血脉深处，时时可能被诱发出来，反噬身边信任你和你信任的那个人。

这，或许才是韩玉娘最放不下的那件事，比生死更大的遗憾，更惆怅的毕生之恨。

梦中隔世之春

——戏曲《春闺梦》鉴读

高　媛　21戏剧与影视学博士

我们能为那个美女子做点什么？在这个极尽凄迷绮丽的故事里，她甚至没有一个完整的名字。她随着程派幽微、绵密、转侧的唱腔，从历史深处悠悠地露出一角脸儿来，将她的委婉思念兑进爱娇天真，呈现给旁观的我们和她注定悲惨的命运——这场梦是终要醒的，我们都知道，但她一无所知。

一、回环结构：在梦中的人的梦中

《春闺梦》的剧情说来并不复杂，一言以蔽之：战争遗孀的悲剧。

但结构上，本剧用了半部戏的体量来描摹女主角的梦境，且制造了一个对主角而言的开放式结局——但戏外，每一个观众都清楚明白，悲剧已然铸就。环环相扣，我们这些手握真相的人观看着梦外的未知，而在戏剧之中，梦虽然醒来，女主角回到现实，抓住了她眼前仅有的真实，但真正的真相却停在不远处，并未、但即将揭晓——这由残酷真实打造出的甜蜜离幻境界，是《春闺梦》戏剧结构的至为高明之处。

而这一梦幻性悲剧得以达成的根本原因，在于全剧重心的提前落定。《春闺梦》开启得并不复杂：东汉末年，公孙瓒和刘虞互争权位，相征互伐，河北人民因此沦为战争的牺牲品，或被强征入伍，或饱受流离之苦。青年王恢新婚不足数月，与妻子张氏正是恩爱之时，就和同乡村邻一起被强征入伍。年轻的张氏在家中日思夜盼，心中惴惴——到这里，还都只是寻常路数。

按照中国戏曲偏爱的"大团圆"结局，年轻的丈夫有理由历经风霜后平安还乡，说不定还会立下大功、鲜花着锦，替妻子带个封妻荫子的诰命。但谁能想到，《春闺梦》的剧情是那样现实，与王恢同被强征入伍的隔壁汉子做了逃兵，乘夜归来，同妻子相见，叙谈中泄露了真相——王恢早已不幸于阵前中箭而死。

但张氏一无所知。

全剧最大的灾难已经发生，一锤定音，戏剧冲突到此被推到高潮，但戏本身刚刚走到一半。所有观众都在怀抱着忐忑与微微的残忍，期待着故事下文要如何发展——是反转？还是爆发？

然而都没有发生。悬念在灾难爆发的一瞬间埋下，一直到结尾都没有揭开。观众们因而提心吊胆——至于反转，其实是有的。年轻的张氏尚不知道隔壁的悲欣交集为她带来了什么，终日伫盼如斯的她，日有所思，思极入梦，梦里是亲爱的丈夫王恢终于平安归来，还是当日傅粉郎君模样。所有的担忧与欢喜、哀怨与娇嗔同时爆发，被大时代侵蚀粉碎的寻常儿女柔情在梦中一五一十呈现。然而这一切，在下一秒就转成纷乱磅礴、枯骨冤魂的战场，张氏"忽喜，忽嗔，忽怒，忽怕"，惊醒来见着丫鬟匆匆而上，向她"报喜信"，却原来也只是丫鬟打了个盹，做下南柯一梦，梦中的场景却与张氏甜蜜的梦境暗合。

这是《春闺梦》最残忍的一笔，也是本剧结构穿插的经典实验。"在那做梦的人的梦中，被梦见的人醒了"，这句出自博尔赫斯《环形废墟》的名言写于1944年，而《春闺梦》编演于1931年，程砚秋应该未必对博尔赫斯有所了解，但高明的艺术家在艺术的哲思上竟如此暗合。

梦与灾难相辅相成，甜美的梦在此处无法消解灾难，反而成了灾难即将抵达的痛苦边际效应的大规模催化剂。而本剧尾声借丫鬟之口发出的感慨"这乱哄哄的年头，咱们醒着都不舒坦，只好做梦吧"！一方面抨击世情，为民发声；另一方面也承接之前的惨厉灾祸叙事，给了本剧一个更富层次感的悲剧式开放性结局。

悲剧是注定的。

但做梦的人几时会醒？愿不愿意醒来？

无人知晓。

二、幽艳风格：梦之所以为梦

众所周知，《春闺梦》是根据唐代诗人杜甫《新婚别》及陈陶《陇西行》中后两句"可怜无定河边骨，犹是春闺梦里人"的意境编演而成。1931 年，程砚秋目睹当时军阀混战、人民流离失所的惨状，毅然编演此剧，借古喻今，针砭时局，为民发声，也为程派留下了一部代表剧目。假托史事的战争背景下，关于战争本身的惨烈并未被一五一十描述，否则恐有喧宾夺主之嫌。《春闺梦》也不成之为"春闺梦"。

战争带走的是生命，但直接摧毁的是有情人的深切情感，这是当事人和观众最直接感受与共情的东西。《春闺梦》的惨烈设定、剧中呈现的灾难情节不输任何一部"三国戏"或"水浒戏"，但其风格幽艳婉转，专注于情感叙事。男主角的死亡是通过配角的议论来间接体现，将血泪斑斑的惨烈掩藏在一层流言的薄纱之下，从而保持了全剧风格的统一。

但与此同时，也非这等规模的灾难高潮不能反衬出《春闺梦》一剧的温柔惨烈，叙事手法越举重若轻，危机就被压得越紧迫。在抛出了"男主死亡"这样一个足以终结全剧的高潮之后，作品倾尽笔墨去描摹的是梦中男主归来后，夫妻的缱绻柔情、平安娇嗔，乃至暗示"春闺"

之中青年男女自然而然渴望的鱼水合欢——"待我来搀扶你重订鸳盟"。

然而这只是个梦。

假如没有确定的"男主死亡"这一灾难性情节在前，女主角的所有缱绻举动、胡思乱想、纠结反复，其实不免会带偏观众的思路，拖慢剧情。然而灾难已经铸就，惨剧已经发生，我们在观看张氏的柔情万种时，心早已沉到了谷底。她越旖旎，我们越冰冷，她越期待，我们越绝望。让通常作为结局的灾难提前登场，成为悬念，是《春闺梦》的伟大尝试，同时也开辟出戏剧本身最大的感染力。

另外，"梦"在此处成为对抗灾难的工具，也在令剧中人逃避现实的同时，将观众引入一种轻柔的猜测中，余音袅袅，恍惚悠长，有一种追问犹如细柳春风，赶上来缠绕我们每一个人，是真的吗？男主角是真的死了吗？毕竟剧情中只是演到他中箭，而隔壁邻居的传言，毕竟也只是传言……在这样的追问中，其实我们已经落入戏剧的陷阱，已经被关于死亡的预设说服，已经共情了女主角的忐忑期待与即将经受的悲痛。而这种强大的情节冲力，其实也是确定的灾难本身所决定的。但凡剧情在此处稍有犹疑，观众的情感都将有所保留，难以获得最大量级的观演体验。

以个人醒悟呼唤时代觉醒

——川剧《巴山秀才》中的灾难元素分析

史欣冉　21 编剧学理论 MA

　　《巴山秀才》是由魏明伦和南国编剧的历史剧，该剧以真实的现实事件为蓝本，由四川历史上因灾荒而引起的大冤狱"东乡惨案"改编创作，从"东乡惨案"的历史事件改编为以巴山秀才孟登科为主要人物的川剧作品，从独特的人物视角出发，首先以群像展览式的剧作结构展现官员和巴山群众的基本面貌，然后再以孟登科为核心点讲述他四处奔走报申冤的心路历程。该剧由点到面、由小见大，以巴山秀才孟登科的变化为主线，揭示东乡惨案背后的朝廷黑暗与人性的真实。川剧《巴山秀才》讲述的是在巴山干旱期间，因知县孙雨田私吞赈粮导致民不聊生，饥民闹府威逼，孙雨田便谎报巴山民变，四川总督恒宝和孙雨田、李有恒勾结，血洗巴山。拒绝为灾民写诉状的酸腐秀才孟登科目睹了巴山惨案，在袁铁匠的掩护下保住性命，他逐步醒悟，孟登科先是"迂告"前往总督府告状，却没想到官官相护，险遭杀害，被歌姬霓裳救下，他又是"智告"，在省考的考卷上书写冤状，本以为告状成功之际，却陷入了两宫争斗的政治之中，最终被赐御酒中毒身亡。

　　新编历史剧《巴山秀才》亦悲亦喜，寓意丰富，其中的灾难元素更是贯穿整个剧本，该剧中通过内、外两种不同的灾难营造出了错综复杂的政治环境和盘根错节的人际关系。本文将从该剧中的灾难元素出发，对《巴山秀才》中的灾难进行分类，详细分析剧中的内外两种灾难元素，同时分析灾难影响下的人物的塑造与主题的表达。本文将从以下三个方面进行分析，一是剧本中灾难的分类，二是灾难下的人物变化，三是灾难中的主题表达。

一、天灾人祸的双重夹击

该剧中通过内外两种灾难营造错综复杂的政治环境，外部灾难是巴山饥荒，内部灾难是官官相护、两宫争斗。不知内部争斗的巴山秀才孟登科从拒告—迁告—智告，本以为皆大欢喜，为巴山乡亲报仇，却陷入两宫争斗、官官相护的内部灾难之中，落得马革裹尸。外部灾难的"巴山饥荒"为《巴山秀才》提供了外部情境，在饥荒的极端情境下，官员孙雨田等官员的真实面目被揭开，他们为了一己私利竟不惜谎称民变，进而血洗巴山。本以为"智告"成功却成了两宫争斗的政治牺牲品，"两宫太后的争斗"的内部灾难加速了封建王朝的灭亡。从私吞粮食到绞杀村民再到两宫争斗，都是内部灾难的体现。所以在该剧中的"灾难元素"推动着故事情节的发展，"巴山干旱"的外部灾难，导致庄稼歉收，引起饥荒，而知县私吞粮食这一行动，推动了民怨的产生，导致"血洗巴山"这一事件的产生，"血洗巴山"成为一切的导火索，最终引爆"两宫太后争斗"的内部灾难，在双重灾难的影响下，导致"东山惨案"的发生，巴山秀才孟登科也因此丧命。

剧本塑造出"内忧外患"两种灾难元素，外部灾难是内部灾难的外壳，从外部灾难"巴山饥荒"的爆发开始，剧本的故事情节循序渐进，达到高潮，而封建王朝的真实面目由外到内逐渐土崩瓦解。首先，"巴山饥荒"是最直接明显的外部灾难，也称为"天灾"，同时孙雨田"私吞粮食"无疑是雪上加霜，此二者最直接地推动了故事情节，为剧本营造了残酷的外部环境和社会背景，在此背景下民不聊生，无法生存，就会出现反抗，民众反抗时，孙雨田担心自己的行为暴露，便谎报民变，总督下令剿办灾民。下级官员贪得无厌、贪生怕死，上级官员为保住自己的乌纱帽，不顾事实，滥杀无辜，官员的"官官相护"成为秀才告状的导火索，导致秀才惨死的是内部灾难"两宫争斗"，不谙世事只为报仇的秀才成了两宫争斗的牺牲品。真相虽明，生命却失，在天灾人祸的双重夹击之下，无数的无辜者丧失生命，而这一切的源头是人性的残酷与社会的黑暗。

二、一次自我的挣扎与突破

在创作札记中，魏明伦曾言：在原本真实事件中缺乏"生动独特的主要人物形象"①，编剧在改编中，对剧本人物进行调整，以主要人物详细塑造和群像人物集中塑造的方式，从面到点地塑造出一批形象鲜明的人物，描绘出一幅巴山民众和官府百态图。在人物塑造中，既有主要人物也有群像人物，既有扁平人物也有圆形人物，如性格鲜明、变化曲折的主要人物孟登科，丑恶嘴脸、欺上瞒下知县孙雨田，质朴善良的巴山乡亲群像，丑恶嘴脸的官府群像。剧中人物立体生动、层次丰富，其中最为出彩的便是巴山秀才孟登科。

正如题目《巴山秀才》，巴山秀才孟登科毫无疑问是该剧的主要人物，剧本"以戏立人②"随着故事情节的变化，孟登科的人物实现觉醒，人物性格也发生了翻天覆地的变化。孟登科在剧中一共产生三次变化，

---

① 魏明伦、南国：《话说〈巴山秀才〉创作》，《上海戏剧》1984 年第 1 期。
② 郑荣健：《收放自如的个性化创造——评川剧〈巴山秀才〉中的人物塑造》，《东方艺术》2015 年第 2 期。

其一从逃避到担当，其二从迂腐到智慧，其三从希望到破灭。

孟登科原本是年过半百的穷酸秀才，一心只读圣贤书，一心只想金榜题名，此时的秀才是典型的"穷酸秀才"形象，满嘴仁义道德，行为却逃避退缩，拒绝袁铁匠写禀帖的请求。

孟登科 唱庶民休把官府碰，吾乡应有君子风。眼看考期就要拢，陋巷寒窗苦用功。待等我……到那时开仓放粮，周济贫穷，百姓称颂，乐享千盅。①

孟登科（唯恐牵连，主动声明）此事与晚生无关，告退了。②

此时的孟登科是个穷酸迂腐、一心想考取功名，并且对朝廷还抱有希望的典型秀才的形象。本以为能等到粮食赈灾济贫，却等来了剿办屠城，他目睹了邻居村民的惨死，也差点丧命刀下，幸得袁铁匠相助，才保住性命。经历此次屠城的劫难，秀才已经开始转变，他决定去成都为巴山冤魂寻找真相，这是从不敢告状、逃避责任到勇敢告状的第一次转变。秀才"迂告"，见到总督恒宝便诉巴山冤情，没料到他们官官相护、彼此勾结，纯真善良的秀才被官官相护的丑陋现实所欺骗，足见其"迂"和"真"。接二连三的变故让秀才变得勇敢坚强，秀才决定放弃考试去告状，被妻子阻拦，在舞女霓裳的建议下他决定"智告"，将冤状写进考卷中巧妙呈交张之洞，从而智告成功。此时的他抱着必死之心也要上报冤情，宁愿不考试也要告状，与第一场戏的他形成鲜明的对比，经历现实的打击和挫败，孟登科成为一个勇敢智慧有担当的秀才，他摆脱了身上的迂腐，身担重任，完成了性格的转变。

秀才孟登科的人物形象跟随着外部环境的变化而产生变化，遭遇了

---

①② 魏明伦、南国：《巴山秀才》，《剧本》1983 年第 1 期，第 52—71 页。

485

灾难，做出了改变和选择，从迂腐麻木到顶天立地，一个新的秀才形象确立起来了。这是秀才孟登科自我意识的觉醒与突破，他有过挣扎、怀疑和挫败，经历过外部灾难和内部灾难的磨砺，他浴火重生，实现涅槃。除了主要人物孟登科的塑造，其他人物也跃然纸上，也出现了一批形象生动的群像人物。如以袁铁匠为代表的善良质朴的村民，他们言语真诚行动朴实，又如以恒宝、孙雨田为代表的官员，他们那尖酸刻薄、贪生怕死。主要人物详细塑造和群像人物集中塑造的方式，从面到点地揭开那个时代形形色色人的面貌。

三、悲喜交加的反抗斗争

独特的视角与选材是成功的基础。从群像记忆"东山惨案"到巴山秀才的个人转变，将叙事的重心由事转变为人，以秀才为主要塑造对象，借人物的变化和醒悟来唤醒时代的觉醒。从麻木的、迂腐的人成长为有独立思考、智慧勇敢的人，不再是傀儡与被操控者，而是成为真正的人。该剧以巴山干旱饥荒、民不聊生、官府不作为为时代大背景。选取"反面"人物秀才为主角进行塑造，通过秀才性格、思想和行为的变化，一方面展现人物的觉醒，另一方面表现出时代的压迫与黑暗。一边是封建官僚集体，一边是穷酸秀才，两者力量相差悬殊，结局显而易见，但是秀才却用死来证明生命的意义与价值，用肉体的死亡换来精神的觉醒和自由。孟登科结尾中唱道："三杯酒，三杯酒，杯杯催命！西太后，西太后，太会杀人！孟登科，柯登梦，南柯梦醒！醒时死，死时醒，悲愤填膺！"① 一曲悲歌由此落幕，秀才虽死犹生！"巴山秀才饮恨倒下了，这一个艺术形象却立起来

---

① 魏明伦、南国：《巴山秀才》，《剧本》1983 年第 1 期。

了。"①亦悲亦喜亦自由，该剧突破了传统戏曲大团圆式的结构，而是用秀才的死以悲剧收尾，引发震撼。该剧的高潮处在"元凶落网，御赐杯酒"之时，本以为皆大欢喜，随即却产生重大变故，御赐三杯酒，杯杯都是催命符，让秀才白送性命，此时钦差道"巴山一案就此了结，皆大欢喜，载入史册"。②结尾短小有力，原本为民申冤的秀才，却成了政治牺牲品，悲喜交加、猝不及防的结尾却产生深远的意义。秀才用灾难的外壳塑造极端环境，在极端灾难环境中来探索人性的真实，"时代意识的觉醒集中表现在创造意识的觉醒和艺术个性的觉醒"。③该剧突破传统，大胆创造，展现出一次悲喜交加的反抗斗争。

结合当时的时代背景来看该剧，又有另外一层更深刻的含义。创作者在经历四川水灾后目睹灾区平稳有序，而在旧社会中有许多饱受天灾之苦的人，"回顾当时'天灾凶恶人更凶'，对比新社会，深深的感到'洪水无情党有情'"。④作为新编历史剧，其意义在于对当下社会产生一定的影响，正如序曲中所言"回顾旧四川"，通过秀才一次次的告状失败，来揭示旧社会的险恶，以史为鉴，明新社会之情与善。

参考文献

[1] 魏明伦、南国：《巴山秀才》,《剧本》1983 年第 1 期，第 52—71 页。

---

① 王敏、康式昭、齐致翔、魏明伦：《〈巴山秀才〉魅力隽永》,《中国戏剧》2004 年第 1 期，第 19—25 页。
② 魏明伦、南国：《巴山秀才》,《剧本》1983 年第 1 期。
③ 王敏、康式昭、齐致翔、魏明伦：《〈巴山秀才〉魅力隽永》,《中国戏剧》2004 年第 1 期。
④ 魏明伦、南国：《〈巴山秀才〉后记》,《剧本》1983 年第 1 期，第 72—73 页。

以个人醒悟呼唤时代觉醒

［2］［3］魏明伦、南国：《〈巴山秀才〉后记》，《剧本》1983年第1期，第72—73页。

［4］竹亦青：《〈巴山秀才〉的传奇性和文学性》，《文谭》1983年第10期。

［5］魏明伦、南国：《话说〈巴山秀才〉创作》，《上海戏剧》1984年第1期。

［6］李紫贵：《试排川剧〈巴山秀才〉札记（上）》，《戏曲艺术》1984年第4期，第39—45页。

［7］李传锋：《怪杰出自草台班——初识"巴山秀才"魏明伦》，《戏剧之家》1997年第1期，第13—16页。

［8］宋光祖：《成也孟公，败也孟公——试评川剧〈巴山秀才〉得失》，《四川戏剧》1998年第4期。

［9］王敏、康式昭、齐致翔、魏明伦：《〈巴山秀才〉魅力隽永》，《中国戏剧》2004年第1期。

［10］王汉宗：《从区区腐儒到高贤义士——析川剧〈巴山秀才〉中的孟登科形象》，《四川戏剧》2004年第2期。

［11］耿莉蓉：《〈巴山秀才〉典型人物的塑造》，《四川戏剧》2013年第1期。

［12］朱仁武：《守正与创新——川剧〈巴山秀才〉复排对当下川剧剧目创作启示》，《戏剧文学》2022年第5期。

历史战乱题材中的诗意情境与写意品格

——浅评历史剧《新亭泪》

丁　烨　18戏剧与影视学博士

《新亭泪》是20世纪80年代剧作家郑怀兴创作的一部历史剧，他以沉痛的笔调书写了一个暂时偏安一隅的东晋小朝廷因君臣猜忌、争权夺势坠入战火纷飞、生灵涂炭的至暗时刻。

该剧讲述了东晋朝廷大将军王敦对晋元帝猜忌功臣，重用刘隗多有怨言，且祖逖将军去世后，已经无人遏制王敦的野心，他借"清君侧"之名发动兵变，剑指都城。与此同时，石勒趁机南犯，各镇诸侯，虎视眈眈，一时间东晋王朝岌岌可危。然而就在此时，东晋朝廷内并未齐心抗敌，王敦叛乱使得还在都城的堂兄王导丞相被晋元帝猜忌。在刘隗怂恿下，一家老小命悬一线。幸有吏部尚书忧国忧民的周伯仁在新亭被渔翁点醒后，入朝为王导担保，晋元帝为制衡权势，暂隐杀机。此时王敦已兵临城下，刘隗出逃，周伯仁为保晋元帝，声称是自己放跑的刘隗。王敦要夺位，必须杀了周伯仁，但又忌惮周伯仁是堂兄王导的亲家，于是派人去问王导的态度，王导之前并不知道周伯仁在皇帝面前为自己求情，阴差阳错之下，王敦杀了周伯仁，失去民心，只好暂时退兵，然而此时天下早已大乱。

周伯仁之死也好，王氏枯荣也罢，并不是剧作者对这场以"王敦之乱"为始的灾难的全部诠释。泪洒新亭之痛在于这场悲剧完全是对没有以历史为鉴，以至于重蹈历朝历代的覆辙的哀恸，覆巢之下，安有完卵？最后，这场看似是朝廷权势之争的悲剧，点燃的战火倾覆的是一个朝代，伤害的是黎民百姓，无不令人痛心疾首。而剧中以"泪"为眼，以诗做境，则是灾难戏剧的另外一种美学意蕴。

一、构建内忧外患的灾难情境

《新亭泪》的剧本开头即构建了一个极端的戏剧情境。从外部环境上看，故事发生在东晋时期疆域四分五裂的历史背景之下。南迁后的东晋小朝廷一直动荡不安，唯一坚持北伐的将军祖逖被晋元帝牵制，郁郁而终。整个南方一直处在北方石勒随时进犯、世族方镇野心勃勃的战祸危机之中。序幕里，在骇浪滔天的长江边，王敦与下属的谈话正勾勒出这种尖锐的外部环境：

　　钱凤　大将军，昏君一意孤行，不如来个兵谏。
　　谢鲲　不可，不可。胡羯石勒，割据中原，秣马厉兵，伺机南下。大将军若兴师入朝，石勒势必乘虚而入，则江南危矣！当年祖逖将军坐镇豫州，石勒不敢轻举妄动。现祖逖身死，北线空虚，望大将军三思而后行！
　　王敦　哦，祖逖死了吗？
　　谢鲲　是呀，祖逖已死，噩耗方才驰报入京。
　　王敦　哈哈！祖逖已死，老夫天下无敌。（对钱凤）钱将军所见不差，待老夫发兵，誓除刘隗，以清君侧。
　　谢鲲　大将军一发兵，王丞相势必受累。石勒也会乘机……
　　王敦　老夫心中只有天下，余者何须虑及！
　　……①

---

　　①　郑怀兴：《郑怀兴剧作集》，中国戏剧出版社2010年版。

然而，紧张的外患当然并非一个朝廷陷入战火灾难的绝对原因。在该剧中，东晋名将祖逖常年御敌于外，且王敦也是常年戍边，如果朝廷上下一致攘外，外族并不能乘势南下。这种作为具有压迫性的外在环境营造开局紧张局势，紧接着发生的"王敦之乱"才是直接导火索。从上一段对白中，我们能看到剧情发展的两个关键因素：一是抵御外敌、牵制王敦的祖逖将军已死；二是王敦本人对权势的野心已经远远超过了驻守国土的本分。而此时东晋内廷是一种什么局面呢？事实上，朝堂内上至晋元帝，下至将相臣子，并未放眼全局，一致对外。晋元帝的目的是制衡，独揽皇权；镇北大将军刘隗想的是清除异己，一人之下万人之上；丞相王导在乎的是世家大族的荣辱兴衰。在私欲面前，都没有对外敌的虎视眈眈足够重视，内忧外困的局面就此生成。战火一触即发。

此时，纠葛的人物关系就是这场灾难情势的推动力量。在该剧中，君臣、兄弟、姻亲彼此牵制，互不信任。晋元帝既需要借王家势力稳固朝纲，但又利用刘隗等人处处牵制以王氏为首的世家大族，对丞相王导十分忌惮，不肯重用。相较于外族进犯，他更害怕朝中势力威胁君权，因此，这才导致了王敦上表、威慑，进而发起"清君侧"的叛乱。王敦与王导虽为兄弟，但王敦的举兵更像是借口王导未被重用而谋求野心，他丝毫未顾及兄长王导身在天子脚下，全家因王敦的谋反命悬一线，其他朝臣更是敬而远之不敢相救。王导与周伯仁是儿女姻亲，周伯仁在王导孤立无援之际在晋元帝面前谏言救人，但其又偏偏因王导的误会而死。就在这种生灵涂炭的外部环境，相互猜忌、牵制、人人自危的人物关系中，把原本独善其身、寄情山水酒乡的士大夫周伯仁推向了紧张尖锐、命运无常的戏剧情境里。

二、以"王敦之乱"为导火索的悲剧事件安排

《新亭泪》的情节安排是如何从君臣猜忌走向周伯仁被杀,以致天下大乱的局面的呢?

在该剧中,只要涉及杀伐情节,均描绘得极为惊心动魄,生死较量在须臾之间。开场的王敦举兵,战火四起毫无疑问是这场灾难的开端,原本就岌岌可危、疑窦丛生的君臣关系彻底破裂,战火一路烧到了皇城底下。接下来的情节更是险象环生,步步惊心。宫外肃杀戈立与宫内笙歌悠扬形成吊诡对比。丞相王导一家跪在宫门外陈情,当观众为王导一家上百口人命扣紧心弦时,而剧中文武百官却掩面而过,充耳不闻。第一次上场的周伯仁又酒醉醺醺、颠三倒四,营造出一种四面楚歌的绝望之境。紧接着,宫廷内,晋元帝、周伯仁、刘槐三人就丞相王导一家百口性命是否该杀引发一场剑拔弩张的辩论和攻心战。三人立场迥异、暗自盘算,周伯仁正话反说、虚虚实实,晋元帝不动声色、善恶莫辨,刘隗包藏祸心、旁敲侧击。虽然周伯仁以自家性命为王氏担保免,一家百口性命暂时保全,但周伯仁的一己之力显然已经无法阻止战火蔓延,成千上万的无辜老百姓命丧战事。

及至第五场,王敦的军队占领东晋王宫,众人物的命运瞬间反转,王导一家性命危机暂时解除,晋元帝及百官却危在旦夕。在这出戏里,有一处极为经典的情节,王敦的将士逼问刘隗下落,迫使晋元帝让位。从小太监到文武百官,个个贪生怕死,不敢为君主承担罪名。周伯仁愤而怒指,痛骂百官,将他们的丑恶嘴脸一一戳破。虽然他清醒地认识到君主及百官们的可怜可恨,但他为了保全晋氏王朝,最终承担了藏匿刘隗的罪过,也将祸水引入了周家。唯一能救他的只有丞相王导,其对周伯仁误会已深,即使晋元帝和伯仁侄女苦苦相求,仍旧延误了救周伯仁

的时间，导致"我不杀伯仁，伯仁因我而死"的悲剧。然而，周伯仁的死能让这场战祸消弭吗？显然不能，大家都意识到，周伯仁只是天下将亡的最后一根稻草，在周伯仁死后，内忧外患则如洪水倾泻而下，瞬间将王朝覆灭。

三、是战争灾祸，更是临江痛赋的文人悲剧

在这个险象环生的情境中，剧作家嵌入一个"泪"字表达对这场未能以历史为鉴的生灵涂炭以愤懑与悲伤。尤其在第四场中营造的诗意情境，以诗言志。黄河、石亭、残月、梦境营造出悲凉而又激愤的情感，我们能感知到剧作者与魏晋名士的同频共振，他在《写〈新亭泪〉时的一些想法》一文中曾提道："特别是周伯仁，好几次闯进梦境中，端着酒杯，邀我上新亭……梦中，我闻酒香而醉，望新亭而泣。醒来之后，枕犹湿，耳犹热。"[1] 在这场戏里，周伯仁醉酒痛哭，哭郁郁逝去的祖逖将军，哭空有才华但一如蚍蜉的自己。他痛斥王敦的野心，对一叶障目、同室操戈的循环往复扼腕叹息。当战火已经蔓延东晋小王朝内外，无论是朝廷还是世族都摇摇欲坠，更不论在战火中苦苦挣扎的普通老百姓。

在这场灾难里，周伯仁作为一介文臣，虽然他上与晋元帝据理力争，下能痛骂文武百官，但事实上还是一个醉者，本质上，他并没有认清灾难的根源。周伯仁在临死前谓之王敦："人主非尧舜，何能无失，刘隗虽有过，亦如城狐社鼠，不足为祸。而你挟一己之私愤，忘天下之安危，举兵胁主，江东摇动。外寇乘机，河南失陷。如斯祸国殃民，岂能逃脱作乱之罪？"

---

① 郑怀兴：《写〈新亭泪〉时的一些想法》，《剧本》1982 年第 8 期。

由这段对白可知，周伯仁天真地认为这场灾难的根源在于一己私愤，在于同室操戈。而不知道也绝不可能知道君臣之间互相猜忌、权臣之间互相倾轧的根源是在于封建专制，是君主集权导致了晋元帝为了巩固帝位的横生猜忌，利用刘隗这些小人来制衡丞相王导和将军王敦，也导致了王导等大家世族、文武百官在面对危机时只顾保全自身，消极应付，更是王敦借口清君侧，不顾苍生，趁机举兵来满足自己欲望与野心的虚伪。因此，纵然晋元帝并非昏君，王导并非无情，王敦也非十恶不赦，但在这种处境之下，只有周伯仁在关键时刻挺身而出顾全大局。然而此举只是杯水车薪，无济于事。身在迷局，无法对社会体制产生清醒认知，这是作为封建社会下士大夫的悲剧所在，也是最大的历史局限性，更是将天下苍生沦陷于战祸的本源。

在人类历史上，这种王朝更替的战争灾难在不断上演，正如剧中所体现的，人们如此健忘，从未以前车为鉴。古今经典戏剧亦从来不乏对其发出震耳欲聋的诘问与反思。那么，《新亭泪》与其他战争灾难的剧作相比，独特性在哪呢？纵观全剧，虽然大部分场面都落笔于生死较量之间，但剧作者尤其注意给沉重的灾难性历史剧注入浪漫主义的精神品格，比如剧中渔夫形象的塑造构思，就是绝妙之笔，它在压抑的气氛中注入空灵之笔。渔父作为一个象征性文化符号，作为高蹈遁世的隐者形象出现在众多诗赋词曲中，在《新亭泪》中亦不例外，剧作者借渔父剖析周伯仁的复杂内心，在隐逸与责任之间艰难抉择。有趣的是，剧中鱼父虽为世外高人，但他仍是周伯仁灵魂的一部分，他以范蠡、屈原、诸葛、苏武为例，谈的是君虽不足，忠犹未尽。周伯仁最终走向了以身作剑、自我牺牲的结局，渔父再次出现，为其送行，成全了周伯仁文人士大夫精神使命和生命立场的恪守。

剧作者在创作出此剧后自述道："如果我没有经历十年动乱，怎么能强烈地渴望国家安定？怎么能强烈地痛恨制造动乱分裂的民族罪人？

怎么能深刻地理解周伯仁忧国忧民的襟怀？怎么能对他的命运发生深切的同情？又怎么能对他神往心驰，与他一齐醉，一齐醒，一齐长歌当哭，叩问苍天；一齐挥泪抚弦，召回正气？"[①] 由此，虽剧作者将该剧主题是写历史兴衰还是写文士悲剧的问题留给了观众。但这种民族精神的同构与共振在这种写意诗境中流淌而出，形成了古今对话的空间，这何尝不是剧作者对个人与国家民族联系的深深担忧及对当代人文化精神流失的深刻提醒？

① 郑怀兴：《〈新亭泪〉创作之始末》，《中国作家》2018 年第 1 期。

后记　紫藤与刀锋

高　媛　21戏剧与影视学博士

接到导师陆军老师的电话时，我正从华山路宿舍的阳台，俯瞰因为校园整修而蒙尘的紫藤花。导师的语气，是一贯的热烈而略显急切，却莫名令我定下心来。这样的熟悉与积极、急促与热切，将"一如既往"四个字活生生推到被封闭在高楼之上的我面前。这声音、这语气，和导师提出的关于编纂《世界灾难题材经典戏剧100部鉴读》的构想一样，深深安慰了我。

这一切都在告诉我和我的同学们：不要怕，一如既往，华山路的紫藤会开花，而2022年的4月，和以往并没有什么不同。至少，作为上海戏剧学院的学生，戏剧与影视艺术的传承者，我们面对当前形势的姿态，当有所不同；我们应对的方式，亦当如戏如影，萃自人生又高于人生。

负责《世界灾难题材经典戏剧100部鉴读》的统筹编辑工作，于我而言，是一次艰深挑战，虽有师长和同学的大力支持，也乏信心。项目从在师长指导下择选剧作开始。世界范畴，时间不限，选择面看似浩大宽容，但"经典"二字已足以筛去其中绝大多数剧作，且关于"灾难题材"的定义及准确性，同样需要细细衡量。所幸在师长们指点下，得以厘清思路，确认标准，一步步靠近项目的起点——从起点，到起点，已是一段最值得的学习过程。最终入选作为鉴读蓝本的100部戏剧作品，涵盖了人类灾难史中大部分影响深重的题材，当可为悠悠众生一记。

这个 4 月，紫藤庐前，藤花依旧笑春光，我们却触不可及、亲身见证了一场人类历史上的困局。困局势必不能久长，但困局之中的人，在意外与不安的裹挟之下，即便肉身无恙，心灵却会受到难以预料的挫伤。而鉴读灾难题材剧作，实则是师长精心思考后，为我们策划的一个自我修行的机会。心海无边，终须寻舟自渡。这是种种般般争执、暴躁、劝慰、开解都无法打破的困境。如《奥义书》所言："一把刀的锋刃很不容易越过，因此智者说得救之道是困难的。"——虽然我们读到这句话，大有可能是因为毛姆的《刀锋》。

但这就是艺术的力量、戏剧性的力量，多迈一步，或许即是戏剧的力量。

在 2022 年的这个春天里，在无法碰触到紫藤的春天里，对戏剧的鉴读与再学习，成为我们这些学子努力迈过刀锋的方式。这 100 部灾难题材戏剧既记录，也想象，其中描述的灾难事件大到击天撼地，小到只在某个人的内心掀起核爆，但有一点可以确定：伤痛无法均量，灾难无分大小。每一场自然灾劫、每一次人为灾害，每一滴泪，每一滴血，每一种不动声色不露痕迹的毁损，都是人心和意志需要迈过的刀锋。

在这个春天里，我们有幸走过这 100 部世界灾难题材经典戏剧，悉心鉴读，持心落笔，在我们自己生命的刀锋上悄然磨利了意志与勇气。

在这个春天里，我有幸负责这一项目，所有的动力和信心，来自导师陆军的无上信任；来自各位博士研究生、硕士研究生师兄师姐、师弟师妹们的大力支持；来自上海人民出版社赵蔚华老师和其他工作人员的积极协助；也来自漫步紫藤庐前，在花架下仰望的那一抹淡紫。

稿件初勘定时，恰又是一年春好。其时，华山路校园中，桃李方退娇妍，紫藤芳踪未杳，璨璨花光，如往如约。

而生命之光，自当蓬勃不灭。

图书在版编目(CIP)数据

世界灾难题材经典戏剧 100 部鉴读/陆军主编. —
上海:上海人民出版社,2023
ISBN 978 - 7 - 208 - 18505 - 0

Ⅰ. ①世… Ⅱ. ①陆… Ⅲ. ①灾害-史料-世界 ②戏
剧-鉴赏-世界 Ⅳ. ①X4 - 091 ②J805.1

中国国家版本馆 CIP 数据核字(2023)第 158700 号

责任编辑 赵蔚华
封面设计 陈 晔

世界灾难题材经典戏剧 100 部鉴读
陆 军 主编
高 媛 副主编

出 版 上海人民出版社
        (201101 上海市闵行区号景路 159 弄 C 座)
发 行 上海人民出版社发行中心
印 刷 上海盛通时代印刷有限公司
开 本 890×1240 1/32
印 张 16
插 页 5
字 数 406,000
版 次 2023 年 10 月第 1 版
印 次 2023 年 10 月第 1 次印刷
ISBN 978 - 7 - 208 - 18505 - 0/J·689
定 价 98.00 元